U0312602

《环境经济研究进展》（第八卷）编委会

环境经济研究进展

PROGRESS ON ENVIRONMENTAL ECONOMICS

（第八卷）

中国环境科学学会环境经济学分会

葛察忠　董战峰　潘家华　张　斌　主编

中国环境出版社·北京

图书在版编目（CIP）数据

环境经济研究进展．第 8 卷/葛察忠等主编．—北京：
中国环境出版社，2014.6
ISBN 978-7-5111-1873-8

Ⅰ．①环…　Ⅱ．①葛…　Ⅲ．①环境经济学—文集
Ⅳ．①X196-53

中国版本图书馆 CIP 数据核字（2014）第 108093 号

出 版 人	王新程
责任编辑	陈金华
责任校对	唐丽虹
封面设计	陈　莹

出版发行 中国环境出版社
（100062　北京市东城区广渠门内大街 16 号）
网　　址：http://www.cesp.com.cn
电子邮箱：bjgl@cesp.com.cn
联系电话：010-67112765（编辑管理部）
　　　　　010-67113412（教材图书出版中心）
发行热线：010-67125803，010-67113405（传真）

印　　刷	北京中科印刷有限公司
经　　销	各地新华书店
版　　次	2014 年 9 月第 1 版
印　　次	2014 年 9 月第 1 次印刷
开　　本	787×1092　1/16
印　　张	23.5
字　　数	570 千字
定　　价	65.00 元

总 序

环境经济学专业委员会作为中国环境科学学会的分支机构，在环境保护部、中国环境科学学会的指导下，第一届委员会于 2003 年 12 月正式成立，挂靠在环境保护部环境规划院。2008 年，环境经济学专业委员会调整更名为环境经济学分会，成立第二届委员会。2012 年成立了第三届委员会。经过 9 年的发展，环境经济学分会在不断成长壮大。环境经济学分会的成立，为政府机构、环境科技、环境教育、环境管理工作者在环境经济领域的交流与合作搭建了一座良好的平台，并对中国的环境经济学学科发展起到了重要的推动作用。

自环境经济学分支机构成立以来，每年都组织举办学会年会，并多次参与协办和承办了不同层面的环境经济与政策学术活动，包括若干次环境经济学术国际研讨会，与美国、欧洲、日本等环境与资源经济学协会开展学术交流；分会委员们发表和出版了许多环境经济论文和专著，有力推进了中国环境经济学学科的发展。从 2007 年开始，环境经济学分会与环境保护部环境规划院、北京大学环境与经济研究所、《环境经济》杂志社联合开办了《中国环境经济》网页（http://www.csfee.org.cn/），充分发挥了环境经济学分会的平台辐射作用。

为了进一步推动中国环境经济学的发展，克服环境经济学分会近期难以创办学术期刊的困局，环境经济学分会理事会决定从 2008 年开始，不定期出版《环境经济研究进展》，展示中国环境经济学研究的最新发展和趋势，交流中国环境经济学最新研究和实践成果。目前已经先后出版了七卷，我们希望《环境经济研究进展》成为传播中国环境经济学学术研究动态的载体、沟通环境经济研究前沿信息的平台。2013 年 10 月 17—18 日，环境经济学分会 2013 年年度会议在湖北恩施顺利召开，以"面向生态文明的环境经济学科理论方法创新与实践探索"为主题，《环境经济研究进展》（第八卷）遴选了此次学术年会上提交的优秀论文，主要包含生态文明与环境经济政策创新、环境经济政策理论与方法、环境经济政策研究与实践三部分内容。希望该书的出版能为推动中国环境经济学学科的发展和政策实践发挥积极作用。

王金南　主任委员

中国环境科学学会环境经济学分会

序　言

　　党的十八大明确提出生态文明建设要融入经济、政治、文化、社会建设各方面和全过程，这是对新时期建设中国特色社会主义过程中如何正确处理人与生态环境关系的战略性定位，也对环境经济政策创新提出了新的要求。对我国环境经济学科建设以及环境经济政策实践而言，既是挑战，更是机遇。

　　从学科发展来看，尽管我国环境经济学科已有 30 多年的历史，但是还存在多方面的问题，理论与方法体系还不完善，许多还是"拿来主义"，缺乏扎根于中国本土化国情的深入探索；也缺乏高水平的研究成果；与管理实践需求之间还有很大差距。从环境经济政策实践来看，许多环境经济政策，如排污权交易、环境污染责任险、绿色信贷等，仍处于试点阶段，还缺乏环境资源价格形成机制，环境财税制度还不健全，环境经济政策法制化建设进程还比较缓慢。应该说，我国环境经济政策体系尚未真正建立。在此背景下，生态文明建设对环境经济学科与实践提出了新的、更高的要求，这赋予了广大专家学者新的历史使命，需要各界群策群力，集思广益，就有关议题开展深入研究与探讨。

　　在此背景下，环境经济学分会联合环境保护部环境规划院、湖北省环境保护科学研究院、湖北恩施市环境保护局，于 2013 年 10 月 17—18 日召开了 2013 年年度会议，以"面向生态文明的环境经济学科理论方法创新与实践探索"为主题开展研讨交流。年会共收到 50 余篇学术论文，内容涉及生态文明与环境经济政策创新、环境经济政策理论与方法以及生态补偿、排污权交易、环境定价政策实践等领域，这些研究成果就生态文明建设中环境经济政策如何创新，以及最新的环境经济政策理论、方法与管理实践进行了探讨，在一定程度上反映了当前环境经济领域研究的最新进展。

自 2009 年以来，环境经济学分会着手出版《环境经济研究进展》，使之成为展示和交流我国环境经济学研究最新发展与成果的一个平台。迄今，已经先后组织出版了 7 卷，主要收录最新的国内外环境经济学基础理论和政策研究学术论文，很好地促进了广大环境经济学研究人员的交流。第八卷包括三篇，第一篇为"生态文明与环境经济政策创新"，第二篇为"环境经济政策理论与方法"，第三篇为"环境经济政策研究与实践"，收录了"中国环境科学学会环境经济学分会 2013 年学术年会"会议论文中的优秀论文；希望《环境经济研究进展》（第八卷）的出版，不仅可为我国的环境经济学研究和环境经济政策制定人员提供参考，也能为推动我国环境经济学研究和环境经济政策实践的发展作出贡献。

本书编委会

目　录

第一篇　生态文明与环境经济政策创新

第二篇　环境经济政策理论与方法

第三篇　环境经济政策研究与实践

第一篇
生态文明与环境经济政策创新

我国环境经济政策 2012 年度报告*

Progress Report of Environmental Economic Policy in China：2012

国家环境经济政策研究与试点项目技术组

（中国环境规划院，北京　100012）

[摘　要]　为了给国家制定环境经济政策文件提供科学依据，本研究基于实地调研法、专家咨询法、描述统计法、政策文件解析法等研究方法，从环境财政政策、环境资源定价政策、生态环境补偿政策、排污权交易政策、环境金融政策以及环境经济政策综合配套名录六个方面，系统分析了 2012 年度我国环境经济政策实践进展。结果表明：① 环境经济政策文件出台仍集中在环境税费政策及环境财政政策；② 环保投入显著增加，环保专项资金项目绩效管理试点启动，开始推进实施基于绩效的财政资金项目管理模式；③ 2012 年全国资源税实现 904 亿元，比上年增长 51%，按量计征、改革征收方式成为地方垃圾处置收费改革的尝试方向，一些地区提高排污费征收标准激励企业治污减排；④ 中央财政安排的生态补偿资金总额约 780 亿元，全国转移支付实施范围已扩大到 466 个县，但生态补偿立法尚未取得突破进展；⑤ 全国已有 20 余个省份开展排污权有偿使用及排污权交易政策试点，排污权交易政策仍集中在一级市场；⑥ 绿色信贷政策在执行落实上较欠缺，面向高环境风险的行业推行环境污染强制险渐成趋势；⑦ 环境保护部向发改委等经济综合部门提供《环境保护综合名录》，综合名录包含"高污染、高环境风险"产品 596 项等，并向有关部门提出了取消出口退税、禁止加工贸易的建议。

[关键词]　环境经济政策　进展　年度报告　2012 年

Abstract　In order to provide scientific basis for the country to make environmental economic policies，based on the methods，such as field research method，the expert consultation method，descriptive statistics，policy document analytic method，this research systematically analyses the practical progress of chinese environmental economic policy in 2012 from six aspects，such as environmental fiscal policy，environmental resource pricing policy，ecological compensation policy，emission trading policy，the environment of financial policy and environmental economic policy of comprehensive list. The results show that：First，environmental economic policies is still focused on the environmental tax policy and environmental finance capital management；second，the environmental protection investment increases

注：本文首次发表在《环境经济》，2013 年，第 120 期。

* 国家环境经济政策研究与试点项目技术组组长为王金南研究员，本文执笔人主要为：董战峰、葛察忠、王金南、高树婷、李晓亮、龙凤、李红祥、吴琼、王慧杰等。

significantly, the performance management pilot of the environmental protection special fund project starts, and begin to promote the implementation of financial fund project management pattern which is based on performance; Third, the national resource tax amounts to 90.4 billion yuan in 2012, an increase of 51% over last year. Taxing according to the volume and reforming the way of taxing become the direction of reforming the local garbage disposal fees, and some areas improve the discharge standard to incentive enterprises to abate pollution; Forth, ecological compensation funds allocated by the central government amounting to approximately 78 billion yuan, and the scope of transfer payments has extended to 466 counties, but the ecological compensation legislative has not yet achieved a breakthrough; Fifth, more than 20 provinces has started pilots of compensation for the use of emission rights and emission trading policy, and the emissions trading policy is still concentrated in the primary market; Sixth, the green credit policy has some defects in the implementation, and carrying out environmental pollution compulsory insurance in high environmental risk industries gradually becomes the trend; Seventh, the Department of Environmental Protection provides the comprehensive list of environmental protection to the Development and Reform Commission, which includes 596 "high pollution, high environmental risk" products, and proposes to the relevant authorities to abolish export tax rebates and to ban the processing trade.

Keywords environmental economic policy, progress, annual report, 2012

2012 年环境经济政策文件出台仍集中在环境税费政策以及环境财政资金管理方面。从政策颁布的主导部门分布来看，主要是国家财政、发改部门，其次是环保、税务部门，水利、林业、国土等有关自然资源管理部门则相对出台文件较少。虽然有关部门在大力推进排污权交易、生态补偿，但是限于这些政策出台实施的制度政策环境和配套支撑较为复杂，纳入"十二五"规划进程的任务仍未取得突破性进展，专门性的生态补偿、绿色信贷、环境污染责任险等政策文件仍很少，也没有有关法律对此进行规范。对于排污权交易而言，在国家层面仍未出台有关技术指南、管理规范、指导意见等政策文件。相比之下，地方在生态补偿、排污权交易等领域的环境经济政策的制定、出台和实践则取得了较大进展。不少地区结合国家政策要求，及其环境管理工作需要，积极推进生态环境补偿、排污权有偿使用及交易，环境污染责任险、绿色信贷政策等的试点探索，一方面与地方上对国家有关部门提出的积极推进一些领域的环境经济政策探索的要求的落实有很大关系；另一方面，在很大程度上也反映了地方上的环境管理工作对运用环境经济政策手段深入推进污染减排有着客观需求。地方实践探索的深入推进在很大程度上也为国家制定和准备制定有关政策文件提供了"接地气"的经验。本报告主要基于实地调研法、网络搜索法、专家咨询法、描述统计法、政策文件解析法、时间序列法等方法，综述并系统分析了 2012 年度我国的环境经济政策实践进展情况。

1 环境财政政策

1.1 环保投入逐年攀高，2012 年全国财政环保投入达到 2 932 亿元

"十一五"期间，全国财政环保投入是"十五"期间的 3.71 倍。2012 年全国财政环保

投入达到 2 932 亿元，相对 2009 年增加 998 亿元，增长率为 51.6%。目前，我国中央财政对环保的投入主要采取专项资金的形式，阶段性环保重点工作一般是采取环保专项资金投入的形式来推进的。其中，2008—2012 年，中央财政安排设立农村环保专项资金 135 亿元，支持 2.6 万个村镇开展环境综合整治和生态示范建设，5 700 多万农村人口直接受益。2010—2012 年，安排重金属污染防治专项资金 75 亿元，支持重点防控区重金属污染综合防治。妥善处置了一批严重影响民众健康的突发环境事件。2011—2012 年，中央安排专项资金 24 亿元，启动支持良好生态环境湖泊试点，试点范围已由 8 个湖泊扩大至 27 个。其中，2011 年启动支持的 8 个试点湖泊已建设湿地 5 333.3 hm²，新增森林覆盖面积 10 666.7 hm²，进一步提升和改善了湖泊水质和自然修复能力[①]。

1.2　环境保护专项资金项目绩效评价试点工作稳步推进

"十一五"期间，中央财政设立的环境保护专项资金大幅增长，但是环保专项资金的使用绩效如何尚未有科学评价，导致专项资金的使用效率在不少环节存在问题。在这种背景下，环保部开始推动实施环保专项资金项目绩效管理试点，推进实施基于绩效的财政资金项目管理模式。2012 年，环境保护部选取四川、山东两个省份开展了绩效评价试点工作，以 2004 年中央财政设立的环境保护专项资金为对象，从资金投入与管理、项目实施管理、项目运行情况、实施效益等方面开展探索，不断完善细化评价指标和数据核证方法，提高评价指标操作性，加强数据核证性，为进一步推进环保专项资金项目绩效评价积累经验。此外，内蒙古正在考虑制定实施减排专项资金绩效评价技术指南，对内蒙古"十一五"减排专项资金绩效评价项目总体情况、工作计划、指标体系情况进行评估。江苏、河北、浙江、福建等部分省份已陆续开展地方性专项资金绩效评价工作。但各地对环保工程项目绩效评价认识深浅不一，评价方法、程序尚不统一和规范，很有必要从国家层面上继续开展环保项目绩效评价试点工作，推进专项资金项目全过程绩效管理。

1.3　环保行政主管部门积极推进环保专项资金的申报与管理工作

2012 年 4 月 25—27 日，环保部组织召开了中央财政主要污染物减排专项资金项目管理第五期培训和 2012 年中央财政专项资金项目前期会，就 2012 年中央财政主要污染物减排项目、中央排污费专项、中央财政重金属污染防治专项申报指南给各地方进行培训，并对中央财政及预算内投资有关专项（中央排污费专项、减排专项、重金属专项、湖泊生态环境保护专项、基层环保监测执法业务用房项目、危废医废项目等）实施提出具体要求，旨在加强中央财政专项资金项目管理，提高全国环保系统项目管理水平。许多地方也纷纷发文，针对专项资金项目库建设、资金申报与管理等提出要求和进行规范。

1.4　强化环保专项资金监督检查提升资金的使用效果

环保部办公厅下发了《关于开展 2012 年中央环保专项和中央重金属污染防治专项资金监督检查工作通知》，督促开展 2012 年中央环保专项和中央重金属污染防治专项资金使用的监督检查。新疆、青海、安徽、湖北等地也积极开展专项资金使用情况的监督检查。从监督检查内容来看，对已验收的项目，要说明项目实施情况、中央资金使用和管理情况、地方配套资金落实和到位情况、项目验收和开展绩效评价情况，并对项目运行状况以及取得的环境效益进行定性和定量的分析评价；在建项目要说明项目实施进度情况、中央资金

[①] 国务院新闻办公室，2012 年中国人权事业的进展，2013 年 5 月 14 日。

使用和管理情况、地方配套资金落实和到位情况、预计完工时间和预期环境效益、项目建设进度比预期滞后的要说明原因等。

2 环境资源定价政策

2.1 环境税改革尚未取得关键性突破，资源税改革地方增收明显

尽管推进环境税费改革反映了当前环保工作的客观诉求，是"十二五"环境经济政策改革的热点，也是 2012 年财税制度建设的优先领域。财政部 2012 年的税制改革六项内容中，资源税和环境保护税均在其中。但由于环境税改革涉及复杂的利益关系调整，环境税改方案一直在多方论证，审慎而行，本年度有关立法方案仍在研究制定中，在环保部环境规划院等单位的支持下，环保部、国家税务总局等有关部门也在开展一系列研究，如开征环境税对环保部门经费保障影响及应对、环境税征管部门配合办法等，作为政策出台实施的前期基础准备工作，在不断推进之中。

自 2011 年 11 月资源税改革推广到全国以来，资源税税收额增长较快。据国家税务总局统计，2012 年全国资源税实现 904 亿元，比上年增长 51%，其中多个省、市资源税实现 1 倍以上的增长，如黑龙江增长 1.89 倍，广东增长 1.57 倍，吉林增长 1.52 倍，山东增长 1.38 倍。资源税属于地方税种，增加地方财力效应明显，资源税增长不仅增加了资源地的财政收入，同时增强了这些地方提供保障和改善民生基本公共服务的能力。资源大省新疆较为典型，资源税改革之前，在 2009 年，新疆的资源税收入仅为 12 亿元。2010 年改革仅半年，新疆资源税收入就增长 2.7 倍，全年收入达 32 亿元。2011 年，新疆资源税收入为 65 亿元，同比增长 1 倍多。2012 年，新疆资源税收入达 69 亿元，3 年增长 5.8 倍。得益资源税改革，新疆多项民生工程启动，资源税也从以往小税种跃升成为新疆地方的第四大税种。随着原油、天然气资源税改革在全国全面铺开，下一步，预计我国将在部分省份开展煤炭资源税从价计征改革试点，未来还可能把从价计征的征收办法推广至其他资源类产品税目。资源税改革将是今后我国税制改革的重要组成部分，在改革思路上，仍将可能采取先试点，通过试点进一步积累经验，将改革逐步推向纵深的思路。尽管如此，从资源税改革方案设计以及地方上的税式支出政策实施来看，该税种的绿色化水平仍较低，环境保护仍不是资源税改革的主要政策目标之一。

2012 年，所得税、消费税等环保相关税种的绿色化改革进展则相对较小，主要集中在环保企业所得税、节约能源及使用新能源的车船税优惠政策等方面。其中，1 月 5 日，财政部、国家税务总局联合下发《关于公共基础设施项目和环境保护、节能节水项目企业所得税优惠政策问题的通知》，就企业从事符合《公共基础设施项目企业所得税优惠目录》，企业所得税"三免三减半"的所得税优惠予以规定。3 月 6 日，财政部、国家税务总局、工业和信息化部联合发布《关于节约能源、使用新能源车船车船税政策的通知》，对节约能源的车船，减半征收车船税；对使用新能源的车船，免征车船税。

2.2 按量计征、改革征收方式成为地方上垃圾处置收费改革的尝试方向，一些地区提高排污费征收标准激励企业治污减排

2012 年 3 月 1 日，《北京市生活垃圾管理条例》开始实施，拟建立计量收费、分类计价的生活垃圾处理收费制度，实施多排放多付费、少排放少付费，混合垃圾多付费、分类垃圾少付费。8 月 27 日，广东东莞市人民政府办公室印发《东莞市生活垃圾处理费征收使

用方案》，规定垃圾无害化最终处理费用由市、镇两级财政按 5∶5 比例支付，已实施垃圾无害化处理的镇（街）可申请全额返还市代管费用，专项用于生活垃圾无害化处理，全市供水单位负责代征生活垃圾处理费，市财政局和各镇街财政分局负责全市生活垃圾处理费资金管理，监督生活垃圾处理费的征收与使用。9 月 29 日，安徽省物价局发布《关于加快推进全省城市生活垃圾处理收费工作的通知》，要求制定城市生活垃圾处理收费方案时，应科学核定垃圾收集、运输和处理各环节成本，区分居民和非居民等不同群体，合理确定收费标准。凡是新建立城市生活垃圾处理收费制度的市、县，城镇居民的生活垃圾处理费，应采取与城镇供水价格合并计收的方式。另外长沙、昆明、武汉、合肥也实施或拟实施垃圾处理费捆绑水费征收的方式。

2012 年 8 月 8 日，新疆维吾尔自治区发展和改革委员会发布《关于提高二氧化硫和化学需氧量排污费征收标准的通知》，自 8 月 1 日起，全面提高二氧化硫和化学需氧量排污费征收标准，二氧化硫排污费由每污染当量 0.60 元提高到 1.20 元，化学需氧量排污费由每污染当量 0.70 元提高到 1.40 元。11 月 8 日，黑龙江省物价监督管理局、黑龙江省财政厅公布《关于调整二氧化硫排污费征收标准的批复》，决定调整省二氧化硫排污费征收标准，调整分两期完成，自 2012 年 8 月 1 日起，征收标准调整为每公斤 0.95 元。至今，已有多个省份在开展排污费的提标工作（表 1）。

表 1　部分省市近几年排污费征收标准调整情况

序号	省市	提标时间	排污费征收标准变化				文件号
			COD	SO_2	污水	废气	
1	甘肃	2008 年	—	0.63 元/kg	1.26 元/kg	▲	▲	甘政发[2007]70 号
2	安徽	2008 年 1 月 1 日	—	0.63 元/kg	1.26 元/kg①	▲	▲	皖价费[2008]111 号
3	山西②	2008 年 4 月 1 日	—	0.63 元/kg	1.26 元/kg③	▲	▲	晋价行字[2008]66 号
4	上海	2008 年 6 月 1 日	0.7 元/污染当量	1.0 元/污染当量	—	其他污染因子排污费收费标准同比例调整	—	沪价费[2008]008 号
5	山东	2008 年 7 月 1 日	0.7 元/污染当量	0.9 元/污染当量	0.6 元/污染当量	1.2 元/污染当量	由 0.7 元/污染当量提标到 0.9 元/污染当量	由 0.6 元/污染当量提标到 1.2 元/污染当量	鲁价费发[2008]105 号
6	云南	2009 年 1 月 1 日	0.7 元/污染当量	1.40 元/污染当量	0.6 元/污染当量	1.20 元/污染当量④	▲	▲	云发改价格[2008]2514 号
7	河北	2009 年 7 月 1 日	0.7 元/污染当量	1.4 元/污染当量	0.6 元/污染当量	1.2 元/污染当量	▲	▲	冀价经费[2008]36 号

序号	省市	提标时间	排污费征收标准变化						文件号
			COD		SO₂		污水	废气	
8	广西	2010年1月1日	—	—	0.6元/污染当量	1.40元/污染当量（2年内阶梯提标）	▲	▲	桂价费[2009]22号
9	广东	2010年4月1日	0.7元/污染当量	1.40元/污染当量	0.6元/污染当量	1.2元/污染当量	▲	▲	粤价[2010]48号
10	辽宁	2010年8月1日	0.7元/kg	1.4元/kg	0.63元/kg	1.26元/kg	▲	▲	辽价发[2010]77号
11	江苏	2007年7月1日	0.7元/污染当量	0.9元/污染当量	0.6元/污染当量	1.20元/污染当量	▲	▲	苏价费[2007]206号
		2010年10月1日	—	—	—	—	太湖流域废水排污费由0.9元/污染当量提标到1.4元/污染当量	▲	
12	内蒙古	2008年7月10日	—	—	0.63元/kg	0.95元/kg	▲	▲	内发改费字[2008]1543号
		2009年1月1日	—	—	0.95元/kg	1.26元/kg			
13	天津	2010年12月20日	—	—	0.63元/kg	1.26元/kg	—	—	津价管[2010]210号
14	新疆	2012年8月1日	0.70元/kg	1.40元/kg	0.60元/kg	1.20元/kg	▲	▲	新发改医价[2012]1919号
15	黑龙江	2012年8月1日	—	—	0.63元/kg	0.63元/kg⑤	▲	▲	黑环函[2012]55号
			—	—	0.63元/kg	1.26元/kg⑥			

注：▲ 表示其他污染因子收费标准不作调整；—表示没有提出提标要求。

① 分3年阶梯提标到1.26元/kg。

② 只执行到2009年12月份。

③ 对未完成烟气脱硫设施建设或二氧化硫排污超标的单位的收费标准。

④ 两年内阶梯提标0.3元/（污染当量·a）。

⑤ 已建脱硫设施达标排放的收费标准不变。

⑥ 未建脱硫设施或超标排放的。

2.3 水价改革仍呈上涨趋势，调整水资源费成为水价改革的一个重要方面

2012年的政府工作报告明确提出要深化价格改革，涉及电、成品油、天然气、水资源等多个领域。这实际上提出了将来资源性产品价格机制改革的格局框架。

国务院在年初提出要加快推进水资源费改革。2月16日，国务院发布《关于实行最严

格水资源管理制度的意见》，提出要合理调整水资源费征收标准，扩大征收范围，严格水资源费征收、使用和管理。要求各省、自治区、直辖市要抓紧完善水资源费征收、使用和管理的规章制度，严格按照规定的征收范围、对象、标准和程序征收，确保应收尽收，任何单位和个人不得擅自减免、缓征或停征水资源费。水资源费主要用于水资源节约、保护和管理，严格依法查处挤占挪用水资源费的行为。而近期，国家发展和改革委员会、财政部、水利部等部门正在筹备出台《关于水资源费征收标准有关问题的通知》，进一步明确推进水资源费改革的关键问题，即征收标准。一些地方着手落实国务院要求，积极推进水资源费改革，如山东省对超计划用水最高按当地水资源费 3 倍加收。

从水价改革[①]走向来看，国家发展和改革委员会在制定水价改革的相关全国性指导意见，水资源改革已经在实际操作层面开始布局；另外，近 20 个省市相继启动水价调整政策程序。据中国水网不完全统计，2012 年 2 月开始，国内多个城市公布或准备听证水价上涨方案，长沙、武汉、天津先后上调城市供水价格，上调幅度在 0.18～0.8 元，水价平均上涨幅度达到了 30%。统计数据显示，截至 2012 年年底，全国 36 个大中城市的城市居民生活用水价格平均为 2.94 元/t。其中 58% 的城市水价在 2～3 元/t，33% 的城市水价高于 3 元/t。如长沙居民用水价格从 1.88 元/t 上调至 2.58 元/t。一些地方也在积极推进阶梯水价。广西柳州居民生活用水实行 3 个梯次水价，西安居民生活用水开始实施阶梯收费，重庆正计划推进居民用水阶梯价格制度。截止到 2012 年 11 月，全国 36 个重点城市污水处理费平均收费标准为 0.79 元/t，低于 2007 年国务院《关于印发节能减排综合性工作方案的通知》规定的"污水处理费吨水原则上不低于 0.8 元"的要求（表2）。国家发展和改革委员会认为城市水价偏低、水价结构不合理、政府和市场责任划分不清等因素，已严重影响城市水价的改革进程，认为水价改革必须坚持三大基本取向：① 坚持基本供水服务的公益性、基础性；② 坚持市场机制在水价形成中的作用不动摇；③ 坚持加强水价改革的系统设计，突出重点，明确城市水价改革的优先序。

表 2　城市水价调整变化情况（2012 年）

城市	综合水价/（元/t）		
	调整前	调整后	涨幅/%
广州	1.32	1.98	50.0
长沙	1.88	2.58	37.2
深圳	1.9	2.3	21.1
东莞	1.2	1.4	16.7
南京	2.8	3.1	10.7
宿迁	2.87	3.12	8.7
南平	1.25	1.6	21.9
天津	4.4	4.9	11.4
茂名	1.65	2.0	21.2
西宁	2.05	2.66	29.8
广安	1.95	2.15	10.2

---

① 我国的水价采用"四元"水价体系，由五类水价组成。主要包括水资源费、水利工程供水价格、城市供水价格以及污水处理费四部分。城市供水实行分类水价，根据使用性质可分为居民生活用水、工业用水、行政事业用水、经营服务用水、特种用水五类。

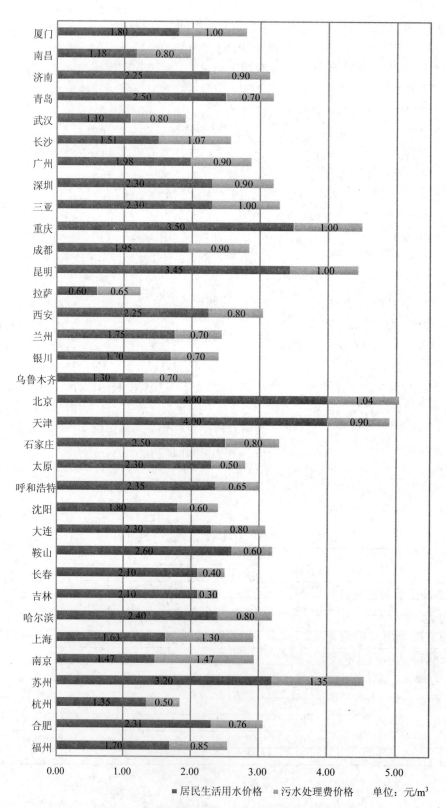

图 1 城市居民生活用水价格和污水处理收费价格（2012 年）

3　生态环境补偿政策

3.1　生态环境补偿机制探索不断深化，但是生态补偿立法尚未取得突破进展

社会各方高度关注的建设生态环境补偿机制本年度在加快推进，尽管国家层面出台的生态补偿政策文件较少，《生态补偿条例》也还未出台。自 2010 年生态补偿立法纳入国务院立法计划后，先后派出 10 个调研组赴 18 个省（区、市）进行海洋、草地、流域等专题调研，并与亚行等国际组织合作开展有关研究总结借鉴国际生态补偿经验，先后在宁夏、四川、江西等地举办生态补偿国际研讨会，广泛听取国内外专家和各界对生态补偿立法的意见，厘清了生态补偿机制建设的主要理论问题，系统梳理了国内实践现状以及立法需求和基础。在此基础上，2012 年 3 月 21 日，国家发展和改革委员会牵头的《生态补偿条例》起草工作正式启动。2012 年 8 月 21 日，国务院下发《〈国家环境保护"十二五"规划〉重点工作部门分工方案》，明确要求国家发展和改革委员会、财政部、环境保护部等部门负责探索建立国家生态补偿专项资金，研究制定实施生态补偿条例，建立流域、重点生态功能区等生态补偿机制。目前，国家发展和改革委员会同有关部门起草了《关于建立健全生态补偿机制的若干意见》征求意见稿和《生态补偿条例》草稿。11 月 8 日，原国家主席胡锦涛同志在党的十八大报告中提出要建立体现生态价值和代际补偿的资源有偿使用制度和生态补偿制度，这是新时期对深化生态补偿探索提出的新要求，不仅要关注对利益相关方的补偿，今后还要更加关注对生态系统本身价值和世代可持续价值的补偿。

3.2　生态补偿资金投入力度不断加大

据统计，中央财政安排的生态补偿资金总额从 2001 年的 23 亿元增加到 2012 年的约 780 亿元，累计约 2 500 亿元。其中，中央森林生态效益补偿资金从 2001 年的 10 亿元增加到 2012 年的 133 亿元，累计安排 549 亿元；针对草原的生态保护补助奖励机制对草原生态建设起到了重要作用。2011—2012 年，中央财政共安排草原生态补偿补助奖励资金 286 亿元，对 12.3 亿亩[①]草原实行禁牧补助，对 26.05 亿亩草原实行草畜平衡奖励；矿山地质环境专项资金从 2003 年的 1.7 亿元增加到 2012 年的 47 亿元，累计安排 237 亿元；水土保持补助资金从 2001 年的 13 亿元增加到 2012 年的 54 亿元，累计安排 269 亿元；国家重点生态功能区转移支付从 2008 年的 61 亿元增加到 2012 年的 371 亿元，累计安排 1 101 亿元。生态补偿政策的实施效果显著。据统计，2012 年，全国草原综合植被盖度达到 53.8%，比 2011 年提高 2.8%，这与草原补助政策实施是有一定紧密关系的。

3.3　国家层面出台的政策文件主要集中在资源开采补偿费、对生态功能区的财政转移支付办法、对中部典型地区的补偿机制建设方面

3 月 31 日，国土资源部出台了《做好中外合作开采石油资源补偿费征收工作》的文件，要求开采陆上、海上石油资源应依法缴纳矿产资源补偿费。6 月 15 日，财政部印发了《2012 年中央对地方国家重点生态功能区转移支付办法》的通知，明确了补偿资金的分配原则、范围、办法等问题，财政部正在不断完善中央对地方国家重要生态功能区的转移支付工作方案。8 月 27 日，国务院下发《国务院关于大力实施促进中部地区崛起战略的若干意见》，提出加大中央财政对重点生态功能区的均衡性转移支付力度，支持在江口库区及上游地

---

① 15 亩=1 hm^2。

区、淮河源头、东江源头、鄱阳湖湿地等开展生态补偿试点，鼓励新安江、东江流域上下游生态保护与受益区之间开展横向生态环境补偿。2012 年针对森林、草原、湿地等领域要素的生态补偿政策则仍处于政策试点或稳步推进阶段，基本上没有专门性的政策文件出台。

3.4 生态环境补偿政策框架基本搭建，多类型的生态补偿地方试点探索在全面推进[1]

重点生态功能区转移支付制度正在逐步完善，一些地方在探索面向生态功能区的区域生态补偿模式。自 2008 年财政部出台《国家重点生态功能区转移支付（试点）办法》以来，通过提高转移支付补助系数和完善考核标准等方式，加大对青海三江源保护区、南水北调中线水源地等国家重点生态功能区的转移支付力度，提高转移支付资金使用效果。目前，该办法已经实施了 5 年，2009 年，全国有 300 多个县获得生态转移支付，到 2010 年，转移支付范围扩大到 451 个县，2012 年，转移支付实施范围已扩大到 466 个县（市、区）。目前来看，如何进一步增进基于生态环境质量的财政转移支付的测算方法的科学合理性，如何将财政转移支付与国家主体功能区规划协调起来，如果构建基于绩效管理的财政资金使用机制是国家重点生态功能区转移支付需要重点探索的问题。2012 年 5 月，广东省正式出台《广东省生态补偿办法》，对生态功能区给予补偿和激励。每年确定转移支付总额，并按各 50%的比例确定基础性补偿资金与激励性补偿资金的分配额。基础性补偿将保证其基本公共服务支出需要，激励性补偿则与重点生态功能区保护和改善生态环境的成效挂钩，生态保护越好，获得奖励越多。据当地测算，2012 年平均每个生态功能区（市、县）可获得约 4 000 万元的一般转移支付，比非生态区平均多获得 2 000 万元。

流域生态补偿试点探索在不断推进。跨省界的流域补偿目前主要有两个：① 陕西、甘肃联合开展的渭河流域跨省生态补偿；② 安徽和浙江联合开展的跨省界新安江流域生态补偿试点。前者是陕、甘两地自发开展的试点探索，后者是财政部和环境保护部联合开展的国家试点。截至 2012 年年底，陕西沿渭河的 4 个城市因断面污染物超标，共缴纳污水补偿金 1.33 亿元，补偿甘肃定西、天水两市 1 400 万元，上下游城市对试点进展持赞成态度，认为试点工作激励了上下游地方政府开展流域治理的积极性，筹集了流域治理资金，促进了渭河流域共建共享长效机制的建立。财政部和环境保护部推动的新安江跨省流域生态补偿试点也在推进中，借助试点平台，安徽省在流域综合治理的能力建设方面取得很大进展。从 2012 年起，新安江流域综合治理列入黄山市政府年度目标管理考核，考核奖惩力度不断加大。共实施试点项目 99 个，总投资 53 亿元，截止到 2012 年年底，累计完成投资 20 亿元，主要推进 5 个方面重点工作：农村面源整治，城镇截污、垃圾处理，工业点源污染整治，环境监测能力提升建设。此外，在省内跨界流域生态补偿，河南、湖南长沙、江苏徐州等地也在进一步开展基于跨界断面水质考核模式的流域生态补偿探索。河南省环境保护厅联合省财政厅、水利厅印发了《关于河南省水环境生态补偿暂行办法的补充通知》，生态补偿考核因子增加为"化学需氧量、氨氮和总磷"，采用阶梯式补偿标准，按照水质浓度范围，制定不同的生态补偿标准。2012 年 3 月份，江苏省徐州市出台了《徐州市南水北调水环境质量区域补偿实施方案（试行）》，从 3 月 1 日起实行水环境资源污染损害补偿机制，成为南水北调东线第一个推行水质达标区域补偿的地级市。将京杭运河（徐州段）、奎河等 6 条河作为考核河流，将南水北调及淮河流域 8 个国控、省控断面作为补偿考核断面，按照水污染防治要求、治理成本和水质超标情况，明确补偿金分为 30 万元、50 万元、

100 万元和 200 万元 4 个等次。所缴补偿资金由市财政纳入环境保护专项资金统一管理，专项用于区域水污染治理、生态修复和水环境监测能力建设。10 月 8 日，长沙市实施《长沙市境内河流生态补偿实施细则（试行）》，在浏阳河、沩水河、靳江河实施流域生态补偿，地表水质控制标准为Ⅲ类标准限值。补偿标准为化学需氧量 800 元/t、氨氮 900 元/t。苏州市推行生态补偿机制以来，仅苏州市的市、区两级财政就投入生态补偿资金 2 亿多元，累计补偿水源地村 29 个、生态湿地村 105 个、连片水稻田 3 680 hm²、生态公益林 16 220 hm²。

基本建立了中央森林生态效益补偿制度，已有 27 个省级地区建立了省级财政森林生态效益补偿基金。从 1998 年以来，国家还先后启动实施了退耕还林、退牧还草、天然林保护等重大生态建设工程，累计投入约 8 000 亿元。2012 年，已有 27 个省级地区建立了省级财政森林生态效益补偿基金，用于支持国家级公益林和地方公益林保护，资金规模达 51 亿元。例如，山东省省级财政安排专项资金，同时组织市、县财政分别对省、市、县级生态公益林进行补偿，形成了中央、省、市、县四级联动的补偿机制。广东省由省、市、县按比例筹集公益林补偿资金。福建省从江河下游地区筹集资金，用于对上游地区森林生态效益进行补偿。各地地方公益林的补偿标准差别较大，与当地经济发展水平等多种因素有关，东部地区明显高于中央对国家级公益林补偿标准，西部地区则大多低于中央补偿标准。例如，北京市对生态公益林补助标准为 600 元/（hm²·a），并建立了护林员补助制度，补助标准为 480 元/（人·月）。四川省、河北省对国有的国家级公益林平均补助标准为 75 元/（hm²·a），对集体和个人所有的国家级公益林补偿标准为 150 元/（hm²·a）。云南省级公益林补偿标准为 75 元/（hm²·a）。宁波市从今年开始，对市级以上公益林森林生态效益补助标准为 375 元/（hm²·a），大中型饮用水水库周边水源涵养林在公益林森林生态效益补助标准基础上每亩另加 5 元。目前，我国公益林有效保护面积达到了 1.57 亿 hm²，退耕还林工程累计造林 0.29 亿 hm²。

已有 30 个省级地区建立了矿山环境恢复治理保证金制度，全年全国矿产资源补偿费征收入库额达 197.5 亿元。截至 2012 年年底，已有 80%的矿山缴纳了保证金，累计 612 亿元，占应缴总额的 62%。山西省从 2006 年开始进行生态环境恢复补偿试点，对所有煤炭企业征收煤炭可持续发展基金、矿山环境治理恢复保证金和转产发展资金。截至 2012 年年底，山西省累计征收煤炭可持续发展基金 970 亿元、煤炭企业提取矿山环境恢复治理保证金 311 亿元，提取转产发展资金 140 亿元。2012 年全国矿产资源补偿费征收入库额达 197.5 亿元，与上年度 181.9 亿元相比，增加 8.5%，继续保持增长势头。2012 年全国有 26 个省级地区矿产资源补偿费征收入库额超过 1 亿元，其中山西、内蒙古超过 25 亿元，黑龙江、山东、陕西、新疆超过 10 亿元，河北、辽宁、河南、安徽、甘肃超过 5 亿元。补偿费征收入库额超过亿元的矿种为：石油、天然气、煤、铁、铜、铅、锌、钼、金、钾盐、水泥灰岩、矿泉水、建筑石材以及普通建筑用砂石、黏土，其中煤、铁、铜、锌、金、钾盐、矿泉水增幅较大，钾盐、矿泉水补偿费征收首次过亿元。本年度我国首次建立了矿产资源补偿费征收统计直报制度，除西藏自治区外，全国其他 30 个省级地区的 2 400 多个征管机构全面使用补偿费征收统计网络直报系统，所有持证矿山均纳入直报系统，促进了矿产资源补偿费的规范征收和足额入库，大部分省级地区的征收面和入库率均有明显提高。

草原生态补偿机制在逐渐完善，国家和地方两层次的补偿结构初步形成。内蒙古自治区草原生态补助奖励机制已经进入全面落实阶段。截至 2013 年 10 月底，内蒙古已发放 2011 年草原生态保护补助奖励资金 34.8 亿元，占应发数的 98%，已有近 143 万户农牧民享受到草原生态补助奖励政策。2012 年草原生态补奖资金已发放 17.6 亿元，65 万户农牧民开始享受第二年的补奖政策，占应发户的 54.7%。目前在内蒙古实施草原生态保护补助奖励政策的总面积为 0.68 亿 hm^2，涵盖内蒙古所有牧区和半农半牧区。最新草原生态监测结果显示，内蒙古草原生态建设稳步推进，草原植被平均覆盖度达到 38.01%，比 2010 年增加了近 1%。内蒙古自治区多渠道筹集国家草原生态保护奖补配套资金，2011 年，自治区、盟（市）和旗（县）三级财政落实配套资金 10.3 亿元，并根据草原承载能力，核定了 2 689 万个羊单位的减畜任务，分 3 年完成。甘肃省将该省草原分为青藏高原区、黄土高原区和荒漠草原区，实行差别化的禁牧补助和草畜平衡奖励政策，将减畜任务分解到县、乡、村和牧户，层层签订草畜平衡及减畜责任书。2010 年，青海省在三江源试验区率先开展草原生态管护公益岗位试点，从业人员 3 万多人，每人每年补助 1.2 万元；省财政支持建立了三江源保护发展基金。

地方湿地生态补偿探索也在不断推进。一些有条件、有需求的地区通过加大财政补助力度，逐步将重要湿地纳入生态补偿范围。例如，天津市安排专项资金，对古海岸与湿地国家级自然保护区内集体或个人长期委托管理的土地进行经济补偿。山东省对实施退耕（渔）还湿区域内农民给予补偿，并对农民转产转业给予支持。黑龙江省、广东省每年各安排 1 000 万元，专项用于湿地生态效益补偿试点。广东对湛江红树林国家级自然保护区、惠东港口海龟国家级保护区、海丰公平大湖省级自然保护区、河源新港省级自然保护区、韶关乳源南水湖国家湿地公园、广州南沙湿地等具有典型代表性的重点湿地区域开展了湿地生态效益补偿试点工作。苏州市将重点生态湿地村、水源地村纳入补偿范围，对因保护生态环境造成的经济损失给予补偿。

沿海的山东、广东等省积极推进海洋生态补偿试点。2011—2012 年山东省累计征收海洋工程生态补偿费 7 750 万元，专项用于海洋与渔业生态环境修复、保护、整治和管理。福建省、广东省要求项目开发主体在红树林种植、珊瑚礁异地迁植、中华白海豚保护等方面履行义务，对工程建设造成的生态损害进行补偿。广东省大亚湾开发区安排资金扶持失海社区发展，对失海渔民给予创业扶持和生活补贴。2011 年 6 月，蓬莱 19-3 油田溢油事故造成了严重的海洋环境损害，2012 年 1 月 25 日，美国康菲石油中国有限公司、农业部、中海油总公司同时发布，康菲将出资 10 亿元，解决河北、辽宁省部分区县养殖生物和渤海天然渔业资源损害赔偿和补偿问题，但是关于损害赔偿和补偿金额是否充分，补偿标准如何测算，补偿对象具体是哪些等关键问题的信息未有进一步披露，引起了社会的广泛争议，这一方面暴露了我国海洋生态补偿与损害赔偿管理能力的不足，也反映了开展该方面的研究和试点工作迫在眉睫。

4 排污权交易政策

4.1 继续推进排污权交易政策试点探索仍是本年度工作的重点

环境保护部组织召开了年度排污权交易试点省市工作会，大力推动试点工作。全国已有 20 余个省份开展了排污权有偿使用及排污权交易政策试点。其中，国家试点省份已扩展到 11 个，分别为浙江、江苏、天津、河北、内蒙古、湖北、湖南、山西、重庆、陕西、河南。各试点地区排污权有偿使用及交易政策试点正在稳步推进。这些试点地区出台了许多有关政策文件，来深入推进排污权交易试点探索。目前来看，推进排污权交易尚面临着监测能力配套、分配方法选择、与有关政策的协调性等不少方面的挑战，短期内出台国家层面的排污权交易政策仍存在一定难度。此外，天津、广东等地制定了碳排放权交易试点实施方案，着手在当地推进探索碳排放权交易试点工作。

4.2　排污权交易政策仍主要集中在一级市场

浙江省作为排污权有偿使用和交易试点的先行地区之一，试点工作在全国处于领先位置。目前，浙江省已基本构建完成了排污权有偿使用和交易政策法规体系框架，省级、市级出台文件共约 103 个。成立了浙江省排污交易中心，但目前大多数交易仍停留在一级市场，二级市场"点对点"交易有 64 笔，主要集中在嘉兴市。江苏江阴市是江苏推进排污交易的典型地区。于 2008 年开始开展排污权有偿使用和交易的探索，目前已有 340 家新、改、扩建项目的企业参与了排污权交易，累计交易额约为 5 600 万元。湖北省自 2009 年开展排污权交易实践活动以来，共组织了 6 次主要污染物排污权交易，成交金额约为 1 200 万元。成立了湖北省环境资源交易中心，计划实行公司化运作，已完成公司注册。目前进行的六次交易均为省环境保护厅主导，出让方为政府以奖励形式回购的通过淘汰落后产能产生的减排量，受让方为新增改扩建项目。重庆市自成为排污权有偿使用和交易试点省市以来，累计完成 335 次交易活动，成交金额约 3 500 万元。重庆市实行管理机构和交易组织平台分离的制度，采用"企业-交易所-企业"交易模式，所有成交价格均采用"电子网络竞拍"的方式，在其已经发生的 335 次交易中有一部分为关停、削减形成排污权指标的企业与新、改、扩建项目之间的交易，在探索如何构建二级市场交易流动性方面做了很好的尝试。山西自 2012 年 2 月排污权交易纳入环境保护常态化管理以来的一年多时间内，已累计交易 278 宗，交易金额达 1.23 亿元。

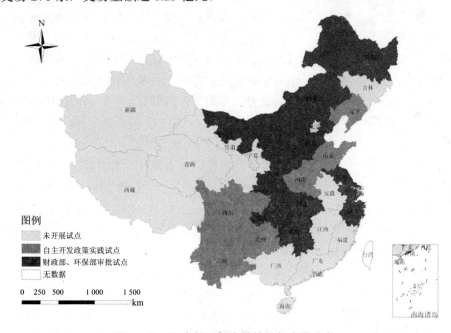

图 2　我国现有排污权有偿使用与交易试点

表3　试点地区排污权交易结果

试点地区	开始时间	统计截止时间	交易笔数	交易额/万元	交易标的物
河北	2011/10/1	2012/7/31	179（项目数）	3 936.695	COD、SO₂
湖北	2009/3/1	2012/7/31	6（集中拍卖）	1 200.27	COD、SO₂
湖南	2010/10/1	2012/7/31	19	2 411.302	COD、SO₂、NH₃-N、NOₓ
江苏	2008/8/1	2012/5/31	740	6 000	COD、SO₂
内蒙古	2011/8/1	2012/6/30	137（项目数）	4 615.015	COD、SO₂、NH₃-N、NOₓ
山西	2011/10/1	2012/7/31	63（仅COD及SO₂）	3 110	COD、SO₂、NH₃-N、NOₓ、烟尘、工业粉尘
陕西	2010/6/1	2012/7/31	132（项目数）	9 462.16	COD、SO₂、NH₃-N、NOₓ
浙江	2009/3/1	2012/10/31	1 811	35 900	COD、SO₂
重庆	2010/12/1	2012/10/31	335	3 537.83	COD、SO₂

5　环境金融政策

5.1　绿色信贷政策实践稳步推进

2012年绿色信贷政策实践稳步推进，主要体现在2月24日由中国银行业监督管理委员会下发的《关于印发绿色信贷指引的通知》这一政策文件。该政策要求银行业金融机构应当按照《绿色信贷指引》的要求，完善相关信贷政策制度和流程管理，从宏观监管层对银行机构实施绿色信贷进行了规范和引导。《绿色信贷指引》要求银行业金融机构从3个方面推进绿色信贷政策：①从战略高度推进绿色信贷，加大对绿色经济、低碳经济、循环经济的支持；②有效控制环境和社会风险，重点关注其客户及其重要关联方在建设、生产、经营活动中可能给环境和社会带来的危害及相关风险；③银行注重自身环境和社会表现，应完善环境和社会风险管理政策、制度和流程，建立健全绿色信贷标识和统计制度，完善相关信贷管理系统。

按照与银监会的信息共享协议，环境保护部继续指导地方环境保护部门向金融部门提供企业环境信息。截至2012年10月，环境保护部门累计向中国人民银行征信系统提供8万多条环境信息，涉及近7万家企业，170万条包含环保信息的信用报告被提供给各类金融机构。同时，中国银监会对环境保护部处罚的18家违法企业贷款余额进行了重点跟踪，并对放贷银行进行了专门监督。

从2012年中国银行、工商银行、建设银行、交通银行、工商银行五大行各自的社会责任报告来看[2]，每家银行的绿色信贷规模均在千亿元以上，较2011年都有不同幅度的增长。据这些银行披露的信息：截至2012年年末，中国银行"绿色信贷"余额2 274.80亿元，比年初增长8.74%，"两高一剩"行业贷款同比下降1.82个百分点。农业银行全年支持环保及节能减排贷款余额1 522亿元。截至2012年年底，工商银行环境友好及环保合格客户数量及贷款余额占全部境内公司客户数量及贷款余额的比例均保持在99.9%以上。其中，投向生态保护、清洁能源、节能减排和资源综合利用等绿色经济领域贷款余额合计为5 934亿元。建设银行全年累计发放清洁能源贷款1 979.43亿元，循环经济贷款260.06亿元，环境保护相关贷款156.88亿元。交通银行2012年全年累计支持节能减排授信余额1 440.28亿元。

从政策性银行和商业性银行出台的政策来看，基本上树立了绿色信贷理念，但是在执行落实上仍较欠缺，一些倡导绿色信贷的银行机构被媒体曝光给违法排污企业贷款。因此，一些银企的绿化水平在一定程度上可能比其自身报告所阐述的要低。以下四方面可能是我国绿色信贷政策今后的创新方向：① 建立金融机构执行绿色信贷的长效动力机制，对违规实施信贷的银企予以严惩，对执行绿色信贷好的银企给予荣誉等奖励；② 构建有效的环保与金融、银行部门间信息共享机制，建立和完善银、政、企三方制度化的合作交流机制；③ 建立一个全面、系统的绿色信贷评价标准，给银行部门的表现提供一个衡量的统一标尺；④ 推进企业环境行为评价与绿色信贷联动，建立产业名录机制或清单机制，对环境行为表现好的企业予以贷款，对表现差的企业，杜绝任何贷款。

5.2　环境污染责任保险试点范围继续扩大，面向高环境风险的行业推行环境污染强制险渐成趋势

《国家环境保护"十二五"规划》原则性提出"十二五"期间我国将健全环境污染责任保险制度，研究建立重金属排放等高环境风险企业强制保险制度。目前来看，进展还是较有成效的。2012 年，新增加安徽、辽宁、内蒙古三省（区）开展环境责任险试点，目前已有河北、湖南、湖北、江苏、浙江、辽宁、上海、重庆、四川、云南、河南、广东、内蒙古、山西、安徽等 15 个省份开展了环境污染责任保险试点。此外，环境污染强制责任保险工作正在加快推进，环境保护部正在研究并提出《关于开展环境污染强制责任保险试点工作的意见（草案）》，已征求了保监会有关部委、地方环境保护部门的意见。环境污染责任险政策虽然在不断推进，但是一些关键性的问题仍需要突破，方有望实现政策的实质性进展：① 必须强化法制环境，改变社会上违法成本过低的惯性认识，给环境风险事故企业予以严惩，惩罚水平要至少实现与其损害成本一致的水平；② 环境污染责任险没有规模效应，造成保险公司承保能力不足。建议在今后的改革中，可采取强制和自愿相结合的保险模式，要求对环境风险大、污染严重的企业实施强制购买环境污染责任险，同时，通过实施配套激励政策，鼓励其他企业自愿购买环境污染责任险。可先选择一定范围的行业或区域开展试点，分步推进。

在 2012 年新增加的 3 个试点省份中，只有安徽省要求 6 类企业强制投保，其余两个省还是采取自愿承保的形式。3 个省份的环境责任保险投保企业范围还是集中在环境危害大、环境风险高的企业，保险赔偿范围还是延续前期保险试点省市的赔偿范围，并没有在环境修复费用、渐进性环境污染损害领域有所突破。4 月 27 日，辽宁省环境责任保险试点正式推出，首批企业主要来自环境危害大、最易发生危险事故和损失容易确定的行业、企业，总计约 200 家。10 月，安徽省环境保护厅、安徽省保监局下发《关于推进环境污染责任保险试点工作实施意见的通知》，环境责任保险试点工作全面展开，6 类高环境风险行业企业将先行试点，并强制购买责任保险。安徽省建立了环境污染事故第三方责任认定和损害鉴定专家库，对拟参保的企业进行环境风险评估并划分风险等级，并作为参与试点保险公司确定承保条件及保险费率的重要依据。12 月，内蒙古环境保护厅、自治区政府金融办、保监局联合出台了《内蒙古自治区关于开展环境污染责任保险试点工作的意见》，提出建立环境污染事故勘察、定损与责任认定机制，建立规范的理赔程序，中石油呼和浩特分公司等 8 家存在重大环境风险安全隐患的企业将率先投保环境污染责任险。

5.3 海南省因地制宜启动森林保险试点，成为国内首个针对森林保险的省份

2012 年 9 月，海南省林业厅印发《海南省森林保险试点实施方案》，文昌、万宁、琼中等市县的公益林和商品林，将纳入 2013 年森林保险标的范围。这标志着海南省森林保险试点正式启动。按照试点方案，公益林保险额为 1 200～9 000 元/hm²，商品林保险金额为 1 800～4 500 元/hm²。保险费率分别为公益林 3‰、商品林 5‰。海南将按照"参保有补、不保无补"原则由各级财政对投保企业和林农实施保费补贴，其比例为：公益林财政补贴 100%；商品林财政补贴 65%，参保者自缴 35%。公益林保额每亩最高 800 元。

5.4 已开展环境污染责任险试点的省市投保范围呈逐步扩大趋势

据统计，目前我国试点工作，投保企业达 2 000 多家，承保金额近 200 亿元。陕西省针对应投保但未投保企业采取制约措施，要求其限期投保。江苏省南京市全面启动环境污染责任险项目，近 70 家高危风险企业与 5 家保险公司达成合作意向，有 10 家企业现场签下保单。根据企业规模、工业产值、风险程度，南京生产型企业设置为 7 档，并设置不同的保费。环境保护部门从保费中拿出 5%作为抢险基金，一旦发生突发事件，第一时间进行处理和理赔。承保机构是由南京市 5 家保险公司组成的共保体。山东青岛开展环境责任保险试点，计划到"十二五"末，环境污染责任保险基本覆盖重污染行业和重点防控区域。青岛市还建立了环境污染责任保险试点工作联席会议制度，定期调度试点进展情况，研究解决试点中出现的难点问题。青岛市环保局计划将环境污染责任保险制度纳入环境安全防控体系。同时，逐步把环境污染责任保险融入日常环境管理，将是否参保作为上市或再融资核查、办理特许经营许可、建设项目改扩建审批验收等方面的重要审查内容。山西省自 2011 年推行环境污染责任险以来，截至 2012 年 6 月，共有 68 家试点企业投保了环境污染责任保险，保费收入 1 156 万元，责任限额共计 7.5 亿元，共发案 8 起，赔款价值 75.28 万元。山西省仍有 14 家集团和企业未按相关要求投保环境污染责任险，山西省环境保护厅将对没有按时投保的企业采取制约措施，要求其限期参保。2012 年 7 月 4 日，湖南省环境保护厅印发《关于深入开展 2012 年度环境污染责任保险试点工作的通知》，要求扩大投保范围，2012 年投保企业数不低于 2 400 家，涉及重金属企业必须购买环境污染责任险。截至 2012 年 12 月，深圳全市共有 217 家企业投保了环境污染责任险，投保额为 2.36 亿元。

6 环境经济政策综合配套名录

环境保护部向国家发展和改革委员会、工信部、财政部、商务部、人民银行等 13 个经济综合部门提供了《环境保护综合名录（2012 年版）》，综合名录包含"高污染、高环境风险"产品（简称"双高"产品）596 项，重污染工艺 68 项，环境友好工艺 64 项，环境保护专用设备 28 项。同时，环境保护部还针对综合名录提出了 7 个方面的政策措施建议，特别是针对仍享受出口退税优惠政策的 53 种"双高"产品、仍在开展加工贸易的 64 种"双高"产品，分别向有关部门提出了取消出口退税、禁止加工贸易的建议。

环境保护部门在综合名录编制过程中突出以下几项工作原则：① 提高综合名录的针对性。目前，综合名录中已经包含与"十二五"期间四项总量控制污染物关系密切、排放量较大、减排潜力也较大的"双高"产品近 20 个；包含与重金属相关的"双高"产品 150余种；包含大量有毒有害、直接危害人体健康的产品，如含有持久性有机污染物的农药产

品，含致癌芳氨的染料，危害海洋生态的有机锡系列、防污涂料等；包含具有高环境风险特性的产品接近 400 种。② 增强综合名录的科学性。在综合名录编制过程中，环境保护部门既综合考虑了产排污强度、产排污总量、污染物毒性、污染物治理达标成本、环境污染事故发生频率及其造成的环境损失等指标，又深入调研、比较、论证，选取典型企业进行案例分析，广泛听取行业协会、企业和研究机构、专家等各方面意见，较好地保障了名录的科学性。③ 强化综合名录的适用性。重视将环境保护的需求与国家经济政策和市场监管政策直接对接。目前，综合名录在国家有关部门发布的《产业结构调整指导目录（2011 年版）》、取消出口退税的商品目录、禁止加工贸易的商品目录、《国家部分工业行业淘汰落后生产工艺装备和产品指导目录（2010 年版）》等政策中，已经得到运用。安监部门、银监部门都先后转发综合名录，要求在安全监管和信贷审核中，将综合名录作为重要依据。

经环境保护部建议，财政部、税务总局等相关部门取消了 200 余种高污染、高环境风险产品的出口退税，并禁止了加工贸易；名录成果还纳入了《产业结构调整指导目录（2011 年版）》、《外商投资产业指导目录》、《部分工业行业淘汰落后生产工艺装备和产品指导目录（2010 年版）》、《农药产业政策》、国家信贷调控政策和国家安全监管的范围，成为环保政策进入国家经济决策的一个有效渠道，在推进行业结构调整与升级转型等方面发挥了一定作用。同时，环保综合名录紧扣环保工作的重点和难点，通过国家宏观经济政策，对解决总量减排、风险防范、国际履约、重金属和有毒有害污染物防范等环保重大问题起到了积极促进作用。

参考文献

[1]　徐绍史. 国务院关于生态补偿机制建设工作情况的报告. 中国人大网，http：//www.shidi.org/sf_280D40CFA174475 FA7DEF71D7F57CAF8_151_cnplph. html，2013-04-26.

[2]　银行业绿度水平整体偏低　绿色信贷缺乏贯彻力度[N]. 第一财经日报，2012-09-26.

"十二五"环境经济政策建设规划中期评估：
基于逻辑框架法

Mid-term Assessment of the 12th -5 Years' Environmental Economic policy Construction Planning in China Based on a Logical Framework Approach

董战峰　李红祥　龙凤　吴琼　王慧杰　葛察忠　高树婷　李晓亮
（环境保护部环境规划院，北京　100012）

[摘　要]　本文采用改进的逻辑框架法对中国"十二五"环境经济政策建设规划进展开展了中期评估，评估结论采用信号灯方法表征，旨在研判规划实施进展情况、识别存在的关键问题，促进规划在后续阶段更好地实施。结果表明：① 规划任务总体进展良好，规划目标有望实现。② 环境经济政策在环保工作中的作用十分显著。环保专项资金、排污收费、对高污染、高消耗企业实施差异水价、差异电价等政策，在控污减排、生态保护中发挥了重要作用。③ 环境经济政策体系建设与规划目标要求还有一定差距。突出表现在税收绿色化进程缓慢，生态补偿立法尚未取得突破进展，排污权交易政策试点探索仍主要集中在一级市场，绿色信贷评估制度尚未建立等。④ 顺利实现规划目标还存在很大挑战，必须强化规划执行力度。在"十二五"后续阶段中要按照规划目标要求，重点针对进展较慢的任务，加大实施力度，尽快取得突破进展。

[关键词]　环境经济政策　"十二五"规划　中期评估　逻辑框架法　信号灯法

Abstract　Mid-term Assessment of Environmental Economic Policy Construction Planning in the 12th -5 years' period in China based on a logical framework approach （LFA）　was carried out in this paper，the results were manifested with Traffic Lights Appraoch （TLA），aiming to judge the progress of the planning implementation，indentify the key problems confronted with，facilitate a better implementation in the afterwards planning period. The results showed that：① tasks' progress of the planning are overall in a good progress and expected to achieve the planning objectives；② Environmental economic policy

注：本文首次发表在《环境经济》，2013 年，第 117 期。

作者简介：董战峰，博士，环境保护部环境规划院副研究员，主要从事环境政策技术经济评估、环境经济政策、环境战略与政策、绿色经济等领域的研究，是国家环保科技专家，UNEP、ADB、OECD 等多个国际机构的环境政策咨询专家。担任国家环境经济政策研究与试点项目秘书长、国家环境绩效评估与管理项目专家组组长，是中国技术经济学会、环境经济学会等多家学术团体的理事。

项目资助：国家社科基金重大项目"中国环境税收政策设计与效应研究"（编号：12AZD040）；国家水专项课题"跨省重点流域生态补偿与经济责任机制示范研究"（编号：2013ZX07603003）。

play a very significant role in the 12 -5 years' environmental protection work. Special funds for environmental protection，sewage charges，tariff difference policies on the high pollution，high consumption industrial enterprises ect played an important role in pollution reduction and ecological protection；③ There still lies a certain gap between the objectives and requirements of the Environmental economic policy planning. Such as the slow process of green taxes，ecological compensation legislation has not yet achieved breakthroughs，emissions trading pilot exploration policy remains still mainly concentrated in the first-level market，green credit assessment system has not been established；④ Successfully achieve planning objectives is still a big challenge for China，strengthening implementation of the planning should be given more emphasis.

Keywords　environmental economic policy，the 12th -5 Planning，mid-term assessment，LFA，TLA

　　"十一五"以来，环境经济政策在环保工作中日益受到重视，在筹集环保资金、调控环境行为、激励企业减排、提升管理效率等方面日益发挥重要作用，环境经济政策的地位在环境政策体系中不断提升。在这种背景下，为了更好地推进环境经济政策建设，环境保护部于2011年制定和实施了《"十二五"全国环境保护法规和环境经济政策建设规划》(以下简称《规划》)，这是我国首次就环境经济政策建设出台专项规划，尽管是与环保法规建设一起出台的。为了客观了解该规划实施进展程度，发现实施过程中存在的问题，厘清下一步工作思路，促进规划更好地实施，本研究对该规划的中期进展情况开展了评估。

1　评估框架

1.1　评估定位

　　(1)评估规划的实施进展。主要分析《规划》发布以来我国环境经济政策的进展情况，特别是分析提出的任务、措施的进展情况，政策是否已经出台，措施是否已经到位等。

　　(2)发现需要加快推进的任务和措施。找出规划中已经提出但是目前没有进展或者进展缓慢的政策措施，提出整改建议，加快推进实施力度。通过评估现有方案的实施进展，对方案中现有的政策查漏补缺，明确需要完善的重点政策。

　　(3)为规划实施改进及下一轮规划编制提供经验借鉴。通过对规划实施进展进行评估，发现规划实施过程中存在的问题，分析这些问题是由于规划编制不科学造成的，还是规划具体实施中造成的，为"十三五"规划编制提供经验借鉴。

1.2　评估原则

　　(1)比对规划，全面评估。为了全面评估规划的实施进展，将规划分解成目标、领域、任务，然后对照任务要求逐条进行评估，分析任务的执行和实施情况，达到全面认识规划实施进展的目的。

　　(2)定性为主，定量为辅。由于环境经济政策建设规划的特殊性，对规划评估主要以定性评估为主，适当兼顾定量，主要对规划提出的政策是否出台、实施进展如何进行评估。

　　(3)立足当前，突出重点。由于规划周期为2011—2015年，所以评估以2011年至今环境经济政策建设所取得的进展为主，同时，对一些重点领域的环境经济政策相对深入开展评估。

1.3 评估方法

公共政策评估根据分类标准的不同分为很多种类型，如按照评估主体可以分为正式评估、社会评估；按照评估时间分为预评估、过程评估、后评估；按照评估内容分为需求评估、过程评估、效果评估、影响评估。评估的标准一般分为有效性、效率、公平性和回应性4个方面：① 有效性是指效能，是指实现目标的程度；② 效率是指为实现目标所付出的成本和代价；③ 公平性是指一项政策的成本和收益在相关群体中分配的平均程度；④ 回应性是指政策运行结果是否符合目标对象的需求。本规划评估按照以上的分类方法应该分别属于社会评估、过程评估和效果评估。本次评估的重点主要放在对有效性的评估方面，适当兼顾效率、公平性和回应性3个方面，主要是评估规划是否按照原定的设想进行，原定的任务措施具体实施进展如何，已完成任务目标的程度。

本次评估采用逻辑框架法将《规划》分解为1个目标、10个领域、33项具体任务，然后对具体措施分别进行评估。在对措施进行评估的过程中，主要考虑的评估指标包括政策制定、政策执行、政策效果等方面，其中，政策制定方面考虑是否出台了相关法律法规文件，是国家出台的还是地方试点出台的；政策执行考虑政策文件落实情况，如是否是全国范围内实施，政策要求在实际中的落实情况等；政策效果主要是指政策实施后产生的影响，包括对节能减排的推动作用、对企业环境行为的改善作用、筹集资金的规模等。经过对政策制定、政策执行和政策效果的综合评判来最终决定各项规划任务进度的评估结论。评估结论采用信号灯方法分为红灯、黄灯、绿灯3个级别，其中红灯代表没有进展、进展较慢或进展一般，需要加快推进；黄灯代表进展较好，但是面临不少问题，需要进一步推进和完善；绿灯代表进展良好，需要稳中有进。

表1 "十二五"环境经济政策建设规划评估框架

1目标	10领域	33任务	进展评估	评估结果
形成比较完善的、促进生态文明建设的环境经济政策框架体系	推动现有税制"绿色化"	配合财税部门，将严重污染环境、大量消耗资源的商品纳入消费税征收范围，修订消费税税目税率表；对生产符合下一阶段标准车用燃油的企业，在消费税政策上予以优惠	相关政策未出台	红色
		适时修订《环境保护、节能节水项目企业所得税优惠目录（试行）》《环境保护专用设备企业所得税优惠目录（2008年版）》和《资源综合利用企业所得税优惠目录（2008年版）》	出台《关于公共基础设施项目和环境保护、节能节水项目企业所得税优惠政策问题的通知》，对企业所得税"三免三减半"的所得税优惠予以规定	黄色
		选择防治任务重、技术标准成熟的税目开征环境保护税，逐步扩大征收范围	环境保护税未开征，有关立法工作正在筹备	红色
	完善环保收费制度	结合重金属污染防治规划、持久性有机污染物污染防治规划，研究逐步提高收费标准，推动修订排污费征收标准管理办法	未提高重金属、持久性有机污染物等排污收费标准	红色
		研究提出促进有机肥使用，秸秆和畜禽粪便等农村废弃物综合利用的财税扶持政策，推进征收方式改革	上海、北京等地均出台了有机肥生产补贴办法。如北京每吨补贴450元，上海每吨补贴200元，山东、河南和江苏等省的补贴标准则在每吨180～250元不等	黄色

1 目标	10 领域	33 任务	进展评估	评估结果
形成比较完善的、促进生态文明建设的环境经济政策框架体系	完善环保收费制度	推动完善城镇污水和垃圾处理收费政策，逐步提高收费标准	浙江、北京等地方相应提高了污水处理收费标准。北京、安徽、东莞、长沙、昆明、武汉等实施或拟实施垃圾处理费捆绑水费征收的方式	绿色
		推动制定核设施退役费用，放射性废物、危险废物处置费用收取和管理办法	未出台相关收费办法	红色
	改革环境价格政策	研究制定燃煤电厂烟气脱硝脱汞电价政策，对可再生能源发电、余热发电和垃圾焚烧发电实行优先上网等政策支持	2013 年 1 月 1 日，脱硝电价全国实施，脱硝机组总装机容量达到 2.26 亿 kW，电力行业氮氧化物减排 7.1%	绿色
		推动制定废旧荧光灯管回收和无害化处置补贴政策	未出台相关政策	红色
		推动制定限制类和淘汰类高耗水企业惩罚性水价，完善鼓励再生水、海洋淡水、微咸水、矿井水和雨水开发利用的价格政策	山东、浙江对高耗水企业实施惩罚性水价。2012 年 6 月 21 日，国家发展和改革委员会用水累进加价政策，北京、天津实施再生水价格政策改革。海洋淡水等开发利用的价格政策未出台	黄色
		推动制定高耗能、高污染行业差别电价政策，对污水处理、污泥无害化处理、非电力行业脱硫脱硝和垃圾处理设施等鼓励类企业实行政策优惠	2006 年至今对电解铝、铁合金、电石、烧碱、水泥、钢铁、黄磷、锌冶炼 8 个行业实施差别电价。截至 2013 年 8 月，福建省物价局累计下达 3 278 家执行差别电价企业，累计征收差别电价资金约 12.6 亿元	绿色
		研究基于环境成本考虑的资源性产品定价政策，将资源开采过程中的生态环境破坏成本纳入煤炭、石油、天然气、稀缺资源等资源定价体系中	自 2011 年 11 月资源税改革推广至全国以来，资源税税收额增长较快。2012 年全国资源税实现 904 亿元。2013 年国务院决定将资源税从价计征范围扩大到煤炭等应税项目。环境成本仍基本未考虑	红色
	深化环境金融服务	健全绿色信贷政策。以国家确定的节能减排、淘汰落后产能的重点行业、涉重金属行业、对土壤造成严重污染的行业，以及环境风险高、环境污染事故发生次数较多、损害较大的行业为重点，研究制定绿色信贷行业指南。构建绿色信贷环境信息的网络途径和数据平台。研究制定绿色信贷环境信息管理办法。研究建立绿色信贷政策效果评估制度。建立企业环境行为信用评价制度	发布《绿色信贷指引》，2012 年五大银行的绿色信贷规模均在千亿元以上。截至 2012 年 10 月，环境保护部门累计向中国人民银行征信系统提供 8 万多条环境信息。中国银监会对环境保护部处罚的 18 家违法企业贷款余额进行了重点跟踪，并对放贷银行进行了专门的监督。绿色信贷政策效果评估及建立企业环境行为信用评价制度在探索之中	黄色

1 目标	10 领域	33 任务	进展评估	评估结果
形成比较完善的、促进生态文明建设的环境经济政策框架体系	深化环境金融服务	深化环境污染责任保险政策。以《关于环境污染责任保险工作的指导意见》规定的六大重点领域、重金属排放行业以及国家规定的其他高环境风险行业为重点，开展环境污染责任保险。健全环境污染责任保险制度，开展环境污染强制责任保险试点。抓紧制定环境污染责任保险配套技术规范，包括硫酸、合成氨、造纸、铅锌冶炼、铅蓄电池、铅汞采选冶炼等行业的环境风险评估技术指南。研究提出对环境污染责任投保企业和承保公司给予保费补贴和政策优惠的措施建议	已有河北、湖南、湖北、江苏、浙江、辽宁、上海、重庆、四川、云南、河南、广东、内蒙古、山西、安徽等 15 个省份开展了环境污染责任保险试点。发布《关于开展环境污染强制责任保险试点工作的指导意见》，首次明确规定涉重金属企业和石油化工等高环境风险需要投保环境污染强制责任险	绿色
		完善绿色证券政策。进一步规范上市公司环境保护核查和后督察制度，推动上市公司持续改进环境行为，建立和完善上市公司环境信息披露机制，推进在部分地区开展上市公司环境绩效评估试点	出台《关于进一步优化调整上市环保核查制度的通知》，强化上市公司环境保护主体责任	绿色
		开展环境保护债券政策研究，积极支持符合条件的企业发行债券用于环境保护项目	2012 年巢湖市城镇建设投资有限公司公开发行债券，发行总额达 12 亿元，这是该年度全国县级平台发行的票面年利率最低的公司债券。2013 年昆明向国家申报发行 15 亿元滇池治理债券	黄色
	健全绿色贸易政策	推动修订取消出口退税的商品清单和加工贸易禁止类商品目录，配合有关部门，采取禁止、限制、允许、鼓励等手段，减少由于贸易导致的环境污染和生态破坏	清单与目录未修订	红色
		研究充分利用 WTO 框架下的环境保护条款，积极应对国外起诉我国限制稀缺性矿产资源产品出口的贸易纠纷。研究制定既充分考虑我国自身的贸易利益又尽可能地拓展出口市场的环境服务和产品清单，积极参与 WTO 相关标准的制定	中国充分研究利用 WTO 框架下的环境保护条款，主动应诉限制稀土出口的贸易诉讼	黄色
		积极参与 WTO 对华贸易政策的环境议题审议，以及中国对 WTO 其他成员方贸易政策的环境议题评议，并开展国内环境政策和措施的贸易影响分析	积极参与 WTO 对华贸易政策的环境议题审议，积极参与中国对 WTO 其他成员方贸易政策的环境议题评议	黄色
		推动对外投资和对外援助的环境保护工作。研究制定中国企业境外投资环境行为指南，强化境外中资企业和对外援助机构的社会责任	发布《对外投资合作环境保护指南》	绿色

1目标	10领域	33任务	进展评估	评估结果
形成比较完善的、促进生态文明建设的环境经济政策框架体系	建立排污权有偿使用和交易制度	研究制定主要污染物排污权有偿使用和交易指导意见及有关技术指南	相关意见和指南尚未发布	红色
		扩大排污权有偿使用和交易试点范围，研究将二氧化硫、氮氧化物排污权有偿使用和交易试点适当扩展到排放份额比重大、监测条件好的行业，继续拓展化学需氧量、氨氮排污权有偿使用和排污交易试点区域	全国已有20余个省份开展了排污权有偿使用及排污交易政策试点，国家试点省份已扩展到11个。陕西、湖北、广东等已经开始实施二氧化硫、氮氧化物、化学需氧量、氨氮排污权交易	绿色
	构建生态补偿机制	针对流域、重要生态功能区、自然保护区、矿产资源开发、资源枯竭型城市五大领域，开展生态系统有偿服务与生物多样性经济价值评估研究，合理确定补偿标准，拟定补偿技术指南，逐步构建生态补偿机制和政策体系，推动建立国家生态补偿专项资金	已有27个省级地区建立了省级财政森林生态效益补偿基金。已有30个省级地区建立了矿山环境恢复治理保证金制度，2013年全国矿产资源补偿费征收入库额达197.5亿元。草原生态补偿机制逐渐完善，国家和地方两个层次的补偿结构初步形成。地方湿地生态补偿探索不断推进。资源枯竭型城市生态补偿试点进展缓慢	黄色
		选择自然保护区、重要生态功能区等典型地区开展生态补偿试点，鼓励、引导和探索实施下游地区对上游地区、开发地区对保护地区、生态受益地区对生态保护地区的生态补偿	自2008年财政部出台《国家重点生态功能区转移支付（试点）办法》以来，2012年，转移支付实施范围已扩大到466个县（市、区）。已有10来个省份开展了省内流域跨界生态补偿试点；2011年财政部、环境保护部批复了新安江跨省流域生态补偿试点；2012年5月，广东省出台《广东省生态补偿办法》，对生态功能区给予补偿和激励	绿色
		配合有关部门，推进矿产资源开发和资源型城市发展转型基金试点，并实行补偿绩效考核	试点工作未有进展	红色
		研究制定低、中放射性固体废物区域处置补偿机制问题	未出台相关政策	红色
	完善公共财政支持环保政策	研究提出将环境质量状况、重点生态功能区、环境基本公共服务建设成效作为一般性转移支付重要因素的政策建议，争取将环境基本公共服务均等化建设作为环境财政专项转移支付的重点；完善中央财政转移支付制度，加大对中西部地区、民族自治地方、革命老区和重点生态功能区环境保护的转移支付力度	出台《国家重点生态功能区转移支付（试点）办法》以来，通过提高转移支付补助系数和完善考核标准等方式，加大对青海三江源保护区、南水北调中线水源地等国家重点生态功能区的转移支付力度。中西部地区、民族自治地区等因素还未纳入一般转移支付考虑因素	绿色
		优化环保投资统计体系和绩效评价体系，并研究环保专项资金的支出方式，提高资金使用效率	2012年，环境保护部选取四川、山东两个省份开展了绩效评价试点工作，此外，江苏、河北、浙江、福建等部分省份已陆续开展地方性专项环保资金绩效评价工作	绿色

1 目标	10 领域	33 任务	进展评估	评估结果
形成比较完善的、促进生态文明建设的环境经济政策框架体系	完善公共财政支持环保政策	配合财政部门，继续加强政府绿色采购制度建设，强化产品生产、流通、消费全过程的环保要求，定期调整、优化政府绿色采购清单。研究将环境服务纳入绿色采购清单，支持环境服务业的发展	2012 年发布《环境标志产品政府采购清单（第九期）》。2013 年发布《节能产品政府采购清单（第十三期）》	绿色
		深化农村环保"以奖促治"和"以奖代补"政策	印发《全国农村环境综合整治"十二五"规划》，提出要深入实施"以奖促治"政策，进一步加大农村环境连片整治力度。2012 年，中央财政安排 55 亿元农村环境保护专项资金，支持各地开展农村环境综合整治	绿色
	制定和完善环境保护综合名录	制定和完善"双高"（高污染、高环境风险）产品名录等环境保护综合名录，建立"双高"产品名录动态管理数据库，提高"双高"产品名录等环境保护综合名录的针对性、可操作性，为财政、税收、贸易、信贷、保险、产业、科技等部门落实节能减排提供环保依据	发布《环境保护综合名录（2012年版）》，针对仍享受出口退税优惠政策的 53 种"双高"产品、仍在开展加工贸易的 64 种"双高"产品，分别向有关部门提出了取消出口退税、禁止加工贸易的建议。建立并在完善数据库	绿色
	推进污染损害鉴定评估	组建环境污染损害鉴定评估专业队伍逐步建立健全工作机制，研究制定系列环境污染损害鉴定评估技术规范	设立了环境风险与损害鉴定评估研究中心和环境污染损害鉴定技术中心，出台了开展环境污染损害鉴定评估工作的指导意见和推荐方法	绿色
		积极开展试点工作，力求重点突破。2011—2012 年为探索试点阶段，重点开展案例研究和试点工作，在国家和试点地区初步形成环境污染损害鉴定评估工作能力。2013—2015 年为重点突破阶段，以制定重点领域管理与技术规范以及队伍建设为主，强化国家和试点地区的环境污染损害鉴定评估队伍的能力建设。为推动相关立法进程，全面推进相关工作的深入开展打好基础	昆明等全国 7 个环境污染损害鉴定评估试点单位试点进展顺利	绿色

2 评估过程

2.1 推动现有税制"绿色化"

将环境资源性商品纳入消费税征收范围的消费税改革在积极推动，但是进展缓慢。通过调整消费税推动节能减排日益受到国家重视，但是具体的改革行动还没有付诸行动。2013 年 5 月 18 日，国务院批转国家发展和改革委员会《关于 2013 年深化经济体制改革重点工作意见的通知》，进一步提出要"合理调整消费税征收范围和税率，将部分严重污染环境、过度消耗资源的产品等纳入征税范围"。

企业所得税和车船税等环保相关税种的绿色化水平有所提高。所得税、消费税等环保相关税种的绿色化改革进展则相对较小，主要集中在环保企业所得税、节约能源及使用新能源的车船税优惠政策等方面。其中，2012 年 1 月 5 日，财政部、国家税务总局联合下发《关于公共基础设施项目和环境保护、节能节水项目企业所得税优惠政策问题的通知》，就企业从事符合《公共基础设施项目企业所得税优惠目录》，企业所得税"三免三减半"的所得税优惠予以规定。2012 年 3 月 6 日，财政部、国家税务总局、工业和信息化部联合发布《关于节约能源、使用新能源车船车船税政策的通知》，对节约能源的车船，减半征收车船税；对使用新能源的车船，免征车船税。

环境税改革的前期研究工作稳步推进，环境税出台实施仍需待定。推进环境税费改革是"十二五"环境经济政策改革的热点。财政部 2012 年的税制改革六项内容中，环境保护税位列其中。但由于环境税改革涉及复杂的利益关系调整，环境税改革方案一直在多方论证，审慎而行，有关立法方案仍在研究制定中，在环境保护部环境规划院等单位的技术支持下，环境保护部、国家税务总局等有关部门也在推进一系列研究，如开征环境税对环境保护部门经费保障影响及应对、环境税征管部门配合办法等，作为政策出台实施的前期基础准备工作，在不断推进之中。

2.2 完善环保收费制度

（1）许多地区在提高排污收费标准，推动修订排污费征收标准管理办法。根据污染物及防治规划和总量减排目标，各地纷纷出台二氧化硫、COD、氮氧化物排污费征收标准政策文件，提高排污费征收标准。新疆发改委发布了《关于提高二氧化硫和化学需氧量排污费征收标准的通知》，全面提高二氧化硫和化学需氧量排污费征收标准，二氧化硫排污费标准由 0.60 元/污染当量提高到 1.20 元/污染当量，化学需氧量排污费标准由量 0.70 元/污染当量提高到 1.40 元/污染当量。黑龙江省物价监督管理局、黑龙江省财政厅决定将二氧化硫排污费征收标准调整为 0.95 元/kg。2013 年 4 月 28 日，广东省物价局出台《关于调整氮氧化物、氨氮排污费征收标准和试点实行差别政策的通知》，调整排污费征收标准：NO_x 由 0.60 元/污染当量提高到 1.20 元/污染当量，NH_3-N 由 0.70 元/污染当量提高到 1.40 元/污染当量。截止到目前，共有广东、江苏、河北等 15 个省市提高了排污收费标准。

（2）城镇污水和垃圾处理收费政策在逐步完善，收费标准在逐步提高。污水处理和垃圾处理收费政策不断完善，各地纷纷出台相关政策，主要针对收费标准和方式，总体来说收费标准不断提高，计费方式不断完善。国务院出台了《"十二五"全国城镇污水处理及再生利用设施建设规划的通知》，提出进一步研究完善污水处理收费政策，按照保障污水处理运营单位保本微利的原则，逐步提高吨水平均收费标准。浙江省出台了《浙江省城镇污水处理费征收使用管理暂行办法》，规范城镇污水处理费的征收、使用和管理。北京市出台了《北京市生活垃圾管理条例》，开始实行按照多排放多付费、少排放少付费，混合垃圾多付费、分类垃圾少付费原则进行收费，逐步建立计量收费、分类计价、易于收缴的生活垃圾处理收费制度。广东东莞市人民政府办公室印发《东莞市生活垃圾处理费征收使用方案》，规定垃圾无害化终处理费用由市、镇两级财政按 5∶5 比例支付，已实施垃圾无害化处理的镇（街）可申请全额返还市代管费用，专项用于生活垃圾无害化处理，全市供水单位负责代征生活垃圾处理费，市财政局和各镇街财政分局负责全市生活垃圾处理费资金管理，监督生活垃圾处理费的征收与使用。安徽省物价局发布《关于加快推进全省城市生活垃圾处理收费工作的通知》，要求坚持污染者付费原则，制定收费标准要科学核定垃圾收集、运输和处理各环节成本，要在划分财政补偿、垃圾发电补偿与收费补偿范围和界限的基础上，区分居民和非居民等不同群体，合理确定收费标准。当前城市生活垃圾处理收费不足以保证生活垃圾处理设施正常运行的，当地财政应给予补偿。另外长沙、昆明、武汉、合肥也在实施或拟实施垃圾处理费捆绑水费征收的方式。

2.3　改革环境价格政策

（1）脱硝电价补贴正在由点到面全面铺开，但是对于补贴标准还存在偏低等争议。2011年9月，环境保护部发布了新的《火电厂大气污染物排放标准》，大幅提高火电厂污染物排放标准要求。为提高火电企业脱硝的积极性，2011年11月30日，国家发展和改革委员会出台了《国家采取综合措施调控煤炭和电力价格》，提出在南方电网、华北电网、西北电网、华东电网、华中电网的14个省（市、地区）开展脱硝电价试点，对安装并运行脱硝装置的燃煤发电企业试行脱硝电价，电价标准暂按每千瓦时8厘钱执行。2012年12月28日，国家发展和改革委员会进一步下发《关于扩大脱硝电价政策试点范围有关问题的通知》，提出自2013年1月1日起，将脱硝电价试点范围由现行14个省（自治区、直辖市）的部分燃煤发电机组，扩大为全国所有燃煤发电机组，脱硝电价标准为每千瓦时8厘钱。这标志着脱硝电价在我国开始全面实施。截至2012年年底，全国已建成脱硝设施的燃煤机组装机容量达到2.25亿kW，按照当前脱硝电量每千瓦时补贴8厘钱的标准，年脱硝电价补贴将超过100亿元。同时国家大力支持可再生能源发电、余热发电和垃圾焚烧发电。2011年4月6日，财政部、国家能源局、农业部下发《关于印发〈绿色能源示范县建设补助资金管理暂行办法〉的通知》，提出国家将安排资金支持绿色能源示范县建设，对绿色能源示范县开发利用生物质能、太阳能、风能、地热能、水能等可再生能源给予资金补助。2011年11月29日，财政部、国家发展和改革委员会、国家能源局下发《关于印发〈可再生能源发展基金征收使用管理暂行办法〉的通知》，要求在除西藏自治区以外的全国范围内，对各省、自治区、直辖市扣除农业生产用电（含农业排灌用电）后的销售电量征收可再生能源电价附加，可再生能源电价附加征收标准为8厘/kWh，可再生能源发展基金用于支持可再生能源发电和开发利用活动。国家发展和改革委员会、国家电监会定期发布《关于可再生能源电价补贴和配额交易方案》，就配额交易与电费结算问题做出详细说明，明确可再生能源电价附加资金补贴范围。

（2）水价形成机制不断完善，对产业机构调整发挥了一定倒逼功能，一些地区对高耗水企业实施惩罚性水价。2012年6月21日，国家发展和改革委员会、水利部、住建部印发《水利发展规划（2011—2015年）》，提出稳步推行阶梯水价制度，对高耗水的特种行业用水实行高水价，鼓励中水回用。山东、浙江等地实施了用水累进加价政策。山东省物价局会同省财政厅、省水利厅联合下发《关于印发〈山东省超计划（定额）用水累进加价征收水资源费暂行办法〉的通知》，自2012年1月1日起山东省工业和服务业取用水单位和个人超出水行政主管部门核定的计划部分的取用水，实行累进加价征收水资源费制度。浙江省财政厅、物价局、建设厅、水利厅联合下发《关于印发〈浙江省超计划用水累进加价水费征收管理暂行办法〉的通知》，规定非居民用水户的用水按照规定价格缴纳水费；超过用水计划用水的，超过部分除按照规定价格缴纳水费外，还需要按照文件中有关标准缴纳超计划用水累进加价水费。另外再生水价格政策改革在部分省市开始探索。2012年7月

15 日，北京市政府发布《进一步加强污水处理和再生水利用工作意见的通知》，提出要进一步完善再生水价格调整机制，并适时调整再生水价格。天津市决定自 2012 年 3 月 1 日起，适当调整再生水销售价格。结合再生水用途，将再生水的使用划分为居民生活用水、发电企业用水和其他用水三类，并实行分类水价。

（3）高耗能、高污染行业差别电价政策实施倒逼产业结构调整。对高耗能、高污染行业实施差别电价在我国已经广泛实施，早在 2006 年 9 月 17 日，国务院办公厅转发《发展改革委关于完善差别电价政策意见的通知》，要求对电解铝、铁合金、电石、烧碱、水泥、钢铁、黄磷、锌冶炼 8 个行业实施差别电价，将淘汰类企业电价提高到比目前高耗能行业平均电价高 50%左右的水平，提价标准由现行的 0.05 元/kWh 调整为 0.20 元/kWh；对限制类企业的提价标准由现行的 0.02 元/kWh 调整为 0.05 元/kWh。2010 年 5 月 12 日，国家发展和改革委员会、国家电监会和国家能源局联合下发《关于清理对高耗能企业优惠电价等问题的通知》，决定取消对高耗能企业的优惠电价措施，加大差别电价政策实施力度，对超能耗产品实行惩罚性电价。为了促进该政策实施，国家电监会会同有关部门通过年度和不定期检查来落实差别电价政策，目前该政策实施总体进展良好。虽然在一些地区出现政策落实不力问题。其中，福建省对落后产能企业差别电价做了大量工作。正在进一步提高加价标准，全面执行水泥、钢铁、建筑饰面石材、烧结机/炉窑差别电价，并提出适时制定相关高耗能、高排放和产能过剩行业差别电价政策。截止到 2013 年 8 月，福建省物价局累计下达 3 278 家执行差别电价企业，累计征收差别电价资金约 12.6 亿元。

（4）资源税征收方式和征收范围改革不断推进，但是资源开发的环境成本内部化问题基本未有体现。自 2011 年 11 月资源税改革推广到全国以来，资源税税收额增长较快。据国家税务总局统计，2012 年全国资源税实现 904 亿元，比上年增长 51%，其中多个省、市资源税实现 1 倍以上的增长。资源税属于地方税种，增加地方财力效应明显，资源税增长不仅增加了资源地的财政收入，同时增强了这些地方提供保障和改善民生基本公共服务的能力。随着原油、天然气资源税改革在全国全面铺开，在部分省份开展煤炭资源税从价计征改革试点开始在有关部门的考虑之中，未来还可能把从价计征的征收办法推广至其他资源类产品税目。国务院《2013 年深化经济体制改革重点工作意见的通知》，决定将资源税从价计征范围扩大到煤炭等应税项目，并力求年内取得新进展，可以看出煤炭资源税改革是大势所趋。

2.4　深化环境金融服务

（1）绿色信贷政策在不断健全，但是制度建设还需要解决多方面的关键问题。中国银监会发布了《关于印发绿色信贷指引的通知》，指导银行业金融机构按照指引的要求从战略高度推进绿色信贷，加大对绿色、循环、低碳经济的支持，防范环境和社会风险，加强监管和绿色信贷能力建设。在该指引的指导下，五大银行 2012 年的绿色信贷取得较快发展。从五大行各自的社会责任报告来看，2012 年每家银行的绿色信贷规模均在千亿元以上，比 2011 年都有不同幅度的增长。2013 年 2 月 7 日中国银监会发布《关于绿色信贷工作的意见》，积极支持绿色、循环和低碳产业发展，支持银行业金融机构加大对战略性新兴产业、文化产业、生产性服务业、工业转型升级等重点领域的支持力度。同时按照与中国银监会的信息共享协议，环境保护部继续指导地方环境保护部门向金融部门提供企业环境信息。截至 2012 年 10 月，环境保护部门累计向中国人民银行征信系统提供 8 万多条环境信息，涉及近 7 万家企业，170 万条包含环保信息的信用报告被提供给各类金融机构。同时，中国银监会对环境保护部处罚的 18 家违法企业贷款余额进行了重点跟踪，并对放贷银行进行了专门的监督。

（2）环境污染责任保险政策试点探索不断深化。自 2007 年《关于环境污染责任保险工作的指导意见》出台以来，环境污染责任险取得较大发展，目前已有河北、湖南、湖北、江苏、浙江、辽宁、上海、重庆、四川、云南、河南、广东、内蒙古、山西、安徽等 15 个省份开展了环境污染责任保险试点。同时环境污染强制责任保险工作正在加快推进，2012 年 2 月 21 日，环境保护部与保监会联合印发了《关于开展环境污染强制责任保险试点工作的指导意见》，首次明确规定涉重金属企业和石油化工等高环境风险需要投保环境污染强制责任险并提出了环境污染"强制"保险的概念。2013 年 1 月，环境保护部联合保监会共同出台了《关于开展环境污染强制责任保险试点工作指导意见》，进一步推进环境污染强制责任保险试点。新疆环境保护厅出台了《关于推进新疆环境污染责任保险试点工作的通知》，启动为期一年左右的环境污染责任保险试点工作。海南省财政厅发布《海南省森林保险试点实施方案》，开展森林保险试点，成为国内首个针对森林保险的省市。安徽也启动了森林保险试点，试点期间，保险金额暂定公益林 675 元/hm²、商品林 825 元/hm²。

（3）绿色证券政策的探索稳步推进。进一步规范上市公司环境保护核查和后督察制度，推动上市公司持续改进环境行为，建立和完善上市公司环境信息披露机制，推进在部分地区开展上市公司环境绩效评估试点。2012 年 10 月 8 日，环境保护部出台了《关于进一步优化调整上市环保核查制度的通知》，强化了上市公司环境保护主体责任，要求公司计划上市或再融资需取得环保证明文件的，应向所在地省级或以上环境保护部门申请上市环保核查，并提交核查申请文件及申请报告。地方层面，2012 年 10 月 9 日，青海省环境保护厅出台《关于对申请上市的企业和申请再融资的上市企业进行环境保护核查的规定》，规定核查对象为：重污染行业申请上市的企业；申请再融资的上市企业，再融资募集资金投资于重污染行业。2011 年首份《上市公司环境绩效评估报告》披露，在受评的火电、钢铁、化工、造纸、纺织、食品饮料和建材等 7 大重污染行业 161 家上市公司中，仅 10 家优良列入"红名单"，40 家不及格列入"黑名单"，需要持续加大对上市公司环境信息公开力度。

（4）积极支持符合条件的企业发行债券用于环境保护项目。"十二五"以来，环境保护债券发行量不断增加。2013 年昆明向国家申报发行 15 亿元滇池治理债券，积极调动社会力量治理滇池。2012 年 12 月 24 日，巢湖市城镇建设投资有限公司债券公开发行，发行总额达 12 亿元，这是今年全国县级平台发行的票面年利率最低的公司债券。

2.5 健全绿色贸易政策

推动修订取消出口退税的商品清单和加工贸易禁止类商品目录，采取禁止、限制、允许、鼓励等手段，减少由于贸易导致的环境污染和生态破坏。同时积极推动对外投资和对外援助的环境保护工作。研究制定中国企业境外投资环境行为指南，强化境外中资企业和对外援助机构的社会责任。2013 年 2 月 28 日，商务部、环境保护部联合发布《对外投资合作环境保护指南》。该指南有助于指导中国企业进一步规范对外投资合作中的环境保护行为，及时识别和防范环境风险，引导企业积极履行环境保护社会责任，树立中国企业良好对外形象，支持东道国的可持续发展。

2.6　加快探索排污权有偿使用和交易政策

（1）研究制定主要污染物排污权有偿使用和交易指导意见及有关技术指南。在国家层面，由环境保护部和财政部联合制定的《关于推进排污权有偿使用和交易试点工作的指导意见》经数次修订，已形成报批稿，但仍未正式出台。在重点领域，如火电行业主要大气污染物排污权有偿使用与排污交易管理、主要水污染物排污权有偿使用与交易等方面，国家层面的技术指南还有待进一步推进，目前前端的技术研究工作基本完成，下一步需要考虑如何推进有关政策的出台和实施。

（2）扩大排污权有偿使用和交易试点范围，探索排污权交易推行面临的关键技术问题。随着排污权有偿使用与交易试点的推进，出台了一系列指导文件。内蒙古自治区印发了《排污权有偿使用和交易试点实施方案》，正式启动排污权交易试点。浙江省温州市实施了《温州市排污权有偿使用和交易试行办法》，把排污权与环境信用评价挂钩。2011 年 12 月 23 日，陕西省印发了《氮氧化物排污权有偿使用及交易试点方案（试行）》，并在西安举行首次氮氧化物排污权拍卖，陕西比迪欧化有限公司等 5 家企业共竞得 380 t 氮氧化物的排放权，总成交额 160.8 万元。陕西省人民政府办公厅发布了《关于印发省主要污染物排污权有偿使用和交易试点实施方案的通知》，要求在全省建立排污权交易市场，省行政区域内所有新建、改建、扩建项目和排污单位需要新增二氧化硫、氮氧化物、化学需氧量和氨氮等主要污染物排污权指标的，均应参加排污权有偿使用及交易试点。湖北省人民政府出台《湖北省主要污染物排污权交易办法》，指导行政区域内主要污染物的排污权交易及其管理活动。广东省人民政府公布《关于印发广东省碳排放权交易试点工作实施方案的通知》，规定碳排放权交易产品以碳排放权配额为主。目前，全国已有 20 余个省份开展了排污权有偿使用及排污权交易政策试点。其中，国家试点省份已扩展到 11 个，分别为浙江、江苏、天津、河北、内蒙古、湖北、湖南、山西、重庆、陕西、河南。

2.7　构建生态补偿机制

（1）重点生态功能区转移支付制度正在逐步完善，一些地方在探索面向生态功能区的区域生态补偿模式。自 2008 年财政部出台《国家重点生态功能区转移支付（试点）办法》以来，通过提高转移支付补助系数和完善考核标准等方式，加大对青海三江源保护区、南水北调中线水源地等国家重点生态功能区的转移支付力度，提高转移支付资金使用效果。2012 年，转移支付实施范围已扩大到 466 个县（市、区）。2012 年 5 月，广东省正式出台《广东省生态补偿办法》，对生态功能区给予补偿和激励。

（2）流域生态补偿试点探索在不断推进。目前流域生态补偿试点主要集中在省内，已有河南、湖南、广东、辽宁等 10 余个省份自发开展了试点探索。跨省界的流域补偿目前主要有两个，一是陕西、甘肃联合开展的渭河流域跨省生态补偿，另一个是安徽和浙江联合开展的跨省界新安江流域生态补偿试点。前者是陕、甘两地自发开展的试点探索，后者是财政部和环境保护部联合开展的国家试点。截至 2012 年年底，陕西沿渭河的四个城市因断面污染物超标，共缴纳污水补偿金 1.33 亿元，补偿甘肃定西、天水两市 1 400 万元。财政部和环境保护部在 2011 年批复实施新安江跨省流域生态补偿试点，试点工作在稳步推进，对上游地区的安徽省流域综合治理能力建设提升很大，共实施试点项目 99 个，总投资 53 亿元。

（3）中央森林生态效益补偿制度基本建立。目前已有 27 个省级地区建立了省级财政森林生态效益补偿基金，用于支持国家级公益林和地方公益林保护，资金规模达 51 亿元。不少地区设立了专项资金。例如，山东省省级财政安排专项资金，同时组织市、县财政分别对省、市、县级生态公益林进行补偿，形成了中央、省、市、县四级联动的补偿机制。广东省由省、市、县按比例筹集公益林补偿资金。福建省从江河下游地区筹集资金，用于上游地区森林生态效益补偿。目前，我国公益林有效保护面积达到了 1.57 亿 hm^2，退耕还林工程累计造林 0.29 亿 hm^2。

（4）矿山环境恢复治理保证金制度逐步确立。2012 年，我国首次建立了矿产资源补偿费征收统计直报制度，除西藏自治区外，全国其他 30 个省级地区的 2 400 多个征管机构全面使用补偿费征收统计网络直报系统，所有持证矿山均纳入直报系统，促进了矿产资源补偿费的规范征收和足额入库，大部分省级地区的征收面和入库率均有明显提高。截至 2012 年年底，已有 80% 的矿山缴纳了保证金，累计 612 亿元，占应缴总额的 62%。

（5）草原生态补偿机制逐渐完善。内蒙古自治区草原生态补助奖励机制已经进入全面落实阶段。目前在内蒙古实施草原生态保护补助奖励政策的总面积为 0.68 亿 hm^2，涵盖内蒙古所有牧区和半农半牧区。截至 2012 年 10 月底，内蒙古已发放 2011 年草原生态保护补助奖励资金 34.8 亿元，占应发数的 98%，已有近 143 万户农牧民享受到草原生态补助奖励政策。甘肃省将该省草原分为青藏高原区、黄土高原区和荒漠草原区，实行差别化的禁牧补助和草畜平衡奖励政策，将减畜任务分解到县、乡、村和牧户，层层签订草畜平衡及减畜责任书。青海省在三江源试验区率先开展草原生态管护公益岗位试点，省财政支持建立了三江源保护发展基金。

2.8 完善公共财政支持环保政策

（1）优化环保投资统计体系和绩效评价体系，并研究探索环保专项资金的支出方式，提高资金使用效率。环境保护部开始推动实施环保专项资金项目绩效管理试点，推进实施基于绩效的财政资金项目管理模式。2012 年，环境保护部选取四川、山东两个省份开展了绩效评价试点工作，以 2004 年中央财政设立的环境保护专项资金为对象，从资金投入与管理、项目实施管理、项目运行情况、实施效益等方面开展探索，不断完善细化评价指标和数据核证方法，提高评价指标操作性，加强数据核证性，为进一步推进环保专项资金项目绩效评价积累经验。此外，江苏、河北、浙江、福建等部分省份已陆续开展地方性专项资金绩效评价工作。强化环保专项资金监督检查，提升资金的使用效果。环境保护部办公厅下发了《关于开展 2012 年中央环保专项和中央重金属污染防治专项资金监督检查工作的通知》，督促开展 2012 年中央环保专项和中央重金属污染防治专项资金使用的监督检查。新疆、青海、安徽、湖北等地也积极开展专项资金使用情况的监督检查。

（2）加强政府绿色采购制度建设，定期调整、优化政府绿色采购清单。2012 年 1 月 19 日，财政部、环境保护部联合下发《关于调整公布第九期环境标志产品政府采购清单的通知》，发布了《环境标志产品政府采购清单（第九期）》。2013 年 1 月 30 日，财政部，国家发展和改革委员会联合下发《关于调整公布第十三期节能产品政府采购清单的通知》，发布了《节能产品政府采购清单（第十三期）》。

（3）深化农村环保"以奖促治"和"以奖代补"政策。2012 年环境保护部印发《全国农村环境综合整治"十二五"规划》，提出要深入实施"以奖促治"政策，进一步加大农村环境连片整治力度。2012 年，中央财政安排 55 亿元农村环境保护专项资金，支持各地开展农村环境综合整治，一大批农村突出环境问题得到有效解决。

2.9 制定和完善环境保护综合名录

目前环境保护部已向国家发展和改革委员会、工信部、财政部、商务部、人民银行等13个经济综合部门提供了《环境保护综合名录（2012年版）》，综合名录共包含"高污染、高环境风险"产品（简称"双高"产品）596项、重污染工艺68项、环境友好工艺64项、环境保护专用设备28项。同时，环境保护部还针对综合名录提出了七个方面的政策措施建议，特别是针对仍享受出口退税优惠政策的53种"双高"产品、仍在开展加工贸易的64种"双高"产品，分别向有关部门提出了取消出口退税、禁止加工贸易的建议。经环境保护部建议，财政部、税务总局等相关部门取消了200余种高污染、高环境风险产品的出口退税，并禁止了加工贸易。

2.10 推进污染损害鉴定评估

研究制定系列环境污染损害鉴定评估技术规范。积极开展试点工作，力求重点突破。2011年5月25日，环境保护部发布了《关于开展环境污染损害鉴定评估工作的若干意见》，提出推动立法进程、制定技术规范、组建专业队伍、健全工作机制四项任务。2013年1月22日，环境保护部办公厅发布《关于征求〈突发环境事件污染损害评估工作暂行办法（征求意见稿）〉意见的函》，对《突发环境事件污染损害评估工作暂行办法（征求意见稿）》向外界征求意见。2013年8月2日，环境保护部印发《突发环境事件应急处置阶段污染损害评估工作程序规定》。

2.11 推进环境经济政策法制化

法律保障不足一直是我国环境经济政策建设面临的一个困境。进入"十二五"以来，环境经济政策法制化步伐不断加快，但是尚未取得突破性进展。2011年生态补偿条例进入2011年度国务院立法计划，2012年3月21日，国家发展和改革委员会牵头的《生态补偿条例》起草工作正式启动，目前，国家发展和改革委员会同有关部门起草了《关于建立健全生态补偿机制的若干意见》征求意见稿和《生态补偿条例》草稿。此外，环境税法、排污权有偿使用和排污交易管理办法等环境经济政策法律法规文件也初步完成了初稿编制工作，出台时机有待确定。

2.12 不断强化环境经济建设的基础保障

环境经济政策制定和实施的组织协调力度不断加强，环境保护部主动加强协调，与发改委、财政部、税务总局等一起推动生态补偿、环境税、排污权交易等环境经济政策的制定和实施。环境经济政策试点和实施的经费保障还需要进一步强化，持续推进试点探索和政策创新需要经费投入保障，该项工作需要加大力度。国家和地方环境经济政策出台频率总体在不断加快，地方实践也快速推进，环境经济政策人才队伍建设和组织机构建设取得了一定进展，湖北省、四川省等不少地区成立了环境政策研究所，但是地方上成立的专门性的环境经济政策研究机构几乎没有，环境经济政策研究人员与管理需求相比还存在较大差距。

3 评估结论

3.1 规划任务总体进展良好，规划目标有望实现

自从规划发布以来，环境保护部积极协调国家发展和改革委员会、财政部、国家税务

总局等有关部门推动环境经济政策制定和实施，初步建立起包括绿色信贷、保险、贸易、电价、证券、税收等在内的环境政策框架体系。采用信号灯法对规划提出的 33 项规划任务要求进行了定性评价，总体任务要求进展良好，其中污水垃圾处理收费政策、脱硝电价、高耗能行业惩罚性电价、绿色采购等 14 项规划任务进展良好，评价为绿灯；绿色信贷、环保债券、生态补偿机制等 8 项规划任务为进展较好，评价为黄灯；消费税改革、重金属排污收费等 10 项规划任务为未有进展、进展较小或者进展一般，需要加快推进，早日突破，评价为红灯。

3.2　环境经济政策不断发力，政策效应十分显著

环境财政政策不断完善，环保专项资金政策实施力度不断加大，2012 年中央财政安排农村环保资金 55 亿元，重金属治理资金 32 亿元，重点流域水污染防治资金 50 亿元，综合性污染治理资金 25 亿元。电力行业脱硝电价政策正在由点到面推开，从在安徽、江苏、广东调研的情况来看，对火电企业建设和运行脱硝设施起到了显著激励作用，目前脱硝机组总装机容量达到 2.26 亿 kW，占火电装机容量的比例从 2011 年的 16.9%提高到 27.6%，电力行业氮氧化物减排 7.1%与脱硝政策激励不无关系。不少地区在提高排污收费标准，对高污染、高消耗企业实施差异水价、差异电价，增加企业的环境成本，提高了企业的环境意识，措施有效、激励明显、调控得力。生态补偿制度建设在不断推进，财政补偿资金投入力度在不断加大，政策实施效果显著，2012 年，全国草原综合植被盖度达到 53.8%，公益林有效保护面积达到了 1.57 亿 hm^2，退耕还林工程累计造林 0.29 亿 hm^2。在涉重金属和石油化工等高环境风险行业推进环境污染强制责任保险，促进了高环境风险企业提高环境风险防范意识，有望改变企业污染事故由政府买单的困境。绿色信贷在不断推进，截至 2012 年 10 月，环境保护部门累计向中国人民银行征信系统提供 8 万多条环境信息，涉及近 7 万家企业，170 万条包含环保信息的信用报告被提供给各类金融机构，从资金源头卡住了高污染企业的脖子，促进了产业结构的优化。2012 年全国化学需氧量、二氧化硫、氨氮、氮氧化物排放总量分别比上年减少 3.05%、4.52%、2.62%、2.77%，这与环境经济政策不断得以创新运用不无关系。

3.3　环境经济政策体系不断完善，距离规划目标要求还有一定差距

《规划》目标提出要"根据我国环境经济政策建设的现状以及我国环境保护的实际需要，积极推进环境经济政策的研究、制定和实施工作，到 2015 年形成比较完善的、促进生态文明建设的环境经济政策框架体系"。但是在规划实施过程中，我们发现还存在一系列问题，包括：税收绿色化进程缓慢，环境税、消费税改革尚未取得关键性突破；生态补偿立法尚未取得突破进展，《关于建立健全生态补偿机制的若干意见》和《生态补偿条例》尚未出台；短期内出台国家层面的排污权交易政策文件仍存在一定难度，排污权交易政策试点探索仍还是主要集中在一级市场，盘活二级市场还需要解决很多方面的问题；绿色信贷执行落实仍较欠缺，一些倡导绿色信贷的银行机构的绿化水平在一定程度上可能比其自身报告所阐述的要低，绿色信贷评估制度尚未建立。环境污染责任险政策还处于试点深化推进阶段。总体来看，我国环境经济政策体系建设尚处于初级阶段。现有环境经济政策缺乏法律法规支撑，政策之间协调不够、配套措施不足、技术保障不力等问题严重，无论是政策设计本身还是其实施均存在许多问题，需要继续加大试点探索力度，不断完善有关政策。

3.4　需要进一步强化规划执行力度，推动规划目标实现

在评价的 33 项规划任务中，8 项规划任务为进展较好，10 项规划任务为未有进展、进展较小或者进展一般，这说明这些规划任务需要进一步加快实施和推进。下一步要按照规划目标要求，重点针对进展较慢的任务，加大实施力度，尽快取得突破进展。以下是下阶段的重点工作：要加快推进环境税试点铺开和开征环境税的配套能力建设，出台环境税立法，同时加快税收绿色化力度，积极推动环境税合理调整消费税征收范围和税率，将部分严重污染环境、过度消耗资源的产品等纳入征税范围。继续改革环境收费，对重金属、持久性有机污染物、核设施退役费用、放射性废物、危险废物等收取排污费、处理处置费。推动制定废旧荧光灯管回收和无害化处置补贴政策。加快完善基于环境成本考虑的资源性产品定价政策，在资源价格机制改革中，将资源开采过程中的生态环境破坏成本，纳入煤炭、石油、天然气、稀缺资源等资源定价体系中。加快修订取消出口退税的商品清单和加工贸易禁止类商品目录，减少由于贸易导致的环境污染和生态破坏。加快研究制定主要污染物排污权有偿使用和交易指导意见及有关技术指南。配合有关部门，推进矿产资源开发和资源型城市发展转型基金试点，并实行补偿绩效考核。研究制定低、中放射性固体废物区域处置补偿政策。加快环境经济政策的法制化步伐：① 适时在环保综合法、单行法和其他有关法律法规的制、修过程中，将有关一些已经成熟的环境经济政策纳入这些法律法规中；② 抓住时机，促进一些环境政策的法制化，如促进出台《环境税征管办法》或《环境税法》、《关于建立健全生态补偿机制的若干意见》、《生态补偿条例》等法律法规。

参考文献（略）

中国环境经济政策进展分析：基于描述性统计方法

Progress of Environmental Economic Policy in China Based on a Descriptive Statistics Method

董战峰　王慧杰　葛察忠　李红祥　吴琼　郝春旭

（环境保护部环境规划院，北京　100012）

[摘　要]　本文采用描述性统计法对我国"十一五"以来出台的环境经济政策文件进行了统计分析。研究结果表明：① 环境经济政策出台主导部门主要集中在财政、发改和环保等部门，这表明财政、税费及价格等宏观调控经济政策工具在环境经济体系中发挥着主导作用，在国家层面三项政策占出台政策总数的 62.9%。而绿色金融、排污权交易、生态补偿及绿色贸易政策出台数量则较少。② 环境经济政策数量的地域性特征呈明显的东、西、中递减分布格局，分别占政策出台总数量的42.2%、29.5%和28.3%。地方上则以江苏和浙江两省政策出台最多。③ 环境经济政策出台数量同经济发展有一定的联系，但同时也受阶段性管理工作的需求和环保的实际需要等因素影响。④ 我国的环境经济政策体系在不断完善，环境经济政策体系逐渐进入转型期，政策制度化、法制化建设在不断推进。

[关键词]　环境经济政策　进展　评估　统计分析　转型阶段

Abstract　In this paper，authors collected and analyzed the environmental economic policy documents promulgated at the national level and the local level since "11th Five-Year" period，then mainly used descriptive statistics method to do multidimensional analysis of the number of policy documents. The results show that ① The Ministry of Finance，Development and Reform Commission and the Ministry of Environmental Protection promulgated the most of policies，accounting for 62.9% of the total number of issued policies. The macro-control tools，such as tax policy and price policy，still play a dominant role. Despite given more attention，the number of green finance policy，emission trading policy co-compensation policy and green trade policy is still very small.② the regional analysis of the environmental economic policy shows that the distribution of policy has a significant geographical feature，the number of policy issued in eastern，western and central region is gradual decreased，accounting for 42.2%、29.5%、28.3% respectively. Zhejiang and Jiangsu province issued the most policies among 31 provinces，which is 53 and 48 respectively. ③ there is some relationship between the

注：本文首次发表在《环境经济》，2013 年，第 117 期。

项目资助：国家社科基金重大项目"中国环境税收政策设计与效应研究"（编号：12AZD040）；国家水专项课题"跨省重点流域生态补偿与经济责任机制示范研究"（编号：2013ZX07603003）。

number of policy and economic development issued. At the same time，the issue of policy also affected by the need of periodical management and real requirement of environmental protection.④ the environmental economic policy system is being improved and institutionalized. Environmental economic policy system is at stage of transformation and the policy system will gradually achieve legalization and institutionalization.

Keywords environmental economic policy，progress，assess，statistical analysis，transformation stage

引　言

为了反映近几年的环境经济政策发展趋势和规律，更好地为决策者和研究者提供参考，本研究对"十一五"以来的国家和地方两层面的环境经济政策文件分别进行了整理及统计分析。本研究仍延续《"十一五"环境经济政策进展评估》一文的分类方法①，但对环境经济政策统计分类进一步进行了调整与校正，将新发现的业已出台的一些环境经济政策文件纳入了统计分析框架，对一些原来分类有争议的政策文件归类进一步进行了调整，以更加科学地反映我国环境经济政策出台的进展情况。应该说，本文是《"十一五"环境经济政策进展评估》一文的更新版，特别是把近两年的环境经济政策进展反映到了分析框架中。

1　研究方法

研究方法主要有实地调研法、网络搜索法、专家咨询法、政策文件解析法、时间序列法等，政策文献的数量变化、部门分布特征、时空分析等以描述性统计法为主。通过政策文件出台数量的多维度解析来刻画环境经济政策的时空变异特征。研究时间范围为2006—2012年。此处特别要指出的是，这种研究方法在方法学上并非毫无争议，因为出台的某项环境经济政策数量多少并不必然能反映该项环境经济政策的进展程度。而且，对某项环境经济政策而言，当某一关键性政策文件出台后，实际上恰恰是该政策取得突破性进展的标志。如对生态补偿政策而言，若出台实施了《生态补偿条例》，则可认为该政策取得了重大突破。尽管如此，鉴于当前我国的许多环境经济政策主要处于试点阶段、环境经济政策体系尚未建立，基于环境经济政策文件出台数量变化的描述性统计分析结果，可在一定程度上反映环境经济政策的进展情况。

2　国家层面环境经济政策的制定和出台情况

从表1中有关政府部门与出台政策类型的政策矩阵可看出，环境经济政策制定和出台工作涉及的政府职能部门门类多，除了以环境保护工作为主要业务的环境保护部出台了有

---

① 本文根据我国环境经济政策实践的主要类型，统计分析的环境经济政策主要包括环境财政、环境税费、环境资源定价、绿色金融、绿色贸易、排污权交易、生态补偿、行业环境经济政策以及综合性政策。其中，环境财政政策主要包括各类环境财政预算支出、专项资金管理、政府绿色采购政策等；环境税费政策主要包括车辆购置税、消费税、出口退税、企业所得税、增值税等环保有关税收的税式支出政策等；环境资源定价政策主要包括脱硫电价、新能源电价补贴、取消高耗能行业电价优惠、新能源汽车补贴、水资源价格等；绿色金融政策主要包括节能环保领域的金融扶持政策、防范高耗能高污染行业贷款政策、上市公司再融资政策等；行业环境经济政策主要包括矿产资源节约与综合利用鼓励、限制和淘汰、禁止类的技术和产品目录，高污染高环境风险产品名录政策等；对内容中有部分或某一方面的环境经济政策规定的一些政策文件称为综合性政策。

关的环境经济政策外，财政部、国家税务总局等经济部门，国家林业局、国土资源部等自然资源管理部门，以及国家社会经济发展宏观调控部门——国家发展和改革委员会均出台了不少有关环境经济政策，这不仅体现了环境经济政策的综合性特征，也反映了环境经济政策体系建设工作不仅是环境保护专门职能部门的事情，自然资源管理部门、经济部门以及行业部门在环境经济政策制定中也发挥重要作用。这也与我国的环境保护事权分散于各有关政府职能部门中有紧密关系。

表1　国家层面出台的环境经济政策　　　　　　　单位：项

政策出台（主导）部门	环境财政政策	环境税费政策	环境资源定价政策	绿色金融政策	绿色贸易政策	排污权交易政策	生态补偿政策	行业环境经济政策	综合性政策	总计
人大	—	—	—	—	—	—	1	—	—	1
国务院	2	4	—	1	—	—	3	—	13	23
发改委	22	4	35	2	—	—	—	17	2	82
财政部	50	46	9	3	8	8	8	1	1	134
环境保护部	12	2	1	7	—	—	1	5	2	30
商务部	—	1	1	—	—	—	—	2	—	4
工信部	—	—	—	—	—	—	—	1	—	1
国家林业局	1	—	—	—	—	—	—	—	—	1
国家税务总局	2	4	—	—	1	—	—	—	—	7
国土资源部	—	—	—	—	—	—	2	1	1	4
农业部	—	1	—	—	—	—	—	—	—	1
中国人民银行	1	—	—	6	11	—	—	—	—	18
中国银监会	—	—	—	6	—	—	—	1	—	7
中国证监会	—	—	—	2	—	—	—	—	—	2
总计	90	62	46	27	20	8	15	28	19	315

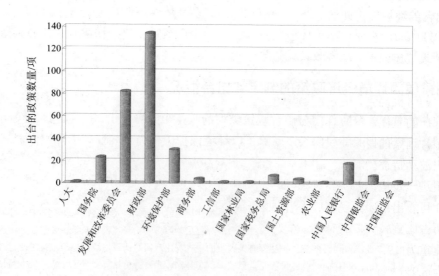

图1　各有关政府职能部门出台的环境经济政策

从图 1 中环境经济政策出台的政府主导部门来看，以财政部出台环境经济政策最多，共出台 134 项。其次是国家发展和改革委员会，主导出台了 82 项。环境保护部主导出台了 30 项，国务院出台了 23 项，中国人民银行出台了 18 项，中国银监会出台了 7 项，商务部主导出台了 4 项，中国证监会出台了 2 项。这表明：我国的环境经济政策体系建设在 2006—2012 年发挥主导作用的部门是财政部和发改委，财政政策、宏观价格调控政策在环境经济政策体系中占较大比重；环境保护部虽然主导制定的环境经济政策较财政、发改委少，但是参与了很多其他部门主导制定的环境经济政策，是环境经济政策体系建设的推动者，在环境经济政策制定工作中扮演着重要的协调、组织角色。

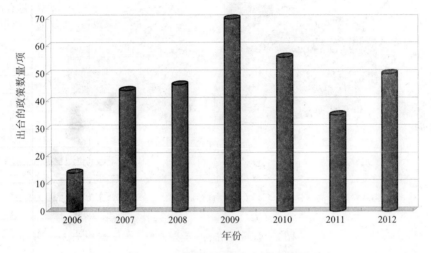

图 2　环境经济政策出台数量年际变化

从图 2 可以看出：2006—2009 年，环境经济政策出台数量呈逐年递增趋势。2006 年政策出台数量为 14 项，2007 年为 44 项，2008 年为 46 项，2009 年为 70 项。2010—2012 年，出台的环境经济政策数量在 2010 年和 2011 年下降后开始增加，2010 年政策为 56 项，2011 年政策为 35 项，2012 年政策为 50 项。其中，2007 年、2008 年、2009 年和 2012 年出台的政策年均增长率分别为 214.3%、4.5%、52.2% 和 42.9%。这表明，随着社会主义经济市场化进程的推进，环境经济政策实施的制度环境正在逐步具备，不少环境经济政策制定出台的时机已到，促进经济发展和环境保护融合的环境经济政策越来越受到各有关政府职能部门的重视。虽然环保工作对环境经济政策有着强烈需求，但是环境经济政策的出台受到多种因素的影响，这导致了环境经济政策数量变化并非一直呈增加趋势，在个别年份呈现出波动特征。

更进一步地，本研究对 2006—2012 年国家层面出台的环境经济政策类型进行了分析，从图 3 可看出：环境税费、环境财政和环境资源定价三类政策在已出台的环境经济政策总量中所占比重较大，共计 62.9%。其中，环境财政政策所占比重为 28.6%，环境税费政策所占比重为 19.7%，环境资源定价政策所占比重为 14.6%。此外，行业环境经济政策所占比重为 8.9%，绿色金融政策所占比重为 8.6%，绿色贸易政策所占比重为 6.3%，综合性政策所占比重为 6.0%，生态补偿政策所占比重为 4.8%，排污权交易政策所占比重为 2.5%。该结果表明：在当前的环境经济政策体系建设中，财政、税费和价格等宏观调控政策工具仍在起主导作用；环境信贷、绿色保险、环境融资政策等绿色金融政策的出台受到重视，但是政策文件仍较少；推行生态补偿和排污交易政策在 2006—2012 年也受到国家重视，在全国多个省份开展了相关试点工作，但是从该政策的进展来看，国家层面出台的政策文件还较少，目前主要还是以"自下而上"探索为主；绿色贸易政策出台数量约占全部环境经济政策的 6.3%，这在一定程度上反映了当前我国的贸易工作开始重视调整和优化进出口贸易结构、发展绿色贸易，减少进出口贸易的环境资源逆差，有利于实现以贸易促环保，但总体而言出台的政策数量较少、覆盖面较窄。

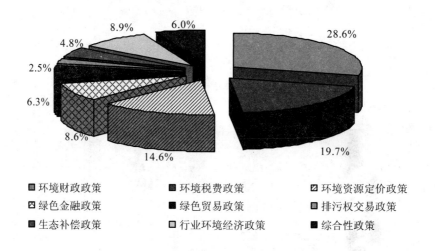

图 3 环境经济政策类型分布

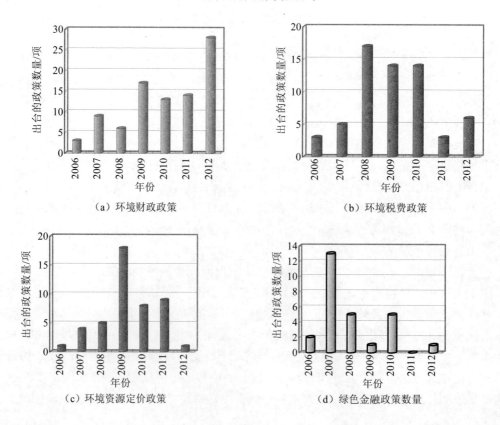

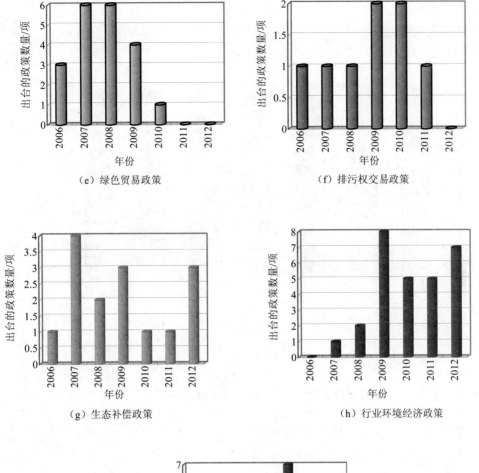

（e）绿色贸易政策　　　　　　　（f）排污权交易政策

（g）生态补偿政策　　　　　　　（h）行业环境经济政策

（i）综合性政策

图4　各类环境经济政策的年际变化

从图4可看出：2006—2012年，不同类型的环境经济政策出台数量年际变化差异较大。环境财政政策出台时段主要集中在2009—2012年，环境税费政策主要集中在2008—2010年，环境资源定价政策主要集中在2009年，绿色金融政策2007年出台数量最多；绿色贸易政策在2007—2008年出台最多；排污权交易政策出台的数量较少；生态补偿政策出台的数量较少，年际变化幅度较大，2007—2009年为政策出台密集期；行业环境经济政策出台总体呈增长趋势，2009—2012 年出台政策较多；综合性政策中以 2010 年出台的政策最多。不同类型的环境经济政策历年增长比率变化在一定程度上反映了不同类型的环境经济政策推进的方向、深度、时机在不同时期有所不同。

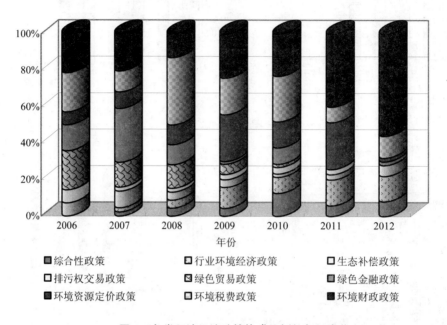

图 5 各类环境经济政策构成比例的年际变化

从图 5 可看出：不同年份出台的环境经济政策类型有较大差别，2006 年主要以环境税费政策和行业环境经济政策为主；2007 年，绿色金融政策、环境财政政策、绿色贸易政策和生态补偿政策较多；2008 年，环境税费政策较多；2009 年，环境资源定价政策、环境财政政策和环境税费政策较多；2010 年则以环境财政政策、环境税费政策、环境资源定价政策和综合性政策居多；2011 年以环境财政政策、环境资源定价政策和行业环境经济政策为主；2012 年，环境财政政策最多。

3 地方层面环境经济政策的制定和出台情况

从表 2 中可看出，2006—2012 年全国 31 个省级地区出台环境经济政策 625 项，其中环境财政政策为 190 项，环境税费政策为 159 项，绿色金融政策为 34 项，绿色贸易政策为 14 项，环境资源定价政策为 87 项，排污权交易政策为 76 项，综合性政策为 30 项，生态补偿政策为 27 项，行业环境经济政策为 8 项。政策制定部门主要为各省级人民政府、财政厅、发展改革委、环境保护厅、商务厅、物价局、国税局、住房与建设厅、银监局、证监局、国土资源厅等相关职能部门，具体见表 2。

表2　各省级地区出台的环境经济政策数量

序号	省份	所属地区	环境财政政策	环境税费政策	环境金融政策	绿色贸易政策	环境资源定价政策	排污权交易政策	生态补偿政策	综合性政策	行业环境经济政策	总计
1	北京	东部地区	12	1	—	—	1	—	1	3	—	18
2	天津		3	3	—	—	5	1	—	—	—	12
3	河北		11	5	—	—	9	5	1	—	—	31
4	辽宁		5	4	1	1	6	—	2	—	—	19
5	上海		8	5	—	—	7	—	—	—	—	20
6	江苏		10	9	3	—	12	12	1	1	—	48
7	浙江		16	6	—	2	8	10	3	6	2	53
8	福建		10	1	—	—	4	—	—	2	—	17
9	山东		4	2	2	—	2	1	2	2	—	15
10	广东		8	5	—	1	1	1	—	2	—	18
11	海南		4	4	2	—	1	—	—	2	—	13
12	山西	中部地区	11	7	3	—	1	7	1	2	—	32
13	吉林		—	3	—	2	3	—	—	2	—	10
14	黑龙江		4	5	2	—	3	—	—	—	—	14
15	安徽		12	9	2	—	1	—	1	1	—	26
16	江西		3	9	—	2	—	—	—	—	—	14
17	河南		3	10	—	—	4	—	2	—	—	19
18	湖北		10	9	—	—	3	11	—	—	4	37
19	湖南		6	5	2	2	—	10	1	—	—	26
20	四川	西部地区	8	5	5	1	3	1	1	2	—	26
21	重庆		8	2	3	—	—	6	—	—	—	19
22	贵州		3	11	1	—	2	—	3	1	—	21
23	云南		—	8	2	—	2	3	1	—	—	16
24	西藏		—	2	—	—	—	—	—	1	—	3
25	陕西		6	3	1	—	1	4	1	—	—	16
26	甘肃		2	12	—	1	2	—	1	1	1	20
27	青海		6	—	2	—	—	—	3	—	—	11
28	宁夏		1	—	—	—	—	—	—	—	1	2
29	新疆		5	9	—	1	1	—	1	—	—	17
30	广西		4	3	1	1	4	—	—	2	—	15
31	内蒙古		7	2	2	—	1	4	1	—	—	17
总计			190	159	34	14	87	76	27	30	8	625

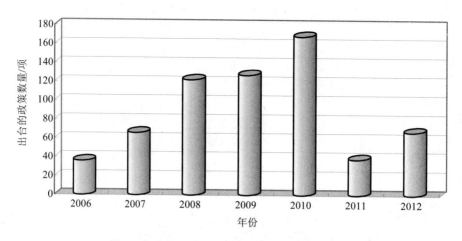

图6　各省级地区出台的环境经济政策数量年际变化

从图 6 可看出："十一五"期间各省级地区出台的环境经济政策数量总体上呈逐年上升趋势：2006—2010 年的环境经济政策出台逐年增长率分别为 83.3%、84.8%、4.1%、32.3%；"十一五"时期的年均增长率为 51.1%。"十二五"的头两年出台的政策数量整体较"十一五"期间各年少，2011 年仅出台了 38 项环境经济政策，2012 年略多，为 67 项。

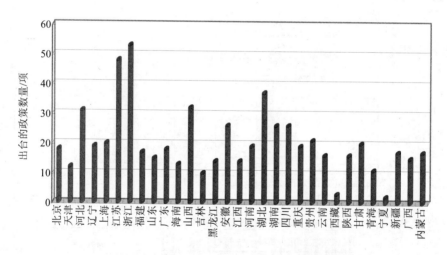

图7　各省级地区出台的环境经济政策

从图 7 可看出：2006—2012 年，各省级地区出台的环境经济政策数量以浙江省和江苏省为最多，分别为 53 项和 48 项；其次是湖北省，为 37 项；山西为 32 项；河北为 31 项；安徽、湖南和四川均为 26 项；贵州为 21 项；甘肃和上海为 20 项；河南、辽宁和重庆为 19 项；北京、广东为 18 项；新疆、福建和内蒙古为 17 项；陕西和云南为 16 项；山东、广西均为 15 项，其他省级地区则相对较少。这反映了由于各省级地区的社会经济发展水平、污染控制工作推进程度、政府环境管理理念等不同，对环境经济政策的重视程度和需求程度也存在较大差异。总体上来看，一些经济发达的省级地区出台的环境经济政策数量较多，表明这些地区对环境经济政策的需求较大，积极探索利用市场力量治理环境污染的新的手段；相对而言，一些经济欠发达省份，出台的环境经济政策数量相对较少。

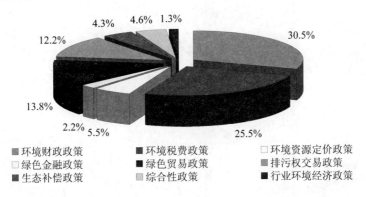

图 8　各省级地区出台的不同类型的环境经济政策的比率

从图 8 可看出：环境财政政策、环境税费政策和绿色贸易政策在出台的环境经济政策中所占比重最高，分别为 30.5%、25.5% 和 13.8%，累计占所有政策类型的比重达到 69.8%。其他类型的环境经济政策所占的比重比较小：排污权交易政策为 12.2%，环境资源定价政策为 5.5%，综合性政策为 4.6%，生态补偿政策为 4.3%，绿色金融政策为 2.2%，行业环境经济政策为 1.3%。该结果表明：不仅在国家层面，环境经济政策的出台是以环境财政、税费为主。同时，由于中国人民银行、保监会、证监会等金融机构和部门要求各地方金融机构加大对节能减排和淘汰落后产能的支持力度，许多地方也出台了绿色信贷等政策文件，但有关环境投融资、环境责任险等的政策出台还比较少且多为试点指导文件；许多地方出台了排污权交易和生态补偿的政策文件，但主要是以推进试点探索为主，且政策文件的规定有很大的地区差异性，反映了在没有国家层面的技术指南的引导下，地方自发探索的丰富性，当然了，不可避免地，也同时有一定的盲目性。

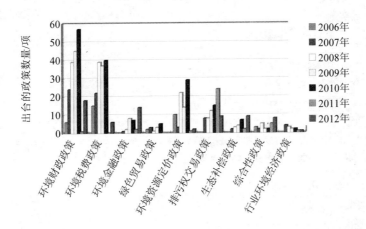

图 9　各省级地方出台的各类型环境经济政策的年际变化

从图 9 可看出：总体上，不同类型的环境经济政策出台数量年际变化有较大差别，各年出台较多的是环境财政政策、环境税费政策、环境资源定价政策。环境财政、环境税费、环境资源定价政策的出台时段主要集中在 2008—2010 年，环境财政政策、环境税费政策和环境资源定价政策在 2010 年出台数量最大。个别政策类型在某些年份出台数量很少或者没有出台任何政策，如 2011 年出台的环境财政政策在 7 年内最少，2006 年没有任何省级地区出台环境金融政策、生态补偿政策和排污权交易政策。一些政策出台的时间节点与国家层面的政策环境有关，如 2008 年开始环境保护部、中国保监会等单位着手大力推行环境责任险、绿色信贷，不少地区随之制定并出台了该方面的政策文件，这反映了在当前中国的制度背景下，自上而下的推动力对于环境经济政策的推行和实践起着至关重要的作用。

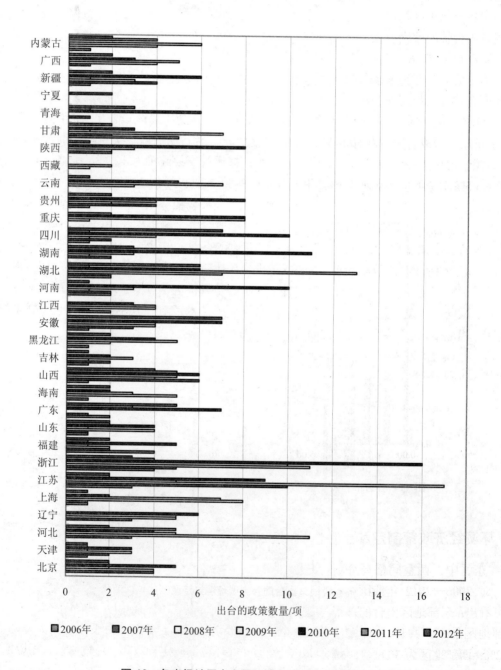

图 10　各省级地区出台的环境经济政策年际变化

从图 10 可看出：不同省级地区出台的环境经济政策数量逐年变化也存在较大差异。2006 年，除福建省、甘肃省、宁夏回族自治区、江苏省外，其他各省级地区出台的数量均比较少；在 2007 年，不少省级地区没有出台政策，如海南省、黑龙江省、重庆市、云南省、西藏自治区、内蒙古自治区等，而江苏省和山西省则出台了较多的政策。2008 年，全国大部分省级地区出台了环境经济政策，但个别省级地区，如广东省、青海省、宁夏回族自治区等则没有出台政策；2009 年除了宁夏回族自治区和青海省外，各省级地区均出台了政策，出台政策最多的是河北省、江苏省、浙江省；2010 年除西藏自治区和内蒙古自治区外其余各省级地区均出台了环境经济政策。2011 年仅有 11 个省出台了环境经济政策，2012 年各省出台情况差别较大，大部分省份都出台了环境经济政策，如安徽省、湖北省、四川省分别出台了 7、6、7 项政策；重庆、辽宁和西藏自治区却没有出台任何环境经济政策。

为了研究省级地区的经济发展水平同出台的环境经济政策数量是否存在关联性，本研究对两者进行了相关性分析，经济发展水平用 GDP 表示。选取全国 31 个省级地区连续 7 年（2006—2012 年）的 GDP 与政策数量数据作为变量进行统计分析，相关性分析结果如图 11 所示，可以看出，各省市 GDP 与政策数量基本上呈离散分布，拟合优度不高。这表明各省的 GDP 同政策出台数量没有明显的相关关系，也就是说一个地区的经济发展水平与环境经济政策的应用力度之间并没有必然的相关性。

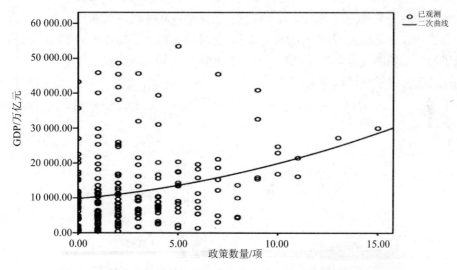

图 11　各省市经济发展水平与出台的环境经济政策数量相关性分析

4　环境经济政策制定和出台的区域分布

4.1　东、中、西空间格局分析

对 2006—2012 年我国中、东、西部地区出台的环境经济政策数量变化进行进一步分析可看出：东部地区出台的环境经济政策最多，共计 244 项；西部地区次之，共计 178 项；中部地区最少，共计 156 项。东部地区出台的环境经济政策数量占出台政策总数量的 42.2%；西部地区为 30.6%；中部地区为 27.2%。环境经济政策出台的区域特征呈现明显的东、西、中递减分布格局。

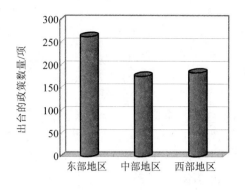

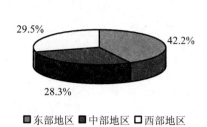

图 12　东中西部区域出台的环境经济政策数量　　**图 13　东中西部区域出台的环境经济政策比例**

为了更进一步识别 31 个省级地区出台的环境经济政策的地域特征，本研究以各省出台的政策数量为变量进行分组，并采用 GIS 的分级渲染方法进行分析，结果如图 14 所示，可看出东部多数省份出台的环境经济政策相对较多。其中，以江苏和浙江为最多，这与两省经济发达，对环境经济政策需求较多有关；中部出台环境经济政策较多的省份多为环境经济政策试点省份，如山西省、湖北省和湖南省是排污权交易试点省份，三省均出台了较多文件指导试点工作，其余省份出台政策文件则相对较少。这表明"十一五"以来这些地区的环境经济政策工作的进展相对较为缓慢；西部地区环境经济政策出台数量较多的省份为四川和贵州，这是由于四川省经济较发达，是环境污染责任险的试点省份，并且四川省还开展了绿色信贷的探索；贵州则是对环境保护高度重视，大力推进生态文明建设，这是环境经济政策推进较快的基本背景。

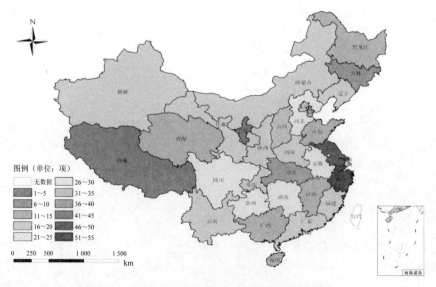

图 14　省级地区出台的环境经济政策的空间分布

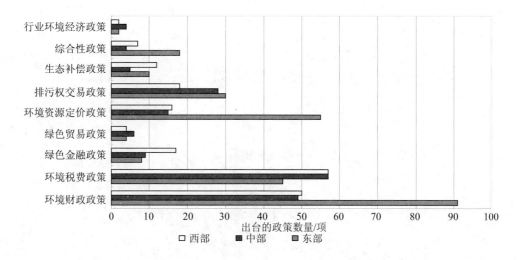

图15　东中西部区域出台的各类环境经济政策数量分布统计

从图 15 可看出：各类型的环境经济政策出台在东、中、西部的分布也有很大不同。东中西部出台数量都较多的是环境财政政策、环境税费政策、环境资源定价政策；东部地区出台的环境财政政策、排污权交易政策、环境资源定价政策和综合性政策较中西部都多，而环境税费政策、绿色金融政策和生态补偿政策则是西部出台最多。这表明在利用传统的税费政策、财政政策保护环境的同时，东中西部特别是西部地区在利用一些市场化的手段，如信贷保险和排污权交易以及生态补偿等手段提高环保工作的成效。环境财政政策呈现东、西、中递减分布；环境税费政策三区域出台数量差别不大，环境资源定价政策东部出台数量远大于中、西部区域，在一定程度上反映了东部地区在环境定价领域的探索在加快；生态补偿政策、绿色贸易政策三区域出台的数量均较少，排污权交易政策呈东、中、西递减分布，这主要与国家开展排污权交易试点的地域范围相关。

4.2　东部地区

图 16 为我国东部区域的 11 个省级地区出台的不同类型的环境经济政策数量对比图，可看出：几乎每个东部省市都出台了各种类型的政策，但是不同类型的环境经济政策出台的数量却有较大不同。总体上，环境财政政策、环境税费政策与环境资源定价政策仍居于主体地位，其他类型的政策由于大多尚处于试点和试行阶段，出台的政策文件也多为引导和规范试点探索，数量相对较少。一个明显的特点是江苏省、浙江省、天津市、河北省、山东省、广东省 6 省市出台了较多的排污权交易政策，特别是江苏和浙江两省分别出台了12 项、10 项排污权交易政策，指导试点工作，这是环境经济政策建设的一大进步。其中，总体上以江苏省和浙江省出台的环境经济政策最多，这与两地经济发展程度高、淘汰落后产能和加快经济转型任务重以及环境经济试点先行意识较强有关。

4.3　中部地区

与东部地区相比，中部地区经济发展速度慢，市场相对不发达，出台的环境经济政策也较少。从图 17 可看出：中部区域出台的环境经济政策也是以财政政策、税费政策和环境资源定价政策为主，绿色金融政策和排污权交易政策都较少。这表明我国中部各省级地区对利用市场手段和资本市场手段实施污染治理的工作仍然是基本上还未展开。生态补偿政策东部各省出台的数量都较少，中部一半省份都没有开展。中部各省级地区之间环境经济政策出台数量差别也较大，安徽省、湖北省、山西省出台数量相对较多，吉林省和黑龙江省则相对较少。湖北省、湖南省和山西省出台了相关政策探索排污权交易，安徽省、河南省、山西省、湖南省出台了少量生态补偿政策探索生态补偿机制建设。

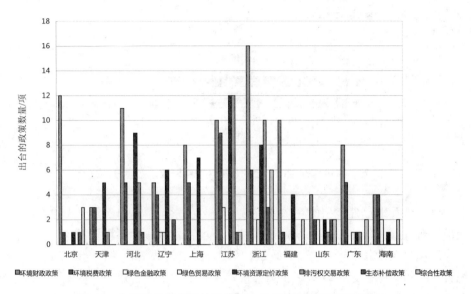

图 16 东部区域各省级地区出台的各类型环境经济政策数量

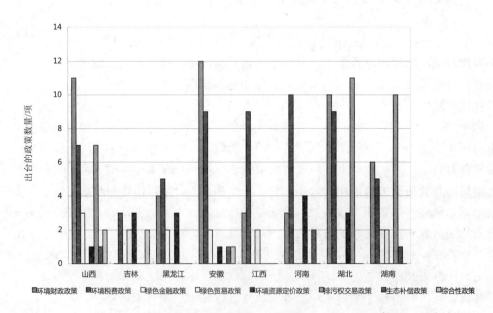

图 17 中部区域各省级地区出台的各类型环境经济政策数量

4.4 西部地区

图 18 表明，西部各省级地区出台的环境经济政策也主要以环境财政政策、环境税费政策和环境资源定价政策为主，有 8 个省市出台相关生态补偿政策，8 个省市出台绿色金

融政策开展该领域的试点探索，但两者的数量都较少。如贵州省、青海省等出台了生态补偿政策，四川省、甘肃省、广西壮族自治区出台了绿色金融政策。从图 18 可以看出，西部地区出台的生态补偿政策较多，大部分省市都出台了生态补偿政策，这在一定程度上与西部地区生态环境脆弱、环境退化带来的损失巨大有着密不可分的关系。

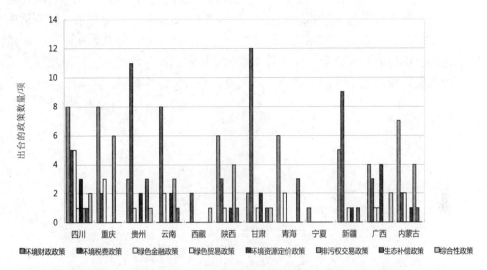

图 18　西部区域各省级地区出台的各类型环境经济政策数量

5　小结

（1）环境财税价费政策在目前的环境经济政策体系中处于主导地位。从当前出台的环境经济政策数量和类型看，政策仍集中在环境财政、环境税费和环境资源定价方面，主要还是依靠财政和税收手段实现环保的目的，绿色贸易、绿色信贷、环境污染强制责任险等市场化手段应用不断增加，但总体上出台的政策数量较少，实施的范围和强度有待加强。生态补偿、排污权交易发展较快，多个省市在大力推进排污权交易试点工作，但是国家层面出台的文件较少，主要是关于实施试点工作的政策文件，地方上试点探索缺乏指导，交易市场规模较小，主要集中在一级市场，二级市场远未建立。生态补偿政策文件主要集中在流域层面，其他领域进展相对较小。

（2）环境经济政策出台实施受多种因素影响。7 年来，国家出台的环境经济政策数量总体上呈增长趋势，但政策数量的年际变化差别很大。各省级地方出台的环境经济政策数量差别很大，经济发展水平与政策出台数量有着一定联系，但并不存在必然联系。总体上可看出，环境经济政策出台和实施与经济发展水平有着直接联系，但是也受阶段性环境管理工作需求、地方环境保护实际需要，以及政策出台的时机与环境等多方面因素的影响。

（3）环境经济政策体系在逐步建立。随着社会经济的发展、市场经济的完善和对环境保护重视程度的提高，环境经济政策的出台数量总体上呈增长趋势，类型在不断丰富，环境经济政策体系在不断完善，但是环境经济政策体系仍在建立和不断完善过程中，许多政策仍是暂行办法、意见等形式，法制化的政策还很少，生态补偿、排污权交易等典型政策的制度化机制还没形成，环境经济政策体系的结构尚不稳定，许多政策手段的适用性、在环境经济政策体系中的角色定位还不明确，仍需要通过试点开展探索。

（4）环境经济政策体系建设正在进入转型期。总体来看，尽管国家和地方层面均对环境经济政策高度重视，但是许多环境经济政策仍不成熟，调控的社会关系功能不足、力度不够，效果不强。不少政策，如生态补偿、排污交易、环境责任险等，在总体上还是以一种"自上而下"与"自下而上"相结合的思路在推进试点探索。展望将来，随着这些类别政策试点探索的经验积累，政策的适用性、角色定位、功能效用等基本明晰后，政策法制化、制度化的时机将会到来，政策体系将不断健全完善。而目前正处于环境经济政策体系建设转型的关键阶段，处于从尚未确立阶段到真正确立阶段中间的过渡期。

参考文献（略）

中国经济生态化道路的再抉择
——对中国工业化与城市化的反思

Make A Decision Towards China Economy Ecological Road
—— Review of industrialization and urbanization in China

顾学宁

（南京财经大学经济学院，南京 210046）

[摘 要] 中国的工业化与城市化是人类经济活动在时空双重维度上空前绝后的壮举，惟其如此，中国的工业化与城市化的每一阶段及其发展方式的选择无不牵动着全球每一处经济的神经，甚至决定着人类经济形态的未来走向。然而，近代以来，中国的工业化与城市化并未真正形成具有中国特色的独特路径，甚至可以说是不成功的，这种不成功根源于中国的工业化与城市化是对西方早期工业化与城市化道路的简单复制，而不是根据中国独特的国情和文明形态的创造性发展，并导致了全面的资源耗竭、环境恶化和生态破坏。具有中国特色的工业化与城市化道路可以概括为"反工业化"——"建设生态文明"与"逆城市化"——"促进绿色发展"，真正实现"打造中国经济的升级版"。

[关键词] 中国道路 生态文明 绿色发展 反工业化 逆城市化

Abstract There are lots of unharmonious aspects between industrialization and urbanization that determine the complexity of the both in China. Industrialization and Urbanization development in China is unprecedented and unrepeatable human economic activities in time and space and double dimensions feat, as such, select all every stage of industrialization and urbanization of China and its development mode affects global economic nerve's tremor and convulsion, also determines the future direction of the human economy. However, since the modern times, the industrialization and urbanization in China has not really to be *Chinaism*, and even can be said to be unsuccessful cause not roots in Chinese characteristics, also only to be a copy of western mode—the depletion of resources, ecological destruction, environmental degradation, and not according to the China's unique national conditions and the nature of civilization. *Chinaism* can be summarized as "Anti-industrialization" — "the construction of ecological civilization" and "Counter-urbanization" — " to promote green development". Then we could say "To build China's economic upgrade edition".

作者简介：顾学宁，1964 年 8 月生，男，南京财经大学经济学院副教授。

Keywords　Chinaism，ecological civilization，green development，anti-industrialization，counter-urbanization

中国的城市化和以美国为首的新技术革命将成为影响人类 21 世纪的两件大事。[①]

—— Joseph E. Stiglitz

美国经济学家 H.钱纳里曾指出，伴随着经济增长，社会经济结构会发生一系列转变：① 工业化，即从以农业为基础的经济向以工业和服务业为基础的经济转变；② 城市化，即人口连续不断地从农村地区向城市迁移。[②]

1　为什么工业化

1.1　何谓工业化

富士康就是工业化，而且富士康"百万台机器人计划"[③]是工业化在中国大地上的最新升级版：智能化。这也就是斯蒂格利茨所谓的"影响人类 21 世纪的""新技术革命"的指向。几乎与此同时，"苹果计划斥资 1 亿美元在美国建立一座制造工厂，……造成一座具有标杆意义的高度自动化的'机器人城'。"[④]

无可置疑，工业化成为现代文明的塑形剂，说塑化剂也行。今天这个世界，无处不是机器的世界，其实，就是机器改变了这个世界。"工业是自然界同人之间，因而也是自然科学同人之间的现实的历史关系。因此，如果把工业看成人的本质力量的公开的展示，""通过工业——尽管以异化的形式——形成的自然界，是真正的、人类学的自然界。"科学技术对人类最大危害是取代人，让更多的人成为废物。人类搬进城市、进入工厂的目的难道是为了这一目的？！

1.2　东西方工业化的现状

1.2.1　西方的工业化

西方工业化的历史渊源有三[⑤]：

（1）古希腊文明的传统：理性思维（Rational Thinking）。

（2）文艺复兴的遗产：科学思想与技术路线（Scientific Thought and Technology Route）的确立。

（3）自然灾难的逼迫：黑死病（Black Dead）。

1.2.2　中国的工业化

中国的工业化只有一个原因：鸦片战争以及甲午海战的失败，刺激了全民族救亡图存的愿望，魏源一言以蔽之："师夷长技以制夷"！

---

① 风牧云看两个美国人给中国谋划的发展道路[DB/OL]. http：//www. 360doc. com/content/13/0313/01/1410309_271153768. shtml. 2013-03-13.

② 城市化率过半，要警惕"半城市化"[DB/OL]. http：//www. people. com. cn/h/2012/0523/c25408-1307006527. html. 2012-05-23.

③ 富士康"百万台机器人计划"讳莫如深[DB/OL]. http：//laser. ofweek. com/2013-05/ART-240015-8120-28683525. html. 2013-05-13.

④ 若水. 分析称苹果美国工厂或将是一座"机器人城"[DB/OL]. http：//tech. ifeng. com/it/detail_2012_12/08/19976981_0. shtml? _from_ralated. 2012-12-08.

⑤ 顾学宁. 经济与经济学的中国道路[DB/OL]. http：//yuangu. jslib. org. cn/ntjz/index. aspx. 2011-10-23.

1.2.3 中国的工业化成功吗

不成功！

作为制造业第一大国，"中国出口商品中大约 90%是贴牌产品"①。"以数量来衡量，这段经济史很大程度上是'一个成功的故事'，它的结果是现在的经济为美国人提供了有史以来最高的生活标准。""我们的问题主要是由自己造成的，很大程度上是为了解决过去的问题而产生的后果。……为了解决这一问题，我们建设了基本上由各种金属、化学产品和能量输送系统组成的巨型基础设施。这样的生活虽然为我们提供了不断增长的就业职位和消费品，但也带来了有害的副作用，那就是空气污染、水污染，在有些地方甚至是土地污染。……如今，我们在努力寻找这些问题的解决之道。"美国人尚且如此反省美国工业化的后果，充其量，中国的经济奇迹，更多的是"数量奇迹"。

（1）中国依然"师夷长技"却无"以制夷"！迄今，中国制造业的核心技术乃至任何阶段国民教育的教学内容几乎完全依赖引进。

（2）中国工业化的后果不堪其忧！比如在中国文化史上极具魅力的江南，正在急剧的消失之中，这是中国文明在现代化进程之中反而失去世界性影响力的最大悲剧。毋庸置疑，当传统中国乡村全面消失之时，也就是中国文明毁灭之际。

（3）不是财富的增加，而是财富的流失

"富士康公司 15 万打工妹每天工作 15 小时以上，月工资不足 50 美元，还不到美国同类工人两小时的工资。""被称为世界经济发动机的中国，用自己的资源、环境和国民健康，为西方国家贡献了惊人的财富增长，以至于总共九届的财富论坛，有三届在中国召开。中国已经连续四年，以仅占全球 4%的 GDP 总量拉动了全球经济增长的 15%，四年为世界贡献的 GDP 总量约 1.5 万亿美元，相当于 12 万亿人民币。"②

（4）《参考消息》报道，中国每亿元 GDP 工伤死亡 1 人，2003 年死亡达 13.6 万人，以此推算，今年工伤死亡人数将达到 20 万，"是名副其实的带血 GDP"。③

（5）国民经济主权丧失，经济殖民化。越来越多的城市走上了"苏州模式"的发展道路，即依靠廉价土地吸引外资。据一份统计报告称，以廉价土地吸引外资的苏州，GDP 每增加一个百分点，将消耗掉 5 000 亩以上的耕地。在每年 18%的高增长速度下，耕地每年以近 10 万亩的速度在消失。用廉价土地吸引外资，究竟白白送给外资多少财富我们无从计算，但是从丧失土地的农民损失中可以折射出一个惊人的天文数字，据有关专家统计，丧失土地的农民得到的补偿款为 5%～10%，10 年农民损失 10 万亿～20 万亿元，把农民世世代代赖以为生的土地剥夺过来送给外国人，无论怎么说都是一种卖国行为。

在全球化的条件下，外资进入中国本身是一种正常经济现象，但是我们引进外资的方式，却正在形成中华民族的历史性灾难。美国摩根斯坦利公司在中国的利润率高达900%。②

---

① 中国约 90%出口商品是贴牌产品 须提高创新能力[DB/OL]. http：//www. chinadaily. com. cn/hqgj/jryw/2013-08-29/content_9985371. html.

② 耗费本国资源成为世界经济火车头的中国[DB/OL]. http：//www. docin. com/p-580438428. html.

③ 周天勇. 勤劳的中国人为什么还这么穷[DB/OL]. http：//www. e-gov. org. cn/xinxihua/news008/200807/92039. html. 2008-07-21.

1.3 中国需要工业化吗

显然，中国需要工业化，但不需要目前的工业化，也就是重复《雾都孤儿》时代的工业化：当泰晤士河恢复清澈之后，中国的每一条河流反而不能为人饮用，甚至地下水也不能饮用[①]。

中国的工业化再也不能以出卖"大好河山"（资源与环境）和"天生丽质"（国民健康）为代价了，世界上再也没有比人及其生存环境更重要的了——"江山如此多娇，引无数英雄竞折腰"？

2 中国工业化的后果

"有两个行星划过了地球，一个行星问另外一个行星，你在担心什么？它说，我在担心人类。问话的行星说，你不用担心，因为环境的问题，人类不久就不存在了。"[②]

中国目前的工业化方式导致的恶果将会是世界性的灾难。

2.1 资源耗竭

斯蒂格利茨说，"中国是世界上第二大能源消耗国和二氧化碳排放国。实际上，现在全球在争论，美国还是中国是全球最大的污染排放国。美国一直占据着全球最大的污染排放国的位置，但今年或者明年中国可能会取代美国。这带来很大的关注。因为中国现在越来越依赖能源进口。"[②]

2.2 生态灾难[③]

"生态危机既是 20 世纪人类遭受的巨大灾难，又是 21 世纪人类面临的最大危机。" 2007 年世界银行报告，中国污染的经济损失达到了 GDP 的 5.8%。

据中国农业部进行的全国污灌区调查，在约 140 万 hm^2 的污水灌区中，遭受重金属污染的土地面积占污水灌区面积的 64.8%。我国每年因重金属污染而减产粮食 1 000 多万 t，被重金属污染的粮食每年多达 1 200 万 t，合计经济损失至少 200 亿元。江苏省某丘陵地区 14 000 km^2 范围内，铜、汞、铅和镉等的污染面积达 35.9%。广东省地勘部门土壤调查结果显示，西江流域的 1 万 km^2 土地遭受重金属污染的面积达 5 500 km^2，污染率超过 50%，

[①] 顾学宁. 从江村到江城——论全面工业化时代中国乡村的美好发展[J]. 中国名城，2013（3）.

"2012 年 7 月 10 日，第二届中非民间论坛在苏州举行，习近平出席论坛并对苏州发展成绩给予充分肯定：'苏州是经济最发达的地区，也是江苏的重中之重、江苏的核心地带，从中央到兄弟单位，你看看国际上也愿意到这里来看看，中国道路怎么走看看苏州。'"引自"落萨"<563543158@qq.com> [2012-11-16]。

在"寸土寸金"的苏州古城区南面的黄金地带，面积达 600 余亩的苏州化工厂原址地块因土壤遭受农药污染，无法开发，已闲置 5 年。据了解，2009 年 11 月，在苏州市区 42 宗国有建设用地使用权公开拍卖会上，位于平江区城北的苏地 2009-B-33 地块拍出 9 300 万元，每平方米价格近 1 万元，而原苏化厂地块却无人购买。

几年来，苏州市土地储备中心、苏州市环保局一直在研究治理方案，需耗资数亿元甚至更多。而治理结果的认定也没有具体标准，因此该地块一直闲置至今。

同样，为了减少生产性污染，占地 450 亩的常州农药厂也被关闭，正在进行修复的受到污染的 5 万 m^2 土地，已投资近 2 亿元。

像苏州化工厂、常州农药厂类似的"毒地"并非个案，仅江苏近几年关闭的各类化工厂就有 3 000 多家，全国更是数以千计。这些化工厂存在着不同程度的污染，成为一个个亟待治理的"毒瘤"。（苏州市土地污染闲置情况调查分析[DB/OL]. http://www.chinairn.com/news/20120616/739971.html. 2012-06-16）

[②] 斯蒂格利茨：城市化将使中国成为世界领袖. 城市化网[DB/OL]. http://news.dichan.sina.com.cn/bj/2010/09/10/211428.html. 2010-09-10.

[③] http://zhidao.baidu.com/question/79996916.html.

其中，汞的污染面积达 1 257 km²，污染深度达到地下 40 cm。广州蔬菜土壤中六六六的检出率为 99%，DDT 检出率为 100%。太湖流域农田土壤中六六六、DDT 检出率仍达 100%，一些地区最高残留量仍在 1 mg/kg 以上。中科院南京土壤研究所近期对某钢铁集团四周的农业土壤和工业区附近的土壤进行了调查，农业土壤中 15 种多环芳烃（PAHs）总量的平均值为 4.3 mg/kg，且主要以 4 环以上具有致癌作用的污染物为主，占总含量约 85%，仅有 6%的采样点尚处于安全级。多氯联苯、多环芳烃、塑料增塑剂、除草剂、丁草胺等高致癌的物质很容易在重工业区周围土壤中被检测到，而且超过国家标准多倍。在西藏未受直接污染的土壤中多氯联苯含量为 0.625～3.501 g/kg，而在沈阳市检出的含量是 6～151 g/kg。

"过去十多年中，淮河流域内的河南、江苏、安徽等地多发'癌症村'。"2013 年 6 月 25 日，《淮河流域水环境与消化道肿瘤死亡图集》数字版出版，这是中国疾控中心专家团队长期研究的成果，首次证实了癌症高发与水污染的直接关系。"[①]

这也就是我为什么如此反对当下中国的工业化的缘由！读着这样的报道，我想起了毛泽东的话："一定要把淮河修好"[②]，还想是否要修改为"一定要把淮河治好"？

我和"边际线"的学生们在刚刚结束的对费孝通先生笔下的"江村"的重新调查也证实了中国工业化与城市化产生的危害并非只是点状的，而是全局性的。

2.3 社会正义沦丧

"政府的功能是受限制的，可以限定的。这就是：按照社会条件的许可准确地保护人的天赋权利，其他什么都不能做。任何进一步使用国家的强制性力量的行为都是属于违背政府据以建立的协议的性质。"政府最根本的责任与存在价值就在于保民、安民、富民、福民，而不是因为政府选择的发展道路扰民、坑民、穷民、害民。实际是，中国的工业化正在陷越来越多的民众于生态贫困之中并逼使之成为生态难民，而不是保障更多的人获得健康、美好、幸福的生活。以工业化、城市化为发端的中国现阶段全面的现代化及其经济发展的终极价值取向是唯一的：富民并且福民，而不是相反：祸国殃民！而中国的城市化，在土地财政的逼迫下，非市场性的持续高涨的房价，正是对全体人民理当分享的社会福利与经济公平最为强烈的反讽！而强力支持中国 GDP 增长的房地产业却是中国最不具可持续性的产业，鄂尔多斯和温州房地产业的失败，从两个极端说明了这一点。这两个极端是：政府投机与市场投机！事实上，最为不可持续的正是政府行为的趋利化、逐利化，并成为市场霸权和社会不公最深入的根源：乃至于不顾子孙后代的利益，仅仅是为了一代人的"现代化"快感而耗费了数代人的资源！几乎完全无视资源利用、环境与生态保持的代际公平。显然，这样的发展越快越接近疯狂和灭亡。

真正的社会正义取决于：政府和民众至少都必须懂得"政府及百姓之间处于平等地位"，"国家行使控制权的方式应通过经验来学会，在很大程度上甚至要靠小心谨慎的试验。……历史的教导似乎是：当人们愿意把问题逐个地予以解决，而不是把它们彻底摧毁以建立一项吸引想象力的全面制度，进步就更持久可靠。"

① 淮河污染癌症村频现 沈丘县一年因癌死 2 千人[DB/OL]. http://www.ah.xinhuanet.com/2013-06/29/c_116337064.htm. 2013-06-29.
② 1951 年 5 月 15 日，《人民日报》正式发表毛泽东的题词。

"一个没有权利的世界——更为重要的是，一个不能主张权利的世界——会变成一个既没有自尊也不尊重他人的世界。"（J. Feinberg，1970）[①]

"当一个政治社会出现分裂，寻求合作或者共同目标已经变得无关紧要时，权利的观念，特别是反对政府的权利观念，就能获得最大的用处。"（R. Dworkin，1977）[①]

2.4 传统文明将伴随中国乡村的毁坏而消逝

梁漱溟先生认为，近代中国历史，就是一部在政治、经济和文化上对乡村的破坏史。"如果一切都照当前利益来办，那就既不会有权利，也不会有法律。社会生活中将没有固定规则，也没有任何人们可赖以指引其行为的东西。"

"2000—2010 年，中国自然村由 363 万个锐减至 271 万个，平均每一天消失近百个村落。"[②]传统乡村与传统农业是中国文明的摇篮，毁弃中国传统乡村与中国耕作传统无异于毁弃中华文化。即使是主张以现代生产方式改造传统农业的舒尔茨也没有极端到今天中国地方政府官员对中国农业文明的漠视程度。"如果说精通农业是一门艺术，那么，少数国家在这方面是非常内行的，尽管它们似乎还不能把这种艺术传授给其他国家。这少数精通农业的国家在用于耕作的劳动和土地减少的同时，生产一直在增加。但是，只要把增加生产的经济基础作为一门艺术，我就毫不奇怪，实现农业生产增加的经济政策基本上仍然属于神话的领域。"以致"富兰克林·H·金认定，东方农耕是世界上最优秀的农业，东方农民是勤劳智慧的生物学家。如果向全人类推广东亚的可持续农业经验，那么各国人民的生活将更加富足。"

东方在哪？今天的世界，还有富兰克林·H·金笔下的东方吗？[③]中华文明正处于进行性萎缩、退化之中，恐怕人类的现代文明就已崩溃了。

"耕作如果自发地进行，而不是有意识地加以控制，……接踵而来的就是土地荒芜，像波斯、美索不达米亚等地以及希腊那样。"但是，伟大的中国人的了不起就在于他们世世代代一直在耕作的同时极为"有意识地加以控制"，才成功延续了文明，而避免了覆灭！

3 为什么城市化

3.1 何谓城市化

城市化，并非只是人类居住空间的改变，而是生活方式与生产方式与农业社会的根本差别化，即使空间不变，只要生活方式与生产方式改变，就是真正意义上的城市化。这样的城市化的内涵是以人类文明的进步为其根本标志的，其特征就是人类在更高程度上依赖于人类自身的智慧而不是愚蠢得以更美好的生存和发展，而不是相反。[④]

是什么力量赋予了城市改变世界之如此巨大的能量？

---

① [英]安靖如. 人权与中国思想——一种跨文化的探索[M]. 黄金荣，黄斌，译. 北京：中国人民大学出版社，2012：247，249.

② 《旅伴》编辑部：传统村落的去与留[J]. 旅伴，2013（8）.

③ "中国的现代农业寻求有利可图的产品，并每年变换产品，而日本的农民每年重复耕种相同的产品，但每天都会想尽办法为消费者生产更多的美味产品。"（大西. 2040 年的中国所需要的"文化革命"[M]//许崇正，大西. 46）

④ "世界银行最新研究报告提出了'智慧城市化'的概念……一座百万人口智慧城市的建设，在投入不变的前提下实施全方位的智慧化管理，将使城市的发展红利增加 3 倍。"（城市化率过半，要警惕"半城市化"[DB/OL]. http://www.people.com.cn/h/2012/0523/c25408-1307006527.html. 2012-05-23）

还是市场。

中国近代以来形成对中国近代社会巨大影响的城市①，都是开埠通商的结果，也就是市场的力量使然，而市场的形成一定是经济中心形成的开始，经济中心一旦形成，城市化也就完成了其自然而然的现实与历史合一而且合理的进程，所谓现实的合理，不过就是资源配置的合理，所谓与历史的合一，一定是充分利用了当地的全部资源。

3.2 为什么城市化

3.2.1 西方的城市化

"1800—1950 年，地球上的总人口增加 1.6 倍，而城市人口却增加了 23 倍。1870 年美国开始工业革命时，城市人口所占的比例不过 20%，而到了 1920 年，其比例骤然上升到 51.4%。从整个世界看，1900 年城市人口所占比例为 13.6%，1950 年为 28.2%，1960 年为 33%，1970 年为 38.6%，1980 年已经达到 41.3%。"②

这个过程肇始于现代文明之发源地佛罗伦萨，佛罗伦萨的成就标志着现代文明完全不同于既往文明的特殊之处：现代文明是在城市中孕育而成的，其另一类典型的代表则是曼彻斯特以及纽约。休斯（Jonathan Hughes）和凯恩（Louis P. Cain）形象地阐述了纽约这样的城市的形成，并总结为："那些既有转运功能又有腹地的地方……形成了城镇"，而"在经济生活中能降低成本的要素"即外部经济，"增加了城镇壮大的可能性——外部经济越强大，城镇成长的可能性越大。""即使在殖民地时代，外部经济的吸引力也造成了原始制造业向商业城镇和其周边集中。"③

3.2.2 中国的城市化

"城镇化率从 30%提高到 60%，这一发展阶段，英国用了 180 年左右的时间，美国用了 90 年左右，日本用了 60 年左右，而中国可能只需要 30 年。""很多城市的发展方式不切实际，贪大求洋，包括有 655 个城市正计划'走向世界'，200 多个地级市中有 183 个正在规划建设'国际大都市'。""中央农村工作领导小组副组长陈锡文日前说，中国的城市化率被严重高估，目前统计的 6 亿城镇人口中，至少有 2 亿人并没有享受到市民的权利。"④

城市化本来是经济生活市场化的自然产物，进而，工业化是城市化的必然成就，并且相辅而成。"进一步的城市成长依赖于商业和制造业。"中国的城市化如同中国的经济增长及其方式一样，并没有形成"市场化—城市化—工业化"的自然进程，而是中国各层级各区域的政府行为的促成，换言之，不是经济生活本身的必然逻辑所致。

为什么中国各级政府如此热衷于城市化呢？

看看谁是中国城市化的获益者？只要看看谁在造城就知道了！"无利不起早"，这是生意经，更是当下中国经济甚至中国社会的兴奋剂。

---

① 甚至历史上的扬州、益州、广州、泉州等，也都是开埠通商的结果。

② 梁捷. 中国面临半城市化挑战[DB/OL]. [2011-03-01]. http://news. dichan. sina. cn/2011/03/01/282438. html.

③ "历史上，美国的钻石生意在纽约成长起来；它曾经是最大的零售市场。一旦批发和切割业在纽约进行，其他的经销商和切割工人都会来到纽约利用这里的劳动力、信息、卖家和买家，最后这个行业在这里就是因为它在这里。"（[美] 乔纳森·休斯，路易斯·凯恩. 美国经济史（第 7 版）[M]. 邸晓燕，邢露，译. 北京：北京大学出版社，2011：28，29，32.）

④ 城市化大跃进引关注 官媒直批土地财政顽疾[DB/OL]. http://news. dichan. sina. cn/bj/2011/02/15/275816. html. 2011-02-15.

"2011 年，中国城市化率第一次超过 50%……城市化为经济持续发展提供了强劲持久的动力。"[①] "蔡昉说，每 1% 的乡村人口转移到城镇，就能使中国居民消费总额提高 0.19 个百分点至 0.24 个百分点。"[②] "每年新增城镇人口将达到 2 000 多万人，每年需要商品房至少是 6 亿 m² 以上。再加上配套的商业、政府、社会服务的医院、学校，城镇化推动了对基础设施、住宅、耐用消耗品、汽车等的需求，这是中国转型靠内需拉动经济成长的一个根本动力。"[①]

4 中国城市化的社会后果如何？

"2001—2007 年，地级以上城市市辖区建成区面积增长 70.1%，人口增长却只有 30%。"[③] "2000—2009 年，城市建成区面积增长了 69.8%，城市建设用地面积增加了 75.1%，但城镇常住人口仅增加了 28.7%。"[①]

我为什么反对目前中国的城市化方式？

4.1 西方城市化产生的城市病已经在中国出现，如贫民窟（蚁族也是生活于兹）[④]

人民网开展的一线城市生活大调查表明："34% 的人表示一线城市年轻人生活压力太大；2% 的人表示生活平淡；58% 的人表示很担忧，城市生活未来将更难。""据了解，北京一处名为幸福南里的小区二手房房价已近 4 万元/m²，也就是说，一个年收入为 10 万的家庭买下了'幸福'，但却要用 30 年的时间来还债，'幸福'得有些讽刺。"

"在 2010 年全球影响力城市排名中，北京、上海的'综合实力'分别跃居第 15 位、第 20 位，而在全球'2010 城市生活质量'的评比中，二者却跌至第 114 位、第 98 位。"

而"'蚁族'、'柜族'、'蜗婚族'、'裸婚族'、'剩女'等词已经成为大城市高压环境下的高频'特产'"。

"中国百万人以上的 50 座主要城市，居民平均上班时间要花近 40 分钟。交通拥堵、空气污染、用水紧缺等众多'大城市病'，是城市化产生的负效应。"中国"大跃进"式的城市化，只是土地的城市化，而不是人的城市化，并不知道如何避免"拉美陷阱"：巴西近几十年经济发展迅速，农村人口大批向城市迁移，2000 年城市化率已达 81.2%。……大量的农村人口流向城市贫民窟[①]。

4.2 中国的城市化是真正的假城市化，如同中国的 GDP，水分十足

"目前，我国还有 20% 的小城镇没有集中供水，80% 的小城镇没有污水和垃圾处理设施，县域城镇建成区平均人口只有 7 000 人左右，相当多的建制镇居民不足 5 000 人。超过两亿的外出农民工，在县级城市居住就业的只有 20% 左右，在县域城镇居住就业的不足 10%。绝大部分建制镇的镇区面积规模在 2 km² 以下，超过 5 km² 的小城镇数量微乎其微。

① 城市化率过半，要警惕"半城市化"[DB/OL]. http://www.people.com.cn/h/2012/0523/c25408-1307006527.html. 2012-05-23.

② 韩洁，徐蕊. 研究报告称中国目前尚处半城市化状态[DB/OL]. http://news.dichan.sina.com.cn/bj/2010/09/21/215883.html. 2010-09-21.

③ 城市化大跃进引关注 官媒直批土地财政顽疾[DB/OL]. http://news.dichan.sina.com.cn/bj/2011/02/15/275816.html. 2011-02-15.

④ 中国城市病软肋之首：大城市不等于大幸福[DB/OL]. http://www.cityup.org/news/urbanplan/20101111/71689.shtml. 2010-11-11.

与 20 年前相比，全国建制镇的人口占全国人口比重甚至还有所下降。"①

"改革开放以来，我国……城市数量从 1978 年的 193 个增加到 2011 年的 657 个，建制镇从 2 173 个增加到 19 410 个。""去年以来，（全国人大财经委副主任委员）尹中卿多次到基层调研，发现不少地方正在人为推进造城运动，要城不要人，个别地方甚至出现了'睡城'、'空城'、'鬼城'现象。""许多地方造城运动方兴未艾，有搞城中村改造的，有建新区和卫星城的，动辄几平方公里、几十平方公里。有些地方号称新城建设，走到里面一看，实际上只是修了马路，竖起了路灯，埋了水管，孤零零几片厂房，几栋商住楼，但就是没有居民，更没有市民。"②

4.3 社会代价巨大——农村"三留人口"的悲催境况

"在农村人口中，留守儿童有 5 000 多万人，留守老人有 4 000 多万人，留守妇女有 4 700 多万人。"③

在安徽宿松，一位留守母亲因常年有病猝死床上，两岁的留守儿子被困身亡！这个丈夫常年在外打工的家庭，留守在家的妻儿在"失踪"十多日后才被亲戚发现死在家中。这是悲惨得让人潸然泪下的情景："母亲死后，无人照料的两岁小孩，爬到门边去开门，无奈打不开。由于门窗紧闭，小孩哭声微弱，没能引起邻居注意，天已寒冷，孩子连饿带冻离开了这个世界。"④

留守人群意谓另一群人的流离失所。"夫仁政，必自经界始"，而民众《孟子·滕文公上》："死徙无出乡，乡田同井，出入相友，守望相助。"反之，则"暴君污吏必慢其经界"，而致民众颠沛流离，奔波于途，劳苦而死。"以为天下者，其宗大危。"⑤

4.4 蚁族现象⑥

4.5 中国城市正在病害化，几近于"难民营"

2013 年 1 月 14 日发布的《迈向环境可持续的未来——中华人民共和国国家环境分析》报告："中国最大的 500 个城市中，只有不到 1% 达到了世界卫生组织推荐的空气质量标准；世界上污染最严重的 10 个城市之中，有 7 个在中国。"⑦

5 如何改变中国目前的工业化、城市化道路

是什么力量赋予了机器改变世界之如此巨大的能量？

---

① http: //finance. people. com. cn/n/2013/0626/c365912-21981549. html. [DB/OL]. 2013-06-26.

② 尹中卿. 真正"城市化"是农民市民化[DB/OL]. http: //finance. people. com. cn/n/2013/0626/c365912-21981549. html. 2013-06-26.

③ 城市化率过半，要警惕"半城市化"[DB/OL]. http: //www. people. com. cn/h/2012/0523/c25408-1307006527. html. 2012-05-23.

④ 刘光宇. 城市化夹缝中的农村 386199 难题[DB/OL]. http: //news. dichan. sina. com. cn/bj/2010/09/10/211419. html. 2010-09-10.

⑤ 《黄帝内经·素问·灵兰秘典论第八》。

⑥ "唐家岭村位于北京市海淀区北部，归西北旺镇管辖。村形长方，主街 3 条，南北走向。这个地方处于上地软件园北，北京典型的城乡结合部，本村人口 3 000 左右，外来人口难以统计，估计 5 万上下。"（蚁族生存现状调查：8 成是穷二代有家难回[DB/OL]. http: //news. dichan. sina. com. cn/bj/2010/02/23/125254. html. 2010-02-23）

⑦ 中国空气污染每年造成经济损失相当 GDP 的 1. 2%. http: //www. 100steel. net/html/2013/zixun_0115/ 248517. html. 2013-01-15.

市场，市场与机器成为资本主义这列高速火车奔驰向世界每一个角落的两行雷霆万钧的滚滚车轮。

这组车轮正在迅疾而无情地把中国文明碾压为碎片，正在把中国无数美好的乡村以及中国乡村的美好梦想变成废墟和梦魇。莫言感到了这样的逼迫，他写道："四顾远望，上官金童心中怅然，不知何去何从。他看到张牙舞爪的大栏市正像个恶性肿瘤一样迅速扩张着，一栋栋霸道蛮横的建筑物疯狂地吞噬着村庄和耕地。""2010 年，北京政府的预算中69%来源于土地出售收入……这种情况是不能持久的。"①

如何彻底改变中国目前的工业化、城市化道路？

只有将从资本主义世界开来的这趟列车改掉一组车轮——

5.1 市场化

城市化的真正动力是市场化，但中国的城市化并没有来自市场的原初驱动，中国经济在最根本处犹未市场化。"市场的功能在于，当每人只知道整个社会的信息的极少一部分时，人们却能充分利用这所有部分信息的集合。"②

"市场制度的功能并不是让所有人分享所有信息；恰恰相反，市场制度会促进专业化造成的信息不对称，因而使得人们不需要知道其他专业的知识，但却能享受所有专业部门的产品。因此，市场的功能在于，当每人只知道整个社会的信息的极少一部分时，人们却能充分利用这所有部分信息的集合。

哈耶克认为，立法机关不应该关心社会的共同目标，而应该关心游戏规则的公正；至于参加游戏者个人的不同目标，那是不可能，也不应该统一的。如果立法当局为社会制定共同目标，并通过立法来强制执行，社会就会走向'被奴役之路'。"

市场的功能何以发挥？市场化的本质是经济活动的自由化，经济活动的自由化可由"自由契约和个人责任"得以测度和表达。"自由主义运动是和生活共同发展起来的"，"是现代世界生活结构的一个贯穿一切的要素"，"是一支有效的历史力量"。"自由主义在每一要点上都是一项被其名字充分表示的运动——一项解放人民、扫清障碍、为自发性活动开辟道路的运动。""我们把它看做一种在旧社会里活动的力量，通过松开旧社会的结构加之于人类活动的桎梏来改变旧社会。""个人自由发挥才能的天地越大，全社会进步的速度也越快。"因为，"个人利益，如果摆脱了偏见和束缚，将会引导他采取与公共利益一致的行动。……它所不需要的是政府的'干涉'，这种干涉总是会妨碍它顺利和有效地活动。政府

① 大西. 2040 年的中国所需要的"文化革命"[M].//许崇正，大西。然而，大西指引的方向依然是错的，无异于覆辙重蹈："中国仍然将有其他的发展机会，……有些边疆地区仍待开发，如西藏、新疆、云南和广西，活跃的资本家会在这些地方开展业务。"（大西. 2040 年的中国所需要的"文化革命"[M].//许崇正，大西。46）

"据审计署副审计长董大胜今（2013）年 3 月通报，目前全国地方政府性债务总额为 15 万亿至 18 万亿。""审计署发布的审计公告表明，从 1979 年至今，土地出让收入一直是地方政府主要还债来源。2011 年对全国的地方政府性债务审计发现，12 个省、307 个市、1 131 个县承诺用土地出让收入作为偿债来源，债务资金量占 37. 96%。""两年来审计的 36 个地区债务，有 4 个省和 8 个省会城市本级增长率超过 20%，有 9 个省会城市本级政府负有偿还责任的债务率已超过 100%，最高达 189%。""15 个目标省会城市中债务压力排名最高的 10 个为：南京、成都、广州、合肥、昆明、长沙、武汉、哈尔滨、西安和兰州。""万德数据显示，去年，江苏政府通过金融机构售出了 3 430 亿元债券，这一数字 3 倍于广东省的数据。"中国 9 城市负债率超 100% 南京债务压力最大。http: //finance. eastmoney. com/news/1350，20130806312764388. html. 2013-08-06.

② 杨小凯. 我所了解的哈耶克思想. http: //www. 21ccom. net/articles/lsjd/jwxd/article_2010081215513. html. 2010-08-12.

必须不介入冲突，让个人自己去把竞赛进行到底。"

"国家行为只是在限定于存在一致意见的范围时，我们才能依赖自愿的同意对其进行指导。……一旦国家控制所有手段的公共部分超过了整体的一定比例，国家行为的影响才会支配整个体系。尽管国家直接控制的只是对大部分可取资源的使用，但它的决策对经济体系其余部分所产生的影响是如此重大，以致它几乎间接地控制了一切。""在一个竞争性的社会中，我们的选择自由是基于这一事实：如果某一个人拒绝满足我们的希望，我们可以转向另一个人。但如果我们面对一个垄断者时，我们将唯他之命是听。而指挥整个经济体系的当局将是一个多么强大的垄断者，是可以想象得到的。""经济自由必须是我们经济活动的自由"。

"自由的基础是生长观念"，"自由的领域就是生长发展的领域"。中国经济的自由化取决于两方面：政府垄断的削减；中国经济的生命力取决于经济对国民的开放度而不取决于对国外的开放度。再一次用霍布豪斯的话来说：由于"社会完全由个人组成，自由的本质就"在于充分发挥他感知和热爱的能力，充分发挥他的精神力量和肉体力量，而在充分发挥这些能力和力量的过程中，他就在社会生活中尽了他的本分，或者用格林的话说，在公共利益中我看到了自己的利益。"自由主义经济学的要点是社会服务和报酬相等。

"一项维护个人自由的政策是唯一真正进步的政策，在今天，这一指导原则依然是正确的，就像在 19 世纪时那样。"①

5.2 生态化

"天行有常，不为尧存，不为桀亡。""万物各得其和以生，各得其养以成。""大巧在于不为……官人守天而自为守道也。"②经济的生态化原本就是中国千百年来最伟大的成就，只是在近 173 年以来被摧毁殆尽。"威侮五行，天剿其命。"③ 这是真正的中国智慧的本质所在：人类活动在顺其自然之中达至天人合一的生态化发展，老子的主张在哈耶克那儿也得到了 2000 多年之间最为强烈的回响，哈耶克坚持认为，人类社会应当服从于的人的自发行为④，他反对各种社会组织乃至中央政府的人为设计。而"道法自然"则早已说

---

① [英]哈耶克. 通往奴役之路[M]. 王明毅等，译. 北京：中国社会科学出版社，1997：227. "19 世纪可被称为自由主义时代，但是到了这个世纪的末叶，这项伟大运动却大大地衰落了。"（[英]霍布豪斯. 自由主义[M]. 朱曾汶，译. 北京：商务印书馆，1996：108. ）

② 章诗同. 荀子简注[M]. 上海：上海人民出版社，1974：176，177，179. 荀子在《君道》中引《尚书》句："先时者杀无赦，不逮时者杀无赦。"表达了他对自然生态及其环境与人类行为关系的正确认知。儒家尊崇"道极而中庸"，《尚书》历来为儒家推重。"天有其时"（《荀子·天论》），荀子揉合了儒道两家的思想精华并自成一体。不违天时并充分利用天时，正是儒、道共通的实践意义。

③《尚书·甘誓篇》。

④ "在安排我们的事务时，应该尽可能多地运用自发的社会力量，而尽可能少地借助于强制，这个基本原则能够作千变万化的应用。""根据目前占统治地位的见解，问题已不再是如何才能最好地利用自由社会中可以发现的自发力量。"（卡尔·曼海姆）"绝不能有任何自发的、没有领导的活动，因为它会产生不能预测的和计划未作规定的结果。"第十一章尾"不列颠的强大，不列颠的民族性，还有不列颠的成就，在很大程度上是自发努力的结果。英国的道德精华在其中已得到最本质的表现，转而形成了英国的民族性和整个道德精神的几乎所有的传统和制度，就是目前正在被集体主义的发展和它所固有的集权主义倾向不断地毁灭着的那些东西。"第十五章尾"如果一个国际性的主管机构仅限于维持秩序并为人民能改善自己生活而创造条件，它就能够保持公正和对经济繁荣作出巨大贡献。但是，如果由中央配给原料和配置市场，如果每一个自发行动都得由中央当局'同意'，如果没有中央当局的批准就什么事也不能做的话，中央当局就不可能保持公正，就不可能让人民按自己的意愿安居乐业。"结论前 3 哈耶克.

尽了人类生于自然之生态、养于自然之生态并且必须尊重自然之生态、保护自然之生态的道理。

为此，中国的经济发展及其方式必须力求：

（1）从"向自然宣战"到"解放自然"、"道法自然"的转变，变掠夺自然为修复生息滋养自然，使"自然界"从死亡的边缘"真正复活"，才"是人实现了的自然主义和自然界实现了人道主义。""人直接地是自然存在物"，"因为人是自然界的一部分"，"完成了的自然主义，等于人本主义，而作为完成了的人本主义，等于自然主义。"马克思正是这样寄望于未来社会的公正的："人和自然界之间、人和人之间的矛盾的真正解决"。人与人的所有矛盾最终都可以归结为人与自然的矛盾。真正的人本主义就是真正的自然主义，也就是人道的正是遵循自然的，这正是老子的表达。

（2）从"一切向钱看"到"一切向人看"的"以人为本"的转变，变致富之路为致福之路。1755 年卢梭便提醒正在向现代化进发途中的欧洲人："我觉得，人类知识中最有用而又最不完备的就是关于人的知识。"200 多年后，卢梭的同胞并没有忘记他的教训："要对世界历史的各种事实和现在的世界状况作出清楚的分析，看来无论如何需要从人的角度指出一条可以接受的一般路线，并指出每个人以及整个人类多方面的、全面的发展方向。"在时间上位于两者之间的马克思则是这样表达的："自然科学往后将包括关于人的科学，正像关于人的科学包括自然科学一样"，这说明人类实际选择的发展路径完全是与人类理智和良知的方向背道而驰的。而对于热衷于步西方后尘的中国工业化与城市化，根本就无视绝大多数中国人的长远生存和发展也就不足为怪了，而这正是中国社会最为严重的社会不平等和非正义，特别地，中国人还违背了自己祖先洞悉并贯彻未来的训诫！作为"经济学的良心"的代表者，阿玛蒂亚·森把卢梭的意思表达得更为具象：社会平等不仅取决于人们口袋里的钱，还包括人们能够拥有的生活状况、寿命、教育、医疗服务以及政治、经济权利等关乎人的所有方面。

（3）从"一切向西方看齐"到"一切发展植根于中国本色（Chinaism）"的转变，在理论上变人云亦云的"鹦鹉学舌"为发扬光大的中国传统智慧，在实践中变亦步亦趋的"邯郸学步"为昂首阔步地"走自己的路"；改变现实的伟大实践活动一定根源于能够改变未来以及历史的伟大理论；一个没有理论思维能力的民族，一定不可能塑造本民族的伟大文明，更不可能成为世界文明发展方向的引领者——一个民族的精神高度决定了这个民族文明的伟大程度。

（4）从全球化的过量生产、过量消费到本地化的适量生产、适量消费的转变，变"富士康"式的生产、"候鸟式"的生活为人性化的生产、田园诗的生活。

（5）从一味地全面工业化、城市化的高速增长到因地制宜的、充分发挥本地优势的特色化、多样化的零增长；一切恶果，无非"咎由自取"，"我们绝不应忘记：把事情弄成一团糟的……是我们自己，是这个 20 世纪。""如果我们要建成一个更好的世界，我们必须有从头做起的勇气——即使这意味着欲进先退。"[①]

（6）最终达至"现代文明形式由工业文明向生态文明的转变"[②]，这种转变其实是人

---

① [英]哈耶克. 通往奴役之路[M]. 王明毅，等译. 北京：中国社会科学出版社，1997：227.

② 刘思华. 经济可持续发展论丛（总序）[M]. 北京：中国环境科学出版社，2002：1.

类真正走向经济发展的自然化，我谓之为新自然经济（Neo-Natural Economy）。

如果我们今天终于明白了需要"以人为本"，那就必须同样理解"以生态为本"。人只是自然生态中的一个元素，但也只有人才破坏了人自身赖以生存和发展的系统生态环境。只有尽可能少地耗用自然资源，人类在地球上的可持续发展才是可能和可靠的，远比殖民太空经济合理得不能再经济合理了。所以，荀子提倡"君子啜菽饮水"的"节然"生活："天有常道"、"地有常数"、"君子道其常"①。惟其如此，中国经济道路才能从"数量奇迹"转变为"文化奇迹"，才能从工业文明转向生态文明。

中国未开发地区，也就是未实现工业化、城市化的区域的最根本出路就在于避免中国目前采取的工业化、城市化的方式。中国工业化的目的并非让环境污染，中国城市化的目的也不是让城市破产，然而，城市化进程中的中国城市更多地让我们担忧并感受到的是，这些大唱空城计的市长们正走在底特律的路上。

中国的工业化与城市化是人类经济活动在时空双重维度上空前绝后的壮举，惟其如此，中国的工业化与城市化的每一阶段及其发展方式的选择无不牵动着全球每一处经济的神经，甚至决定着人类经济形态的未来走向。然而，近代以来，中国的工业化与城市化并未真正形成具有中国特色的独特路径，甚至可以说是不成功的，这种不成功根源于中国的工业化与城市化是对西方工业化与城市化道路的简单复制，而不是根据中国独特的国情和文明形态的创造性发展，从而导致了全面的资源耗竭、环境恶化和生态破坏。具有中国特色的工业化与城市化道路可以概括为"反工业化"——"建设生态文明"与"逆城市化"——"促进绿色发展"。只有反工业化、逆城市化，才可能真正"打造中国经济的升级版"；只有反工业化、逆城市化，才能实现中国现有生产要素以及未开发资源的合理而无害地充分持久地利用，并且避免政局不稳和社会动荡②，否则，中国不可能有美好的未来。

参考文献

[1]　梁漱溟. 梁漱溟全集[M]. 济南：山东人民出版社，2005.

[2]　费正清. 中国：传统与变迁[M]. 张沛，译. 北京：世界知识出版社，2002.

[3]　张培刚. 农业与工业化[M]. 武汉：华中工学院出版社，1984.

[4]　西奥多·W·舒尔茨. 改造传统农业[M]. 梁小民，译. 北京：商务印书馆，2006.

[5]　莫言. 丰乳肥臀[M]. 上海：上海文艺出版社，2012.

[6]　朱秋霞. 百年村变之梦：村镇现代化建设财政制度比较[M]. 上海：立信会计出版社，2010.

[7]　顾学宁. 从江村到江城：论全面工业化时代中国乡村的美好发展[J]. 中国名城，2013（3）：11-18.

[8]　顾学宁. 论中国农村的现代化及其制度创新[G]//"2002 年中国青年农经学者年会"论文集：WTO与中国农业和农村发展[M]. 北京：中国农业出版社，2002.

[9]　霍布豪斯. 自由主义[M]. 朱曾汶，译. 北京：商务印书馆，1996.

[10]　[美] 乔纳森·休斯，路易斯·凯恩. 美国经济史（第 7 版）[M]. 邸晓燕，邢露，译. 北京：北京大

---

① 章诗同. 荀子简注[M]. 上海：上海人民出版社，1974：181，180.

② "中国会在 2040 年左右面临经济增长的停滞，进而引发政治上的不稳定。"（大西. 2040 年的中国所需要的"文化革命"[M]. //许崇正，大西）

学出版社，2011，32.

[11] 刘思华. 绿色经济论[M]. 北京：中国财政经济出版社，2001.

[12] [美]西奥多·W. 舒尔茨. 改造传统农业·前言[M]. 梁小民，译. 北京：商务印书馆，2006.

[13] [美]富兰克林·H·金. 四千年农夫[M]. 程存旺，石嫣，译. 北京：东方出版社，2011.

[14] 马克思，恩格斯. 马克思恩格斯全集[M]（第32卷）. 北京：人民出版社，1956：53.

[15] 顾学宁. WTO与中国农业和农村发展[M]. 北京：中国农业出版社，2002.

[16] [英]霍布豪斯. 自由主义[M]. 朱曾汶，译. 北京：商务印书馆，1996.

[17] [英]哈耶克. 通往奴役之路[M]. 王明毅等，译. 北京：中国社会科学出版社，1997.

[18] 马克思. 1844年经济学—哲学手稿[M]. 刘丕坤，译. 北京：人民出版社，1979.

[19] 卢梭. 论人类不平等的起源和基础[M]. 李常山，何兆武，译. 北京：红旗出版社，1997.

[20] [法]佩鲁. 新发展观[M]. 张宁，丰子义，译. 北京：华夏出版社，1987.

[21] 马克思，恩格斯. 马克思恩格斯全集[M]（42卷）. 北京：人民出版社，1979.

[22] King F M. Farmers of Forty Centuries：Permanent Agriculture in China，Korea and Japan [M]. Courier Dover Publications，1911.

[23] Hsiao-T'Ung Fei. Peasant life in China：a field study of country life in the Yangtze valley [M]. Oxford Univ. Press，1946.

[24] Perkins，Dwight H. China's agricultural development：1368-1968. Chicago，Aldine Pub. Co.，1969.

[25] Gu Xuening. Chinaism：Stepping into Ecological and Cultural Economy，2009 International Conference on Public Economics and Management，World Academic Press，2009.

[26] Gu Xuening. Chinaism，Path Dependence and the Psyche of Market Economy An workpaper for the National Centre for Development Studies of the Australian National University，2003，Canberra，Australia.

基于生态文明的绿色服务业发展模式研究

Study on the development mode of ecological civilization based on the green service industry

潘　文　曹　东　於　方　张红振

（环境保护部环境规划院，北京　100012）

[摘　要]　党的十七大报告提出把生态文明建设作为全面实现小康社会建设的奋斗目标，并提出形成能源资源节约和生态环境保护的产业结构、增长方式和消费模式。本文从促进生态文明建设角度，提出促进绿色服务业发展的几种途径和绿色服务业保障体系的建立。

[关键词]　生态文明　绿色服务业

Abstract　Report of the Seventeenth National Congress put forward the construction of ecological civilization as the full realization of a well-off society, and proposed the formation of industrial structure, energy resource conservation and ecological environmental protection mode of growth and consumption patterns. In this paper, from the angle of promoting ecological civilization construction, proposed the establishment of several ways to promote the development of green industry and green services security system.

Keywords　Ecological civilization, Green service industry

前言

　　生态文明是人和自然、人和人、人和社会之间和谐共处、良性循环的一种社会形态，通过建设生态文明能解决我国在经济高速增长期突发的许多问题，是完善社会主义文明建设体系的关键环节，也是落实科学发展观的一个具体实践。党的十七大报告中明确提出要把建设生态文明作为全面实现小康社会建设的奋斗目标，并提出基本形成能源资源节约和生态环境保护的产业结构、增长方式和消费模式，建立资源节约型和环境友好型社会的生态文明建设模式，这也是实现绿色发展的模式。

1　绿色服务业含义及对生态文明建设重要作用

　　发展服务业是调整现代经济结构、提高人民生活水平、促进市场经济发育、优化社会资源配置、扩大就业的有效途径，发展绿色服务业是落实科学发展观、实现人与自然和谐

作者简介：潘文，环境保护部环境规划院助理研究员，专业方向环境经济与环境损害评估。

的重要举措，是推动经济增长方式与技术经济模式转变，促进经济生态化的重要途径；是实现第三产业发展与人口、资源、环境协调统一、建设资源节约型、环境友好型社会和创建和谐社会的必然选择。绿色服务业，是指有利于保护生态环境，节约资源和能源的、无污、无害、无毒的、有益于人类健康的服务产业。指企业在经营管理中根据可持续发展战略的要求，充分考虑自然环境的保护和人类的身心健康，从服务流程的各个环节着手，节约资源和能源、防污、减污和治污，以达到企业的经济效益和环保效益的有机统一。绿色服务业对生态文明建设具有显著的促进作用，能够缓解我国在产业发展过程中对资源和环境的冲击和负荷，并满足我国转变经济增长方式和产业结构调整的需要。

2 绿色服务业为突破口，推动生态文明建设

2.1 优先发展绿色生产性服务业

生产性服务，是指在商品或其他服务产品生产过程中发挥作用的、企业为企业提供的中间服务，是为进一步生产或最终消费提供服务的中间投入。生产性服务行业内的重点行业主要有：现代物流业、金融保险业、专业服务业等。

2.1.1 加快发展绿色金融

健全推进绿色金融的法律法规保障体系，为利用金融手段促进低碳经济的发展提供保障。适时调整、完善、修订相关的法律法规，支持绿色产业的发展，促进金融业业务结构的调整，为推进绿色金融的实施提供强有力的制度保障和法律支撑。建立新型的贷款评价指标体系。在现有的会计核算指标中加入环保参数等指标，将环境保护纳入信贷的决策环节。有利于节约资源、环境保护的项目给予低利率贷款，而对有悖于可持续发展的项目则实行高利率以抑制其发展等。激励加快绿色金融服务产品，如绿色信贷、绿色债券、绿色基金等的创新和推出。

2.1.2 积极推进绿色物流

在物流业发展过程中，在税收、财政补贴、牌照发放、市场准许等方面，优先对具有绿色物流理念与实践的企业进行激励，为绿色物流的发展提供良好的竞争环境。加快绿色物流公共基础设施的规划与建设。重视现有物流基础设施的利用和改造，通过对其规模、布局、功能进行科学的整合，提高现有设施的使用效率，发挥现有设施的综合效能；并引进先进的设备，提高机械化、自动化水平。加强对绿色物流的研究和人才培养。我国在物流研究与教育方面起步较晚，从事物流研究的学校与专业机构还很少，学历教育与培训认证工作更是滞后，高素质物流人才严重缺乏。因此，政府应大力支持和引导绿色物流科研工作，一方面积极支持绿色物流基础理论和技术的研究，另一方面也要加强企业、高等院校、科研机构之间的合作，形成产学研相结合的良性循环，加强应用性绿色物流技术的开发和应用。

2.2 重点发展绿色生活服务业

服务业涉及的领域十分广泛。凡是与个人、家庭生活直接相关的服务行业均属于生活服务业，包括为居民日常生活提供服务和便利的家庭服务、物业服务、中介服务、养老服务、托儿所、旅馆饭店、美容美发等。

2.2.1 销售方式绿色化

在促销方式方面，尽可能使用无纸化、低消耗的促销手段。在传统的人员推销、广告

宣传、公共关系和营业推广四种促销活动中，融入环保意识，将绿色产品信息传递给广大消费者，反馈消费者绿色需求，引导和刺激消费者进行绿色消费，树立企业绿色形象，实现绿色产品和绿色消费的零距离对接和协调发展。在营销实践方面，尽可能选用电子交易平台进行营销，而且选用低碳绿色物流与电子交易相配合，更好地推进绿色消费的发展。

2.2.2　商业实体店的全面绿色化

尽可能选用无公害、养护型新能源、新材料，大量使用节能灯具、地热空调、变频冷冻与冷藏系统、智能扶梯等，减少能源与材料的消耗。特别注重可再生能源、无污染材料等在商业实体店的应用。大力倡导能源的循环利用，为冷冻系统加装余热回收装置，使用蓄能电梯等。同时，通过冷凝水回收系统、节水设备等，大量降低水资源使用量。

2.2.3　实施绿色采购

"绿色采购"是指政府或者企业通过庞大的采购力量，优先购买对环境负面影响较小的环境标志产品，促进企业环境行为的改善，从而对社会的绿色消费起到推动和示范作用。在推进绿色产品采购过程中，仅靠法律制度约束还是不充分的，应在技术层面依靠信息技术的支撑作用。从而使采购信息成本呈递减趋势，通过对信息技术的使用，形成耦合采购方与供应商的信息交换体系，保证商贸企业采购绿色产品的市场穿越虚拟空间走向实体经济提供了可能，使供应商更加清晰商贸企业对绿色产品的现实需求以及未来的发展计划和社会变化趋势，以便供应商长期规划企业发展，加大对绿色产品的生产投入，形成有规模的绿色产品供应商群体。

2.2.4　全面倡导绿色消费观念

首先，通过媒体、网络进行广泛宣传，引导消费者认识绿色消费不仅有利于提高自身生活水平和保障生命健康，还有利于保护生态环境和自然资源。只有真正意识到绿色消费所能带来的好处，才能使绿色消费观念深入人心，绿色消费行为才能得以实现。其次，提高人们的绿色消费知识。只有掌握了有关绿色产品的购买、使用知识，如绿色包装、环境标志等，才能提高其对绿色产品的识别能力，有效地抵制假冒伪劣产品，维护自己的合法权益。最后，还应鼓励消费者适度消费，大力倡导循环消费，尽量减少消费过程中废弃物的排放量。通过减少浪费、物品的循环式消费及废弃物的回收利用与再消费，以及消费排泄物的集中处理，尽量减少消费过程的废弃物排放量，尽可能减轻消费对自然生态环境的不良影响。

3　促进生态文明建设的绿色服务业保障体系建立

3.1　制度保障

通过制订财政补贴、减免税收以及优惠的信贷、投资等政策，鼓励绿色服务产品开发和推广，从而逐步形成绿色服务产业，既满足了社会的绿色需要，又实现了国民经济的可持续发展；通过建立健全绿色法规，加强对绿色服务市场的监督和管理，为绿色服务提供一个统一、公正、透明、开放的规范市场，保证绿色产品和服务大行其道，大获其利；通过重税、取消财政补贴、收取高额排污费等政策，迫使部分服务企业放弃高消耗、高污染的服务行为，逐步转移到可持续发展的轨道上来。

3.2　资金保障

竭力拓展发展绿色服务业的资金来源，力求以政府投资为引领，以民间投资为主体，以外商投资为突破，力争政府资金、民间资本和外商投资"三箭齐发"共同推进绿色服务业高效快速发展。逐渐加大政府资金对绿色服务业的支持力度，并不断丰富支持方式。搭建绿色服务业融资担保平台，引导金融机构逐步增加服务业贷款规模，加大对符合条件的重点服务业企业的授信额度。积极支持符合条件的服务业企业通过发行股票、债券等多渠道筹措资金。

3.3　科技保障

着力构建低碳生态服务业领域的公共技术服务平台，为现代服务业发展提供便捷、廉价和较成熟的公共技术和资源服务。设立低碳生态服务业科技促进专项基金，采取计划资助、财政补贴、税收抵免等财税政策促进服务业发展，并通过政府资金的介入引导社会资金更多地投向低碳生态服务业，推进服务业高级化、提升服务业科技含量。搭建科技型服务企业的融资平台，解决融资瓶颈。积极发展风险投资，支持有条件的高新技术服务企业上市融资。积极引进风险资本运作现代服务业，培育风险资本运作的市场环境，建立风险资本的引入和退出机制。

3.4　人才保障

加大人才培养和引进力度，以人力资源素质的提高促进服务业综合竞争实力的提升。鼓励高校设立信息服务、专业设计、旅游、文化创意等现代服务业领域的相关专业，全面建立现代服务业专业人才培养及储备体系。支持服务业企业和机构建立大学生实训基地。鼓励现代服务业企业积极引入专业性人才，对引入的高级技术和管理人员给予政策、奖励等支持，全面建立现代服务业高级人才引进的激励体系。

参考文献

[1]　夏晶，陆根法，钱瑜. 服务行业的环境影响及其对策[J]. 四川环境，2003，22（1）：60-66.

[2]　王珂，秦成逊. 基于生态文明的现代服务产业发展模式探析——以云南省大理州为例[J]. 昆明理工大学学报：社会科学版，2011，11（3）：75-79.

[3]　匡后权，邓玲. 现代服务业与我国生态文明建设的互动效应[J]. 上海经济研究，2008（5）：84-87.

[4]　张新婷，黄龙跃. 论发展我国绿色服务业的系统对策[J]. 江苏商论，2009（4）：74-76.

生态文明视角下政府环境保护长效机制构建研究

Government Long-term Mechanism Construction for Environmental Protection under The View of Ecological Civilization

曹 宝 冯慧娟

（中国环境科学研究院，北京 100012）

[摘 要] 生态文明是人类社会发展继农业文明和工业文明之后的又一次历史性飞跃，是人类文明社会向更高层次发展的必然选择。生态文明建设的本质要求协调好经济发展与环境保护间的关系，本文基于生态文明视角，提出了生态文明视角下政府环境保护长效机制的构建方法。以淮河流域为例，对 2002—2011 年 10 年间淮河流域各省片区的人均累积污染物（COD 和氨氮）排放量进行了计算。政府环境保护长效考核机制的建立，可以消除环境外部性的影响，有利于扭转当前各地方政府"重经济发展、轻环境保护"的不利局面，有利于促进生态文明的发展。

[关键词] 生态文明 资源与环境 长效机制 政府绩效考核

Abstract The ecological civilization, which is a historic leap for the development of human society after the agricultural civilization and industrial civilization, is an inevitable choice for the development of human civilization to a higher level. The essential requirements of ecological civilization construction is coordinating the relationship between economic development and environment protection. From the view of ecological civilization, the method of government long-term mechanism construction for environmental protection was proposed. Taking Huaihe basin as an example, per capita accumulation of pollutants (COD and ammonia) discharged in different provincial areas were calculated from the year 2002 to 2011. The construction of government long-term mechanism for environmental protection, can eliminate the influence of external environment, which can benefit to reverse the adverse situation of the local government emphasizing on economic development and ignoring environmental protection, which can promote the development of ecological civilization.

Keywords ecological civilization, resources and environment, long-term mechanism, government performance evaluation

作者简介：曹宝，1971 年 9 月出生，中国环境科学研究院副研究员，主要从事环境与经济管理、环境规划、节能减排等相关领域的研究工作。

前言

人类文明经历了原始文明、农业文明和工业文明的不同发展阶段。工业文明阶段，科技高速发展，人类生活水平和社会财富得到空前的提高。但在这一过程中，资源被大量消耗，自然生态系统平衡被打破，带来一系列生态环境问题，威胁到人类的生存和经济社会的发展[1]。当前，世界存在以气候变化、经济振荡和社会冲突为标志的全球生态安全；以资源耗竭、环境污染和生态胁迫为特征的区域生态服务；以贫穷落后、超常消费和复合污染为诱因的人群生态健康等三大生态问题[2]，资源与环境约束日益严峻，不计资源与环境代价的粗放发展模式难以为继。因此，大力建设生态文明，构建资源节约、环境友好的经济与社会良性发展机制，是人类社会发展的必然选择。

近年来国内学者围绕生态文明理念与内涵[3-6]、生态文明与其他相关领域耦合关系[7-16]、生态文明建设理论方法[17-23]、生态文明建设指标体系[24-30]和生态文明跟踪评估预警机制[31-40]五个方面开展了研究，为生态文明建设提供了理论与借鉴。但是，当前生态文明研究尚处在理论构建与发展阶段，生态文明理论与方法探讨得多，与环境保护和管理工作相结合的研究成果很少，生态文明理论对于地方政府协调经济发展与环境保护间关系的实践指导意义不大。因此，结合当前我国建设"资源节约、环境友好"的两型社会的实际需求，探讨生态文明视角下的政府环境保护长效机制，构建地方政府经济发展和资源与环境保护考核评价方法，使生态文明理论与环境保护和管理工作相结合，对于推动我国生态文明建设具有十分重要的意义。

1 生态文明及其存在的问题

"生态文明"是人类社会发展的一个重要阶段，是人类社会发展继原始文明、农业文明、工业文明之后迈向更高层次的社会发展阶段的重要体现。生态文明的内涵既包括了物质文明建设、机制和管理制度建设等有形的投入与建设，也包括了生态理论、观念、意识的转变，生态文化的发展以及生态教育等精神文明方面的建设。它的指向涵盖了政治领域、经济领域、文化领域、社会领域等诸多领域，在经济社会的各个领域发挥引领和约束作用。生态文明建设是一个系统工程，需要从制度完善、法律建设、机制设计、监督与考核等方面进行配套建设，同时，生态文明建设还需要政府、企业和社会公众等多元主体的广泛参与。生态文明要求协调好经济发展与环境保护间的关系，使人与自然和谐相处；要求政府在管理制度和运行机制方面进行改革，由发展型政府转变为服务型政府，切实履行经济调节、市场监管、社会管理和公共服务等主要职能。

但是，在当前政府官员政绩考体系重 GDP 增长、轻环境保护的情况下，使一些干部从意识到行为都发生偏差：一些地方对环境保护监管不力，甚至存在地方保护主义；不执行环境标准，违法违规批准严重污染环境的建设项目；对应该关闭的污染企业下不了决心，动不了手，甚至视而不见，放任自流；还有的地方环境执法受到阻碍，使一些园区和企业环境监管处于失控状态。空前的发展速度，空前的发财欲望，空前脆弱的生态环境，使得生态文明发展理念难以落到实处。

要彻底扭转当前环境保护的不利局面，就必须消除环境外部效应，建立促进资源节约和环境保护的激励与补偿长效机制，强化政府官员政绩考核中环境保护绩效，打破地方政府与企业的不正当利益链条。然而，环境资源属于公共物品，环境资源是薄市场或无市场，目前要合理估算环境资源价值还不现实。既然无法对环境资源进行合理估算，那么就可以退而求其次，对各地区在经济发展中的主要污染物排放量分别进行核算，并作为环境保护长效机制的主要考核指标。

2　环境资源考核长效机制构建

中国是典型的中央集权制的层级政府，上级政府对下级政府的约束力较强。因此，通过建立各级政府的资源节约与环境保护长效机制，对各级政府的经济发展与环境保护绩效进行考核，考核指标主要为人均 GDP、地区环境质量、人均累积污染物排放量和人均累积污染物参考配额。假设条件是各地区环境质量分期达标，达标后的功能区环境质量不得降级。具体模型及其计算方法如下：

假设人均累积法的计算时间跨度为 n 期，$n=1，2，3，\cdots，m$；对于第 m 个规划期，则有：

$$\sum Q_{总量控制指标}=\sum Q_{达标区}+\sum Q_{敏感区}+\sum Q_{重点区}+\sum Q_{不达标区}$$

$$Q_{流域总量控制指标}=\sum Q_{省区总量控制指标}=\sum Q_{地市总量控制指标}=\sum Q_{县区总量控制指标}$$

$$\overline{A}_{流域人均参考配额}=Q_{流域总量控制指标}\Big/\sum P_{流域总人口}$$

$$\overline{A}_{省片区人均参考配额}=Q_{省区总量控制指标}\Big/\sum P_{省区总人口}$$

$$\overline{A}_{市片区人均参考配额}=Q_{地市总量控制指标}\Big/\sum P_{地市总人口}$$

$$Q_{省区参考配额}=\overline{A}_{流域人均参考配额}\times P_{省区总人口}$$

$$Q_{地市参考配额}=\overline{A}_{省片区人均参考配额}\times P_{地市总人口}$$

$$Q_{县区参考配额}=\overline{A}_{市片区人均参考配额}\times P_{县区总人口}$$

约束条件：

假设区域内某级行政区划分为 k 个片区，则有：

$$C_1=C_2=\cdots=C_k$$

$$C_k=\sum_{m=1}^{n}(Q^m_{k区参考配额}\Big/P^m_{k区人口})$$

$$B_k=\sum_{m=1}^{n}(D^m_{k区实际排放指标}\Big/P^m_{k区人口})+\sum_{m=1}^{n}(V^m_{k区交易量}\Big/P^m_{k区人口})$$

$$A_k=D_{k区实际排放指标}\Big/P_{k区人口}$$

式中：C_k —— 第 k 区 n 期人均累积污染物排放参考配额；

$\quad\quad\ D_k$ —— 第 k 区污染物实际排放指标；

$\quad\quad\ V_k$ —— 第 k 区污染物实际交易量，购入指标取负值，出售指标取正值；

$\quad\quad\ B_k$ —— 第 k 区 n 期人均累积污染物排放总量；

$\quad\quad\ A_k$ —— 片区水污染物人均排放指标；

$\quad\quad\ \bar{A}$ —— 本行政级次所有片区水污染物人均排放指标。

3　案例研究

环境要素包括水、气、声、固废以及生态等，为简化计算量并考虑污染数据的可获得性，现以淮河流域各省片区的 COD 和氨氮两种污染物开展案例研究。根据 2002—2011 年的淮河流域水资源公报，经数据整理分析，分别计算出 2002—2011 年淮河流域各省片区的人均 GDP、人均累积污染物排放量和人均累积参考配额（图 1 至图 3）；另外，根据各省片区的总人口，分别计算出各省片区的污染物实际排放总量和参考配额总量（表 1）。

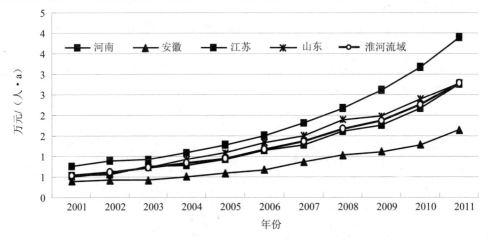

图 1　淮河流域各省片区人均 GDP（2002—2011 年）

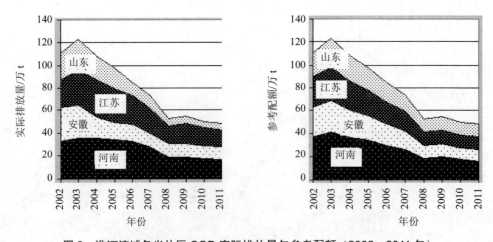

图 2　淮河流域各省片区 COD 实际排放量与参考配额（2002—2011 年）

由图 1 可见，在整个淮河流域中，江苏片区的人均 GDP 处于领先水平，其次是山东片区，这两个省区均高于淮河流域的人均 GDP 水平；河南的人均 GDP 接近但略低于淮河流域的人均 GDP，而安徽流域的人均 GDP 在淮河流域中处于较低水平。

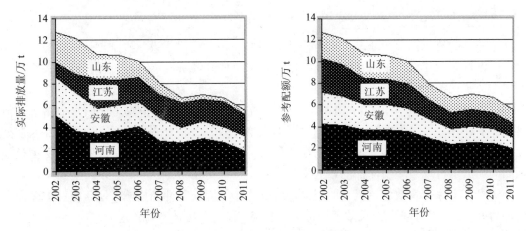

图 3　淮河流域各省片区氨氮实际排放量与参考配额（2002—2011 年）

表 1　淮河流域 COD、氨氮累积排放量与累积参考配额（2002—2011 年）

区　域	COD/万 t			氨氮/万 t		
	参考配额	实际排放量	盈余	参考配额	实际排放量	盈余
河南	279.2	270.8	8.4	31.3	32.5	−1.2
安徽	174.7	167.7	7.0	19.5	21.9	−2.4
江苏	185.4	227.3	−41.9	20.7	21.0	−0.3
山东	164.7	138.2	26.5	18.5	14.6	3.9
淮河流域	803.9	803.9	0.0	90.0	90.0	0.0

由表 1 可见，江苏片区的 COD 人均累积排放量较高且盈余为负值，表明江苏片区的 COD 实际排放量已超出其人均累积参考配额，就 COD 人均累积排放这一指标而言，江苏片区应该对淮河流域的河南、安徽和山东 3 个省片区进行环境补偿；从多年氨氮实际排放量来看，山东片区的氨氮人均累积排放量较低，就此指标而言，河南、安徽和江苏应该对淮河流域的山东片区进行环境补偿。环境补偿的依据是各省片区实际累积排放量与累积参考配额的差额。这就倒逼江苏片区在经济发展方面转变观念，在提高人均 GDP 的同时，尽量减少污染物的排放量；对于山东片区而言，则将成为经济发展与环境保护协调发展的直接受益者，并为将来本地区的社会经济可持续发展提供了更广阔的发展空间。

政府环境保护长效考核机制的建立，对各地区的人均累积污染物排放量提出了强制性要求，即阶段考核（如与各级政府的五年发展规划同步，每 5 年考核一次）各地区的人均累积污染物趋同，则相当于构建了区域层面的污染物排放指标一级市场，也就形成了 COD 和氨氮污染物排放指标的市场价格调节机制。各地区可以根据污染物排放指标的市场交易价格，决定是从市场上购进污染排放指标，还是采取有效措施切实减少污染物的排放量。

政府环境保护长效考核机制的建立，可以消除环境外部性的影响，使环境保护事业真正有利可图，这就为各地区在处理经济发展和环境保护的关系方面指明了方向，激励各地方政府积极发挥地区优势，优化产业结构，发展循环经济，大力打造地方特色产业。

4 结论

生态文明建设是一个系统工程，需要从制度完善、法律建设、机制设计、监督与考核等方面进行配套建设。生态文明建设的本质要求协调好经济发展与环境保护间的关系，基于生态文明视角，提出了生态文明视角下政府环境保护长效机制的构建方法。以淮河流域为例，对2002—2011年10年间淮河流域各省片区的人均累积污染物（COD和氨氮）排放量进行了计算。结果表明，虽然山东片区的人均GDP略低于江苏片区，但山东片区在处理经济发展与环境保护的关系方面明显优于江苏片区，若建立并实施了政府环境保护长效机制，则山东将成为环境保护的最大受益者。

政府环境保护长效考核机制的建立，可以消除环境外部性的影响，使环境保护事业真正有利可图。政府环境保护长效考核机制的建立，有利于扭转当前各地方政府重经济发展、轻环境保护的不利局面，有利于避免各地方政府急功近利的短视行为，有利于激励各地方政府积极推进产业结构优化调整，大力发展循环经济，有利于形成政府、企业和公众共同参与的生态文明建设大好局面。

参考文献

[1] 白杨，黄宇驰，王敏，等. 我国生态文明建设及其评估体系研究进展[J]. 生态学报，2011，31（20）：6295-6304.

[2] 王如松，胡聘. 弘扬生态文明 深化学科建设[J]. 生态学报，2009，29（3）：1055-1067.

[3] 孙钰. 生态文明建设与可持续发展——访中国工程院院士李文华[J]. 环境保护，2007（21）：32-34.

[4] 蒋高明. 怎样理解生态文明[J]. 中国科学院院刊，2008，23（1）：5-5.

[5] 刘绵绵. 生态文明的理论解读与建设的思路探讨[J]. 中共青岛市委党校，青岛行政学院学报，2008（1）：16-19.

[6] 王如松. 更新观念是生态建设核心[N]. 德州日报，2010-12-16.

[7] 王桂忠. 对生态旅游发展与生态文化发掘的认识[J]. 河北林果研究，2008，23（4）：453-456.

[8] 郭索彦. 基于生态文明理念的水土流失补偿制度研究[J]. 中国水利，2010（4）：19-22.

[9] 张玉珍，洪小红. 低碳生活与生态文明关系的探讨[J]. 科技创新导报，2010（17）：141.

[10] 秦书生. 我国企业生态文明建设的困境与对策分析[J]. 沿海企业与科技，2008（10）：20-21.

[11] 刘胜华. 生态文明下的产业结构升级与建立绿色产业体系[J]. 胜利油田党校学报，2008，21（3）：56-58.

[12] 张国中，魏怀东，周兰萍，等. 我国自然保护区与生态文明[J]. 甘肃科技，2008，24（21）：16-19.

[13] 吕华鲜. 基于生态文明的文化遗产可持续发展研究——以横县鱼生文化为例[J]. 广西师范大学学报：哲学社会科学版，2009，45（4）：34-36.

[14] 马康. 废弃矿山生态修复和生态文明建设浅论——以北京门头沟区为例[J]. 科技资讯，2007（35）：146.

[15] 孙淑清. 生态城市规划中的生态文明建设初探[J]. 环境科学与管理，2009，34（5）：170-173.

[16] 郑冬梅. 海洋生态文明建设——厦门的调查与思考[J]. 中共福建省委党校学报, 2008（11）: 64-70.

[17] 梅珍生, 李委莎. 武汉城市圈生态文明建设研究[J]. 长江论坛, 2009（4）: 19-23.

[18] 冯朝柱. 江阴生态文明建设的途径与启示[J]. 黑龙江生态工程职业学院学报, 2009, 22（5）: 153-154.

[19] 金芳. 西部地区的生态文明发展模式与策略研究[J]. 中国农村观察, 2008（2）: 52-58.

[20] 崔如波. 生态文明建设的基本路径[J]. 重庆行政, 2008（6）: 89-91.

[21] 克利福德·科布, 王韬洋. 迈向生态文明的实践步骤[J]. 马克思主义与现实, 2007（6）: 29-33.

[22] 段小莉. 生态文明规划建设的框架构想[J]. 产业与科技论坛, 2007, 6（6）: 6-9.

[23] 王如松. 城市生态文明的科学内涵与建设指标[J]. 前进论坛, 2010（10）: 53-54.

[24] 王凯, 侯爱敏, 王悦, 等. 基于生态文明背景下的古村落整治规划初探[J]. 小城镇建设, 2009（11）: 92-96.

[25] 王彬彬. 西部地区生态文明建设的空间形态研究[J]. 统计与决策, 2009（3）: 79-81.

[26] 朱增银, 李冰, 高鸣, 等. 太湖流域生态文明城市建设量化指标体系的初步研究[J]. 中国工程科学, 2010, 12（6）: 131-136.

[27] 佚名. 贵阳创立首部"生态文明城市指标体系"[J]. 领导决策信息, 2008（43）: 20-21.

[28] 周传斌, 戴欣, 王如松. 城市生态社区的评价指标体系及建设策略[J]. 现代城市研究, 2010, 25（12）: 11-15.

[29] 廖海伟, 林震, 肖轲. 我国生态文明城市指标体系的比较研究[J]. 全国商情·理论研究, 2010（12）: 8-9.

[30] 王贯中, 王惠中, 吴云波, 等. 生态文明城市建设指标体系构建的研究[J]. 污染防治技术, 2010, 23（1）: 55-59.

[31] 王晓欢, 王晓峰, 秦慧杰. 西安市生态文明建设评价及预测[J]. 城市环境与城市生态, 2010, 23（2）: 5-8.

[32] 刘衍君, 张保华, 曹建荣, 等. 省域生态文明评价体系的构建——以山东省为例[J]. 安徽农业科学, 2010, 38（7）: 3676-3678.

[33] 乔丽. 矿区生态文明评价及预警模型研究[J]. 再生资源与循环经济, 2011, 4（4）: 34-40.

[34] 马道明. 生态文明城市构建路径与评价体系研究[J]. 城市发展研究, 2009, 16（10）: 80-85.

[35] 朱玉林, 李明杰, 刘旖. 基于灰色关联度的城市生态文明程度综合评价——以长株潭城市群为例[J]. 中南林业科技大学学报: 社会科学版, 2010, 4（5）: 77-80.

[36] 张撬华, 胡宝清, 韦严. 生态文明示范市指标体系构建及建设途径研究——以崇左市为例[J]. 广西师范学院学报: 自然科学版, 2010, 27（4）: 74-79.

[37] 常俊杰, 王晓峰, 孔伟, 等. 西安市生态文明建设度评价[J]. 城市环境与城市生态, 2009, 22（6）: 6-9.

[38] 高珊, 黄贤金. 基于绩效评价的区域生态文明指标体系构建——以江苏省为例[J]. 经济地理, 2010, 30（5）: 823-828.

[39] 蒋小平. 河南省生态文明评价指标体系的构建研究[J]. 河南农业大学学报, 2008, 42（1）: 61-64.

[40] 朱松丽, 李俊峰. 生态文明评价指标体系研究[J]. 世界环境, 2010（1）: 72-75.

流域水质改善的公共偏好问题研究

The Study on Public Preference of WTP for Watershed Water Quality Improvement

郑海霞[1]　张陆彪[2]

（1. 北京联合大学，北京　100101；2. 中国农业科学院，北京　100081）

[摘　要]　流域水质改善的支付意愿受收入水平、教育、对环境保护的认知等多种因素的影响，存在一定的公共偏好。通过分析不同支付层次、支付能力和收入水平的群体对流域水质改善的支付意愿的偏好，可以更精准地制定政策目标。本研究以密云水库为例，通过对比分析断点模型、Tobit模型和分位数回归（Quantile Regression, QR）模型方法，模拟流域水质改善的最大支付意愿（WTP）的公共偏好，分析了不同支付群体的需求和政策目标，从而为政策制定者提供更为精准的定量参考。结果发现：3个模型中作为中点回归的断点模型拟合较差，只有两个指标具有显著性相关，Tobit模型比断点模型好，模拟的结果有更多指标具有显著性，与QR模拟结果有一定的相似性。3个模型模拟结果都显示WTP与家庭收入在1%显著水平上具有正相关关系。分位数回归的模拟显示在不同分位数上，WTP影响因素有差异，尤其在高分位数上，所选择的9个指标都具有很强的显著性，除了与年龄呈负相关外，家庭收入、环境态度、环境保护认知、环境改善需求、受教育年限和性别的指标都呈正相关关系，也进一步印证了WTP的理论假设和调查结果的可靠性。

[关键词]　WTP　公共偏好　分位数回归　Tobit模型　密云水库

Abstract　The Willingness to Pay（WTP）　for watershed water quality improvement is influenced on income level，education，environmental awareness and other factors，which appears a certain public preference. Through analyzing the preference of WTP for the water quality improvement of groups of different levels of paying，affordability and income may help to formulate policy more objectively. This research takes Miyun Reservoir as a case study，by approach of comparatively examining interval regression（IR）model，Tobit model and Quantile Regression（QR）model，stimulates public preferences of the maximum WTP for the water quality improvement of watershed，analyses the demands and policy objects of various payment groups，and accordingly provides more precise quantitative reference for policy makers. The results show that IR model fits poorly based on the midpoint data，only two

基金项目：国家自然科学基金项目（41271527，70703001，70973013）；教育部人文社科发展项目（11YJC790300）；北京市属高等学校高层次人才引进与培养计划项目（IDHT201304078）；北京学研究项目（BJXJD-KT2011-A03）。

作者简介：郑海霞，中国科学院地理科学与资源研究所博士，北京联合大学副教授，北京市青年拔尖创新人才，北京联合大学首都经济与企业管理研究所所长，北京大学经济与人类发展研究中心客座研究员。研究方向：资源与环境经济、环境价值评估、环境服务补偿。

indicators are significantly correlated；Tobit model is better than the IR model，which means more indicators in the simulation results were significant，and it has certain similarities with the QR simulation results. The results of all three models indicate WTP and household income have positive correlation at the 1% significance level. The QR simulation shows the effectiveness of the WTP factors was difference at different distribution quantile，especially in the high quantile. The chosen 9 indicators have strong significance. Except the indicator of age has a negative correlation，the rest of the indicators，such as household income，environmental attitudes，awareness，environmental improvement demand，years of education and gender，have significantly positive correlation，which further confirms the reliability of WTP's theoretical assumptions and research findings.

Keywords　WTP，public preference，Quantile Regression，Tobit model，Miyun Reservoir

引言

　　流域水质改善的最大支付意愿存在着公共偏好。不同收入阶层、年龄、性别和职业等对流域水质改善的认知和需求不同，最大支付意愿也存在很大差异。定量模拟 WTP 的公共偏好，可以为不同的政策目标的制定提供参考。由于模型结构不同，模拟的结果也有差异。研究发现，利用分位数模型可以为不同的水资源管理政策提供更全面、综合的不同分位的影响因素，尤其发现 WTP 的高分位和低分位 WTP 影响因素系数的大小和统计显著性存在明显不同[1]。本研究利用分位数模型对不同分位 WTP 及其被调查者个人信息的模拟，考察影响高分位数的因素是否也同样影响低分位数。如果不是，政策制定者也许想知道谁从某项特殊的政策中受益最大。同时，是否这种定向目标的政策精确地使这些目标人群而不是其他人群受益，从而减少公共环境政策执行中的搭便车现象。分位数模型可以通过界定 WTP 在高分位上的决定因素确定政策目标的主要受益人群。本研究通过 QR 模型与 Tobit 模型、最小二乘模型的对比，分析密云水库流域水质改善 WTP 的决定因素，通过实证研究，了解哪些指标驱动更高的 WTP（也就是对于执行水质改善付费更高受益者）。由于驱动高 WTP 的指标比驱动低的 WTP 的指标更有效，研究结果可以为设计流域水质改善环境服务付费政策和宣传方案的制定提供重要参考。

1　模型方法

　　利用支付卡引导的 WTP 数据可以用多种方法进行分析。标准最小二乘法（OLS）能处理 WTP 的值，以支付者直接选择的支付卡的点数据进行分析。断点回归是利用支付者选择的值和下一个值的中点数据（midpoint）进行回归分析。另外，支付卡引导的 WTP 数据是最小值为 0（零支付时）的普查数据，支付者仅仅给出正的支付值。考虑到具有普查数据的特征，Tobit 模型可以很好地应用[2]。分位数回归模型（Quantile regression，QR）可以更详细地描述变量的统计分布，分析不同支付层次、支付能力和收入水平人群的最大支付意愿的影响因素的不同，从而为政策制定者提供更为精准的定量参考[3]。本研究利用这 3 种方法进行对比，分析 WTP 的决定因素及其在不同分位上的差别。

1.1 Tobit 分析模型

Tobit 模型是用来解决耐用消费品支出 y_i 和解释变量 x_i 之间关系的模型，而最大支付意愿（WTP）是对环境服务商品（Environmental goods）的消费。本研究通过对普通最小二乘法（Ordinary Least Squares，OLS）模型、Logistic 回归模拟和 Tobit 模型模拟结果的对比，选择模拟结果最优的 Tobit 模型对最大支付意愿及其影响因素进行模拟和分析。Tobit 模型通常在利用支付卡方法调查的 WTP 数据分析中，因为这类数据具有明显的检索数据特征。

Tobit 模型是经济学家、1981 年诺贝尔经济学奖获得者 J·托宾（James，Tobin）于 1958 年在研究耐用消费品需求时首先提出来的一个经济计量学模型。

Tobit 模型假设被观察的独立变量 y_i（$i=1$，2，…，n）满足如下条件：

$$y_i = \max（0，y_i^*）\tag{2.1}$$

而潜变量 y^* 满足经典线性假设，可以用如下回归模型表示：

$$y^* = \beta_0 + \beta x_i + u_i，\quad u|x \sim N（0，\sigma^2）\tag{2.2}$$

式中：y —— 被解释变量；

$\quad$ β_0 —— 截距项；

$\quad$ x —— 回归系数向量；

$\quad$ β —— 解释变量向量；

$\quad$ u —— 误差项；

$\quad$ $N（0，\sigma^2）$ —— 以 0 为均值、σ^2 为方差的正态分布。

Tobit 模型的基本原理如下：

设某一耐用消费品为 y_i（被解释变量），解释变量为 x_i，则耐用消费品支出 y_i 要么大于 y_0（y_0 表示该耐用消费品的最低支出水平），要么等于零。因此，在线性模型假设下，耐用消费品支出 y_i 和解释变量 x_i 之间的关系为：

$$y_i = \begin{cases} y_i^* & 若\ y_i^* \geq y_0 \\ 0 & 若\ y_i^* < y_0 \end{cases}$$

Tobit 模型的一个重要特征是，解释变量 x_i 是可观测的（即 x_i 取实际观测值），而被解释变量 y_i 只能以受限制的方式被观测到：当 $y_i^* > 0$ 时，取 $y_i = y_i^* > 0$，称 y_i 为"无限制"观测值；当 $y_i^* \leq 0$ 时，取 $y_i = 0$，称 y_i 为"受限"观测值。即"无限制"观测值均取实际的观测值，"受限"观测值均截取为 0。

更为一般意义的模型：

$$y_i^* = \beta_0 + \beta x_i + u_i，（i=1，2，…，N）\quad u|x \sim N（0，\sigma^2）\tag{2.3}$$

其中：

$$y_i^* = \begin{cases} a & 若\ y_i \leq a \\ y_i & 若\ b > y_i > a \\ b & 若\ y_i \geq b \end{cases} \qquad y_i \sim N（\mu，\sigma^2）\tag{2.4}$$

1.2　断点回归模型

我们利用断点回归模型考虑数据的断点特征。断点数据模型指的是被调查者真实 WTP 的可能性，用字符 Y 表示，Y 可以用断点[BID_L，BID_H]表示，假设断点[BID_L，BID_H]可以由 $\Phi(BID_H|_Y) - \Phi(BID_L|_Y)$ 估算，在此 WTP 属于标准正态累积分布函数（ϕ）。具体[BID_L，BID_H]可以用调查的断点数据推出。例如，CVM 调查的中点（midpoint）（5，10，15，20，25，30，35，40，……），如果被调查者选择的 WTP 是 5，断点[BID_L，BID_H]分别是[5，10]；如果被调查者选择的 WTP 是 17，断点[BID_L，BID_H]分别是[20，25]。与 OLS、Tobit、Logit 相似，模型被用最大似然方程评估[4]。

1.3　分位数回归模型

分位数回归可以在整个分布维度上评估变量之间的关系，能够提供更完整的自变量和因变量之间关系的统计图。分位数回归是 Koenker 和 Bassett（1978）发展的多元分位回归模型，该模型为研究者提供了一个日益重要的工具，用于评估因变量 Y 在整个分布区域与解释变量之间的关系。对比传统的 OLS 和最大似然评估的回归模型，如 Tobit、Logit、断点回归（Interval regression）等，QR 方法通过分析不同分位（如 0.1，0.25，0.5，0.75，0.9）因变量及其对应的自变量的关系，能提供更完整和综合的统计关系，解释高分位和低分位因变量的主要影响因素。同时，QR 回归是离群极值（Outliers）和偏态双尾（skewed tails）的一种稳健的展示[5]，这种特征也可能特殊地应用到 CVM 中，因为在 CVM 研究中经常出现少量很高的 WTP 投标值（离群值，Outliers）和大量很小的投标值。QR 方法可以通过分别明确他们的主要决定或影响因素，更详细地评估 WTP 分布高支付和低支付值的有效性。本研究用 QR 模拟了 WTP 在不同分位的主要影响因素。同时，为了验证分位数回归方法的有效性，本研究利用该方法与断点回归、Tobit、OLS 的模拟结果进行了对比分析。

利用 QR 方法进行 CVM 数据的分析可以更好地揭示相关政策影响因素。例如，分析影响高分位 WTP 支付的影响因素是否也同样影响低分位 WTP 支付群体。如果影响不同，政策制定者也需要知道谁对特定政策的受益最大，是否臆想的政策接受者实际从政策中受益。QR 可以通过分析高分位最大 WTP 的决定因素分析，明确知道政策影响的主要群体。QR 分析的相关结果可以用于政策制定时的参考。本研究中，通过 QR 分析收入、教育、年龄、认知等不同因素对水质改善的最大支付意愿在整个 WTP 分布点影响的不同，为流域保护和生态补偿政策制定提供参考。

另外，分析和掌握哪些指标驱动更高的 WTP（因此也是更高的政策受益者），并据此制定项目的执行方案、宣传教育材料可以获得更多的支持（更高的 WTP）。如果执行方案和宣传材料是依据 WTP 低驱动指标的，则项目的执行效果没有高 WTP 驱动指标更有效。

Belluzzo（2004）利用 QR 分析了 CVM 双边界调查的水资源改善 WTP 数据，发现对于不同水管理政策的多层次影响，QR 比标准的 Logit 模型提供了更综合的结果。他指出在双尾分布中系数的统计显著性和大小的不同，表明水管理政策的受益者（在右尾）和损失者（在左尾）也许被非常不同的因素驱动。

OLS、Tobit、Logit 和断点回归方法模型都假设解释变量沿着因变量整个分布的影响是同质的，这也许不能足以证明因变量真正的影响而不是平均影响，OLS 等方法给出的是平均影响（Koenker & Bassett，1978；Koenker，2003）。在 WTP 研究案例中，QR 模型是：

$$\text{WTP}_i = X_i\beta_\theta + u_{i,\theta} \tag{2.5}$$

$$\text{Quant}_\theta(\text{WTP}_i \mid X_i) = X_i\beta_\theta \tag{2.6}$$

式中：X_i —— 外生变量的向量；

β_θ —— 被评估的向量参数；

$\mu_{i,\theta}$ —— 误差项；

$\text{Quant}_\theta(\text{WTP}_i \mid X_i)$ —— 对应 X_i 的 WTP_i 的分位数。

为了评估分位数，当 $0 < \theta < 1$ 时，可以利用线性回归方程解决，如下：

$$\min b_\theta \left[\sum_{i:\text{WTP}_i \geqslant X_i\beta} \theta \mid \text{WTP}_i - X_i\beta_\theta \mid + \sum_{i:\text{WTP}_i < X_i\beta} (1-\theta) \mid \text{WTP}_i - X_i\beta_\theta \mid \right] \tag{2.7}$$

式中：b_θ 是评估系数，QR 方程是最小化绝对残差值的权重之和。通过 θ 的变化，在 WTP 分布的任何分量的系数都能够被评估。QR 回归中的系数可以解释为与 OLS 系数评估相似的方法。例如，WTP 收入回归中，第 25 分位收入的系数（$\theta = 0.25$）给出当收入边际变化被给定时 WTP 的边际变化。

QR 模型被用于经济、教育等方面的分析[6]，工资收入的决定因素和工资的不公平性[7] 和收入收敛性增长等方面[8]，在环境经济价值评估方面的研究主要是 Belluzzo（2004）利用 QR 模型，并结合 OLS 和最大似然评估方法对比分析 CVM 支付卡数据，揭示影响水资源管理 WTP 的主要决定因素。O'Garra 和 Mourato（2007）利用 QR 模型研究了伦敦引入氢气清洁公交系统增加的 WTP 及其决定因素。

2　结果分析

本研究是利用 CVM 方法的支付卡法调查获得密云水库最大支付意愿 WTP，调查地点在密云水库用水区，包括北京市海淀、朝阳、丰台、石景山、西城、东城、宣武、崇文、昌平等 9 个主要分区。密云等郊区县也有少量调查，调查显示水源区也有支付意愿，这说明了环境服务的价值被广泛认可，也显示了环境服务在水源区和用水区都共享的事实。

问卷调查时间是 2009 年 12 月至 2010 年 2 月，总计发放问卷 370 份，除去填写不完整、抗议性回答等问卷，回收有效问卷 329 份，其中密云水库有支付意愿（非零支付）的受访者 256 份，但是其中 14 份支付意愿仍然为 0，尽管他们选择了愿意支付。他们不支付的原因是：由于收入低没有支付能力、污染者或政府应该支付。因此，我们认为这些被调查者实际上也不具有支付意愿。具有正支付意愿的有 242 份，拒绝支付或无能力支付（零支付）的 87 份，分别占 73.56% 和 26.44%。

2.1　WTP 影响因素的描述性统计

通过多次初步拟合，我们从许多可能影响 WTP 的指标中选择 9 个拟合度较好的指标分析 WTP。指标的定义和描述性统计见表 1。

表1　解释变量描述性统计

指标	指标描述	观察值 N	平均值	标准差	最小值	最大值
WTP_MIYUN	最大支付意愿（Max WTP）元/（月·户）	329	18.89	35.667	0	500
PERWAT（x_1）	假设：1 表示被调查者知道密云水库是北京市水源区，2 表示不知道	326	1.29	0.457	1	2
ENVIMPT（x_2）	环境的相对重要性，1 表示非常重要，5 非常不重要	325	1.59	0.787	1	5
BUYBOTWAT（x_3）	假设：1 表示被调查者购买瓶装水以改善水质，2 表示被调查者不购买瓶装水以改善水质	326	1.33	0.472	1	2
DEMWATQ（x_4）	假设：1 表示被调查者有改善水质的需求，2 表示被调查者没有改善水质的需求	328	1.18	0.383	1	2
Gender（x_5）	1 表示男性，0 表示女性	329	0.41	0.493	0	1
Age（x_6）	被调查者的年龄（≥18）	326	35.56	11.959	18	73
Edu（x_7）	被调查者受教育的年限	324	14.668 71	3.433 868	2	23
HOUSHOLDINCOM（x_8）	被调查者户均收入（元/户·月）	329	7 267.173	4 776.358	1 000	40 000
Ocupation（x_9）	被调查者的职业 1 政府工作人员 2 NGO 和私有公司工作人员 3 商人、医生或者律师等个人营业者 4 工人、农户和服务人员 5 其他人：非雇佣、学生、全职在家和退休等人员	329	4.7	3.947	0	5

可以看出，密云水库支付意愿的中位值是 10 元/（户·a），最小值 0，最大值 500 元/（月·户）。被调查者的年龄处于 18～73 岁，平均 35～56 岁，平均受教育年限 14.7 年，最高 23 年（博士学位），最低两年，被调查者户均家庭月收入最低 1 000 元/户，最高 40 000 元/户。

2.2　结果分析

本研究选择以上 9 个变量作为自变量，密云水库最大支付意愿 WTP 为因变量，利用 Stata 11.2 软件对 3 种模型进行模拟。利用双边审查（double censored）的 Tobit 模型对 WTP 进行模拟。根据原始数据统计，只有一个人选择大于 100 元/（月·户）。故 Tobit 回归的截断点分别选取为 0 和 100。实际调查 WTP 是被调查者支付意愿的中点数据，结合支付卡推导出断点的 BID_L 和 BID_H，进行断点回归模拟。为了进行分位数分析，我们计算了不同分位数上 WTP 的值。分位数回归仅选择正 WTP，观察值 242（表 2）。

表2　在不同分位数中 WTP 的分布

	分位值	最小值	分布指标	指标对应值
1%	5	5	—	—
5%	5	5	—	—
10%	5	5	观察值	242
25%	10	5	权重和（Sum of Wgt）	242
50%	10	—	均值	25.68
—	—	最大值	标准差	39.45
75%	30	100	—	—
90%	50	100	方差	1 556.28
95%	100	100	偏度	7.62
99%	100	500	峰度（Kurtosis）	87.88

表 2 给出了分位数以及每一个分位数所对应的 WTP 的值，这个值是用支付卡断点数据的中点（mid-points）计算得到的，不同分位数上的分位值分别是 5、10、30、50、100，同时给出了最大值、最小值。我们利用 Stata 11.2 软件模拟 Tobit、断点回归和分位数回归模型，分析 WTP 的主要决定因素，分析不同模型的显著性差异。同时，分析 QR 模型在不同分位上影响因子的显著性差异。

整体上，Tobit 模型与指标拟合的结果比断点模型更优，模拟的结果有更多指标具有显著性，与 QR 模拟结果有一定的相似性。正如预料，断点模型、Tobit 与 QR 模型结果都显示：平均 WTP 与家庭收入在 1% 上具有显著性，系数为正值，呈正相关关系，说明收入是 WTP 的重要影响因素，这多个研究结果相同[9-12]。同时，断点模型和 Tobit 模型均显示，性别也与 WTP 在 10% 的显著性上呈正相关关系，说明男性的支付意愿强于女性。

在断点模型中，WTP 还与教育年限（x_7）呈正相关。在 Tobit 回归模型中，WTP 与环境的相对重要性（x_2）呈正相关关系，与年龄（x_6）、是否知道密云水库是北京市水源（x_1）、购买瓶装水以改善水质（x_3）等因素呈负相关关系。令人奇怪的是，知道密云水库是北京市水源的被调查者反而支付得更少，这可能是因为密云水库近 10 年水量减少和水质恶化。

分位数回归分析的结果揭示了更有趣的发现，在 Tobit 和断点回归分析中许多不显著的指标，在 WTP 分布的某些分位上也变得显著了。例如，被调查者有水质改善需求（x_4）在 Tobit 分析和断点回归分析中均不显著，在高分位 99% 上却变得非常显著（1%）。同时，环境的相对重要性（x_2），购买瓶装水以改善水质（x_3），具有水质改善的需求（x_4）、年龄（x_6）在断点回归中均不显著影响 WTP，但是在高分位 99% 上却是存在 1% 的显著——这表明这些指标不是平均 WTP（mean WTP）的决定性因素，但是却在高分位投标值上具有显著影响。因此，高分位上具有显著影响的指标及回归系数决定的影响程度，可以为政策的制定提供参考。

同时，从 QR 模型在不同分位数上，具有显著性指标的对比分析，可以看出：

（1）仅仅有 1 个指标在所有分位上都显著——家庭收入。家庭收入对 WTP 具有正向的、显著的影响。

（2）影响低分位的指标和高分位的指标不同。除了家庭收入以外，在低分位上仅仅环境相对重要性（x_2）在 25 分位上、具有水质改善的需求（x_4）在 10 分位上具有显著性，在中位数之后，具有显著性的指标增加。这主要是由于低分位上的支付仅仅是家庭月均收入中很少的一部分，这也与国际上相关研究结果相似[13]。

（3）在不同分位上指标的正负影响发生转变，如是否知道密云水库是北京市水源（x_1）、购买瓶装水以改善水质（x_3）在 Tobit 分析中呈负相关，在最后的高分位 99 分位上是正相关，这也与基本的常理判断相符，这也表明分位数回归模型比 Tobit 回归以及其他利用似然法开展的回归更符合实际情况。

（4）结果也表明，反映收入和环境态度的 9 个指标在右尾高分位上对 WTP 均具有重要影响，在 1%上显著性。除了年龄显示负相关以外，其他因素都具有正相关关系，这也与 WTP 及其影响因素的经济学理论预期相符，也反映了调查结果的有效性和可靠性。这也从另一个角度说明，通过大量陈述性方法的调查获取的 WTP 确实具有多种不同的驱动，也反过来暗示在 CVM 调查中解释变量的同质性（homogeneity）影响并不总是存在，本研究所选择的 9 个指标不具有同质性。

3 结论

本研究通过对比分析断点模型、Tobit 模型和 QR 模型方法，模拟流域水质改善 WTP 的公共偏好，研究发现：

（1）断点模型、Tobit 与 QR 模型结果都显示：平均 WTP 与家庭收入在 1%上具有显著正相关，进一步印证了收入是 WTP 的重要影响因素。

（2）Tobit 模型拟合的结果比断点模型更优，有更多指标具有显著性，与 QR 模拟结果有一定的相似性。

（3）QR 模型在高分位和低分位上受影响的解释变量不同，除了家庭收入以外，在低分位上仅仅环境相对重要性（x_2）、具有水质改善的需求（x_4）具有显著性，在中位数之后，具有显著性的指标增加，这主要是由于低分位上的支付仅仅是家庭月均收入中很少的一部分。

（4）所选择的 9 个指标均在右尾高分位上对 WTP 具有重要显著性影响。除了年龄显示负相关以外，其他因素都具有正相关关系，这与 WTP 及其影响因素的经济学理论预期相符，也检查了调查结果具有有效性和可靠性。

研究结果正如所料，QR 模型在支付卡数据的价值评估中具有明显的优势（表 3）。

表 3 密云水库水质水量改善的断点回归、Tobit 和分位数回归分析（$n = 307$，242 for QR）

Variable		断点回归	Tobit	QR_10	QR_20	QR_25	QR_50	QR_75	QR_90	QR_99	BSQR_50
PERWAT (x_1)	Coef	−8.142	−6.312	0.145	−1.2	−1.546	−1.891	−5.184	−19.337	17.186	−1.891
	S.E.	4.452	3.024	0.288	1.295	1.097	2.024	5.311	10.586	0.582	2.277
	t	−1.83*	−2.09**	0.5	−0.93	−1.41	−0.93	−0.98	−1.83*	29.53***	−0.83
ENVIMPT (x_2)	Coef	2.533	4.505	0.195	0.941	1.941	5.268	10.74	13.655	−11.824	5.268
	S.E.	2.516	1.713	0.195	0.857	0.673	1.184	3.421	5.49	0.329	3.333
	t	1.01	2.63***	1	1.1	2.88***	4.45***	3.14***	2.49*	35.89***	1.58
BUYBOTWAT (x_3)	Coef	−0.639	−6.415	−0.301	−1.577	−1.09	−0.199	−3.655	−10.13	70.904	−0.199
	S.E.	4.296	2.92	0.346	1.357	1.09	1.977	5.38	9.13	0.566	2.267
	t	−0.15	−2.2**	−0.87	−1.16	−1	−0.1	−0.68	−1.11	125.37***	−0.09

Variable		断点回归	Tobit	QR_10	QR_20	QR_25	QR_50	QR_75	QR_90	QR_99	BSQR_50
DEMWATQ (x_4)	Coef	−7.185	−5.554	0.876	2.812	2.056	1.814	−1.27	−7.764	33.466	1.814
	S.E.	5.434	3.69	0.51	1.789	1.496	2.755	7.328	10.082	0.797	3.632
	t	−1.32	−1.51	1.72[*]	1.57	1.37	0.66	−0.17	−0.77	42.01[***]	0.5
Gender (x_5)	Coef	7.741	4.589	0.477	0.437	1.094	1.947	4.908	3.961	78.567	1.947
	S.E.	4.016	2.731	0.312	1.225	1.005	1.805	4.9	9.498	0.513	2.333
	t	1.93[*]	1.68[*]	1.53	0.36	1.09	1.08	1	0.42	153.3[***]	0.83
Age (x_6)	Coef	−0.136	−0.21	−0.008	−0.041	−0.048	−0.136	−0.392	−0.64	−0.745	−0.136
	S.E.	0.181	0.123	0.012	0.051	0.044	0.08	0.222	0.321	0.023	0.093
	t	−0.75	−1.71[*]	−0.65	−0.79	−1.09	−1.69[*]	−1.76[*]	−1.99[**]	−32.64[***]	−1.46
Edu (x_7)	Coef	1.28	0.501	0.027	0.219	0.27	0.207	0.556	1.022	5.469	0.207
	S.E.	0.723	0.492	0.059	0.225	0.172	0.304	0.81	1.731	0.087	0.355
	t	1.77[*]	1.02	0.46	0.97	1.57	0.68	0.69	0.59	63.02[***]	0.58
Househdincom (x_8)	Coef	0.002	0.001	0.000 2	0.000 4	0.001	0.001	0.003	0.004	0.019	0.001
	S.E.	0	0	0	0	0	0	0.001	0.001	0	0.000 4
	t	4.55[***]	4.59[***]	8.07[***]	2.67[***]	5.79[***]	7.12[***]	7.16[***]	5.6[***]	361.9[***]	3.18[***]
Occupation (x_9)	Coef	0.436	−1.022	−0.047	−0.389	−0.137	−0.406	−0.233	−0.67	4.81	−0.406
	S.E.	1.483	1.008	0.105	0.476	0.368	0.662	1.914	3.828	0.187	0.827
	t	0.29	−1.01	−0.45	−0.82	−0.37	−0.61	−0.12	−0.17	25.74[***]	−0.49
_cons	Coef	4.921	25.797	2.901	3.356	0.203	0.542	9.228	59.909	− 237.255	0.542
	S.E.	19.225	13.071	1.308	6.081	4.523	8.12	20.796	43.767	2.342	8.999
	t	0.26	1.97[**]	2.22[**]	0.55	0.04	0.07	0.44	1.37	− 101.3[***]	0.06
lnsigma		87.10[***]		—	—	—	—	—	—	—	—
sigma			23.77[***]	—	—	—	—	—	—	—	—
Log likelihood		−1 016.904	−1 361.011	—	—	—	—	—	—	—	—
LR chi2（9）			45.35	62.39	—	—	—	—	—	—	—
Pseudo R^2			0.022 4	—	—	—	—	—	—	—	—

注：* 在10%水平上显著；** 在5% 水平上显著；***在1% 水平上显著。

参考文献

[1] Belluzzo W J. Semiparametric Approaches to Welfare Evaluations in Binary Response Models [J]. Journal of Business and Economics Statistics，2004，22（3）：322-330.

[2] Halstead J M，B E Lindsay，C M Brown. Use of the Tobit Model in Contingent Valuation：Experimental Evidence from the Pemigewaset Wilderness Area [J]. Journal of Environmental Management，1991（33）：79-89.

[3] Tanya O'Garra，Susana Mourato. Public Preferences for Hydrogen Buses：Comparing Interval Data，OLS and Quantile Regression Approaches [J]. Environmental & Resource Economics，European Association of Environmental and Resource Economics，2007，36（4）：389-411.

[4] Cameron T A，D D Huppert，OLS versus ML Estimation of Non-market Resource Values with Payment Card Interval Data [J]. Journal of Environmental Economics and Management，1989（17）：230-246.

[5] Koenker R，K Hallock. Quantile Regression [J]. Journal of Economic Perspectives，2001（15）：143-156.

[6] Bauer T K，J P Haisken-DeNew. Employer Learning and the Returns to Scholing [J]. Labour Economics，2001，8（2）：161-180.

[7] Martins P S，P T Pereira. Does Education Reduce Wage Inequality？ Quantile Regression Evidence from 16 Countries [J]. Labour Economics，2004，11（3）：355-371.

[8] Mello，Marcelo，Perrelli，Roberto. Growth equations：a quantile regression exploration，The Quarterly Review of Economics and Finance[J]. Elsevier，2003，43（4）：643-667.

[9] Bateman I，R T Carson，B Day，et al. Economic Valuation with Stated Preference Techniques：A Manual[M]. Cheltenham：Edward Elgar，2002.

[10] 郑海霞，张陆彪. 流域生态服务补偿市场的形成机制及其政策建议——基于金华江的实证研究[J]. 资源科学，2006（3）：192-204.

[11] 张志强，徐中民，王建，等. 黑河流域生态系统服务的价值[J]. 冰川冻土，2001，23（4）：360-366.

[12] 杨凯，赵军. 城市河流生态系统服务的 CVM 估值及其偏差分析[J]. 生态学报，2005，25（6）：1391-1396.

[13] G D Garrod，K G Willis. Economic Valuation of the Environment[M]. Cheltenham：Edward Elgar，1999.

生态补偿视角下的国家重点生态功能区
转移支付办法研究

Analysis of National key Ecological Function Area's Transfer Payment Policy from Perspective of Ecological Compensation

李国平 李 潇

（西安交通大学经济与金融学院，西安 710061）

[摘 要] 国家重点生态功能区转移支付办法对我国进行重要生态功能区经济社会和生态保护的协调发展，保障国家和地方生态安全具有重要意义。本文基于国家先后出台的 3 个转移支付办法，对其中主要涉及的转移支付范围、计算公式、奖惩机制等进行比较、评述，得出国家重点生态功能区转移支付制度存在"重民生轻环保"的问题；并以陕西省国家重点生态功能区为例，对转移支付资金在生态环境保护方面的使用和绩效情况做出研究。

[关键词] 国家重点生态功能区 转移支付办法 生态绩效评价

Abstract The National key Ecological Function Area's transfer payment policy has great significance to the coordinated development of economic, social and ecological protection of important ecological function areas, and guarantee the ecological security of nation and local place. This article is based on the three transfer payment policies that the state has issued, comparing and commenting the scope, formula, reward and punishment mechanism of the transfer payment. The results showed that National key Ecological Function Area's transfer payment policy is focus on livelihood and neglect environment. And in a case study on Shannxi's National key Ecological Function Areas, this article analyze the transfer payment's using in eco-environmental protection and its performance.

Keywords National key Ecological Function Area, transfer payment, ecological performance evaluation

前言

　　国家重点生态功能区是重要生态功能区中有选择的、需要重点保护和限制开发的区

基金项目：国家社科基金重大项目（12&ZD072）。

作者简介：李国平，女，汉族，四川宜宾人，西安交通大学教授、博士生导师，研究方向：区域可持续发展。

　　　　　李潇，女，汉族，陕西咸阳人，西安交通大学博士研究生，研究方向：区域可持续发展。

域[1]，其进行生态保护与生态建设的目的是：保护、恢复和提高区域水源涵养、防风固沙、保持水土、调蓄洪水、保护生物多样性等重要生态功能，维护和提高区域提供各类生态服务和产品的能力，促进重要生态功能区经济社会和生态保护的协调发展，推动我国主体功能区发展空间格局的形成[2]。为了引导国家重点生态功能区所在地政府加强生态环境保护力度，提高区内基本公共服务保障能力，促进经济社会可持续发展，实现国家重点生态功能区维护国家与地方生态安全的功能定位，中央财政自 2008 年开始、在均衡性转移支付项下设立国家重点生态功能区转移支付[3]。此项制度实施以来，享受国家重点生态功能区转移支付的县市的范围和补助额不断上升，2008 年为 230 个县、60.52 亿；2009 年为 280 个县、120 亿[4]；2010 年为 451 个县、249 亿[5]；2011 年为 451 个县、300 亿；2012 年为 451 个县、370 亿[6]。然而，根据陕西省国家重点生态功能区的县域生态环境考核结果，以及财政部公布的《2012 年国家重点生态功能区转移支付奖惩情况》，不断扩大的、持续的、集中的针对国家重点生态功能区的转移支付补助，并没有使国家重点生态功能区县域生态环境质量显著改善。

本文试图通过对财政部分别于 2009 年、2011 年和 2012 年发布、改进的国家重点生态功能区转移支付办法进行研究，明确造成国家重点生态功能区转移支付生态补偿绩效低下的制度原因，提出完善国家重点生态功能区转移支付机制的政策建议，更好地消除或减少转移支付办法中的偏漏，为促进国家重点生态功能区的保护与建设奠定基础。

1 国家重点生态功能区转移支付办法的变化

基于"推动地方政府加强生态环境保护和改善民生"的双重目标，财政部分别在 2009 年、2011 年和 2012 年制定和调整了国家重点生态功能区转移支付办法，从基本原则、资金分配（分配范围和分配方法）、监督考评、激励等方面对国家重点生态功能区转移支付作出了规定。比较 3 次办法可以发现，国家重点生态功能区转移支付的分配范围、分配方法、监督考评等在不断调整的同时，仍然存在"改善民生"目标挤出"生态环境保护"目标的制度偏颇。

1.1 国家重点生态功能区转移支付办法分配范围的变化

表 1 显示了 2009—2012 年国家重点生态功能区转移支付办法中的分配范围，从中可以看出：分配范围的变化主要体现在对国家重点生态功能区的突出上。一方面，明确规定《全国主体功能区规划》中限制开发的国家重点生态功能区所属县和禁止开发区是补助范围，其中禁止开发区①虽在区域确定上不包含国家重点生态功能区，但其也是我国保护自然文化资源、珍稀动植物基因资源的重点生态功能区；另一方面，更点名了青海三江源自然保护区、南水北调中线水源地保护区、海南国际旅游岛中部山区生态保护核心区等生态功能重要区域，其中青海三江源、海南国际旅游岛中部山区均属于国家重点生态功能区，南水北调中线水源地与国家重点生态功能区秦巴生物多样性生态功能区部分区域重合，也是国家重点保护的水源生态功能区，三者均关系到国家生态稳定与安全，是近年来国家生态建设的重中之重。

---

① 包括国家级自然保护区、世界文化自然遗产、国家级风景名胜区、国家森林公园、国家地质公园。

表 1　国家重点生态功能区转移支付办法分配范围

年份	文件名称	分配范围
2009	《国家重点生态功能区转移支付（试点）办法》	关系国家区域生态安全，并由中央主管部门制定保护规划确定的生态功能区；生态外溢性较强、生态环境保护较好的省区；国务院批准纳入转移支付范围的其他生态功能区域
2011	《国家重点生态功能区转移支付办法》[7]	青海三江源自然保护区、南水北调中线水源地保护区、海南国际旅游岛中部山区生态保护核心区等国家重点生态功能区；《全国主体功能区规划》中限制开发区域（重点生态功能区）和禁止开发区域；生态环境保护较好的省区
2012	《2012 年中央对地方国家重点生态功能区转移支付办法》[8]	《全国主体功能区规划》中限制开发的国家重点生态功能区所属县（县级市、市辖区、旗，以下简称"县"）和禁止开发区域；青海三江源自然保护区、南水北调中线水源地保护区、海南国际旅游岛中部山区生态保护核心区等生态功能重要区域所属县

　　分配范围界定中对"生态保护"的强调，一方面体现了生态环境的重要性，另一方面也体现了国家重点生态功能区转移支付的生态针对性。因此，从资金分配范围的变化上来看，国家重点生态功能区转移支付趋于对"环保"的重视，即在双重政策目标下，重视对生态环境保护区域的补助。

1.2　国家重点生态功能区转移支付办法分配公式的变化

　　由于国家重点生态功能区转移支付分配范围的变化，导致其分配公式也发生了变化，2009—2012 年，国家重点生态功能区转移支付办法的分配公式如表 2 所示。

表 2　国家重点生态功能区转移支付办法分配公式

年份	文件名称	分配公式
2009	《国家重点生态功能区转移支付（试点）办法》	某省（区、市）国家重点生态功能区转移支付应补助数=（∑该省（区、市）纳入试点范围的市县政府标准财政支出−∑该省（区、市）纳入试点范围的市县政府标准财政收入）×（1−该省（区、市）均衡性转移支付系数）+纳入试点范围的市县政府生态环境保护特殊支出×补助系数
2011	《国家重点生态功能区转移支付办法》	某省（区、市）国家重点生态功能区转移支付应补助数=∑该省（区、市）纳入转移支付范围的市县政府标准财政收支缺口×补助系数+纳入转移支付范围的市县政府生态环境保护特殊支出+禁止开发区补助+省级引导性补助
2012	《2012 年中央对地方国家重点生态功能区转移支付办法》	某省国家重点生态功能区转移支付应补助额=∑该省限制开发等国家重点生态功能区所属县标准财政收支缺口×补助系数+禁止开发区域补助+引导性补助+生态文明示范工程试点工作经费补助

分配公式的变化主要体现在两个方面：

（1）以"生态文明示范工程试点工作经费补助[①]"代替了"纳入试点范围的市县政府生态环境保护特殊支出[②]"，以固定的"生态文明示范工程试点工作经费补助"代替按需安排的"生态环境保护特殊支出"，使得国家重点生态功能区转移支付的总额发生变化。这一改变表面上似乎具有公平性（每个区域给予相同的补助），但实质上导致补偿标准的不同，忽略了各地区的禀赋差异、环境保护与生态建设成本的不同，有可能导致一些地方补助力度大、另一些地方补助力度小，造成生态环境绩效的不均衡。另一方面，由于生态文明示范工程试点的主要任务包括加强生态建设和环境保护、加快转变经济发展方式、努力优化消费模式等[9]，因而可能增强资金的使用目标由环保转向民生。

（2）新增了"禁止开发区补助"和"省级引导性补助"两项，提高了国家重点生态功能区转移支付的总额。这两项主要针对《全国主体功能区规划》中的禁止开发区域和不在国家重点生态功能区转移支付补助范围的其他重要生态功能区域而设定，两者在概念上都是对发展受损的补偿，但仍然没有体现对生态建设的补偿。

1.3 国家重点生态功能区转移支付办法监督考核与奖惩机制的变化

在 2009 年与 2011 年的国家重点生态功能区转移支付办法中，对监督考核与奖惩机制的规定没有变化，都专门列出章节对国家重点生态功能区转移支付的监督考评和激励约束做出了规定。但是，在 2012 年的国家重点生态功能区转移支付办法中，相关规定却不如前两个办法细致，如表 3 所示。

表3 国家重点生态功能区转移支付办法的监督考核与奖惩机制

文件名称	监督考核	奖惩机制
《国家重点生态功能区转移支付（试点）办法》（财预[2009]433 号）	1. 环境保护和治理：县域生态环境指标 EI 体系[③] 2. 基本公共服务：学龄儿童净入学率、每万人口医院（卫生院）床位数、参加新型农村合作医疗保险人口比例、参加城镇居民基本医疗保险人口比例等	1. 根据 EI 值结果，对生态环境明显改善的地区，给予适当奖励；对因非不可抗拒因素而生态环境状况持续恶化的地区，将应享受转移支付的 20%暂缓下达；连续 3 年生态环境恶化的县区，下一年度将不再享受该项转移支付；享受奖励性补助的地区，如果生态环境质量状况恶化并达不到 2009 年水平时，除按规定处理外，已经享受的奖励性补助予以扣回。 2. 基本公共服务指标中任何一项出现下降的，按照其应享受转移支付的 20%予以扣除
《2012 年中央对地方国家重点生态功能区转移支付办法》（财预[2012]296 号）	财政部会同环境保护部等部门对限制开发等国家重点生态功能区所属县进行生态环境监测与评估（根据 2011 年、2012 年、2013 年的《国家重点生态功能区县域生态环境质量考核工作实施方案》的相关规定，对于 2012 年度国家重点生态功能区县域生态环境质量的考核仍然延续 EI 指标体系）	对生态环境明显改善的县，适当增加转移支付；对非因不可控因素而导致生态环境恶化的县，适当扣减转移支付

---

① "生态文明示范工程试点工作经费补助"按照市级 300 万元/个、县级 200 万元/个的标准计算确定。

② "纳入试点范围的市县政府生态环境保护特殊支出"指按照中央出台的重大环境保护和生态建设工程规划，地方需安排的支出，包括南水北调中线水源地污水、垃圾处理运行费用等。

③ EI 指标体系是为了考核国家重点生态功能区所属县的县域生态环境质量，而提出的综合指标体系。

2009 年与 2011 年的国家重点生态功能区转移支付办法，无论在监督考核，还是在激励机制中都围绕"改善民生"和"保护环境"的双重目标，而且从指标体系的安排和奖惩标准的设置上可以看出对两个目标的重视的同等性。但是，2012 年的监督考核与激励机制做出了重大调整，仅仅针对生态环境质量而没有提及对基本公共服务项的考评与奖惩，这种调整释放出中央针对国家重点生态功能区转移支付实施中出现的"重民生轻环保"问题的纠偏信号。

2 生态补偿视角下国家重点生态功能区转移支付制度存在的"重民生轻环保"问题

（1）在分配范围上，国家重点生态功能区转移支付主要针对国家重点生态功能区及其他对生态环境保护要求严格的地区。该项规定在生态补偿的视角下，是对生态保护主体的正的外部性的补偿，没有"重民生轻环保"的问题。

（2）在分配公式上，其共同点均是以"国家重点生态功能区所属县标准财政收支缺口"为核心，其补助实质是地方的财政缺口、政府部门的各个方面，主要集中在教育、医疗、社保、城乡、农林水等一般公共服务上，是对改善民生的补助；"禁止开发区域补助"、"引导性补助"、"生态文明示范工程试点工作经费补助"虽在一定程度上体现了对生态环境保护投入与限制发展的补偿，但是其并不是补助金额的计算核心。以正的外部性的生态补偿理论标准来衡量[10]，分配公式中的各计算因子部分体现了国家重点生态功能区生态补偿的要求，在总量上不能满足生态补偿的需要，存在"重民生轻环保"的问题。

（3）在资金使用上，只规定了"用于环境保护，以及涉及民生的基本公共服务领域"，但对其应在环境保护上用多少、在基本公共服务领域用多少，具体应用于哪些方面都没有做出要求。分配公式侧重于改善民生、对于生态环境保护体现较少，以及资金使用范围规定的不够明确和细化，导致了国家重点生态功能区转移支付资金出现使用范围模糊不清、极易发生曲解和超范围使用资金的问题。以陕西省接受国家重点生态功能区转移支付补助的 41 个县为例，除去 6 个转移支付资金用途无法清晰界定的县外，剩余 35 个县 2010—2011 年转移支付资金用于环境保护的情况如下：两年中将国家重点生态功能区转移支付资金完全用于环境保护的县有 9 个，占 25.71%（以 35 个县为基数）；2010 年，将国家重点生态功能区转移支付资金用于环境保护超过 50%（除去两年均为 100%的县）的有 9 个县、占 25.71%，少于 50%的有 17 个、占 48.57%；2011 年将国家重点生态功能区转移支付资金用于环境保护超过 50%（除去 100%）的有 8 个县、占 22.86%，少于 50%的有 17 个、占 51.43%；可见，大多数享有国家重点生态功能区转移支付的县侧重于对基本公共服务领域即改善民生的补助，而忽略了对环境保护的补助。

（4）国家重点生态功能区转移支付办法在监督考核和奖惩机制的规定中，关于"民生"项的弱化释放出了对"重民生轻环保"问题的纠偏信号，这一重大变化与资金分配公式、资金使用范围等产生不对称的内在矛盾。

总之，在生态补偿的视角下，国家重点生态功能区转移支付制度侧重于对整体发展的补偿，即对国家重点生态功能区所属区域整体社会发展情况、人民生活情况等的补偿，而不是对于生态环境保护与建设投入、由于保护（限制）带来的发展权损失等的补偿。换言之，国家重点生态功能区转移支付只是间接针对生态补偿，并不是生态补偿的充分体现。

3　国家重点生态功能区生态环境保护绩效评价——以陕西省为例

根据 2011 年陕西省国家重点生态功能区县域生态环境质量考核的结果，在 2011 年享有国家重点生态功能区转移支付的 37 个县域中（2011 年，子长县、安塞县、志丹县、吴起县不在转移支付补助中，因此，不能以其生态环境质量状况评价国家重点生态功能区转移支付绩效），EI 值良好的有 19 个，占 51.35%；EI 值一般的有 13 个，占 35.12%；EI 值脆弱的有 5 个，占 13.51%。可见，2011 年陕西省 37 个享有国家重点生态功能区转移支付的县域的生态环境质量总体是良好的，仅有个别县域生态环境质量脆弱（表 4）。

表 4　陕西省国家重点生态功能区县域 EI 结果

EI 值评价[①]	个数	占比/%	ΔEI 值评价[②]	个数	占比/%
良好	19	51.35	明显变好	1	2.7
一般	13	35.12	一般变好	2	5.41
脆弱	5	13.51	轻微变好	1	2.7
			基本稳定	33	89.19

但从 2009—2011 年 ΔEI 值来看，明显变好的仅 1 个，占 2.7%；一般变好的 2 个，占 5.41%；轻微变好的仅 1 个，占 2.7%；基本稳定的 33 个，占 89.19%。换言之，这 37 个县在接受了 2010 年、2011 年两年的国家重点生态功能区转移支付后，其生态环境质量总体没有变化，即国家重点生态功能区转移支付在生态环境保护方面的绩效没有体现，这与上述研究得出的"国家重点生态功能区转移支付资金用于生态环境保护较少"的结论一致。

在上述 37 个县中，生态功能类型为生物多样性维护的有 3 个，土壤保持的有 6 个，水源涵养的有 28 个，通过分类型的生态环境考核结果（表 5）可以看出：在生物多样性维护中，其 EI 值均为良好，ΔEI 1 个一般变好、2 个基本稳定，陕西省国家重点生态功能区中生物多样性维护的成效较好，国家重点生态功能区转移支付资金在生物多样性维护中的利用有较好效果；在土壤保持中，其 EI 值脆弱的有 4 个、一般的有 2 个，ΔEI 值 1 个一般变好、5 个基本稳定，陕西省国家重点生态功能区中土壤保持类型的生态环境质量较差，国家重点生态功能区转移支付资金在土壤保持中的利用仅体现在维持现有生态环境质量的水平上，绩效甚微；在水源涵养中，其 EI 值脆弱的有 1 个、一般的有 11 个、良好的有 16 个，ΔEI 1 个明显变好、1 个轻微变好、26 个基本稳定，陕西省国家重点生态功能区中水源涵养类型的生态环境质量普遍不错，但国家重点生态功能区转移支付资金在水源涵养中的利用也没有突破现有状况，并没有使生态环境质量得以提升。综上所述，陕西省国家重点生态功能区转移支付在生态环境保护方面的使用虽起到了一定的作用，但成效甚微；虽保持了现有生态环境质量，但没有起到改善生态环境质量的作用。

---

① 按照陕西省考核办法，EI≤45 为脆弱，45<EI<60 为一般，EI≥60 为良好。

② 按照陕西省考核办法，1≤ΔEI≤2 为轻微变好，2<ΔEI<4 为一般变好，ΔEI≥4 为明显变好，−1<ΔEI<1 为基本稳定，−2≤ΔEI≤−1 为轻微变差，−4<ΔEI<−2 为一般变差，ΔEI≤−4 为明显变差。

表 5　各类型国家重点生态功能区 EI 结果

生态功能类型	EI 值评价	个数	ΔEI 值评价	个数
生物多样性维护（3 个）	良好	3	一般变好	1
			基本稳定	2
土壤保持（6 个）	脆弱	4	一般变好	1
	一般	2	基本稳定	5
水源涵养（28 个）	脆弱	1	明显变好	1
	一般	11	轻微变好	1
	良好	16	基本稳定	26

不仅陕西省的国家重点生态功能区县域生态环境质量考核结果说明国家重点生态功能区转移支付在生态环境保护方面只起到了保持现有生态环境质量的作用，全国的国家重点生态功能区县域生态环境质量考核结果也反映了此事实。根据财政部预算司对 2011 年度国家重点生态功能区转移支付奖惩情况的通报[11]：在 2011 年享有国家重点生态功能区转移支付的 451 个县中，生态环境质量明显改善的地区有 32 个，占 7.1%；生态环境质量轻微改善的地区有 26 个，占 5.76%；生态环境质量轻微变差的地区有 12 个，占 2.66%；生态环境质量明显变差的地区有 2 个，占 0.44%；也就是说，在评价 EI 值变化的五种状态描述中，有 379 个县的生态环境质量基本不变，占比达 84.04%。

国家重点生态功能区大范围的生态环境质量基本不变，实质上意味着全国生态环境的恶化。国家重点生态功能区的大多数区域与《全国主体功能区规划》[12]中的限制开发区和禁止开发区相重合，而限制开发和禁止开发区则是四种空间区域中主要的生态保护区即生态功能的调节区域，关系到全国的生态环境质量；虽然，国家重点生态功能区的生态环境质量基本不变，但优化开发和重点开发区环境恶化因素的进一步高涨，导致了全国生态环境的恶化。因此，基于 EI 值与生态环境现状的结合分析，可以得出：国家重点生态功能区转移支付资金的使用仅起到了维持区域内生态环境质量的作用，但没有起到通过改善区域内生态环境质量来影响全国生态环境质量的目的，国家重点生态功能区转移支付的生态绩效低下。

4　结论

2009 年、2011 年、2012 年 3 年间，国家重点生态功能区转移支付办法的 3 次变化，说明我国重点生态功能区制度体系还在不断摸索中，各项政策规定还在进一步完善。从保护生态环境和改善民生这两个不变的目标出发，基于生态补偿视角，我国目前执行的《2012 年中央对地方国家重点生态功能区转移支付办法》还需做以下改进：

（1）明确国家重点生态功能区转移支付资金在保护生态环境和改善民生间的使用比例。以中央财政转移支付的方式补助国家重点生态功能区所属县的生态环境保护和民生改善，是合理的，但资金使用缺乏明确规定会导致地方政府厚此薄彼，造成生态环境与人民生活的失衡。需要进一步制订和完善国家重点生态功能区转移支付资金管理办法，严格资金使用投向，确保资金安全、规范、有效使用。

（2）完善国家重点生态功能区转移支付补助额计算公式。目前正在执行的《2012 年中央对地方国家重点生态功能区转移支付办法》的转移支付补助额计算公式为：

某省国家重点生态功能区转移支付应补助额＝Σ该省限制开发等国家重点生
态功能区所属县标准财政收支缺口×补助系数＋禁止开发区域补助＋引导性补助＋
生态文明示范工程试点工作经费补助

其中，对于补助系数、禁止开发区域补助、引导性补助的规定模糊不清，没有详细、明确的确定依据；计算公式主要反映的是民生类项目的补助，对生态环境类项目的包含较少（仅含有禁止开发区域补助、引导性补助、生态文明示范工程试点工作经费补助，资金占比较少）；计算公式主要依据标准财政收支缺口，没有考虑各县客观基础条件的差异，即其仅包含了各县财政的困难程度，而忽略了生态环境保护与改善民生成本的差异性，可能会形成各地区转移支付金额分配的不公平。

（3）国家重点生态功能区转移支付资金计算依据与考核对象的一致性。《2012 年中央对地方国家重点生态功能区转移支付办法》的资金使用目标是保护生态环境和改善民生，其资金计算公式在一定程度上也能体现这两个目标，但其在奖惩机制中仅采用生态环境质量为考核对象，造成了补助依据与考核依据的矛盾。基于不同角度的两种"指挥枪"势必引起国家重点生态功能区转移支付体系的偏差，造成奖惩机制与资金分配的偏离。

（4）加强国家重点生态功能区转移支付在生态环境保护方面的绩效。从陕西省国家重点生态功能区生态环境保护绩效的分析可以看出，生态环境质量总体良好，生态环境质量变化基本稳定；国家重点生态功能区转移支付资金只起到了生态环境质量保持的作用，而没有对生态环境质量进行改善或提升。要使国家重点生态功能区转移支付在生态环境保护上起到显著作用，而不是维持不变，就必须加强国家重点生态功能区转移支付在生态环境保护方面的利用，使其更具生态补偿性质。

（5）国家重点生态功能区转移支付机制的形成。按照目前办法的规定，国家重点生态功能区转移支付资金的应补助额由财政部计算，分配到各省财政厅后由各省按照自己的转移支付办法计算具体到各县的实际补助额，最后由各县安排转移支付资金的使用；而国家重点生态功能区转移支付的考核由各县根据实际情况填写《国家重点生态功能区县域生态环境质量考核自查报告》后，上报本省环境保护厅，经审核后最终报给环境保护部；国家重点生态功能区转移支付资金的补助额要根据各县的考核情况进行调整。可见，转移支付资金的发放与使用的考核经由不同的渠道进行，但两者的结果又互相影响，这种管理上的各司其职势必会造成转移支付资金使用的混乱；此外，由于资金的使用和考核都具体到各县自己完成，这也难免造成各县出于自身利益，对资金考核虚报等。因此，对于国家重点生态功能区转移支付必须形成完整的支付、管理与考核体系，加强各部门的协调合作；引入公众参与制度，保障国家重点生态功能区的监督考核和激励落到实处。

总之，对于国家重点生态功能区转移支付办法的改善，应本着"从重民生轻环保转为重环保轻民生，再到专对环保"的路径，即生态补偿视角下的"从正负外部性补偿转为主要针对正外部性的补偿，进而到仅对正外部性的补偿"。

参考文献

[1]　环境保护总局. 关于印发《国家重点生态功能保护区规划纲要》的通知（环发[2007]165 号）[EB/OL].

http：//www.zhb.gov.cn/gkml/zj/wj/200910/t20091022_172483.htm，2007-10-31.

[2] 环境保护部. 关于印发《国家重点生态功能区保护和建设规划编制技术导则》的通知（环办[2009]89号）[EB/OL]. http：//www.zhb.gov.cn/gkml/hbb/bgt/201004/t20100409_188004.htm，2009-07-09.

[3] 财政部. 关于印发《国家重点生态功能区转移支付（试点）办法》的通知（财预[2009]433号）[EB/OL]. http://www.mof.gov.cn/mofhome/czzz/zhongguocaizhengzazhishe_daohanglanmu /zhongguocaizhengzazhishe_zhengcefagui/201011/t20101130_357911.html，2009-12-11.

[4] 财政部预算司. 设立生态功能区转移支付促进地方生态文明建设[J]. 中国财政，2010（4）：19-21.

[5] 郑涌. 完善转移支付制度 推进主体功能区建设[J]. 财政研究，2011（10）：51-53.

[6] 钱震，蒋火华，刘海江. 关于国家重点生态功能区县域生态环境质量考核中现场核查的思考[J]. 环境与可持续发展，2012（5）：34-36.

[7] 财政部. 关于印发《国家重点生态功能区转移支付办法》的通知（财预[2011]428号）[EB/OL]. http：//www.gov.cn/gzdt/2011-07/28/content_1915488.htm，2011-07-19.

[8] 财政部. 关于印发《2012年中央对地方国家重点生态功能区转移支付办法》的通知（财预[2012]296号）[EB/OL]. http：//yss.mof.gov.cn/zhengwuxinxi/zhengceguizhang/201207/t20120725_669214.html，2012-06-15.

[9] 国家发展和改革委员会，财政部，国家林业局. 印发关于开展西部地区生态文明示范工程试点的实施意见的通知（发改西部[2011]1726号）[EB/OL]. http：//www.gov.cn/gzdt/2011-08/20/content_1929104.htm，2011-08-12.

[10] 李国平，李潇，萧代基. 生态补偿的理论标准与测算方法探讨[J]. 经济学家，2013（2）：42-49.

[11] 财政部. 关于2012年国家重点生态功能区转移支付奖惩情况的通报[EB/OL]. http://yss.mof.gov.cn/zhengwuxinxi/gongzuodongtai/201209/t20120903_680243.html，2012-08-28.

[12] 国务院. 关于印发《全国主体功能区规划》的通知（国发[2010]46号）[EB/OL]. http：//www.gov.cn/zwgk/2011-06/08/content_1879180.htm，2010-12-21.

我国生态补偿机制的研究进展和发展建议

Research progress and development suggestions of ecological compensation mechanisms in China

田　娟　刘　巍　张　斌

（湖北省环境科学研究院，武汉　430072）

[摘　要] 本文在论述生态补偿的理论基础、重要性的基础上，结合我国和湖北省生态补偿研究进展，分析生态补偿研究过程中存在的主要问题，并针对存在的问题，提出相关对策建议，以期为建立和完善我国生态补偿制度提供重要的参考价值。

[关键词] 生态补偿　环境保护　生态环境问题

Abstract Based on the theory foundation and significance of ecological compensation，and the research progress of which both in China and Hubei province，we analyzed the main problems during the research process of ecological compensation and proposed several strategies in this paper. Results allow a deeper understanding of ecological compensation and give the reference to establish and improve the ecological compensation system of China.

Keywords ecological compensation，environmental protection，eco- environmental problems

前言

近年来，随着经济的不断发展，人类社会与生态环境之间的矛盾日趋明显。在高强度的人类干扰下，加剧了一系列生态环境问题和生态灾害的发生，如水土流失、草地沙化、石漠化、沙尘暴、泥石流、滑坡等[1]，人与自然的矛盾越来越尖锐。同时，这些地区还是我国贫困人口主要分布区，许多地区仍处于生态退化-贫困化的恶性循环之中，生态脆弱区面积大，生态退化严重，是我国生态保护所面临的基本国情之一。生态环境恶化给人们的生活和生产带来了一系列的问题，因此生态补偿作为协调人与自然之间的主要问题手段受到了人们的日益关注。生态补偿机制是一种新型的资源环境管理模式，是新时期我国生态环境保护政策创新的重要内容。建立和完善生态补偿机制是我国落实科学发展观、实现人与自然和谐的重要战略选择。十届全国人大四次会议于 2006 年 3 月 14 日通过的《中华人民共和国国民经济和社会发展第十一个五年规划纲要》中明确提出"按照谁开发谁保护、谁受益谁补偿"的原则，建立生态补偿机制。研究和建立完善的生态补偿机制已经成为我

作者简介：田娟，湖北省环境科学研究院工程师；专业领域：环境经济政策研究。

国一项十分紧迫的任务。生态补偿机制研究是目前世界范围内生态环境建设领域研究的前沿问题。当前，迫切需要就完善我国生态补偿机制的重要理论和实践问题展开深入系统研究和总结，提出适合我国国情的生态补偿建议，为我国适时建立一套可操作的生态补偿政策法律体系提供理论支撑。

1 生态补偿研究概述

1.1 生态补偿的概念

目前国内外对生态补偿还没有一个统一的定义[2]。国际上所说的"生态（环境）补偿（Ecological/Environmen-tal Compensation）"主要是指：通过改善被破坏地区的生态系统状况或建立新的具有相当的生态功能或质量的栖息地，来补偿由于经济开发或经济建设而导致的现有的生态系统质量或功能的下降与破坏，从而保持生态系统的稳定性[3-5]。Cuperus等认为，生态补偿是对生态系统质量或功能受损的一种补救措施[3]。Allen等认为，生态补偿是对生态破坏地的一种恢复或新建[6]。中国的叶文虎等认为，生态补偿是自然生态系统对生态环境破坏所起的缓和和补偿作用[7]。毛显强将生态补偿定义为对破坏（或保护）生态资源环境的行为进行收费（或补偿），提高这种行为的成本（或收益），激励破坏（或保护）行为的主体减少（或增加）因其行为造成的外部不经济性（或外部经济性），从而达到保护资源的目的[8]。他强调生态补偿是对失去自我反馈与恢复能力的生态系统进行物质、能量的反哺和调节功能的修复[9]。

1.2 生态补偿机制的研究

关于生态补偿机制的研究重点主要是补偿对象、补偿主体、补偿途径、补偿原则、补偿标准等。

（1）补偿对象及主体。Moran等调查了苏格兰地区的居民关于生态补偿方式的支付意愿，并运用层次分析法（AHP）和毛细管电泳（CE）方法进行了统计分析，结果表明，该地区的居民对以税收的模式参与生态补偿有较强的支付意愿[10]。Bienabe等研究了哥斯达黎加的当地居民和外国游客进行生态补偿的支付意愿，并建立了逻辑斯谛（Logistic）回归模型，认为人们对于环境服务增加的付费水平是一致的，而对于交通工具生态影响的补偿更愿意自愿式补偿[11]。

（2）补偿标准。生态补偿的核心问题是补偿标准的设定，因为其关系到补偿的效果和项目的可持续性。其主要研究内容有补偿等级划分、补偿标准范围、补偿空间分配等方面。在国外，补偿标准研究的方法主要有机会成本法、意愿调查法、微观经济学模型法、生态系统服务功能价值理论方法、市场理论方法等，其中机会成本法应用非常广泛。中国学者们通常采用机会成本法、影子价格法、碳税法、市场价格法和重置成本法等评估生态服务系统，从而确定补偿的标准。如李晓光等在遥感解译、问卷调查及模型模拟的基础上，利用机会成本法确定了海南省中部山区进行森林保护的机会成本[12]。顾岗采用影子价格法，根据南水北调水源地生态功能保护区建设所削减的污染物数量来估算其带来的最低正面效益[13]。以森林资源的生态区位商为依据核算了森林的生态补偿标准[14]等。

（3）补偿途径。生态补偿途径方面主要研究的是生态补偿模式，通过一系列制度创新，将资源环境产品的外部性进行内部化，从而促进资源优化配置，实现生态资本增值，主要从政策的借鉴与创新、政策体系的构建、政策效果的评估及效率分析等内容进行研究[15]。

生态补偿模式种类多，从地域的角度来看，可分为全球性补偿模式、区域补偿模式、地区性补偿模式和项目补偿模式等 4 个层次。目前关于模式方法选择的研究大多集中在定性分析和理论阐述方面。

2 我国生态补偿研究进展

2.1 相关制度建设

生态补偿是生态保护机制建设的重要内容，近年来，我国对建立生态补偿机制非常重视，相关的法律与法规，如《中华人民共和国森林法》、《中华人民共和国水土保持法》、《中华人民共和国防沙治沙法》、《中华人民共和国水污染防治法》、《退耕还林条例》等，均对建立生态补偿机制提出了要求。中央及地方政府对建立生态补偿机制也提出了明确要求，并将其作为加强我国环境保护的重要内容，建立生态补偿机制的要求，出现在中国最高级别的各类政策文件以及每年的政府工作报告中（表 1），各省市也结合各自的生态保护要求，积极开展生态补偿机制的探索与实践。

表 1　我国关于生态补偿机制的有关政策文件一览表[16]

年份	有关政策文件	主要内容	生态保护对象
2005	《中共中央关于制定国民经济和社会发展第十一个五年规划的建议》	加快建立生态补偿机制	—
2005	《国务院 2005 年工作要点》	资源开发利用补偿机制和生态环境恢复补偿机制。	矿产资源
2006	《国务院 2006 年工作要点》	抓紧建立生态补偿机制，健全环评体系	—
2006	《中国国民经济和社会发展第十一个五年规划纲要》	建立生态补偿机制	—
2007	《十七大报告》	加快建立生态补偿机制	涵养水源、保持水土、防风固沙、生物多样性
2007	《国务院 2007 年工作要点》	加快建立生态环境补偿机制	资源性产品、流域
2008	《国务院 2008 年工作要点》	改革资源税费制度，完善资源有偿使用制度和生态环境补偿机制	—
2008	《深化经济体制改革工作意见的通知》	建立健全资源有偿使用和生态环境补偿机制	欠发达地区、大气、流域
2009	《关于 2009 年深化经济体制改革工作的意见》	推进跨省流域生态补偿机制试点，扩大排污权交易试点	矿产资源
2010	《关于 2010 年深化经济体制改革重点工作的意见》	出台资源税改革方案，研究开征环境税的方案	—
2011	《中国国民经济和社会发展第十二个五年规划纲要》	设立国家生态补偿专项资金，探索市场化生态补偿机制	上游地区、生态保护地区
2012	《关于 2012 年深化经济体制改革重点工作意见》	建立健全生态补偿机制	环保体制改革、碳排放、排污权交易试点
2012	《十八大报告》	建立体现生态价值和代际补偿的生态补偿制度	资源产品价税改革、碳排放权、排污权、水权交易

2.2 我国生态补偿的实践[17]

目前，我国生态补偿措施主要有天然林资源保护工程、退耕还林（草）工程、森林生态效益补偿[18]和生态转移支付等[19]。天然林资源保护工程 1998 年启动，涉及全国 17 个省（区、市）的天然林 7 300 hm²，占全国 1.07 亿 hm² 天然林的 69%。中央财政投入资金 7 840 亿元，地方配套 178 亿元；退耕还林工程于 1999 年启动，2010 年国家财政投入 2 332 亿元，全国累计实施退耕还林任务 2.08 亿 hm²，其中退耕地造林 0.09 亿 hm²，荒山荒地造林和封山育林 0.18 亿 hm²。工程范围涉及 25 个省区市和新疆生产建设兵团的 2 279 个县、3 200 万农户、1.24 亿农民；森林生态效益补偿于 2001 年启动，对国家重点生态公益林，即生态地位极为重要或生态状况极为脆弱，对国土生态安全、生物多样性保护和经济社会可持续发展具有重要作用，以提供森林生态和社会服务产品为主要经营目的的重点防护林和特种用途林，进行经济补偿。目前已累计投入 200 多亿元，全国有 0.7 亿 hm² 重点生态公益林纳入了补偿范围；2009 年中央财政在均衡性转移支付项下设立国家重点生态功能区转移支付，以引导地方政府加强生态环境保护力度，提高国家重点生态功能区所在地政府基本公共服务保障能力，促进经济社会可持续发展。2009 年生态转移支付预算 30 亿元，全国有 300 多个县获得生态转移支付。此后，生态转移支付力度迅速扩大，到 2012 年，国家生态转移支付预算 300 亿元，全国有 600 多个县获得生态转移支付。

2.3 各省市区在生态补偿实践

中国最早的生态补偿实践始于 1983 年，在云南省对磷矿开采征收植被及其他生态环境破坏恢复费用。《北京市"十一五"时期功能区域发展规划》划出 8 000 余平方公里的生态涵养区，限制和规范生态涵养区的产业发展，并在扶持政策上给予多种倾斜，每年从公共财政资源中拨付生态涵养区建设补偿费，对山区生态进行补偿，同时还积极开展对生态公益林的补偿。浙江省东阳市与义乌市 2001 年签订城市间协议，东阳市境内横锦水库近 5.0×10⁷ m³ 水的永久使用权出让给下游的义乌市，成交价格约为 4 元/m³，义乌市同时支付一定的综合管理费，这是典型的水权交易模式。

2008 年以来，湖北省先后组织开展了神农架林区、丹江口水库、三峡水库、武陵山区、大别山区等重点生态功能区的生态补偿机制体制研究工作。2010 年，积极争取省政府设立了具有生态补偿性质的湖北省生态文明建设以奖代补资金，连续 3 年每年安排 1 亿元资金对生态建设成交显著的地区予以补助。湖北省从 2009 年开始在神农架林区启动生态补偿试点，探索建立生态环境补偿机制，为其增加 1 万亩退耕还林指标，并按照每亩每年 500 元标准予以补助，补偿资金超过 1 000 万元。这是湖北首次由省财政统筹向生态资源丰富地区提供生态补偿；河南省 2010 年全面实行地表水水环境生态补偿机制，以水质为标准，上游省辖市出现断面水质污染超标的，必须给下游省辖市予以补偿，并由省财政主管部门负责生态补偿金扣缴及资金转移支付。此外，江苏、辽宁、河北、河南等省份也在太湖流域等众多流域开展类似的基于水污染控制的流域跨区生态补偿实践。江西和福建等众多省份则大力开展了基于河流源头保护的政府项目补偿项目，在东江、闽江、晋江等流域开展下游对上游的支付，补偿流域源头的生态保护活动以及利益相关者承受的相关利益损失。

3 生态补偿过程中存在的主要问题

目前，我国生态补偿机制研究还相当滞后，尚未建立起一套相对完善的生态补偿机制和生态补偿政策体系。生态补偿研究和实践处于初步探索阶段，存在不少问题，面临很多困难，目前的研究中还存在不少薄弱环节。主要不足是：生态补偿缺乏系统性，国家没有统一法律和政策，各地、各部门根据职权和利益开展生态补偿实践，国家统一的生态补偿制度尚未形成，仍停留在某些地区、某些部门和某一方面的研究水平上，理论探讨和实际应用之间还有不小的距离，尚未形成一套广泛适用的生态补偿机制；生态补偿对象和补偿方式不完善，国家主要通过中央财政向地方财政转移支付生态补偿资金，直接受益者均是各级政府，导致因生态保护经济利益受到损害的农民没有直接经济补偿；补偿范围界定含糊、补偿标准低等难以保障生态服务功能持续供给；缺乏监督机制，生态保护与开发矛盾仍在加剧，生态退化的趋势仍未得到有效遏制，生态补偿政策效果不明显。如何利用市场手段有效分配环境资源是各国面对的一个共同的和基本的问题。还需不懈努力，进行更加系统和深入的研究，建立和完善利益协调机制，为生态保护提供融资，解决生态系统服务供给不足的困境，最终建立生态保护长效补偿机制。

4 对策建议

4.1 推进生态补偿制度立法

近年来，全国人大环资委结合办理和督办代表议案和建议，对建立健全生态补偿机制多次开展调查研究，先后围绕南水北调、三峡工程、大小兴安岭森林保护、三江源保护、主体功能区建设等，提出建立完善生态补偿机制的建议。2010 年，国务院已将制定生态补偿条例列入立法工作计划。国家发展和改革委员会牵头，会同财政部、国土资源部、环境保护部等 10 个部门共同组成起草领导小组和工作小组，组织起草生态补偿条例，草案内容涉及补偿原则、补偿领域、补偿对象、补偿方式、补偿评估及标准、补偿资金等。目前已形成草案初稿，建议尽快出台，为生态补偿制度提供法律依据。

4.2 建立适合我国国情生态补偿机制

以保护生态者受益、受益者补偿、政府主导、社会参与、权利与责任对等的生态补偿原则，以生态服务功能为基础，科学确定生态补偿地域范围、明确生态补偿载体与补偿对象，并建立合理的生态补偿经济标准核算方法。

4.3 设立生态补偿基金，建立多种形式生态补偿途径

建议设立国家生态补偿基金，基金由中央财政每年统一提取、统一划拨，专款专用。将国家重点生态功能区财政转移支付资金纳入基金，并逐年递增。基金直接用于生态环境的修复和经济发展、科普教育、地区扶贫，推动生态效益、经济效益、社会效益的协调发展。在生态补偿制度实施的前期可以开展国家重要生态功能保护区生态补偿试点，实施全面系统的生态补偿政策，为态补偿机制的建立和完善积累经验，提供示范。

4.4 制定生态补偿综合管理机制

国外的经验表明，成功的生态环境治理需要专门的生态补偿管理机构，以避免众多的行政权力冲突、职责不明而引起管理上的不连贯。目前我国生态补偿管理机构，实际中的管理机构交叉严重、权威性和合理性不足。如果各自为政，在处理环境资源问题时不能做到统筹规划与管理，极不利于长远发展。

4.5 加强生态补偿资金的绩效考核

对实施的各项生态补偿政策和资金使用情况进行绩效评价。逐步实现生态补偿资金的

统一管理和专款专用，保证资金主要用于改善生态环境、恢复生态脆弱地区的植被、退耕还林、替代能源以及发展污染密集度低的替代产业等项目；构建基于绩效的生态补偿政策调整机制，能够为生态建设和生态补偿提供科学依据。

4.6 加大科研力度，加快生态补偿政策研究及有关措施出台

建议国家进一步统筹考虑上下游、流域和区域关系，由国家层面生态补偿和环境保护调研，出台相关政策，对重要地区生态补偿等重大专项课题开展研究，为生态环境保护提供科技支撑。

随着经济社会快速发展，环境与发展的矛盾加剧，建立有效的生态补偿制度，保障生态系统服务功能的持续供给，不仅是保障国家生态安全的紧迫需要，也是我国实现公平发展和建设和谐社会的必然要求。我们要在科学的基础上建立健全生态补偿机制，完善国家生态保护制度。

参考文献

[1] Ouyang Z Y. Ecological construction and sustainable development[M]. Beijing：Science Press，2007.

[2] 蔡邦成，温林泉，陆根法. 生态补偿机制建立的理论思考[J]. 生态经济，2005（1）：47-50.

[3] Moreno P J，Raj B，Stern R M. Data-driven environmental compensation for speech recognition：A unified approach[J]. Speech Communication，1998，24：267-285.

[4] Cuperus R，Canters K J，Piepers A A G. Ecological compensation of the impacts of a road. Preliminary method for the A50 road link（Eindhoven-Oss，The Netherlands）[J]. Ecological Engineering，1996，7：327-349.

[5] Herzog F，Dreier S，Hofer G，et al. Effect of ecological compensation areas on floristic and breeding bird diversity in Swiss agricultural landscapes[J]. Agriculture，Ecosystems and Environment，2005，3：189-204.

[6] Allen A O，Feddema J J. Wetland loss and substitution by the section 404 permit program in southern California，USA[J]. Environmental Management，1996，22：263-274.

[7] 叶文虎，魏斌，仝川. 城市生态补偿能力衡量和应用[J]. 中国环境科学，1998，18（4）：298-301.

[8] 毛显强，钟瑜，张胜. 生态补偿的理论探讨[J]. 中国人口·资源与环境，2002，12（4）：38-41.

[9] 毛锋，曾香. 生态补偿的机理与准则[J]. 生态学报，2006，26（11）：3841-3846.

[10] Moran D，Mcvittie A，Allcroft D J，et al. Quantifying public preferences for agri-environmental policy in Scotland：a comparison of methods[J]. Ecological Economic，2007，1：42-53.

[11] Bienabe E，Hearne R R. Public preferences for biodiversity conservation and scenic beauty within a frame-work of environmental services payments[J]. Forest Policy and Economic，2006，9：335-348.

[12] 李晓光，苗鸿，郑华，等. 机会成本法在确定生态补偿标准中的应用——以海南中部山区为例[J]. 生态学报，2009，29（9）：4875-4873.

[13] 顾岗，陆根法，蔡邦成. 南水北调东线水源地保护区建设的区际生态补偿研究[J]. 生态经济，2006（2）：43-45.

[14] 鲍锋，孙虎，延军平. 森林主导生态价值评估及生态补偿初探[J]. 水土保持通报，2005，25（6）：101-104.

[15] 赖力，黄贤金，刘伟良. 生态补偿理论、方法研究进展[J]. 生态学报，2008，28（6）：2870-2877.

[16] 靳乐山，魏同洋. 生态补偿在生态文明建设中的作用[J]. 探索，2013（3）：137-141.

[17]　欧阳志云，郑华，岳平. 建立我国生态补偿机制的思路与措施[J]. 生态学报，2013，33（3）：686-692.

[18]　Liu J，Li S，Ouyang Z，Tam C，Chen X. Ecological and socioeconomic effects of China's policies for ecosystem services[J]. Proceedings of the National Academy of Sciences of the United States of America，2008，105（28）：9477-9482.

[19]　Ministry of Finance of China. Measures for transfer payment in national ecological function conservation area in China. 2009.

基于非对称演化博弈的海岸带石油开采溢油污染规制研究*：以政府、石油企业为研究对象

Research on asymmetric evolutionary game of oil spill regulation in marine oil exploitation：based on government and enterprise

徐大伟 李 斌

（大连理工大学管理与经济学部，大连 116024）

[摘 要] 近些年，国内外频繁发生海洋石油开采溢油事故，特别是英国 BP 石油公司墨西哥湾漏油事件、康菲石油公司渤海湾漏油事故给当地经济、社会、生态造成了恶劣影响。如何合理有效地对海上采油平台的生产、环保行为进行有效规制已经成为了学界关注的热点。政府与企业就溢油污染规制所开展的生态经济利益博弈是一个长期的过程，即随着主管部门和当地政府换届、石油开采企业的进入和退出，每次博弈的主体是不固定的，因此有必要引进演化博弈模型对其长期博弈均衡进行分析。本文基于演化博弈方法，重点对不同情境下的短期博弈纳什均衡（NE）行为进行了分析，寻找出溢油管制博弈长期均衡的策略组合、演进路径、内在机制。本文认为：为了达到对海岸带石油开采溢油污染的有效规制，必须完善、落实赔偿金制度，提高主管部门、企业积极治污的收益、降低执法成本和治污成本，同时提高政府严格监管的概率和可信度。为此提出在中国建立溢油污染责任赔偿基金、溢油污染保险制度、溢油污染预警机制、开采生态保护保证金制度、石油企业环境信用制度、提高公众监督参与、改革政府绩效评价体系等一系列建议。

[关键词] 演化博弈 海岸带石油开采 溢油污染规制 海岸带管理

Abstract At home and abroad in recent years, frequent occurrence of marine oil spill incident surrounding the coastal zone caused severe impact on local society and ecology, especially in the incidents of BP Deepwater Horizon blowout and Penglai 19-3 field oil spill. How to regulate the behavior of production and environmental protection of offshore oil platform effectively has become a research hotspot. In term of oil spill pollution regulation, it is a long term game between government and enterprise with the change of administration and enterprise who come in or out. Because the two parts in the game come from two groups, each time they are more or less different, it is reasonable to apply

---

基金项目：国家自然科学基金面上项目"我国海岸带生态环境损害赔偿的制度体系与管理模式研究：以溢油污染为例"（71273038）。

作者简介：徐大伟，大连理工大学管理与经济学部副教授，管理学博士，经济学博士后，主要从事公共环境经济学、生态补偿理论研究。

李斌，大连理工大学管理与经济学部硕士研究生，主要从事资源环境经济学、产业组织与规制研究。

evolutionary game model into this analysis. This paper takes use of evolutionary game theory to find the stability of NE（Nash Equilibrium） in marine oil spill regulation with long term perspective. By this analysis，we report strategies，evolution path，inner mechanism of the interaction between government and oil company. The analysis suggest that it's necessary to improve and implement compensation mechanism，increase the profit of department and enterprises that take measure to reduce pollution，cut the cost of regulation and protection，boost the probability and credibility of regulation. This paper propose China should establish oil spill compensation fund，oil pollution liability insurance system，oil spill warning mechanism，offshore mining security deposit，environmental credit，participation of public mechanism，new evaluation of performance of administration and so on.

Keywords　evolutionary games，marine oil exploitation，oil spill regulation，marine administration

1　问题提出

中国经济近 30 年的迅猛发展，一方面成就了 GDP 总量世界第二的经济地位，另一方面也加剧了对生产性资源和生态环境的压力，尤其对石油等石化能源的需求。为满足需求，中国一方面增加石油进口量，截至 2012 年对外依存度达 58%，另一方面不断加强沿海油气资源开发。据国家海洋局统计，目前在北海、东海、南海作业的油气平台已有 210 多个，如何管理这些石油开采平台成为摆在政府主管部门面前的迫切问题。同时，海岸带油气开采也使伴生的海洋污染问题越发引起公众注意，特别是大连新港输油管线爆炸、渤海蓬莱 19-3 油田钻井平台溢油、美国墨西哥湾 BP 石油公司钻井平台溢油、泰国湾输油管道泄漏等事故的发生更加重了公众的担忧。这些突发性重大溢油事故暴露了政府、石油企业在溢油污染防控管理上的漏洞，也使海上油气开采溢油污染得到了国内外学者的高度关注。

Kurtz（2013）对墨西哥湾漏油事故的发生进行了反思，通过与 23 年来发生的近海石油泄漏事故进行比较，指出"深水地平线"钻井平台溢油事故源于政策的疏漏、监管机制的松散、诚实守信和跨部门组织结构的缺失[1]；Cheung May 和 Zhuang Jun（2012）认为石油公司的遵纪守法以及政府强制约束的决心是减少技术和人为因素造成溢油风险的安全规制手段[2]；Cameron D 和 O'Meara J（2011）探讨了澳大利亚在 Montara 油井爆炸事故的改革措施[3]；Atkins 等（2011）着重讨论了海洋生态环境管理问题，将 DPSIR 构架与生态系统服务于社会效益相结合，提出了综合考虑各方利益的海洋生态环境管理政策的构想[4]；Kontovas 等（2010）通过定量回归方法分析溢油污染的清污成本和全部成本[5]。中国学者胡建军等（2013）基于企业社会回应的理论与方法，对蓬莱 19-3 油田溢油事件中康菲公司的企业社会回应进行了深入分析[6]；曲良（2012）提出由被动处置转为主动防御的建议，并认为风险评估体系、市场化机制将是溢油污染防治的重要途径[7]。田冬冬（2011）提出制定一部有强烈针对性、专门调整海岸带开发与保护各类关系的海岸带综合性法律，是我国海岸带管理活动中急需要解决的问题[8]。任强（2011）对海洋石油开发油污损害中的国家赔偿责任进行了初步探究[9]。管永义（2011）等在分析大连"7·16"事故海上清污工作全过程的基础上，深入研究此次清污工作的成功经验和存在的问题，在国家和地方层面上，从体制、机制、法规、资金、装备和人员等方面提出加强我国海域和内河水域溢油应急能力建设的建议[10]；王传远等（2009）分析了中国近海溢油污染的现状、污染加剧的背景和原因，着重探讨了海洋溢油污染的生态危害，并提出了防治方法与对策[11]。

经济管制被规制经济学认为是一种重要手段[①]，特别是对环境污染的管制。而经济管制依靠的是激励及约束机制，无论是科斯定理还是庇古税。因此，需要对管制主体之间的行为、策略、利益冲突以及相互作用机制进行深入探讨，而以上关于石油开采溢油污染规制的研究却较少涉及。海上石油开采溢油污染规制是涉及政府、企业、民众的三方博弈，其中，政府企业之间的博弈无疑是管制成效的最重要保证。博弈论是研究管制主体——政府、企业的行为、策略、利益冲突与相互作用机制的有效工具，在海岸带生态环境污染规制领域[②]，国内一些研究应用了博弈论方法，如张开益（2010）、于谨凯等（2010）、汪炜等（2009）[12-14]的研究成果。但是，一方面这些研究针对的是船舶溢油、海水养殖等规制问题；另一方面，所用博弈论方法只是静态博弈，缺乏长期的演化思想。政府与石油企业[③]之间是一种长期监管与被监管的关系，它们之间的关系在现期、未来将呈现什么样的趋势？影响因素、作用机制、演化路径是什么？如何才能确保实现社会合意的行为？这些问题都有待深入的探讨。

本文基本框架为：① 建立一个政府企业之间互动的海洋带溢油污染监管的不完全信息静态博弈模型；② 通过对不完全信息博弈模型均衡策略的求解，找出政府、企业短期最优行为的影响因子，并分析其作用方向、影响机理；③ 建立一个演化博弈模型，从而寻找长期稳定的均衡策略以及制约条件，为海岸带溢油污染提供一个着眼未来的长远规制思路。

2　海岸带溢油污染规制静态博弈分析

本文首先基于混合策略静态博弈模型，对海岸带溢油污染规制中企业与政府之间的短期混合策略纳什均衡进行分析。

2.1　海岸带溢油污染规制中政府与企业博弈的现实基础

在市场经济下企业作为理性经济人，追求自身利益最大化。由于当出现溢油事故时，石油企业出于自身利益及侥幸心理的考虑，并不会及时公开并积极处理溢油污染。而且，企业对自己的生产技术和对环境的破坏等拥有私人信息，其往往会向政府、公众隐瞒一些信息。对政府而言，作为社会公众的代表除了追求税收等经济利益之外，还关注社会利益和环境利益。就环境信息而言，政府拥有的信息大部分是公开的。同时，由于海洋石油开采监管难度较大，远离公众视野，并且不易察觉，只有污染达到较大程度，才可能被公众感知，这也客观上造成政府对其监管的失灵。因此，无论从政府还是企业角度来说，都为溢油污染的信息不对称提供了必要条件。由于资源、生态环境稀缺性的制约，政府和企业都围绕着利益采取理性的策略，二者之间不自觉地展开着利益上的博弈。

从国内外近年来发生的重大溢油污染事件来看，溢油污染发生初期，相关责任企业无不采取瞒报的方式进行拖延，直到不得不披露时才向社会公布。这说明，企业处于自身利

---

① 关于管制与规制的概念，学界定义并不统一。本文认为，规制是更高层面的制度、法规设计，而管制涉及更具体、微观的政府管理行为。因此，文中涉及政府制度、总体行为时，用规制一词，涉及一些具体管理行为时，用管制一词。

② 由于考虑到海洋石油开采、运输和利用对海岸带所造成的溢油污染最具影响力，故将海洋溢油污染描述成海岸带污染更加能够表达。

③ 在本文论述中，当石油企业发生溢油事故时，本文称其为溢油企业。

益的理性考虑，在没有外部力量制约的情况下，是不会主动站在公众利益角度进行及时、全面的污染治理。2007年有近百家著名跨国公司在华经营存在严重污染违法行为，相比它们在发达国家的良好环保口碑，在谴责这些企业没有承担应有的社会责任的同时，我们首先应该检讨的是我国自己过于宽松的环保法律环境[15]。因此，加强监管是解决此类问题频繁发生最现实有效的方法。

2.2 海岸带溢油污染规制静态混合策略博弈模型的构建

2.2.1 模型假设与情境设定

本文就此进行如下假设：① 政府和企业都是追求自身利益最大化的实体；② 政府的目标是保护海洋生态环境，即不考虑主管部门、地方政府与中央政府及当地民众的博弈；③ 企业披露治理溢油污染将产生相应治理成本及生产损失，同时由于企业积极的处理措施使溢油污染造成的生态损失最小，选择不披露、不治理将在政府强化规制时受到惩罚；④ 溢油污染的处理不及时、不积极将影响石油企业的声誉，这是一种无形损失，同时，如果该企业是国外企业，将影响其对本国市场的准入，并因此可能退出该国市场及合同的终止。

2.2.2 支付矩阵的设定及均衡解

本文将企业的行动表述为积极和消极两种行为策略，其中，积极行为表示溢油企业积极治理溢油污染，严控溢油隐患，并及时、透明披露溢油污染信息；消极行为表示溢油企业消极治理溢油污染，控制溢油风险投入低，并拖延、隐瞒溢油污染重大信息。政府的行动表述为规制和松懈两种，其中，规制策略表示对石油企业实行严格的环境监管、对溢油污染进行严密监控、对石油开采企业控制溢油风险的投入提出严格要求；松懈策略表示政府规制力度不够，环境监管不严格，未对石油开采方提出严格的环保要求，不能及时发现溢油污染事故等。

根据海岸带溢油污染管制的实际特征，本文引入如下变量作为支付因子。① U_1 表示石油开采企业在溢油污染发生时消极治理的效用，此时政府采取松懈策略获得的效用为 U_2；② 政府采取强化规制策略时，T 为政府所付出的规制成本，F_1 为企业由于积极治理溢油污染而少缴纳的罚款；③ C_1 为石油企业积极治理溢油污染的成本（包括生产损失），C_2 为溢油企业未积极治理溢油污染而向利益受损方提供的赔偿；④ 溢油企业由于及时负责任地采取补救措施，减少了对海洋生态环境的破坏，使生态环境破坏损失减少 k（即生态效益），B_1 为政府加强管制而获得的额外收益，B_2 为企业积极治理而自身获得的社会声誉、公众认可等额外收益，H 为政府放松规制需要面对的舆论压力、公关成本等负面效应。基于上述设定，构建海岸带溢油污染管制双方的混合策略静态博弈模型（表1）。

表1 海岸带溢油污染规制混合策略静态博弈模型支付矩阵

		石油企业	
		积极（q）	消极（$1-q$）
规制部门	管制（p）	$U_2 + k - T + B_1,\ U_1 + F_1 - C_1$	$U_2 + C_2 - T + B_1,\ U_1 - C_2$
	松懈（$1-p$）	$U_2 + k - H,\ U_1 + B_2 + F_1 - C_1$	U_2, U_1

设政府采取管制策略的概率是 p，则采取松懈策略的概率是 $1-p$，企业积极治理策略的概率是 q，而采取消极治理策略的概率则为 $1-q$。于是，可以分别计算政府与企业的期望效用。

$$U_{\text{gov}} = pq(U_2 + k - T + B_1) + p(1-q)(U_2 + C_2 - T + B_1) + (1-p)q(U_2 + k - H) + (1-p)(1-q)U_2$$

$$U_{\text{cor}} = pq(U_1 + F_1 - C_1) + p(1-q)(U_1 - C_2) + (1-p)q(U_1 + B_2 + F_1 - C_1) + (1-p)(1-q)U_1$$

对政府和企业的期望支付求其极值，即分别将 U_{gov}、U_{cor} 对 p、q 求一阶导数，并令其为 0 可得 p、q 的均衡解为

$$p = (C_1 - B_2 - F_1)/(C_2 - F_1) \tag{1}$$

$$q = (C_2 - T + B_1)/(C_2 - H) \tag{2}$$

2.2.3 博弈均衡解及其现实意义

由均衡解式（1）知，政府采取强化规制行动的短期均衡概率与石油企业积极治理溢油污染的成本 C_1，溢油企业未积极治理溢油污染而向利益受损方提供的赔偿 C_2，企业积极治理溢油污染而少缴纳的罚款 F_1 以及政府加强管制而获得的额外收益 B_1 等因素有关，对其具体分析如下：

（1）当 $C_1 - B_2 > C_2$ 时，F_1 越小则 p 越大，即企业采取积极治污策略所减少的罚款越小，政府更有加强监管的必要。由于，在溢油企业的污染损失相对较小，政府对其处罚约束较小的情况下，更有可能使其采取消极治污策略，所以需要进行严格的监管。

本文认为 $C_1 - B_2 > C_2$ 的条件是贴近现实情况的。即在现有法律制度下，相关赔偿机制并不健全，在产权不明确的情况下，利益受损方并不能很好维护自身利益，从而使 C_2 相对于 C_1 要远低。而出于成本的考虑，在危机发生时，油企管理层考虑更多的还是自身经济利益，相对于成本，其对 B_2 所表征的社会责任的评价相对较低。

（2）政府环境规制的概率 p 与 C_1 成正比，而与 C_2 成反比关系。即当溢油企业积极治理污染的成本（包括生产损失）很大，并且隐瞒溢油信息的赔偿费用很低时，企业不采取积极治理溢油污染策略的概率很大，因此，政府加强规制的概率就应该很高。

（3）政府规制的概率 p 与 B_2 成反比关系。即企业积极治理溢油污染而获得的社会声誉、公众认可度很大时，政府对其监管的概率就相对较低。因为企业对社会责任、声誉的评价较高说明企业会更多地采取自律行为，而无须来自政府部门更大强度的监管。

由均衡解式（2）知，企业积极治污的概率与政府规制成本 T，石油企业未采取积极治理溢油污染而向利益受损方提供的赔偿 C_2，政府加强管制而获得的额外收益 B_1 以及政府放松规制而面对的舆论压力、公关成本 H 等影响因子有关，具体分析过程如下：

（1）将均衡解式（2）变为 $q = 1 + H - T + B_1/C_2 - H$，则石油企业未积极治理溢油污染而向利益受损方提供的赔偿 C_2 与企业积极治污的概率成反比。如果赔偿数额巨大，那么溢油企业有很大可能隐瞒溢油事实。

（2）石油企业采取积极治污的概率 q 与政府加强管制获得的额外收益 B_1 正比例相关。这时，政府加强管制，树立了自己勤勉负责的良好形象，这将获得民众的支持，上级政府嘉奖等政治财富。因此，如果此类效益很大，就会对地方政府加强管制提供强大的激励作

用，从而间接促使企业对溢油污染采取积极应对措施。

（3）石油企业积极治污的概率 q 与政府规制成本 T 成反比关系。即当政府管制海洋溢油污染成本代价高昂时，其财力的不足必将成为政府加强管制的制约因素，从而，使追求利润最大化的石油开采企业会抱有侥幸心理而降低 q 的数值。这事实上又形成了一个管制可信度问题的博弈，本文对此不予考虑。

（4）石油企业积极治污的概率 q 与政府放松规制所面对的舆论压力、公关成本 H 成正比关系。即当面对的监督、舆论压力很大时，为了避免问责，政府会采取严格的监管措施，从而间接逼迫溢油企业采取积极的处理措施。

上述分析的模型框架适用于一次性或短期石油企业与政府规制的博弈模型。在现实社会中，这种模型可以认为是一届政府对一家企业的管制情景。在此基础上，本文将放宽事件的界限假设，考虑当地政府与企业进行长期博弈，其现实意义是，由于中国政治体制的换届轮岗的客观情形，观察这种情况下的博弈情景，而演化博弈是研究此类问题的最佳方式。

在中国，社会在进步、政府的职能在转变、执政能力也在不断提升、公众的海洋环境保护意识和观念也在不断提高。前述静态模型的政策意义在于，对于当届政府的博弈分析，而动态演化博弈的意义在于从长远的施政角度考虑政企之间的博弈均衡。

3　海岸带溢油污染规制非对称演化博弈分析

上节表述了静态博弈分析在海岸带溢油污染规制研究中的局限性。为此，本节将引入演化博弈模型，从而对长期博弈均衡解进行分析。引入演化博弈的原因在于：① 不论政府还是企业，从长期来看二者之间的博弈都是一种群体博弈行为，每次博弈的参与人都是政府或企业群体里的特定时期的特定个体，因此个体的行事风格、追求的目标不尽相同；② 在现实情况中，政府和企业并非完全理性，所做出的短期决策并不一定是长期最优策略，而多数是权宜之计或根据当时客观情况而作出的短期最优决策。与上文静态博弈模型相对应，此处建立的演化博弈模型的情境设定以及博弈双方的行动均与上文相同，所不同的是有限理性的假设以及支付因子的设定。同时，在分析动态均衡时，假定该模型是个连续时间动态模型。

目前，演化博弈已经广泛应用于政府对企业行为的规制研究中。比如，无线通讯市场的竞争与规制（Korcak et al.，2012）[16]、能源市场机制研究（Pinto et al.，2003）[17]、农业产业投资基金寻租问题（岳意定等，2012）[18]、企业生产安全控制（冯领香等，2012）[19]、群体性突发事件潜伏期强势和弱势社会群体争夺优先行动权的冲突问题（刘德海，王维国，2011）[20]、垃圾短信治理问题（王林林等，2011）[21]。这些文献为本文的研究提供了很好的借鉴作用。

3.1　演化模型支付因子及支付矩阵的设定

根据演化博弈模型的特点以及溢油污染规制的具体情况，本文引入如下变量作为支付因子：① U_1、U_2 表示政府的初始效用，即为发生溢油事故时的效用；② R_1 表示政府强化管制时，获得的额外收益，即上文所说的政治财富，而如果政府松懈管制，则表示政治财富的损失；③ R_2 为在政府管制的情况下，溢油企业因消极治污而向政府主管部门缴纳的罚款；④ C_1 为政府加强环境管制的管制成本，C_2 为石油开采企业控制溢油污染、预防溢油污染风险付出的成本（包括产量的损失）；⑤ F 为石油企业因溢油污染向利益损失方的各种赔偿以及相应社会责任损失。基于上述设定，建立海岸带溢油污染规制非对称演化博弈模型（表2）。

表2　海岸带溢油污染规制演化博弈模型支付矩阵

		石油企业	
		积极（y）	消极（$1-y$）
规制部门	管制（x）	$U_1 + R_1 - C_1$，$U_2 - C_2$	$U_1 - C_1$，$U_2 - F - R_2$
	松懈（$1-x$）	$U_1 - R_1$，$U_2 - C_2$	$U_1 - R_1$，$U_2 - F$

3.2　政府的纳什均衡（NE）解及分析

设政府管制的概率是 x，则采取松懈策略的概率是 $1-x$，企业采取积极治理的概率是 y，反之为 $1-y$。

则政府管制收益为

$$U_{\text{gov1}} = y(U_1 + R_1 - C_1) + (1 - y)(U_1 - C_1) \tag{3}$$

政府松懈管制收益为

$$U_{\text{gov2}} = y(U_1 - R_1) + (1 - y)(U_1 - R_1) \tag{4}$$

政府的期望收益为

$$E(U_{\text{gov}}) = xU_{\text{gov1}} + (1 - x)U_{\text{gov2}} \tag{5}$$

可以得出政府管制概率增长率的复制动态方程为

$$\frac{\mathrm{d}x}{\mathrm{d}t} = F_1(x) = x[U_{\text{gov1}} - E(U_{\text{gov}})] = x(1-x)(R_1 - yC_1 - C_1) \tag{6}$$

式中：$\dfrac{\mathrm{d}x}{\mathrm{d}t}$——政府选择管制概率的变化率。

根据动态经济学连续时间动态经济系统的思想，稳定解是使 $\dfrac{\mathrm{d}x}{\mathrm{d}t} = 0$ 的 x 的解，即 $x_1 = 0, x_2 = 1$。

然后，根据分析 $F'_{1x}(0)$、$F'_{1x}(1)$ 的符号，判断 $x_1 = 0, x_2 = 1$ 的稳定性（使 $F'_1(x) < 0$ 的 x 是稳定点），结果如下：

$$
\begin{cases}
x^* = 0 & \text{当 } R_1 - yC_1 - C_1 < 0 \text{ ,即 } y > \dfrac{R_1 - C_1}{C_1} \\[2ex]
x^* \in [0,1] & \text{当 } R_1 - yC_1 - C_1 = 0 \text{ ,即 } y = \dfrac{R_1 - C_1}{C_1} \\[2ex]
x^* = 1 & \text{当 } R_1 - yC_1 - C_1 > 0 \text{ ,即 } y < \dfrac{R_1 - C_1}{C_1}
\end{cases}
$$

由于本文设定的演化模型是非对称演化模型，所以 x 稳定点的确定，需要视 y 的取值而定。根据以上分析结果，可以做出 x 的演化相位图（图 1（a）、图 1（b）、图 1（c））：

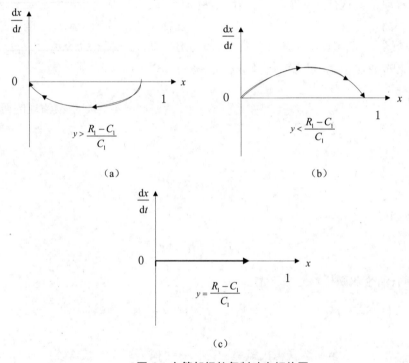

图 1　主管部门的复制动态相位图

通过以上 x 均衡解（NE）的分析可知，就政府的管制决策而言，不同的短期均衡策略取决于溢油企业所采取行动的概率 y，具体分析如下：

（1）当溢油企业积极治污的概率 y 大于 $\dfrac{R_1 - C_1}{C_1}$ 时，政府将更有趋向于不进行管制的激励，即管制的概率 x 趋向于 0。由于溢油企业积极治污的概率越大、越可信，出于公共财政支出的有限性以及监管成本的考虑，政府越没有必要施行严格的监管。

然而，就目前的现实情况来讲，这种情况却不是稳定的。一个疑问是 y 能否大于 $\dfrac{R_1 - C_1}{C_1}$？短期内，这种情况是可能的。在社会发展程度、民众对海岸带生态环境意识不高的情况下，政府监管得到的 R_1 相对较低；但是随着社会不断的进步、演化，可以预见 R_1 是不断提高的，因此必会提高到一个临界值，使得 y 无法大于 $\dfrac{R_1 - C_1}{C_1}$。所以初步判断，该策略不是稳定的。

（2）当溢油企业积极治污的概率 y 小于 $\dfrac{R_1 - C_1}{C_1}$ 时，政府将更倾向于进行环境管制，即管制的概率 x 趋向于 1。因为溢油企业采取积极治污的概率越小、可信度越小，政府越有必要施行严格监管以从外部保障溢油污染风险的控制。

（3）当溢油企业采取积极治污的概率 y 等于临界值 $\dfrac{R_1 - C_1}{C_1}$ 时，政府管制的概率 x 将取 [0，1]区间的任何值。这样，可以认为，在这种情况下政府管制的决策并不仅仅取决于企业治污概率的大小，而更多考虑其他因素的影响，比如政府的施政目标、当地的经济发展需要、社会发展阶段甚至上级政府的压力、公众的环保诉求、领导的价值追求等。

3.3 溢油企业的纳什均衡（NE）解及分析过程

石油企业积极治污收益为：

$$U_{\text{cor1}} = x(U_2 - C_2) + (1-x)(U_2 - C_2) \tag{7}$$

石油企业消极治污收益为：

$$U_{\text{cor2}} = x(U_2 - F - R_2) + (1-x)(U_2 - F) \tag{8}$$

石油企业期望收益为：

$$E(U_{\text{cor}}) = yU_{\text{cor1}} + (1-y)U_{\text{cor2}} \tag{9}$$

从而得到石油企业积极治污概率增长率的复制动态方程：

$$\frac{\mathrm{d}y}{\mathrm{d}t} = F_2(y) = y[U_{\text{cor1}} - E(U_{\text{cor}})] = y(1-y)(F - C_2 + xR_2) \tag{10}$$

式中，$\dfrac{\mathrm{d}y}{\mathrm{d}t}$ 表示溢油企业选择积极概率的变化率。根据动态经济学连续时间动态经济系统的思想，其稳定解是使 $\dfrac{\mathrm{d}y}{\mathrm{d}t} = 0$ 时的 x 的解，即 $y_1 = 0, y_2 = 1$。

通过分别计算 $F'_{2y}(0)$ 和 $F'_{2y}(1)$ 的符号，可以判断 $x_1 = 0$ 和 $x_2 = 1$ 的稳定性（使 $F'_2(y) < 0$ 的 y 是稳定点），分析结果如下：

$$\begin{cases} y^* = 0 & \text{当} F - C_2 + xR_2 < 0, \text{即} x < \dfrac{C_2 - F}{R_2} \\[3mm] y^* \in [0,1] & \text{当} F - C_2 + xR_2 = 0, \text{即} x = \dfrac{C_2 - F}{R_2} \\[3mm] y^* = 1 & \text{当} F - C_2 + xR_2 > 0, \text{即} x > \dfrac{C_2 - F}{R_2} \end{cases}$$

　　由于本文设定的演化模型是非对称演化模型，所以 y 稳定点的确定，需要视 x 的取值而定。根据以上结果，做出 y 的演化相位图（图2（a）、图2（b）、图2（c））。

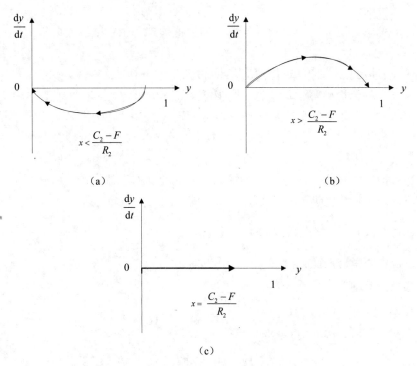

图2　石油企业的复制动态相位图

　　通过以上 y 的均衡解（NE）分析可知，就政府的管制决策而言，其不同的短期均衡策略取决于政府所采取行动的概率 x，具体分析过程如下：

　　（1）当政府管制的概率 x 小于 $\dfrac{C_2-F}{R_2}$ 时，溢油企业将更趋向于不积极治理，即积极治理的概率 y 趋向于0。因为，政府的外部监管不严格、环境准入标准低，则企业的外部压力降低，从而出于逐利的目的，降低积极治污的投入是可以预见的。这个情况在更大范围的管制领域亦很普遍，诸如奶源污染、排污管制，只不过在溢油污染规制中，由于信息更加不对称，这种情况更易发生。

　　（2）当政府管制的概率 x 大于 $\dfrac{C_2-F}{R_2}$ 时，溢油企业更倾向于进积极治理，即积极治理的概率 y 趋向于1。因为，政府管制的倾向性越强、越可信，对企业的外部压力就更大，逼迫利润最大化的企业倾向于选择积极治理。

　　可以预见，随着社会的发展进步、环境价值评估方法、海洋生态污染损害评估的完善、海洋污染赔偿机制的健全、法律法规的完善、公众维权意识的加强，溢油污染的赔偿 F 将逐渐升高直到反映真实的价值或损失，$\dfrac{C_2-F}{R_2}$ 值将逐渐下降，这为 x 满足条件创造了条件，因此，$y\to0$ 点有可能是 y 渐进稳定的均衡值。

（3）当政府管制的概率 x 等于临界值 $\dfrac{C_2 - F}{R_2}$ 时，企业积极治污的概率 y 将取[0，1]区间的任何值。可以认为，在这种情况下，政府管制的决策并不仅仅取决于政府管制概率的大小，而更多考虑其他因素的影响，如企业的价值理念、企业的发展阶段、企业的社会责任等。

3.4 海岸带溢油污染管制的演化博弈均衡的稳定性分析

通过对以上各个均衡解稳定条件、现实意义的分析可知，并非每个 ESS 都是渐进稳定的。在现实情况中，如果各个均衡解有其对应的现实意义，则绝大多数只可能认为是应对具体情况的"权宜之计"。另外，上文对均衡解的分析，是将政府、企业博弈双方割裂以后的单独观察，而未涉及决策互动，没有对系统稳定性的整体考虑。因此，本文将对以上分析进行深入探讨，对博弈双方在互动情景下的博弈动态系统均衡进行稳定性分析。

Friedman（1991）证明了，该非对称演化博弈的稳定点将在 4 个角点及一个中心点之间产生[22]。就本文而言，这些点是（0，0）、（1，0）、（0，1）、（1，1）、（$\dfrac{C_2 - F}{R_2}$，$\dfrac{R_1 - C_1}{C_1}$）。

对这 5 个点进行稳定性检验，具体分析过程如下：

首先建立一个动态经济系统：

$$\begin{cases} \dfrac{\mathrm{d}x}{\mathrm{d}t} = F_1(x) = x(1-x)(R_1 - yC_1 - C_1) \\ \dfrac{\mathrm{d}y}{\mathrm{d}t} = F_2(y) = y(1-y)(F - C_2 + xR_2) \end{cases}$$

令矩阵 $A = \begin{pmatrix} \dfrac{\partial F_1(x)}{\partial x}, & \dfrac{\partial F_1(x)}{\partial y} \\ \dfrac{\partial F_2(x)}{\partial x}, & \dfrac{\partial F_2(x)}{\partial y} \end{pmatrix}$，分别求出（0，0）、（1，0）、（0，1）、（1，1）、（$\dfrac{C_2 - F}{R_2}$，

$\dfrac{R_1 - C_1}{C_1}$）情况下，矩阵 A 的行列式和迹的取值，并判断 5 个点对于该动态经济系统的稳定性（结果见表 3）。

表 3　均衡点对应雅克比（Jacobi）矩阵分析

(x, y)	Det$A$	TrA
$(0, 0)$	$(R_1 - C_1)(F - C_2)$	$(R_1 - C_1) + (F - C_2)$
$(1, 0)$	$(F - C_2 + R_2)(C_1 - R_1)$	$(F - C_2 + R_2) + (C_1 - R_1)$
$(0, 1)$	$(R_1 - 2C_1)(C_2 - F)$	$(R_1 - 2C_1) + (C_2 - F)$
$(1, 1)$	$(2C_1 - R_1)(C_2 - F - R_2)$	$(2C_1 - R_1) + (C_2 - F - R_2)$
$\left(\dfrac{C_2 - F}{R_2}, \dfrac{R_1 - C_1}{C_1}\right)$	$\dfrac{(C_2 - F)(R_1 - C_1)(2C_1 - R_1)(F + R_2 - C_2)}{C_1 R_2}$	0

根据连续时间动态经济系统稳定性判定定理，当 Det $A > 0$ 且 Tr $A < 0$ 时，该动态系统是渐进稳定的，据此判断 5 个点的稳定性为：

（1）对于（0，0）情况：首先，$(R_1 - C_1)$ 一定是"+"，因为收益大于成本，政府主管部门才有行动激励；此时，无论 $(F - C_2)$ 的符号是"+"或者"−"，（0，0）都不可能是稳定的，因为，若 $(F - C_2) > 0$，则 $\mathrm{Tr}A > 0$，不满足稳定条件，若 $(F - C_2) < 0$，则 $\mathrm{Det}A < 0$，同样不满足均衡条件。

因此，只要主管部门的管制收益（包括生态效益、社会效益）大于成本，则（放松管制，不积极）这种结果将不会成为渐进稳定的策略组合。但是，也可以看到，如果 $(R_1 - C_1)$ 和 $(F - C_2)$ 同时为"−"，则（0，0）是可能稳定的。即如果主管部门只着眼于本部门利益或者监管成本巨大、财政支持不足，同时，污染实际赔偿 F 小于石油企业的治污成本，则（放松管制，不积极）这种策略组合是可能发生的。比如，2006 年以前，中国维持溢油应急反应体系、配置和维护溢油处理设备的经费严重不足，应急监视监测、清污行动缺乏稳定的资金来源，极大地影响了应急救助和清污作业的积极性。溢油应急反应体系中负有职责的相关部门和单位，要为不时发生的溢油事故支出高昂的溢油应急费用，事后却得不到及时的偿付，导致这些部门因缺乏资金保障而难以充分履行其职责[23]。当然，从长远的视角来看，以上反例都可以通过社会的进步而消除。因此，不影响（0，0）非渐进稳定点的结论。

（2）对于（1，0）情况：首先，$(C_1 - R_1)$ 一定是"−"。此时，如果污染赔偿 F 与行政处罚之和大于石油企业治污成本，即 $(F - C_2 + R_2)(C_1 - R_1) < 0$，则 $\mathrm{Det}A < 0$，可判断（1，0）不是稳定点，即（管制，不积极）这种结果将不会成为渐进稳定的策略组合。

短期中，（1，0）稳定的条件是 $(F - C_2 + R_2) < 0$，即行政罚款 R_2 和生态环境赔偿金 F 小于治污成本 C_2。R_2 由法律规定的上限而定，F 涉及生态环境侵权赔偿的相关法律以及可行性等因素。

（3）对于（0，1）情况：假设 $(C_2 - F) < 0$，即溢油环境损害赔偿金 F 大于溢油企业治污成本 C_2。如上所述，在社会不断进步、法制逐渐健全的情况下，这种情况是可以实现的。此时 $(R_1 - 2C_1)$ 的符号将决定该点的稳定。当 $(R_1 - 2C_1) > 0$，即政府主管部门的管制收益大于管制成本的两倍，则（0，1）代表的（不管制，积极）将不是稳定的策略组合；当 $(R_1 - 2C_1) < 0$，即政府主管部门的管制收益小于管制成本的两倍，则（0，1）代表的（不管制，积极）可以成为稳定的策略组合。此时的复制动态相位图如图 3 所示。

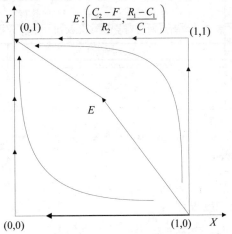

图3 当 $(R_1 - 2C_1) < 0$ 时，政府、企业策略组合复制动态相位图

（4）对于（1，1）情况：当$(2C_1-R_1)$、(C_2-F-R_2) 同时取"−"，即政府主管部门的管制收益R_1、溢油环境损害赔偿F、行政罚款R_2远大于管制成本、治污成本时，（1，1）代表的（管制、积极）将成为稳定的策略组合。从长期来看，无论是该策略组合，抑或实现条件，都将是社会合意的终极目标。此时的复制动态相位图如图4所示。

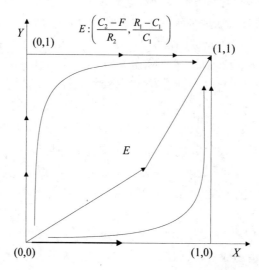

图4　当$(2C_1-R_1)<0$，(C_2-F-R_2) <0时的复制动态相位图

（5）对于（$\dfrac{C_2-F}{R_2}$，$\dfrac{R_1-C_1}{C_1}$）情况，可以判断该点是鞍点，即它是满足一定初始条件的局部稳定状态。

表4　均衡点稳定性的分析

(x, y)	稳定性	稳定条件
$(0, 0)$	不稳定	—
$(1, 0)$	不稳定	—
$(0, 1)$	稳定	$(2C_1-R_1)<0$
$(1, 1)$	稳定	$(2C_1-R_1)<0$，(C_2-F-R_2) <0
$\left(\dfrac{C_2-F}{R_2},\ \dfrac{R_1-C_1}{C_1}\right)$	鞍点	—

4　政策含义解读及建议

基于以上博弈模型及均衡解影响因子的分析，本节提出海岸带溢油污染规制演化博弈均衡目标下的政策含义及制度设计。

4.1 建立和健全海岸带环境损害责任赔偿机制

由前文的博弈分析知，环境损害赔偿金是均衡策略稳定性最重要的影响因素。因此，建立健全环境损害责任赔偿机制是首要议题。总体来说，中国现有法律体系还缺乏详细的赔偿责任内容[①]，如赔偿标准的确定、对象的认定、赔偿的程序、方式。中国急需在行政罚款、协议和解、民事诉讼等赔偿方式外，借鉴国际先进国家的成功经验，建立海岸带环境责任赔偿基金[②]以及环境责任保险制度[③]，从而完善海岸带环境损害责任赔偿机制。本研究建议成立第三方机构管理溢油污染责任赔偿基金，基金由国家海洋局以海洋生态税的方式向海上石油作业方征缴。基金管理机构制定相应救助、赔偿机制，接受潜在受害人的赔偿申请，该赔偿金作为法律诉讼赔偿金以外的补充。另外，建议成立一个专门的海岸带溢油污染保险公司，承保石油企业渐发、突发、意外的污染事故及第三者责任。比如，美国在 1988 年成立了专业环境保护保险公司，承接环境污染责任保险业务。该保险已被许多国家证明是一种技术成熟、法律体系相对健全的有效的环境管理的市场机制[24]。

4.2 完善海岸带环境规制法律法规

加强海洋溢油污染管制、赔偿相关等法律法规的制定和实施，法规的制定要符合客观实际，具有可操作性，合理、有效界定受偿人范围，赔付标准等关键问题。

中国一直缺乏环境侵权方面系统的法律，尽管从 1986 年中国相继出台了《环境保护法》、《大气污染防治法》、《水污染防治法》等法律法规，但有关条款在具体实施中因加害方难以承受且过于原则化而缺乏操作性[24]。另外，从国外典型的海岸带管理立法模式来看，相比分散的专项立法，统一的综合性的海岸带管理法更有利于海岸带的综合管理和海岸带整体利益的实现[8]。因此，建立一部专门的《海洋污染侵权赔偿法案》势在必行，该法应该为解决包括海岸带溢油污染在内的海洋污染问题提供明确的法律依据，而就海岸带溢油污染而言，该法应该对各方责任义务、赔偿金的确定、索赔人的诉讼程序、基金的建立等进行明确的界定，而不能仅仅停留在原则性的规定。目前，针对溢油事故，中国政府部门制订了包括《中华人民共和国海洋石油勘探开发环境保护管理条例》、《中华人民共和国海洋环境保护法》在内的 12 部法律法规[7]，而《海洋生态损害国家索赔条例（草案建议稿）》也已完成。可以说，中国关于海洋环境保护的法律法规正在逐步完善。

4.3 加强深海石油作业平台监管，建立海岸带环境污染预警机制

由于海洋溢油污染属突发性事件，一旦溢油事故发生，正确的应急处理措施非常重要，若不能及时将油污从海洋中清除，溢油破坏的范围会很快扩大，且所造成的破坏在短期内很难恢复[25]。因此，为了达到及时管控的目的，必须建立一套有效的海洋溢油生态污染预警机制，及时发现溢油事故的发生，从而第一时间敦促溢油企业进行及时治理。目前，中

---

① 目前，中国主要依据《民法通则》、《中华人民共和国环境保护法》、《中华人民共和国海洋环境保护法》、《1971年设立国际油污损害赔偿基金公约》、《1992 年国际油污损害民事责任公约议定书》处理溢油污染环境损害赔偿问题。

② 环境责任赔偿基金是对污染赔偿义务人赔偿金额不足以弥补受害人损失的部分进行补偿。基金来源一般由从事污染危险行为中获取收益者缴纳，即由政府以征收环境费（包括排污费、自然资源补偿费等）、环境税等特别的费、税作为筹资方式而设立损害补偿基金，并设立相应的救助条件，以该基金补偿受害。参见文献[26]。

③ 环境污染责任保险是将污染方对第三者的赔偿责任转嫁给保险公司，从而使污染方避免巨额赔偿风险，使受害者能够得到迅速、有效的救济。

国在这方面的工作也取得了一定进展。针对渤海海域特定的实际情况，国内研发了海洋环境多参数在线监测系统设备，并于 2011 年 10 月下旬在烟台港码头安装、调试。

就中国现阶段的情况看，行政成本是制约溢油监测以及预警机制建立的障碍。中国维持溢油应急反应体系、配置和维护溢油处理设备的经费严重不足，应急监视监测、清污行动缺乏稳定的资金来源，极大地影响了应急救助和清污作业的积极性[23]。上文的博弈分析也说明了监管成本对溢油污染规制策略的影响。因此，本文建议中央政府加大对溢油污染监测体系、日常运营的财政支出力度，同时，可将环境责任赔偿基金的用途扩展到该领域。

4.4 重视技术研发，引导海洋溢油污染处理产业的发展

本文建议政府先期引导并扶植海洋污染处理产业，财政上支持环保企业、科研院所、石油企业研发溢油处理的相关技术，鼓励国内石油企业在深海石油开采技术、溢油控制技术上追赶世界先进水平。海洋石油开采属高端技术，而溢油的控制技术更是世界难题。在蓬莱 19-3 油田溢油事故中，中海油虽然拥有油田 51%的权益，却因技术缺乏而将蓬莱 19-3 油田的开发权出售给康菲公司，技术限制使得溢油事故发生后国家海洋局难以深入调查并详细获悉溢油事故的真相，也使得拥有该油田的中海油无法直接参与调查和决策，从而对国家海洋局等监管机构主导事件的调查处置带来影响。

溢油应急技术的进步，可以降低溢油企业治理溢油污染的成本。根据上文的博弈分析，这有利于合意策略组合的稳定，因此，政府应当给予此类技术研发或者技术的应用提供适当财政补贴。另外，积极培育溢油污染处理产业，在国家当前大力发展绿色环保产业的大背景下，使环保产业在海洋生态保护领域得到延伸。

4.5 建立海洋石油开采生态保护保证金制度

仿照矿产资源开采生态保证金制度，向海洋油气田中标企业收取生态保护保证金，当石油开采企业环境保护措施得当，溢油污染事故发生次数污染范围小于一定标准的情况下，将返还一定金额的保证金，以形成一种正激励。而对于保证金剩余部分，作为财政收入用于近海石油开采监管、生态保护相关的公共支出项目上，从而解决市场失灵问题。

4.6 加强信息的公开透明，促进公众监督参与

政府主管部门要向社会公众及时、全面地公开污染检测数据，为溢油污染赔偿民事诉讼、赔偿金额的确定提供依据；石油企业要凭"良心"及时披露生产经营情况、重大环境污染事故、处理进度等。同时，要为社会公众参与溢油污染监管提供条件，使公众参与对政府、企业形成强大的舆论压力，防止政府、市场双双失灵。从国内当前的情况来看，影响公众参与的一个重要原因是环境公益诉讼比较困难。具体表现在，法律上对原告的限定过于严格，很多诉讼依据《民事诉讼法》的规定而被法院驳回，一方面是因为受害方界定困难，海岸带溢油污染的直接受害方更难以界定，需要相关技术的支持；另一方面是因为环境污染受害方多为弱势群体，需要社会团体、社会精英代表其利益，为其代言，而这些社会团体、精英往往不是法律上规定的直接利益主体。因此，在公益诉讼主体问题上，可以借鉴美国的做法，将检察机关、公民个人、任何组织都纳入公益诉讼的原告范围，以提高公民的环境意识，加强环境公益的保护[26]。

4.7 提高环境准入门槛，严格审查开采作业方环境信用

转变过去以低环境准入标准吸引外资的发展思路，在海上油田开采招标时，提高环境准入门槛，将最严格的环境要求写入合同。同时，对投标企业进行严格的业务审查，主要

包括：技术能力、赔付能力、在世界各地的环保口碑、信用等。对于不达标企业，或者签订最严苛的合同，或者拒之门外。可以仿照信用等级制度，根据历史数据，对在中国实施海上石油开采作业的石油企业划分等级，实行不同的招标和监管策略，对一些影响极坏的企业实行黑名单制度，逐出中国市场。

4.8 提高主管部门业务水平，改革考核体制

海洋溢油污染事件（如蓬莱 19-3 油田溢油事故）暴露出相关主管部门在监管水平、技术能力、应急反应等方面存在着一定的缺陷。因此，需要加强包括国家海洋局在内相关部门的业务培训，特别是深海石油开采业务的学习；要转变政府职能、改善工作方法，变事后处理为事前监管预防；明确政府在环境保护方面的职能，完善政府（特别是地方政府）绩效考核体系，并为公众参与决策尽量创造民主渠道，加强民主建设和阳光执政，引入消费者、新闻媒体、NGO 组织等，加强对政府的监督[27]。一个良好的考核体制，将促使政府采取更加严格的监管，同时，对石油企业也起到"有效的威胁"。以墨西哥湾溢油事故为例，就在英国石油企业（BP）承诺用 200 亿美元建立赔偿基金后，美国政府仍就该事件提起了诉讼。而根据美国《清洁水法》，若 BP 最终被判定负有完全责任，将面临超过 210 亿美元的罚金。这无疑体现了政府在面对重大损害公众利益事件时的坚定决心。

参考文献

[1] Kurtz R S. Oil Spill Causation and the Deepwater Horizon Spill [J].Review of Policy Research，2013，30（4）：366-380.

[2] Cheung M，Zhuang J. Regulation Games Between Government and Competing Companies：Oil Spills and Other Disasters [J]. Decision Analysis，2012，9（2，SI）：156-164.

[3] Cameron D O J. National regulation after spill [J]. Engineers Australia，2011，83：36-37.

[4] Atkins J P，Burdon D，Elliott M. Management of the marine environment：Integrating ecosystem services and societal benefits with the DPSIR framework in a systems approach[J]. Marine Pollution Bulletin，2011，62（2）：215-226.

[5] Kontovas C A，Psaraftis H N，Ventikos N P. An empirical analysis of IOPCF oil spill cost data[J]. Marine Pollution Bulletin，2010，60（9）：1455-1466.

[6] 胡建军，金炜东，董大勇. 基于生态事件的企业社会回应研究———以蓬莱 19-3 油田溢油案为例[J]. 生态经济，2013（1）：155-159.

[7] 曲良. 我国海洋溢油污染防治发展浅析[J]. 海洋开发与管理，2012（5）：77-81.

[8] 田冬冬. 我国海岸带管理的立法路径问题研究[J]. 经营管理者，2011（10）：189-190.

[9] 任强. 海洋石油开发油污损害中的国家赔偿责任探究[D]. 北京：中国政法大学，2011.

[10] 管永义，王彬彬. 大连"7·16"事故海上清污工作的深度思考[J]. 中国航海，2011（3）：79-83.

[11] 王传远，贺世杰，李延太，等. 中国海洋溢油污染现状及其生态影响研究[J]. 海洋科学，2009，33（6）：57-60.

[12] 张开益. 基于博弈论的船舶排污监管分析[C]. 2010 年船舶防污染学术年会论文集.北京：人民交通出版社，2010：363-367.

[13] 于谨凯，李文文. 海洋资源开发中污染治理的政府激励机制分析———以海水养殖为例[J]. 浙江海洋学院学报（人文科学版），2010（2）：8-14.

[14] 汪炜，叶飞，胡涛. 船舶油污损害赔偿责任主体确立的博弈分析[J]. 中国水运，2009（3）：56-57.

[15] 王明远. 环境侵权救济法律制度[M]. 北京：中国法制出版社，2011：144-166.

[16] Korcak O，Iosifidis G，Alpcan T. Competition and Regulation in a Wireless Operator Market：An Evolutionary Game Perspective[C]//6th International Conference On Network Games，Control And Optimization（Netgcoop）.The International Conference On Network Games，Control And Netgcoop，Optimization. 2012：17-24.

[17] Pinto L，Szczupak J B I. An Evolutionary Game approach to energy markets[C]//IEEE International Symposium on Circuits and Systems. Proceedings Of The 2003 IEEE International Symposium On Circuits And Systems，VOL III：General & Nonlinear Circuits and Systems，2003：324-327.

[18] 岳意定，廖建湘. 基于非对称演化博弈的农业产业投资基金寻租问题[J]. 系统工程，2012，30（4）：45-49.

[19] 冯领香，李书全，陈向上. 企业生产安全投入与监管的演化博弈[J]. 数学的实践与认识，2012（42）：76-84.

[20] 刘德海，王维国. 群体性突发事件争夺优先行动权的演化情景分析[J]. 公共管理学报，2011，8（2）：101-108.

[21] 王林林，仲伟俊. 垃圾短信治理的演化博弈分析[J]. 系统工程，2011，29（2）：118-122.

[22] Friedman D. Evolutionary Games In Economics [J]. Econometrica，1991，59（3）：637-666.

[23] 高振会. 建立我国海上溢油应急体系专项基金刻不容缓[N].中国海洋报，2006-07-04（3）.

[24] 王颖，何宏飞. 我国环境污染与环境责任保险制度[J]. 经济理论与经济管理，2008（12）：57-61.

[25] 徐玲玲. 海洋溢油污染的应急处理[J]. 海洋信息，2011（3）：17-19.

[26] 别智，熊英. 进一步完善我国环境损害赔偿制度的思路与建议[J]. 当代经济管理，2009，31（7）：87-92.

[27] 余辉. 发展循环经济的制度设计——基于政府与企业间的博弈分析[J]. 企业经济，2010（3）：151.

中国环境经济政策实施进展评估研究

China Environmental Assessment Study progress in the implementation of economic policy

李红祥[1,2]　　董战峰[2]　葛察忠[2]　徐　鹤[1]

（1. 南开大学环境科学与工程学院，天津　300071;
2. 环境保护部环境规划院，北京　100012）

[摘　要]　近些年,我国环境经济政策日益受到重视。为了有效评估我国环境经济政策的实施绩效,分析我国环境经济政策建设的现状和存在的问题,本文初步建立了环境经济政策进展评估体系,评估体系包括目标评估、执行评估和效果评估。

[关键词]　环境经济政策　实施进展　政策评估

Abstract　Recent years，China's environmental and economic policies and more attention. In order to effectively evaluate the implementation of environmental and economic policy performance，analysis of the environmental and economic policy construction status and existing problems，this initial establishment of environmental progress in economic policy evaluation system，evaluation system including the objective appraisal，implementation evaluation and impact assessment .

Keywords　environmental and economic policy，implementation progress，policy assessment

　　近些年，特别是"十一五"以来，环境经济政策受到高度重视，《关于落实科学发展观　加强环境保护的决定》、《国务院关于加强环境保护重点工作的意见》等一系列党中央、国务院纲领性政策文件都对提出要积极研究制定环境经济政策、构建环境保护长效机制。财政部、发改委、环境保护部等发布实施了脱硫电价、绿色信贷、环境责任保险等环境经济政策，地方上也自发开展了生态补偿、排污交易等环境经济政策实践，环境经济政策在国家节能减排等领域发挥了重要作用。为了科学评估我国环境经济政策实施的绩效，本文构建环境经济实施绩效评估体系对我国环境经济政策实施过程中的主要进展和存在问题进行了分析，以期为提高环境经济决策的科学化水平提供借鉴。

前言

　　环境经济政策属于经济激励型的环境政策，是一种在传统的指令性环境政策日益不能

作者简介：李红祥，环境保护部环境规划院助理研究员，专业方向环境规划与环境政策研究。

满足环保工作需要的前提下逐渐发展起来的政策。环境经济政策是指根据环境经济理论和市场经济原理，运用财政、税收、价格、信贷、投资、市场等经济杠杆，调整和影响当事人产生和消除污染及生态破坏行为，实现经济社会可持续发展的机制和制度。与传统行政手段的"外部约束"相比，环境经济政策是一种"内在约束"机制，具有促进环保技术创新、增强市场竞争力、降低环境治理成本与行政监控成本等优点。

目前国内外采用的环境经济政策主要基于两类理论：① 新制度经济学观点，即"科斯手段"。强调要明晰产权，应建立环境产权市场，如排污交易的许可证制度与排放配额等。② 基于福利经济学观点，即"庇古手段"。通过征收税费的办法就可以把环境代价转化为企业内部成本，迫使企业治理污染，其中有税收、收费、罚款、排污权交易等多项政策措施。在此理论指导下，对于环境经济政策的分类很多，OECD 在《环境经济手段应用指南》中曾经将环境经济政策分为 3 种：环境收费或税收、许可证制度、押金-退款制度。在《环境管理中的经济手段》一书中进一步将环境经济政策确定为下列 5 种：收费、补贴、押金-退款制度、市场创建、执行鼓励金。世界银行哈密尔顿等强调利用市场机制的重要，将环境经济政策分为利用市场（减少补贴、环境税、使用费、补偿金/保证金、押金-返还制度、专项补贴），创建市场（产权确立、可交易的许可证/权力）、行政手段（标准、禁令、许可证/配额），信息公开和公众参与（公众参与和信息公开）。根据政策工具类型的不同，环境经济政策还可以包括：① 市场创建手段，如排污权交易；② 环境税费手段，如环保税、排污收费等；③ 金融和资本市场手段，如绿色信贷、生态保险等；④ 财政激励手段，如绿色补贴，价格调整等；⑤ 其他手段，如罚款手段、押金制度等，其中以环境财政政策、环境税收与收费、绿色金融与保险、排污权交易等最为成功。

我们根据中国的环境经济政策实践，也为了下一步的评估方便，我们将环境经济政策分为 3 层，分别命名为政策体系、政策簇和政策手段。政策体系即为中国环境经济政策体系；政策簇包括环境财政、环境价格、环境税费、排污许可及交易、生态补偿、环境金融以及环境贸易 7 种；政策手段包括脱硫电价、排污收费、流域生态补偿等。其具体分类见表1。

表 1 中国环境经济政策分类

政策体系	政策簇	政策手段
中国环境经济政策	环境财政政策	环境预算支出、政府绿色采购、环保专项资金
	环境价格政策	脱硫电价、脱硝电价、水价、资源性产品定价等
	环境税费政策	排污收费、污水处理收费、垃圾处置收费、环境税等
	排污权有偿使用及交易政策	二氧化硫、化学需氧量等排污交易，碳交易等
	生态补偿政策	流域生态补偿、森林生态补偿、草地生态补偿等
	环境金融政策	绿色信贷、环境责任保险、绿色证券等
	环境贸易政策	双高名录、出口退税、对外投资环境保护等

1 环境经济政策实施绩效评估的方法体系

1.1 评估目的

对现有的经济政策进行评估是十分必要的。首先，通过评估可以发现政策在制定和设计上的不足和缺陷，提高政策设计的科学性和合理性。同时，通过执行中的评估可以发现在政策实施过程中的问题，不断调整和完善政策设计，提高政策执行效果。

1.2　评估原则

我们在评价一项环境政策的有效性与适应性时，需要一系列的政策评估标准。一般而言，会采用下列准则或标准：

（1）环境效果。任何一种环境经济政策的主要目标都是改善生态环境质量，因此环境效果是评价环境经济政策优劣的首要标准。环境效果是指环境经济政策实施后改善生态环境质量或达到生态建设及污染控制目标的成功程度。环境效果取决于它对改善环境质量的影响，同时要防治污染物转移。不同介质或不同地区的转移，要以最终的、综合的环境质量指标来评价环境政策的效果。

（2）经济效率。在制定环境经济政策的时候，都希望以最低的代价达到规定的环境目标，这样才被认为是有效率的。在制度实施的过程中都是要产生费用的，这些费用由目标群体（如企业和居民）和政府来承担。这样，目标群体和政府就不得不考虑尽量减少满足一定的环境目标所付出的经济代价。因此，环境经济政策的经济效率由两层含义：作为排污者是以最小的费用达到污染削减目标；而对于社会来说则是达到规定环境目标时的社会总费用（处理费用和损害费用）最小。

（3）公平性。公平性标准是考虑环境经济手段对不同经济主体的影响程度是否体现了公平原则。这样，环境经济政策的评价标准就加入了价值判断的因素。一是环境经济政策目标对象的覆盖面，即产生同种污染类型的排污者是否都包括在特定政策的作用范围内；二是环境经济政策产生的影响在目标对象之间分布的均衡性。不公平的环境经济政策一方面会造成污染负荷的重新分布，另一方面又可能会产生新的市场扭曲，从而直接影响到环境经济政策的可接受性。

1.3　评估程序

根据经验，一般公共政策评估的标准一般分为有效性、效率、公平性和回应性四个方面，有效性即效能，是指实现目标的程度；效率是指为实现目标所付出的成本和代价；公平性是指一项政策的成本和收益在相关群体中分配的平均程度；回应性是指政策运行结果是否符合目标对象的需求。本次评估的重点主要放在对有效性的评估方面，适当兼顾效率、公平性和回应性3个方面，主要是评估政策的执行情况如何，是否发挥了作用，主要影响政策作用发挥的因素有哪些。在对政策进行评估的过程中，主要包括3个环节：政策目标评估、政策执行评估、政策效果评估。

（1）政策目标评估。政策目标评估一般分为两个方面：① 完整性的评估，主要评估中国环境经济政策的建设目标是否完整，是否覆盖了生产的全过程，包括源头控制、过程控制和末端控制；② 准确性的评估，主要是评估中国环境经济政策目标是否清晰，是否准确说明了到何时应该达到何种标准，一般要可监测、可考核。

（2）政策执行评估。由于环境经济政策体系是按照一个整体开展评估。主要评估的方面包括：政策地位评估主要是评估环境经济政策在整个环境政策体系中的地位是否显著提高了，是否成为中国环境保护政策的主要政策手段；政策框架评估主要是评估我国环境经济政策框架是否已经建立起来了；政策手段评估主要是评估生态补偿、排污收费、脱硫电价等政策手段的实施情况。

（3）政策效果评估。政策执行效果主要是指政策实施后产生的影响，包括环境效益、社会效益、经济效益等，主要指标包括对节能减排的推动作用，对企业环境行为改善作用，筹集资金的规模等。

2 环境经济政策评估过程

2.1 政策目标评估

我国环境经济政策的探索实践起步较早，早在 1978 年我国就开始实践排污收费政策，迄今为止已经成为应用最广泛的环境经济政策。此后我国又适时引进城市污水处理费和垃圾处理收费等环境经济政策，对我国环境保护工作产生了重要的良性影响，标志着环境经济政策在我国开始生根发芽。特别是进入"十一五"以后，我国的环境经济政策发展更是进入快车道，党中央、国务院的一系列纲领性重要文件中都有重视环境经济政策体系建设的要求和意见，各有关政府职能部门也出台了大量的相关政策文件，来推进环境经济政策实践和试点。

2.1.1 中国初步制定了环境经济政策的建设目标

中国环境经济政策的建设进程还主要是以单独的环境经济政策手段突破为主，没有将环境经济政策当成一个整体来推进，没有对中国的环境经济政策建设进行系统设计、协调推进。进入"十二五"时期后这一局面得到了改变，环境保护部专门编制了《"十二五"全国环境保护法规和环境经济政策建设规划》，对"十二五"时期的环境经济政策建设做出了总体安排和设想。其中提出的环境经济政策体系的建设目标是"积极推进环境经济政策的研究、制定和实施工作，到 2015 年形成比较完善的、促进生态文明建设的环境经济政策框架体系"。根据《规划》内容，环境经济政策框架可以归结为四个领域、两项机制，四个领域为环境税费、环境价格、环境金融、环境贸易，两项机制为生态补偿和排污交易。

2.1.2 环境经济政策建设目标及路线图尚不明晰

从目前我国环境经济政策建设的实践进程来说，我国还缺乏一项系统的环境经济政策建设目标，虽然环境保护部出台了《"十二五"全国环境经济政策建设规划》，提出了"十二五"时期环境经济政策建设目标，但是该目标是比较宏观、比较定性的，缺乏具体的目标，也缺乏路线图，使得目标缺乏可考核性和可评估性。当然出现这种情况也是由于多种原因造成的，其中一个原因是环境经济政策制定和实施的主导部门既有经济职能部门也有环境保护行政主管部门。环境保护行政主管部门除了结合环境保护工作需求，在自身职能内主导制定有关环境经济政策外，在更多时候，需积极联合有关经济职能部门，共同开展环境经济政策研究、制定和实施工作，为经济职能部门提供辅助支持，是"配角"，所以这在一定程度上影响了环境保护部门在环境经济政策建设目标设定中的"底气"，增加了环境经济政策建设过程中的不确定性。

2.2 政策执行评估

2.2.1 环境经济政策重要性逐步得到认可，但是其政策地位尚待进一步提高

（1）环境经济政策体系建设越来越受到政府部门和社会各界重视。近几年，加大环境经济政策的研究和制定，构建环境保护的长效机制，受到党中央、国务院以及环境保护部门、自然资源管理部门以及经济部门的高度重视。党中央、国务院的一系列纲领性重要文件中都有重视环境经济政策体系建设的要求和意见，并且相较"十一五"时期之前提出了更高、更多的要求。《"十二五"节能减排综合性工作方案的通知》专门在第八节提出要"重

视完善节能减排经济政策"。《关于加强环境保护重点工作的意见》专门单列第三节提出"实施有利于环境保护的经济政策"。党的十八大报告第一次将生态文明建设单列为一章，且在该章中着重提出要："加强生态文明制度建设。要深化资源性产品价格和税费改革，建立反映市场供求和资源稀缺程度、体现生态价值和代际补偿的资源有偿使用制度和生态补偿制度。积极开展节能量、碳排放权、排污权、水权交易试点。加强环境监管，健全生态环境保护责任追究制度和环境损害赔偿制度。"环境经济政策已经成为了建设生态文明的一个重要政策支撑和保障。

（2）环境经济政策制定和出台力度明显加快。从环境经济政策文件的制定和出台情况来看，无论是中央还是地方，政策出台的数量和频率均在逐步加大。2006—2012年，国家层面共出台环境经济政策315项，全国31个省级地区出台环境经济政策623项。① 在国家层面，2006—2009年，环境经济政策出台数量呈逐年递增趋势。2006年政策出台数量为14项，2007年为44项，2008年为46项，2009年为70项。2010—2012年，出台的环境经济政策数量在2010年和2011年下降后开始增加，2010年政策为56项，2011年政策为35项，2012年政策为50项。其中，2007年、2008年、2009年和2012年出台的政策年均增长率分别为214.3%、4.5%和52%。② 在地方层面，"十一五"期间各省级地区出台的环境经济政策数量总体上呈逐年上升趋势：2006年至2010年的环境经济政策出台逐年增长率分别为83.3%、84.8%、4.1%、32.3%；"十一五"时期的年均增长率为51.1%。"十二五"的头两年出台的政策数量整体较"十一五"期间各年少，2011年仅出台了38项环境经济政策，2012年略多，为67项。具体见图1、图2。这表明，随着社会主义经济市场化进程的推进，环境经济政策实施的制度环境正在逐步具备，不少环境经济政策制定出台的时机已到，促进经济发展和环境保护融合的环境经济政策越来越受到各有关政府职能部门的重视。虽然环保工作对环境经济政策有着强烈需求，但是环境经济政策的出台受到多种因素的影响，这导致了环境经济政策数量变化并非一直呈增加趋势，在个别年份呈现出波动特征。

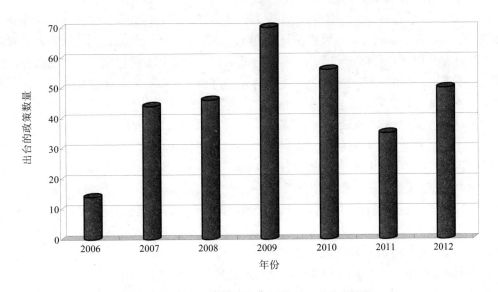

图1 2006—2012年国家层面环境经济政策数量

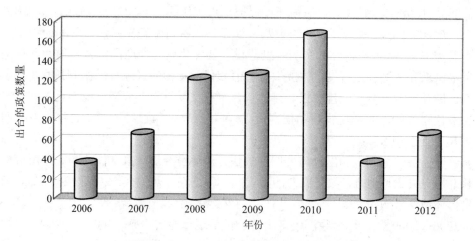

图 2　2006—2012 年省级环境经济政策数量

（3）环境经济政策试点力度前所未有。湖北、湖南、江西、甘肃等地开展了环境税试点，广东、江苏、河北等 15 个省市提高了排污收费标准。脱硫电价已经全国实施并发挥了积极作用，脱硝电价由试点开始在全国范围实施。有河北、湖南、湖北、江苏、浙江、辽宁、上海、重庆、四川、云南、河南、广东、内蒙古、山西、安徽等 19 个省份开展了环境污染责任保险试点。全国已有 20 余个省份开展了排污权有偿使用及排污权交易政策试点。其中，国家试点省份已扩展到 11 个，分别为浙江、江苏、天津、河北、内蒙古、湖北、湖南、山西、重庆、陕西、河南。山西、辽宁、浙江等 8 省市被环境保护部批准作为不同类型的生态补偿试点，江苏、河南、河北、湖南、福建、山西、山东、江西、海南、广东 10 多个省市自发开展了流域生态补偿试点探索。重点生态功能区转移支付制度逐步完善，2012 年，转移支付实施范围已扩大到 466 个县（市、区）。7 个省级地区建立了省级财政森林生态效益补偿基金，用于支持国家级公益林和地方公益林保护。

（4）环境经济政策在环境政策体系中的地位总体上还比较低。从"十一五"节能减排目标完成的各政策工具发挥的作用大小来看，主要还靠的是污染物总量控制、流域限批、环境执法等行政管制手段，环境经济政策在节能减排工作中所起的作用仍较有限，对实现节能减排和环保规划目标起到作用的环境经济政策，主要还是环境财税、排污收费、脱硫电价补贴等若干环境经济政策工具，不少环境经济政策工具所起的作用仍较有限，在节能减排中发挥效用仍面临制度性障碍，这需要在下一步的改革中予以解决。

2.2.2　适应生态文明建设的环境经济政策框架体系尚未完全建立

《"十二五"全国环境保护法规和环境经济政策建设规划》提出的"十二五"环境经济政策建设目标是"到 2015 年形成比较完善的、促进生态文明建设的环境经济政策框架体系"。如何判断环境经济政策框架体系是否真正建立呢，我们可以试着从以下几个标准来判定。① 体系的完整性，即环境经济政策体系的作用领域应该比较完整，应该尽可能地在生态文明建设的各个领域发挥作用；② 体系的协调性，即各政策手段之间是否能够协调发挥作用，是不是存在互相冲突或者矛盾的地方；③ 各政策手段在一定行业、领域，或者全国范围内大面积推开；④ 环境经济政策地位在法律法规中得到确认，具有较高的法律地位。

（1）环境经济政策的作用领域与空间还有待进一步拓展。从环境经济政策的定义我们就可以看出，环境经济政策建设的根本目标运用财政、税收、价格、信贷、投资、市场等经济杠杆，调整和影响当事人产生和消除污染及生态破坏行为，实现经济社会可持续发展。下面我们分别从不同角度来分析环境经济政策框架体系的完整性。① 从社会再生产过程看，环境经济政策主要集中在生产环节，用以调节流通、分配、消费行为的环境经济政策仍不完善。即使在生产环节，也仍然缺乏直接针对污染排放和生态破坏行为征收的独立环境税，尚未建立起完善的排污权有偿使用和交易政策体系。② 从污染源管理看，环境经济政策主要集中在对工业点源的污染控，在机动车污染源控制、农村面源污染控制中的环境经济政策严重缺乏。对于种植业污染，我国主要采用倡导发展生态农业，采用节水、节肥、节药的耕作方法，要求控制化肥、农药的使用，鼓励测土配方，施用有机肥等劝说鼓励政策，但是环境经济政策发挥的作用还比较有限。③ 从政策手段方面看，环境财税价费政策在目前的环境经济政策体系中处于主导地位。从当前出台的环境经济政策数量和类型看，政策仍集中在环境财政、环境税费和环境资源定价方面，主要还是依靠财政和税收手段实现环保的目的，绿色贸易、绿色信贷、环境污染强制责任险等市场化手段应用不断增加，但总体上出台的政策数量较少，实施的范围和强度有待加强。生态补偿、排污权交易发展较快，多个省市在大力推进排污权交易试点工作，但是国家层面出台的文件较少。生态补偿政策文件主要集中在流域层面，其他领域进展相对较小。具体情况见图3。

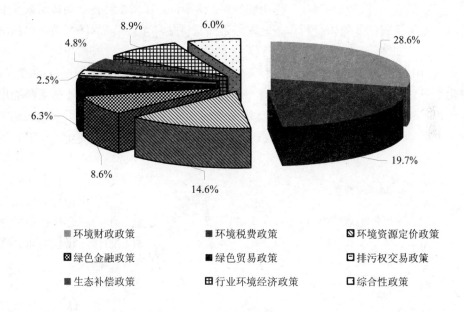

图3　2006—2012 年出台的环境经济政策类型分布

（2）环境经济政策手段之间还存在部分不协调现象。正如前文所说，环境经济政策框架体系内部包括了众多的政策手段，但是现在部分政策手段之间还存在部分不协调的地方。如排污权有偿使用与排污交易政策手段与排污收费政策手段之间，如果对企业的排污权实行有偿分配再对企业征收排污费，是否存在重复收费的嫌疑？环境税与排污收费制度之间的协调问题，是否用环境税取代现有排污收费制度，实施"费改税"，还是实施"税费共存"？

（3）许多环境经济政策手段仍处于试点阶段。除了环境财政、排污费、燃煤发电机组脱硫电价补贴、生态公益林补偿政策外，大部分政策文件是为了引导政策试点，促进政策试点向深层次探索。排污交易、流域生态补偿、环境污染责任险、绿色信贷等政策仍主要处于试点阶段，政策的适用性到底如何？政策推行的条件、障碍性要素以及配套需求等问题仍需继续探索，规范化的制度建设仍需时日。

（4）环境经济政策的法律支撑不足尚未得到根本解决。法律保障不足一直是我国环境经济政策建设面临的一个困境。我国一些重要环境经济政策，如排污权有偿使用和交易、生态补偿和环境责任保险等环境经济政策，尚缺乏明确、具体的法律法规依据。国家层面出台的政策基本上是指导性的，多以"意见"形式；许多地方出台的相关文件也多采取"暂行办法"的形式，很少有纳入到地方法规中。生态补偿立法尚未取得突破和进展，生态补偿条例尚未出台。国家层面的排污权交易政策文件短期内出台仍存在一定难度。国家层次法律法规对环境污染责任保险缺乏明确、具体的规定，尤其是缺乏对高环境风险企业强制投保的法律规定。

2.3 政策效果评估

政策效果评估中的一个难点是许多环境效果是由于众多政策造成的综合效果，难以将这些综合效果具体分解到到底是哪项政策或者哪类政策造成的，比如，污染物排放量的减少就难以衡量到底具体是哪几项政策作用的结果。鉴于此，我们下边在评估政策效果时就具体挑选几项政策手段的效果来分析一下，以点带面来评估环境经济政策体系的政策效果。

2.3.1 环境经济政策为环境保护筹集了大量的资金

1995—2010 年全国排污费共计缴纳 1 542 亿元，全国排污费总体上呈上升趋势，在 2003 年前排污费征收保持平稳的增长率，由于 2003 年新的排污费征收使用管理条例的出台，制定了更严格的排污费征收标准，对废气污染物的征收由 1 种增至 3 种，导致 2004 年排污费达到 941 845.8 万元，比 2003 年上涨了 33%，说明排污费征收在执行过程中和政策的制定是紧密联系在一起的。

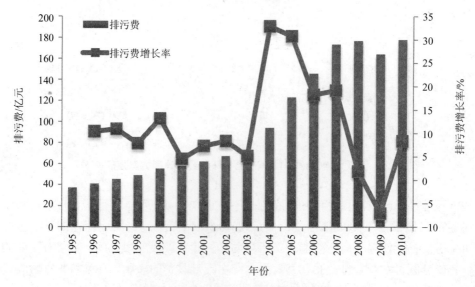

图 4　1995—2010 年排污费征收情况

2.3.2　环境经济政策促进了污染治理设施的建设与运营

脱硫电价政策的实施，有效地调动了发电企业安装脱硫设施的积极性，保障了脱硫设施的正常运行，减少了电力行业二氧化硫的排放。2000—2010 年全国电力行业装机容量、火电机组装机容量均呈平稳上升趋势，火电机组占全国装机容量的比重平均为 75%，然而，脱硫机组容量的涨势迅猛，从 2002 年约占火电机组容量的 1%上升到 2010 年的 79%。其中从 2006—2007 年的增幅最大，为 21%。由于电力企业是我国二氧化硫的主要来源，电力企业脱硫设施的大规模建设和运营为我国完成二氧化硫减排目标提供了有效支撑。电力行业脱硝电价政策正在由点到面推开，从我们在安徽、江苏、广东调研情况来看，对火电企业建设和运行脱硝设施起到了显著激励作用，目前脱硝机组总装机容量达到 2.26 亿 kW，占火电装机容量的比例从 2011 年的 16.9%提高到 27.6%，电力行业氮氧化物减排 7.1%与脱硝政策激励不无关系。

2.3.3　环境经济政策一定程度上改善了环境主体的环境行为

排污收费、排污权交易、脱硫电价都是通过价格手段来调整企业污染治理，从而达到污染物减排的目的。2007 年 7 月 1 日起，江苏省在全国率先将废气排污费征收标准由 0.63 元/污染当量提高到 1.26 元/污染当量。提高排污费征收标准后，排污单位治理污染和总量减排的积极性有了较大提高，治污减排成了企业的自身内在需要和自觉行动。另外一个例子是流域生态补偿例子，生态补偿机制通过科学界定断面考核补偿的范围、区域，让污染地区"丢钱又丢人"，可以有效调动地方政府治理水污染的积极性。

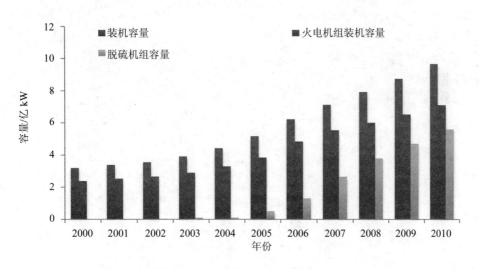

图 5　2000—2010 年全国火电装机容量和脱硫机组容量

3　环境经济政策评估结论

总体来看，环境经济政策的重要性日益受到全社会的认同，国家和地方的环境经济政策制定和出台力度不断加大。构建起了完善税费、价格、金融、贸易 4 个领域，建立排污交易和生态补偿两种机制的环境经济政策建设框架。环境经济政策试点力度前所未有，以"自上而下"和"自下而上"相结合的"双向"探索模式快速推进。生态补偿、排污权有偿使用与交易、环境责任保险等试点在全国遍地开花，环境经济政策在实现环境保护规划目标中发挥了积极作用。但是我们也应该庆幸地认识到我国环境经济政策体系建设尚处于初级阶段。现有环境经济政策缺乏法律法规支撑，政策之间协调不够、配套措施不足、技术保障不力等问题严重，无论是政策设计本身还是其实施均存在许多问题，需要继续加大试点探索力度，不断完善有关政策。

参考文献

[1] 董战峰，於方，曹东，等. 我国企业环境信息公开政策实施现状评估——基于江苏省和上海市的实践分析[J]. 环境保护，2010（5）：33-35.

[2] 董战峰，葛察忠，高树婷，等. "十二五"环境经济政策体系建设路线图[J]. 环境经济，2011（6）：35-47.

[3] 杨朝飞，王金南，葛察忠，等. 环境经济政策改革与框架[M]. 北京：中国环境科学出版社，2010.

[4] 葛察忠，董战峰，王金南，等. 全国"十一五"环境经济政策实践与进展评估[R]. 2012.

[5] 国家环境经济政策研究与试点技术组. 国家环境经济政策研究与试点项目 2010 年度总结报告[R]. 2011.

第二篇
环境经济政策理论与方法

四川省工业发展中资源环境表现的影响因素研究

Study on the Influencing Factors of the Industries' Resource and Environment Performance in Sichuan

夏溶矫 刘源月 吕晓彤 王 恒 陈明扬

（四川省环境保护科学研究院，成都 610041）

[摘 要] 通过构建因素分解模型，利用完全分解模型方法和 LMDI 分解方法对四川省"十一五"期间工业企业的水资源、能源消耗，以及主要污染物排放的影响因素及其驱动力进行研究。结果显示，经济规模增加是资源能源消费和污染物排放增加的主要动力，技术提升是其降低的主要动力，结构调整的作用不尽相同，污染治理力度对污染持续减排的作用不明显。

[关键词] 完全分解模型 LMDI 分解模型 资源能源 污染排放 四川省

Abstract The paper studies the driving forces of the industries' resources and energy consumption and the emissions of major pollutants in Sichuan Province during the period of "Eleventh Five-Year" by using the methods of complete decomposition model and LMDI decomposition model. The results show that the increasing scale of economies is the main driving force of the water resource, energy and pollutant emissions' growing, and the upgrading of technology is the main force of their decreasing. The influencing of the structural adjustment is different, and the pollution control efforts' force to the continued pollution abatement is not obvious.

Keywords complete decomposition model, LMDI decomposition model, resource and energy, pollution emission, Sichuan Province

前言

经济的发展过程伴随着资源能源的消耗和污染物的产生与排放，但有限的资源能源与环境容量要求人类必须采取可持续的生产和生活方式来进行发展，党的十八大提出了走生态文明的发展道路，正是在认识到资源环境承载力是稀缺性资源的本质而做出的正确决策。研究经济发展过程中对资源能源的消耗以及污染物的排放的影响因素及影响大小，对及时调整经济发展、环境保护的思路和强度，从而使之朝着更可持续的发展方向行进至关重要。本文即以四川省"十一五"期间工业企业发展的资源能源消耗和污染排放相关数据为基础，研究工业企业经济发展过程中资源环境保护的影响因素及影响大小，从而为其将

作者简介：夏溶矫，四川省环境保护科学研究院助理工程师，从事环境科学、环境经济政策研究。

来走可持续发展道路提供一些指示。

1 因素分解法概述

关于影响因素的定量研究，通常通过构建分解模型采取因素分解法来展开分析。因素分解法通过将研究对象拆分成若干个相关因子的乘积，通过计算每个组成因子对因变量变动的贡献来进行量化，据此探讨不同因子带来的影响。根据计算方法的不同，因素分解法主要可以分为拉氏指数分解法和迪氏指数分解法，后者又包括数学平均迪氏分解（AMDI）法和对数平均迪氏分解（LMDI）法。其中，拉氏指数分解法和 AMDI 法在分解过程中存在残差分配问题，而采用对数平均的 LMDI 法在分解过程中不产生残差项。此外，对于只有两个因素影响的量的分解，还有较为简单的完全分解模型方法也能够将其完全分解，不存在残差项。残差项的存在说明目标变动的部分不能为模型所解释，导致量化驱动效应的说服力下降。如果残差项很大，因素分解的意义也就不大。因此，本研究主要选择不产生残差的完全分解模型方法和 LMDI 分解法来进行。

1.1 完全分解模型

完全分解模型是由 Sun（1998）提出，基于"共同导致、平等分配"的原则分解剩余项，假设 $M = xy$，即变量 M 是由因素 x 和 y 决定的。在时间段[0, t]，变量变化量 ΔM，根据下式计算：

$$\begin{aligned}
\Delta M &= M^t - M^0 \\
&= x^t y^t - x^0 y^0 \\
&= (x^t - x^0) y^0 + (y^t - y^0) x^0 + (x^t - x^0)(y^t - y^0) \\
&= y^0 \Delta x + x^0 \Delta y + \Delta x \Delta y
\end{aligned}$$

这里 $y^0 \Delta x$ 和 $x^0 \Delta y$ 是因素 x 和 y 的变化各自对变量 M 总变化的贡献。第三项 $\Delta x \Delta y$ 是两个因素共同造成的变化量，根据"共同导致、平均分配"的原则，将这个量各自分一半到因素 x 和因素 y 上面，作为两个因素各自造成的变化量，因此，将 ΔM 分解为 $y^0 \Delta x + 0.5 \Delta x \Delta y$，以及 $x^0 \Delta y + 0.5 \Delta x \Delta y$，分别作为因素 x 的贡献量和因素 y 的贡献量。

1.2 LMDI 分解模型

对数平均权重 Divisia 分解法（Logarithmic mean weight Divisia Index，LMDI）是 Ang 等人在 1998 年提出。按照该方法，设变量 E 是 A、B、C、D 4 个因素的积，则可根据下列公式，对 ΔE（即 $E_t - E_0$）进行分解：

$$E = A \times B \times C \times D$$

$$\therefore \ln E = \ln A + \ln B + \ln C + \ln D$$

$$\therefore \ln \frac{E_t}{E_0} = \ln \frac{A_t}{A_0} + \ln \frac{B_t}{B_0} + \ln \frac{C_t}{C_0} + \ln \frac{D_t}{D_0}$$

$$\therefore E_t - E_0 = \frac{E_t - E_0}{\ln \dfrac{E_t}{E_0}} \left(\ln \frac{A_t}{A_0} + \ln \frac{B_t}{B_0} + \ln \frac{C_t}{C_0} + \ln \frac{D_t}{D_0} \right)$$

其中，$\dfrac{E_t - E_0}{\ln \dfrac{E_t}{E_0}}$：对数平均数，也是系数 W^*

在对 i 项求和时，可拆分为：

$$\sum_i (E_{it} - E_{i0}) = \sum_i \left[\frac{E_{it} - E_{i0}}{\ln \frac{E_{it}}{E_{i0}}} \left(\ln \frac{A_{it}}{A_{i0}} + \ln \frac{B_{it}}{B_{i0}} + \ln \frac{C_{it}}{C_{i0}} + \ln \frac{D_{it}}{D_{i0}} \right) \right]$$

则将 ΔE 分解为 $\sum W_i * \ln (A_{it}/A_{i0})$、$\sum W_i * \ln (B_{it}/B_{i0})$、$\sum W_i * \ln (C_{it}/C_{i0})$、$\sum W_i * \ln (D_{it}/D_{i0})$，分别作为因素 A、B、C、D 对 ΔE 的贡献量。

2 水资源、能源消耗的分解研究

2.1 模型构建

构建如下对工业行业水资源（能源）消耗总量的分解模型：

$$W = \text{GDP} \times I$$

式中，W 为地区工业水资源（能源消耗总量），t（吨标煤）；GDP 为地区工业生产总值，万元；I 为地区工业耗水强度（耗能强度），t/万元（吨标煤/万元）。

根据完全分解模型，水资源（能源）消耗总量变化量的分解结果如下：

$$\Delta W_{\text{GDP}} = I_0 \times \Delta \text{GDP} + 0.5 \times \Delta I \times \Delta \text{GDP}$$

$$\Delta W_I = \text{GDP}_0 \times \Delta I + 0.5 \times \Delta I \times \Delta \text{GDP}$$

$$\Delta W = \Delta W_{\text{GDP}} + \Delta W_I$$

其中，下标为 0 表示为基期的相应指标值，Δ 表示基期到末期的变化量。则将工业用水（能源）变化量 ΔW 分解为经济规模效应 ΔW_{GDP} 和用水强度效应 ΔW_I。

构建如下工业行业水资源（能源）消耗强度的分解模型：

$$I = \sum_i \frac{\text{GDP}_i}{\text{GDP}} \times \frac{W_i}{\text{GDP}_i}$$

式中，I 为地区工业耗水（耗能强度），t/万元（以标煤计）；i 表示工业行业 i；GDP_i/GDP 为 i 产业的比重，表征经济结构；W_i/GDP 为 i 行业的水资源（能源）耗用强度，t/万元（以标煤计），表征产业耗水（耗能）技术水平。设经济结构的变化引起的耗水（耗能）强度变化的量为 S，t/万元（以标煤计）；产业耗水（耗能）技术水平的变化引起的耗水（耗能）强度的变化为 T，t/万元（以标煤计）。

根据 LMDI 分解方法，对水资源消耗强度变化量的分解结果如下：

$$\Delta I = \sum \left[\frac{I_{it} - I_{i0}}{\ln \frac{I_{it}}{I_{i0}}} \times \left(\ln \frac{\text{GDP}_{it} / \text{GDP}_t}{\text{GDP}_{i0} / \text{GDP}_0} + \ln \frac{W_{it} / \text{GDP}_{it}}{W_{i0} / \text{GDP}_{i0}} \right) \right]$$

其中，$S = \sum \left(\frac{I_{it} - I_{i0}}{\ln \frac{I_{it}}{I_{i0}}} \times \ln \frac{\text{GDP}_{it} / \text{GDP}_t}{\text{GDP}_{i0} / \text{GDP}_0} \right)$，$T = \sum \left(\frac{I_{it} - I_{i0}}{\ln \frac{I_{it}}{I_{i0}}} \times \ln \frac{W_{it} / \text{GDP}_{it}}{W_{i0} / \text{GDP}_{i0}} \right)$

2.2 水资源消耗的分解

（1）工业用水总量的分解结果。从分解结果可以看出（表 1），2006—2010 年，工业用水总量在前半段时间呈现增长趋势，在后半段时间开始逐年降低，总的来看，"十一五"

期间工业用水量降低了。从工业用水量变化的动力来看，经济规模的增加一直是工业用水总量增长的主动力，并且这种促进作用大致呈现出逐年增加的趋势；用水强度的降低对工业用水量的增加起到抑制作用，总体上也大致呈现出逐年增强的趋势。从分解效应的比例可以看出（表2和图1），在"十一五"的后半段，用水强度降低的作用开始强于经济规模增长的作用，使得工业用水量呈现出逐年下降的趋势，这一利好形势是否会在"十二五"期间继续，还需要后续跟踪研究予以揭示。

表1 "十一五"期间四川省工业水资源消耗变化量的分解结果　　　　单位：亿t

年份	工业用水变化量	经济规模效应	用水强度效应
2006—2007	2.43	6.52	−4.09
2007—2008	5.65	8.49	−2.83
2008—2009	−6.83	12.69	−19.52
2009—2010	−1.91	10.47	−12.38
2006—2010	−0.65	38.16	−38.82

表2 "十一五"期间四川省工业行业水资源消耗增加的分解效应比例

年份	总效应[1]/%	经济规模效应/%	用水强度效应/%
2006—2007	100	268.40	−168.40
2007—2008	100	150.12	−50.12
2008—2009	−100	185.74	−285.74
2009—2010	−100	549.53	−649.53
2006—2010	−100	5 845.99	−5 945.99

注：1）总效应为100表明期间的因变量呈现增加趋势，总效应为−100表明期间的因变量呈现减少趋势。效应比例为正表明该因子的作用为促使因变量增加，效应比例为负表明该因子的作用为促使因变量减少。

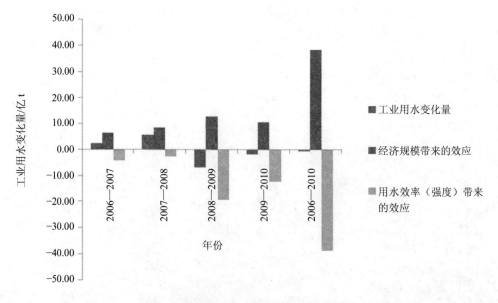

图1 "十一五"期间四川省工业用水变化量及分解效应变化趋势

（2）工业用水强度的分解结果。从分解结果可以看出（表3、表4和图2），工业用水强度在"十一五"期间呈现出逐年下降趋势，这也是工业用水强度带来工业用水量降低的原因所在。而从工业用水强度下降的驱动力来看，总的来看，主要来源于用水技术的提升，从2006—2010年用水技术效应为−84.19，经济结构效应为−15.81。经济结构的调整在2009年之前也促进了工业用水强度的下降，尤其是2008—2009年，经济结构的调整甚至成了主导推动力，但2009—2010年经济结构效应成了提升工业用水强度的推动力，这可能跟2009—2010年灾后重建工作大力开展有关，也表明，经济结构的调整作用并不稳定，存在一定的波动性。

表3　"十一五"期间四川省工业行业用水强度的分解结果　　单位：t/万元

年份	用水强度之差	经济结构效应	用水技术效应
2006—2007	−9.72	−1.40	−8.32
2007—2008	−5.98	−2.87	−3.11
2008—2009	−35.00	−22.89	−12.12
2009—2010	−18.53	16.22	−34.75
2006—2010	−69.23	−10.94	−58.29

表4　"十一五"期间四川省工业行业用水强度增加的分解效应比例

年份	总效应/%	经济结构效应/%	用水技术效应/%
2006—2007	−100	−14.39	−85.61
2007—2008	−100	−48.03	−51.97
2008—2009	−100	−65.39	−34.61
2009—2010	−100	87.50	−187.50
2006—2010	−100	−15.81	−84.19

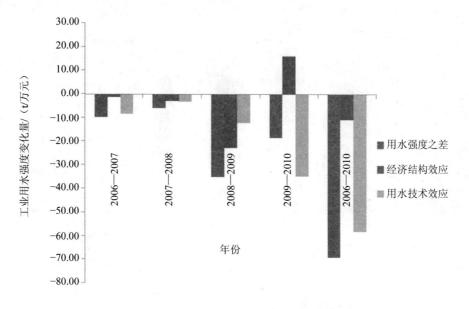

图2　"十一五"期间四川省工业用水强度变化量及分解效应变化趋势

2.3 能源消费的分解

（1）能源消耗总量的分解结果。从分解结果来看（表5、表6和图3），"十一五"期间，能源消耗总量呈现出波动性，2006—2007年，以及2009—2010年呈现出使用量下降的趋势，主要源于能源消耗强度降低的作用明显，其余年份的能源消耗量呈现出增加趋势，主要源于经济规模的促进使用作用，期间能源消耗强度的作用不明显。从2006—2010年总的来看，工业能源使用量呈现出降低的态势，其中经济规模增长的促进作用为43.83%，能源消耗强度降低的抑制作用为−143.83%。

表5　"十一五"期间四川省工业行业综合能源消耗量的分解结果　　单位：亿t（以标煤计）

年份	综合能源消耗量变化量	经济规模效应	能源消耗强度效应
2006—2007	−2.14	0.24	−2.39
2007—2008	0.24	0.17	0.07
2008—2009	0.38	0.31	0.07
2009—2010	−0.70	0.25	−0.96
2006—2010	−2.23	0.98	−3.20

表6　"十一五"期间四川省工业行业综合能源消耗量增加的分解效应比例

年份	总效应/%	经济规模效应/%	能源消耗强度效应/%
2006—2007	−100	11.40	− 111.40
2007—2008	100	69.67	30.33
2008—2009	100	82.07	17.93
2009—2010	−100	36.37	− 136.37
2006—2010	−100	43.83	− 143.83

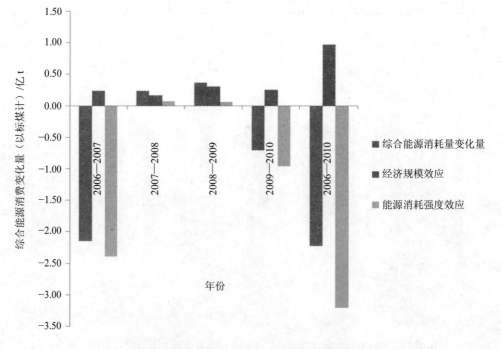

图3　"十一五"期间四川省工业综合能源消费变化量及分解效应变化趋势

（2）工业能源消耗强度的分解结果。从分解结果看（表7、表8及图4），能源消耗强度在2006—2007年，以及2009—2010年均呈现出较大幅度下降的趋势，这主要源于这两个阶段的能源利用技术提高的抑制效应明显，其余阶段的能源利用技术效应不明显，而在整个"十一五"期间，经济结构调整对能源消耗强度的作用大部分是增加了能源消耗强度，这说明，经济结构调整并未朝着降低能源消耗强度的方向行进。

表7　"十一五"期间四川省工业行业综合能源消耗强度的分解结果　　单位：t/万元（以标煤计）

年份	综合能源消耗强度变化	经济结构效应	能源利用技术效应
2006—2007	−5.67	0.43	−6.11
2007—2008	0.15	0.07	0.09
2008—2009	0.12	0.27	−0.15
2009—2010	−1.43	−0.11	−1.32
2006—2010	−6.83	0.66	−7.49

表8　"十一五"期间四川省工业行业综合能源消耗强度增加的分解效应比例

年份	总效应/%	经济结构效应/%	能源利用技术效应/%
2006—2007	−100	7.66	−107.66
2007—2008	100	44.00	56.00
2008—2009	100	223.74	−123.74
2009—2010	−100	−7.86	−92.13
2006—2010	−100	9.68	−109.68

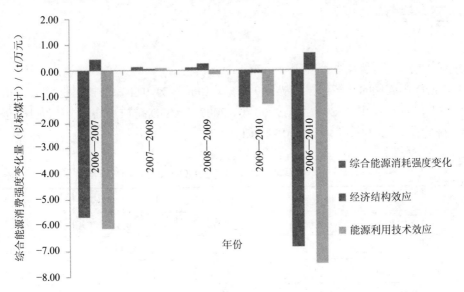

图4　"十一五"期间四川省工业综合能源消费强度变化及分解效应趋势

3 污染物排放的分解

3.1 模型构建

借鉴并改造"IPAT"模型，将污染物的排放总量的变化分解为经济规模、结构、技术、治理四方面因素的作用，研究这四方面对污染物排放变化量的影响。

$$P = \sum_i S \times \frac{S_i}{S} \times \frac{G_i}{S_i} \times \frac{P_i}{G_i}$$

式中，P 为污染物排放量，t；S 为经济规模，万元；S_i 为分行业经济规模，万元；S_i/S 表征经济结构；G_i 为分行业污染物产生量，t；P_i 为分行业污染物排放量，t；G_i/S_i 代表行业的污染产生强度，t/万元，表征行业环保方面的技术水平；P_i/G_i 代表行业排放的污染物占产生量的比，表征污染治理程度；并设经济规模变化引起的污染物排放总量的变化为 Size，经济结构变化引起的污染物排放总量的变化为 Str，行业环保技术水平的变化引起的污染排放总量的变化为 T，污染治理程度的变化引起的污染排放总量的变化为 Control。

根据 LMDI 分解方法，对污染排放总量变化量的分解结果如下：

$$\Delta P = \sum_i \left[\frac{P_{it} - P_{i0}}{\ln \frac{P_{it}}{P_{i0}}} \times \left(\ln \frac{S_t}{S_0} + \ln \frac{S_{it}/S_t}{S_{i0}/S_0} + \ln \frac{G_{it}/S_{it}}{G_{i0}/S_{i0}} + \ln \frac{P_{it}/G_{it}}{P_{i0}/G_{i0}} \right) \right]$$

其中，$\text{Size} = \sum \left(\frac{P_{it} - P_{i0}}{\ln \frac{P_{it}}{P_{i0}}} \times \ln \frac{S_t}{S_0} \right)$，$\text{Str} = \sum \left(\frac{P_{it} - P_{i0}}{\ln \frac{P_{it}}{P_{i0}}} \times \ln \frac{S_{it}/S_t}{S_{i0}/S_0} \right)$，$T = \sum \left(\frac{P_{it} - P_{i0}}{\ln \frac{P_{it}}{P_{i0}}} \times \ln \frac{G_{it}/S_{it}}{G_{i0}/S_{i0}} \right)$，

$$\text{Control} = \sum \left(\frac{P_{it} - P_{i0}}{\ln \frac{P_{it}}{P_{i0}}} \times \ln \frac{P_{it}/G_{it}}{P_{i0}/G_{i0}} \right)。$$

3.2 分解结果

（1）COD 排放量的分解结果。从表 9 可见，2006—2010 年，全省工业行业 COD 排放量累计减排 1.77 万 t，其中 2007 年、2008 年、2009 年 COD 排放量均比上年减少，但 2010 年 COD 排放量却比 2009 年增加了 0.72 万 t。

表 9 "十一五"期间四川省工业行业 COD 排放量的分解结果　　单位：万 t

年份	总变化量	规模效应	结构效应	技术发展效应	治理效应
2006—2007	−1.08	2.06	−1.76	−4.34	2.95
2007—2008	−0.35	2.43	−0.27	2.95	−5.45
2008—2009	−1.06	3.48	−1.58	−6.03	3.07
2009—2010	0.72	3.08	−0.78	−3.04	1.46
2006—2010	−1.77	11.06	−4.39	−10.47	2.03

从全省 2006—2010 年 COD 排放量的分解效应来看，规模效应与总效应的变化方向基本相反，说明全省新增工业企业规模的增加导致 COD 排放量的增加，5 年间导致 COD 排放量累计增加 11.06 万 t。而结构效应、技术效应与总效应的变化方向基本一致。从表 9 可知，5 年间，由于工业企业结构调整带来了行业结构的清洁化，促使 COD 排放量一直减少，5 年间累计减少 4.39 万 t。从技术发展效应来看，除了 2007—2008 年，其余年份均呈现出降低 COD 排放量的作用，5 年来累计降低 COD 10.47 万 t。从治理效应来看，"十一五"期间，COD 的治理作用仅 2007—2008 年起到了减排作用，其余时间段，COD 的治理效应并未起到促使每年的 COD 排放量较上年降低的作用，反而起到了增排的作用，5 年间累计增排了 2.03 万 t COD。

从各因素的效应比例来看（表 10 和图 5），促使我省"十一五"期间 COD 减排的主要动力是污染削减的技术发展效应和经济结构效应，其中，技术发展效应从 2006—2010 年的累计效应为-591.47%，经济结构效应累计为-248.11%；促使"十一五"期间 COD 增排的因素为经济规模和治理效应，其中，经济规模的累计效应为 624.78%，COD 治理的累计效应为 114.80%，但值得注意的是，2007—2008 年 COD 的治理效应为-1 575.27%，成为"十一五"期间 COD 减排的主要推动力，这反映出 COD 的治理作用的发挥存在较大的波动性，"十一五"期间 COD 的治理力度并不稳定，存在较大的变化。

表 10 "十一五"期间四川省工业行业 COD 排放增加的分解效应比例

年份	总效应/%	规模效应/%	结构效应/%	技术发展效应/%	治理效应/%
2006—2007	−100	191.39	−163.01	−402.32	273.94
2007—2008	−100	701.92	−78.72	852.07	−1 575.27
2008—2009	−100	328.13	−149.18	−568.29	289.35
2009—2010	100	430.23	−108.50	−425.07	203.34
2006—2010	−100	624.78	−248.11	−591.47	114.80

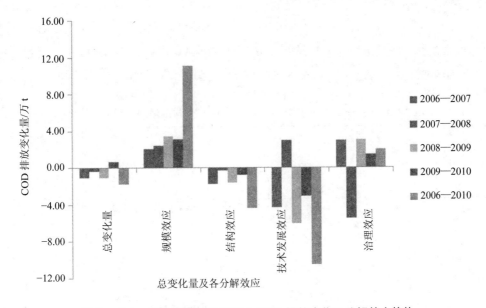

图 5 "十一五"期间四川省工业 COD 排放变化及分解效应趋势

（2）NH₃-N 排放量的分解结果。从表 11 可见，2006—2010 年间，全省工业行业 NH₃-N 排放量累计减排 2 039.90 t，其中年际间 NH₃-N 排放量变化呈起伏变化。2006—2007 年间 NH₃-N 排放量变化为-2 133.38 t，2007—2008 年间 NH₃-N 排放量变化为 2 030.13 t，2008—2009 年 NH₃-N 排放量变化为-2 776.47 t，2009—2010 年 NH₃-N 排放量变化为 839.83 t。

表 11 "十一五"期间四川省工业行业 NH₃-N 排放量的分解结果　　　　单位：t

年份	总变化量	规模效应	结构效应	技术发展效应	治理效应
2006—2007	-2 133.38	951.41	171.74	-4 440.53	1 184.00
2007—2008	2 030.13	1 173.38	-471.82	2 719.69	-1 391.12
2008—2009	-2 776.47	1 658.79	-1 142.07	-4 622.55	1 329.35
2009—2010	839.83	1 349.37	-30.88	-1 999.64	1 520.98
2006—2010	-2 039.90	5 132.94	-1 473.03	-8 343.03	2 643.22

从全省 2006—2010 年 NH₃-N 排放量的分解效应来看，规模效应一直起着增排的作用，5 年间促使 NH₃-N 排放量累计增加 5 132.94 t。从表 11 可见，5 年间，由结构效应带来的 NH₃-N 排放量的变化除 2006—2007 年为增加 171.74 t 外，其余年份均为减少，5 年间累计减少 1 473.03 t。说明由于工业企业结构调整带来了行业结构的清洁化，使 NH₃-N 排放量逐步降低。从技术发展效应来看，5 年来累计促进减排 8 343.03 t，其中除 2008 年比 2007 年增加了 2 719.69 t 外，其余年份由于技术效应所带来的 NH₃-N 排放量均为减少。从治理效应来看，5 年间累计增排 2 643.22 t，除 2007—2008 年治理效应为促进减排 NH₃-N 1 391.12 t 外，其余年际间均未起到促进减排的作用，说明近五年对 NH₃-N 污染物的治理力度不够，并未起到持续促进减排的作用，这可能与氨氮指标在"十一五"期间并未纳入总量控制目标有关。

从分解效应所占比例（表 12 和图 6）来看，促使"十一五"期间 NH₃-N 减排的主要动力为技术发展效应和经济结构效应，分别起到的减排量占比为-408.99 和-72.21。经济规模和污染治理均起到了增排的作用，增排效应分别占比为 251.63 和 129.58。

表 12 "十一五"期间四川省工业行业 NH₃-N 排放量的分解效应比例

年份	总变效应/%	规模效应/%	结构效应/%	技术发展效应/%	治理效应/%
2006—2007	-100	44.60	8.05	-208.15	55.50
2007—2008	100	57.80	-23.24	133.97	-68.52
2008—2009	-100	59.74	-41.13	-166.49	47.88
2009—2010	100	160.67	-3.68	-238.10	181.11
2006—2010	-100	251.63	-72.21	-408.99	129.58

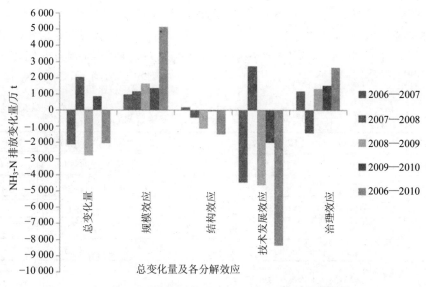

图6 "十一五"期间四川省工业 NH₃-N 排放变化及分解效应趋势

（3）SO₂ 排放量的分解结果。2006—2010 年，全省工业行业 SO₂ 排放量累计减排 3.57 万 t（表13），其中 2007 年、2008 年、2009 年 SO₂ 排放量均比上年减少，但 2010 年 SO₂ 排放量却比 2009 年增加了 3.64 万 t。这可能一方面是 2009 年已完成"十一五"总量控制累计任务的原因，反映出总量控制政策的行政命令色彩浓厚而激励作用微弱，一旦强制性任务完成，也就失去了继续减排的动力；另一方面，可能与 2008 年之后进行灾后重建工作，并在 2009—2010 年重建工作大力开展有关。

表13 "十一五"期间四川省工业行业 SO₂ 排放量的分解结果　　　　单位：万 t

年份	总变化量	规模效应	结构效应	技术发展效应	治理效应
2006—2007	−2.75	5.43	−0.63	−6.37	−1.18
2007—2008	−2.80	6.29	−0.26	−9.00	0.18
2008—2009	−1.67	8.96	−9.38	7.33	−8.58
2009—2010	3.64	8.12	3.94	−16.39	7.97
2006—2010	−3.57	28.80	−6.33	−24.43	−1.62

从全省 2006—2010 年 SO₂ 排放变化量的分解效应来看，规模效应与总效应的变化方向基本相反，说明全省新增工业企业行业规模的增加导致 SO₂ 排放量的增加，5 年间 SO₂ 排放量累计增加 28.80 万 t。而结构效应、技术效应、治理效应与总效应的变化方向基本一致，均不同程度地起到了促进减排的作用。5 年间，由于工业企业结构调整带来了行业结构的清洁化，使 SO₂ 排放量在 2009 年前一直减少，5 年间累计促进减排 6.33 万 t。从技术发展效应来看，5 年来累计促进减排 24.43 万 t，其中除 2009 年比 2008 年增加了 7.33 万 t 外，其余年份由于技术效应所带来的 SO₂ 排放量均减少。从治理效应来看，5 年间累计促进减排 1.62 万 t，但同治理对 COD 减排的效应一样，治理对 SO₂ 减排的效应也存在着一定的不稳定性。

从分解效应的比例情况（表 14 和图 7）来看，技术发展效应对 SO_2 减排的累计作用最大，为-683.85%；其次为经济结构调整的效应，累计减排作用为-177.06%；再次为治理效应，累计减排比例为-45.36%。经济规模的增加是 SO_2 增排的动力，累计增排作用为 806.27%。

表 14 "十一五"期间四川省工业行业 SO_2 排放量的分解效应比例

年份	总效应/%	规模效应/%	结构效应/%	技术发展效应/%	治理效应/%
2006—2007	−100	197.45	−22.81	− 231.57	−43.07
2007—2008	−100	224.88	−9.38	− 321.79	6.30
2008—2009	−100	537.78	− 562.83	440.21	− 515.16
2009—2010	100	223.11	108.21	− 450.19	218.88
2006—2010	−100	806.27	− 177.06	− 683.85	−45.36

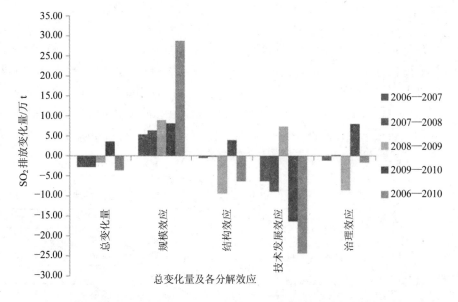

图 7 "十一五"四川省工业 SO_2 排放变化及分解效应趋势

（4） NO_x 排放量的分解结果。2006—2010 年，全省工业行业 NO_x 排放量累计表现为增排（表 15）。从全省 2006—2010 年 NO_x 排放变化量的分解效应（表 15、表 16 和图 8）来看，规模效应各年际间均为增排作用，促使 5 年间 NO_x 排放量累计增加 8.15 万 t，效应占比为增排 185.15%，说明全省近四年来大规模工业企业的增加导致了 NO_x 排放量的增加。5 年间，由结构效应带来的 NO_x 排放量的变化呈起伏变化，2006—2007 年为减少 0.78 万 t，2007—2008 年为增加 0.29 万 t，2008—2009 年为减少 1.57 万 t，2009—2010 年为增加 1.99 万 t，5 年间累计促进 NO_x 减排 0.07 万 t，减排效应占比为-1.63%。从技术发展效应来看，5 年来累计减排 4.14 万 t，其中 2009 年比 2008 年促进增加了 1.11 万 t，2010 年比 2009 年促进增加了 2.72 万 t，其余年份由于技术效应所带来的 NO_x 排放量均为减少，说明近 5 年来由于技术进步带来的减排效应是明显的，并起到了减少排放的主要作用。从治理效应来看，5 年间 NO_x 的累计效应为较小的增排作用，各年存在较小的波动，说明污染物的末端治理对促进 NO_x 的减排并未起到大的作用，这与"十一五"期间 NO_x 并未纳入总量减排范围有关。

表 15 "十一五"期间四川省工业行业 NO_x 排放量的分解结果 单位：万 t

年份	总变化量	规模效应	结构效应	技术发展效应	治理效应
2006—2007	−2.66	1.55	−0.78	−3.33	−0.10
2007—2008	−2.77	1.58	0.29	−4.64	0.00
2008—2009	1.72	2.26	−1.57	1.11	−0.07
2009—2010	8.11	2.77	1.99	2.72	0.63
2006—2010	4.40	8.15	−0.07	−4.14	0.46

表 16 "十一五"期间四川省工业行业 NO_x 排放量的分解效应比例

年份	总效应/%	规模效应/%	结构效应/%	技术发展效应/%	治理效应/%
2006—2007	−100	58.06	−29.41	−124.96	−3.68
2007—2008	−100	57.04	10.62	−167.61	−0.06
2008—2009	100	130.87	−91.09	64.53	−4.31
2009—2010	100	34.17	24.49	33.54	7.80
2006—2010	100	185.15	−1.63	−93.94	10.43

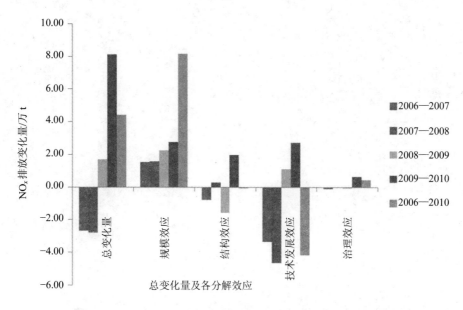

图 8 "十一五"期间四川省工业 NO_x 排放变化及分解效应趋势

4 结论

本文通过构建分解模型来对"十一五"期间四川省工业行业的资源能源消耗及污染物排放进行分解研究，研究结果表明：

"十一五"期间，四川省经济规模的增加是工业用水量增加的主动力，用水强度的降低是工业用水量增加的阻碍力，用水强度的降低主要源于用水技术的提升，经济结构调整起到了促进用水强度降低的作用，但作用不稳定。

能源消耗总量末期较基期下降，主要源于能源消耗强度降低对能源消耗总量的抑制作用，能源消耗强度的降低主要源于能源利用技术的提升；总量增加则主要源于经济规模增加的促进作用。经济结构调整并未朝着降低能源消费强度的方向发展。

从污染物排放的分解结果来看，经济规模的增长始终带来污染物的排放增加；技术发展效应是这四类污染物减排的最主要动力；经济结构的调整不同程度的促进了这四类主要污染物的减排；污染治理力度则除了 SO_2 之外，均未表现出总体的减排作用，且在年度间存在波动性，表明污染治理力度的不稳定性。

参考文献

[1] 王奇，夏溶娇. 基于对数平均迪氏分解法的中国大气污染治理投资效果的影响因素探讨[J]. 环境污染与防治，2012，34（4）：84-87.

[2] 张强，王本德，曹明亮. 基于因素分解模型的水资源利用变动分析[J]. 自然资源学报，2011，26（7）：1209-1216.

[3] 邱寿丰. 中国能源强度变化的区域影响分析[J]. 数量经济技术经济研究，2008（12）：37-48.

[4] 徐国泉，刘则渊，姜照华. 中国碳排放的因素分解模型及实证分析：1995—2004[J]. 中国人口·资源与环境，2006，16（6）：158-161.

FDI 对我国环境的影响分析
——以天津经济技术开发区为例

The Influence of FDI on China Environment—the Case of Tianjin Economic-Technological Development Area

黄妍莺　陈海英　施明旻　李红祥　徐　鹤[*]

（南开大学环境科学与工程学院，天津　300071）

[摘　要]　目前随着中国经济发展、产业结构升级，以及投资环境的不断改善，外商直接投资的案例越来越多，但是关于外商直接投资对环境的影响和效应问题，一直存在着争议。本文结合我国转变经济发展模式、调节产业结构策略，以天津市经济技术开发区为案例进行实证研究，在系统介绍了该地区经济发展概况、发展特点的基础上，建立了环境污染与 FDI、GDP 等因素的数学模型，重点分析了该地区内 FDI 与环境质量之间的关系。最终发现天津滨海新区并没有出现大规模的污染转移现象，以外资企业为主的泰达地区，FDI 带来的正面效应大于其带来的负面效应。因此对天津技术开发区的实证研究不支持"污染避难所"假说的结论。

[关键词]　外商直接投资天津经济开发区　环境质量　污染避难所

Abstract　With the current Chinese economic development，industrial structure upgrading，as well as the continuous improvement of the investment environment，there is more and more foreign direct investment cases.But there has been controversy aboutthe impact of foreign direct investment on environment. According to themode of economic development transformation，and strategy of industrial structure adjustment，this papertook Tianjin Economic and Technological Development Area as an example to analysis the influence to environment.The author establisheda mathematical model of environmental pollution，FDI，and GDP based on the introduction of economic situation and characteristics of the development；then analyzed the relationship between FDI and the quality of the environment in this region. Eventually the author found FDI brings more positive effects than negative effects. Therefore，Technological Development Zone in Tianjin research does not support the "pollution haven" hypothesis conclusion.

Keywords　FDITEDA，environment quality，pollution haven

作者简介：黄妍莺，南开大学环境科学与工程学院硕士生，研究方向为贸易与环境。通讯作者：徐鹤，黑龙江鹤岗人，教授，博士生导师，主要从事环境规划与评价方面研究。

前言

目前，随着中国经济发展、产业结构升级，以及投资环境的不断改善，外商直接投资的案例越来越多，外商直接投资（Foreign Direct Investment，FDI）是指外商在非上市公司中的全部投资及在单个外商所占股权比例不低于10%的上市公司中的投资。1960年，海默（Stephen Hymer）首次在其博士论文《国际经营：FDI研究》中将FDI作为研究对象，论证了FDI不同于一般意义上的外国金融资产投资，开创了一个新的研究领域。

FDI的特点有以下几个方面：① 发展中和转型期经济体吸引的直接外资流量首次达到全球总流量的半数以上，大部分投资面向其他南方国家。相比之下，发达国家的直接外资流入量依旧在下滑。② 影响FDI全球投资分布的因素也发生了较大的变化。宽松的投资政策、技术进步以及高效的管理组织技能等影响力在上升。③ 在FDI的投资结构上，制造业仍为主要投资行为，服务业直接外资放缓，跨界并购出现反弹。④ 随着国际投资量不断上涨，FDI与环境安全及相关政策制定所产生的影响越来越受到人们的关注。

目前FDI与环境安全之间的关系、FDI是否与环境目标相一致仍存在争议，许多研究报告亦指出FDI对于东道国环境影响来说是把双刃剑，FDI对东道国带来的环境影响是正是负还是影响甚微取决于多方面的因素。正是在这样的基本判断下，近年关于这个问题的研究也逐渐从关注FDI对环境影响到底是好是坏，转向研究在何种情况下才能使得FDI为东道国环境带来有利影响。本文将以天津经济技术开发区为例，分析FDI对我国环境的影响。

1 天津经济技术开发区发展情况

天津经济技术开发区（TEDA，简称泰达）于1984年12月6日经国务院批准设立，是中国首批对外开放的国家级沿海开发区之一，距天津市区40 km，紧邻塘沽区和天津新港，全区规划面积33 km²。现已形成东区、西区，以及汉沽现代产业区、逸仙科学工业园和微电子工业区3个小区。2009年4月，天津市委、市政府确定由天津开发区主导开发南港工业区。

经天津市统计局联审通过，2011年，天津开发区实现地区生产总值1 908.45亿元，按可比价格计算，比上年增长24.9%；全员劳动生产率42.09万元/人，可比增长10.8%。

2011年，天津开发区新批外商及港澳台投资项目129家，办理增资项目389家，项目投资总额76.89亿美元；合同外资金额63.10亿美元，增长10.3%；实际使用外资金额43.50亿美元，增长20.0%。2011年，天津开发区新批外商及港澳台项目合同外资平均规模2 303.00万美元，投资规模在1 000万美元以上的有75家，新批《财富》全球500强项目4家。外商及港澳台项目合同外资增资金额38.52亿美元，平均增资规模1 212.76万美元，增资额超过1 000万美元的项目有30家。

开发区成立20多年来不断拓展招商渠道，创新招商模式，加大招商力度，利用外资的规模不断扩大。目前开发区利用外资存在以下几个特点：① 开发区以外商及港澳台投资企业为主，内资企业比重较小；② 自建区以来，吸引外资总体呈快速增长趋势。近年来引资企业数有所减少，但引资金额仍维持高水平；③ 近年来大规模外资企业占据主导地位，增资占比呈增长趋势；④ 外商及港澳台投资企业以独资和合资性质为主，合作较少；⑤ 目前外资主要来自中国香港、美国、日本、英属维尔京，而上述国家地区中香港占较大比重；
⑥ 高新技术产业在流入的 FDI 中占据主导地位。

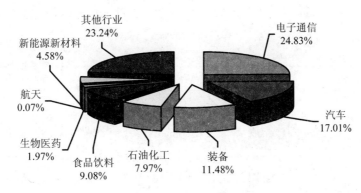

数据来源：天津开发区投资网 http://www.investteda.org/qygl/cyql/，根据 2011 年 1—12 月工业产值统计。

图 1　工业总产值行业构成

2　FDI 对泰达环境的综合影响

关于贸易自由化与环境保护之间的复杂关系，Crossman 和 Krueger 于 1991 年建立了
贸易的环境效应分析的基本框架，将贸易自由化的环境影响分解为规模效应、结构效应和
技术效应 3 个方面。此后有学者在此基础上补充了产品效应、收入效应、政策效应等，而
每种效应对生态环境都既存在正面影响也存在负面影响。本节综合考虑上述各方面的影
响，试图了解在泰达地区特定的环境规制条件和外资背景下，FDI 对泰达环境的综合效应。

我们分别将 SO_2 本底值、能源消耗结构等因素归入常数项和随机扰动项，假定 SO_2 与
各解释变量间存在如下关系：

$$Y = \beta_0 + \beta_1 X_{FDI} + \beta_2 X_{GDP} + \beta_3 X_{regu} + \varepsilon$$

式中：Y —— 环境指标，本模型中取用历年 SO_2 的年平均浓度；

X_{FDI} —— 校正后的历年外国直接投资的协议外资额；

X_{GDP} —— 历年全区 GDP；

X_{regu} —— 环境规制的严厉程度；

β_0 —— 常数项；

β_1　β_2　β_3 —— 各种影响因素的系数；

ε —— 随机扰动项。

关于被解释变量"环境指标"的选取：本模型中的环境指标采用的是环境质量指标而
非污染物排放指标，SO_2 的年平均浓度数据来源于开发区统计公报。

关于解释变量 X_{FDI}：这里 FDI 取用的是全区历年累计外国直接投资的协议外资额或合
同外资额，采用平均系数法对 2003—2006 年的协议外资额进行修正。

关于解释变量 X_{GDP}：采用的是开发区历年全区的国内生产总值，数据来源于开发区统
计公报。

关于 X_{regu} "环境规制的严厉程度"：这里讨论的"环境规制的严厉程度"既包括当地

环境规制制定的高低，还包括当地环保主管部门对环境规制执行的严厉程度。

由于上述变量数据在 1994 年以前统计不完全，研究小组利用开发区统计公报上 1994—2006 年各变量数据，采用 SPSS 进行多元回归分析，所得结论如表 1～表 4 所示。

表 1　模型总结

Model Summary

Model	R	R Square	Adjusted R Square	Std. Error of the Estimate	Change Statistics				
					R Square Change	F Change	df1	df2	Sig. F Change
1	0.666 (c)	0.443	0.257	0.008 876	0.006	0.092	1	9	0.768

Predictors：（Constant），协议外资额亿美元，全区 GDP 亿美元，大气环境规制严格程度

表 2　ANOVA（d）

ANOVA（d）

Model		Sum of Squares	df	Mean Square	F	Sig.
1	Regression	0.001	3	0.000	2.385	0.137（c）
	Residual	0.001	9	0.000		
	Total	0.001	12			

Predictors：（Constant），协议外资额亿美元，全区 GDP 亿美元，大气环境规制严格程度

Dependent Variable：二氧化硫浓度

表 3　各解释变量的偏回归系数

Coefficients（a）

Model		Unstandardized Coefficients		Standardized Coefficients	t	Sig.	95% Confidence Interval for B		Collinearity Statistics	
		B	Std. Error	Beta			Lower Bound	Upper Bound	Tolerance	VIF
1	（Constant）	0.059	0.008		7.094	0.000	0.040	0.078		
	协议外资额亿美元	0.000	0.000	−2.088	−2.090	0.066	−0.001	0.000	0.062	16.137
	全区 GDP 亿美元	0.001	0.000	2.005	2.268	0.050	0.000	0.001	0.079	12.629
	大气环境规制严格程度	−0.026	0.087	−0.119	−0.304	0.768	−0.223	0.170	0.403	2.479

a Dependent Variable：二氧化硫浓度

表4 共线性诊断

Model	Dimension	Eigenvalue	Condition Index	Variance Proportions			
				（Constant）	协议外资额或者合同外资额亿美元	全区 GDP 亿美元	大气环境规制严格程度
1	1	3.730	1.000	0.01	0.00	0.00	0.01
	2	0.182	4.524	0.29	0.00	0.05	0.00
	3	0.081	6.807	0.11	0.00	0.04	0.77
	4	0.007	22.982	0.59	0.99	0.90	0.23

Collinearity Diagnostics（a）
a Dependent Variable：二氧化硫浓度

3 环境影响结果分析

SO_2 的浓度与 FDI 呈现负相关，每流入 1%的 FDI，SO_2 的浓度就下降 2.088%，即 FDI 的流入有利于泰达地区 SO_2 浓度的降低。看来，以外资企业为主的泰达地区，FDI 带来的正面效应大于其带来的负面效应。

究其原因认为是：① 与该地区的产业结构相关。从 FDI 流入行业结构来看，泰达地区吸收的 FDI 大部分都流向高新技术产业，如通信设备计算机制造业、医药制造业等。因为高新技术产业排放到大气和水中的污染物较少，对 SO_2 的贡献较少。随着该地区高新技术产业比重的加大，也就意味着主要贡献于 SO_2 产业比重的相对减小，于是年平均 SO_2 浓度随着 FDI 流入而减少。② 近年来开发区吸收的 FDI 以大规模外资企业为主，大型跨国企业往往意味着较先进的生产技术水平和良好的环境行为，泰达地区 FDI 的技术效应也会因此比较显著。③ 引进的外资确实使得开发区管委会的财政收入增长迅猛，其财政收入在同级别开发区中名列前茅。高水平的财政收入保障着政府对泰达的环保投入，对 SO_2 的控制力度。④ 外资带来的泰达地区高人均 GDP 往往意味着当地人们对区域环境质量的高要求，人们自觉对企业环境行为的监督会迫使企业守法度更高，当地居民环保的呼声会迫使环保人员执法力度的更加严厉，这些都可能导致 SO_2 浓度随着 FDI 的增加而下降。

X_{GDP} 的偏回归系数 β_2 为 2.005，表明泰达地区 GDP 与 SO_2 的浓度呈现正相关，泰达地区 GDP 的增长会导致 SO_2 浓度的升高，且 GDP 每增长 1%，就意味着 SO_2 浓度升高 2.005%。可能的原因是——该地区生产规模扩大带来的 SO_2 的增加大于由于劳动生产率提高而带来的 SO_2 排放量的减少以及由于新增的环保投入而导致的 SO_2 排放量的减少，其综合效应就是——随着 GDP 的增长，SO_2 呈现增长趋势。同时这个结果也表明，该地区 GDP 增长还主要依靠生产规模的扩大，因此，该地区的经济增长模式还有待于改进，应该朝着更加集约的方式前进。X_{regu} 的偏回归系数 β_3 为-0.119，SO_2 浓度与泰达地区环境规制的严厉成反比，较为合理。但该系数的 p 值不高，可能的原因是"开发区对环保绿化工程的投入"还是不能很好地表征"环境规制的严厉程度"，X_{regu} 需要寻求一个更好的代表指标。

4 结论

在本文中，为了了解泰达地区 FDI 与环境之间的关系，建立了一个 SO_2 浓度关于 FDI、当地 GDP、环境规制严厉程度 3 个变量的多元线性模型，采用了开发区 1994—2006 年的数据，最终发现，在泰达地区，FDI 与 SO_2 呈负相关关系，FDI 的流入有利于 SO_2 的减少，且每流入 1%的 FDI，就意味着 SO_2 的浓度下降 2.088%，泰达地区 FDI 对 SO_2 浓度的综合效应为正。因此开发区的实证研究并不支持"污染避难所"假说。

根据上述结论，天津滨海新区并没有出现大规模的污染转移现象，但这不代表今后我们可以对外商投资的环境问题掉以轻心。不少学者指出，跨国公司对外直接投资类型正逐渐发生变化，效率寻找型和战略寻找型投资逐渐成为跨国公司对外投资的重点，单纯资源寻找型和市场寻找型投资比重下降，特别是在竞争激烈的技术和资本密集型工业制造业上，全球跨国并购类外商直接投资将大幅增加。随着中国经济发展、产业结构升级，以及投资环境的不断改善，外商直接投资的规模将会进一步扩大，其结构与特点也会相应发生重要的变化。

参考文献

[1] Blackman A，Wu X. Foreign Direct Investment in China's Power Sector：Trends，Benefits，and Barriers. Washington D.C.，Resources for the Future，September Discussion Paper，1998：98-50.

[2] Christmann P，G Taylor. Globalization and the Environment：Determinants of Firm Self-Regulation in China [J]. Journal of International Business Studies，2001，32（3）：439-358.

[3] United Nations Conference on Trade and Development.World Investment Report. Geneva：UNCTAD，2010.

[4] Crossman G M，Kruger A B. Environmental Impact of North American Free Trade Agreement，NBER Working Paper No. 13914，1991.

[5] 彭海珍，任荣明. 外国直接投资和"污染天堂"假说[J]. 探索与争鸣，2003（5）：37-39.

[6] 张健. 外商直接投资区域选择[M].北京：经济科学出版社，2006：91.

[7] 夏友富. 外商投资中国污染密集型产业现状、后果及其对策研究[J]. 管理世界，1999（3）：109-123.

[8] 赵细康. 环境保护与产业国际竞争力：理论与实证分析[M]. 北京：中国社会科学出版社，2003.

[9] 李萍. 跨国公司对华投资新趋势及其影响[J]. 商场现代化，2006，4（465）：8-9.

[10] 郭永新. 广东省日本中小企业直接投资中介机构之研究——以日技城为例[J]. 中国大陆研究（台湾），46（1）.

[11] 秦天宝. 浅论我国环境法与外商投资的关系[J]. 城市环境与城市生态，1999，12（5）：61-63.

[12] 王岳平. 我国外商直接投资的两种市场导向型分析[J]. 国际贸易问题，1999（2）：3-7.

[13] 工业技术研究院环境与安全卫生技术发展中心，http：//www.cesh.itri.org.tw/index.php.

[14] 叶汝求，等. 环境与贸易[M]. 北京：中国环境科学出版社，2001.

[15] 秦天宝. 外商投资与环境保护的法律透析[J]. 国际经贸探索，1999（5）：51-55.

流域生态补偿标准核算方法体系研究

Study on the method system for watershed ecological compensation standard accounting

张彦敏 刘桂环 文一惠

（环境保护部环境规划院，北京 100012）

[摘 要] 从生态服务效益、生态保护投入成本、水质水量、水资源价值、社会经济效应、支付意愿 6 方面初步构建了流域生态补偿标准核算方法体系，并对不同补偿标准核算方法的优缺点和适用性进行了比较，不同流域根据其采用的生态补偿方式以及流域实际情况，选择合适的补偿标准核算方法。

[关键词] 流域 生态补偿 标准 核算方法

Abstract Based on six aspects, including ecological benefit, ecological protection cost, water quality, water resources value, social-economic effect and willingness to pay, a method system for watershed eco-compensation standard accounting has been preliminarily constructed. We compared the advantages and disadvantages of different accounting methods, and suggestion of applicability of different accounting methods has been proposed. The appropriate accounting methods should be chosen according to the environmental status, and the eco-compensation method adopted.

Keywords watershed, eco-compensation, standard, accounting method

前言

流域生态补偿是将水环境生态外部成本内部化的重要手段，它从制度创新的角度开辟了保护水资源的新途径。建立流域生态补偿机制，一方面有利于协调流域上下游生态保护与经济发展的不均衡，另一方面有利于激励全社会保护生态环境的积极性，对促进生态文明建设，保障资源和经济可持续发展具有重要意义。

科学合理的补偿标准是对某一特定流域范围进行财政补偿的支付依据，确定补偿标准是建立流域生态补偿机制的重点也是难点。目前，国内流域生态补偿实践正从省级层面向跨省水平过渡，虽然已有部分学者结合实践案例从不同角度对流域生态补偿标准进行了研究[1-3]，但是一些核算方法在实践中尚存在着局限性，导致补偿标准不能准确核定，影响了

作者简介：张彦敏，环境保护部环境规划院助理研究员，从事生态环境政策研究的工作。

通讯作者简介：刘桂环，女，博士，环境保护部环境规划院副研究员，主要从事生态补偿、环境政策和生态经济等领域研究。

流域生态补偿机制的建立和运行。本研究结合目前已有的理论和实践，从生态服务效益、生态保护投入、水质水量、水资源价值、社会经济效应、支付意愿6方面初步构建了跨省流域生态补偿标准核算方法体系，比较分析了不同核算方法的优点、缺点和适用性，为建立健全我国流域生态补偿机制提供技术参考。

1 流域生态补偿相关理论分析

1.1 相关概念与原则

流域生态补偿是我国在流域水环境保护工作中重点探索的领域，也是生态补偿研究与实践的重要方向。目前，对于流域生态补偿还没有形成统一的定义。结合相关研究[4-6]，可以给出其一般性定义："流域生态补偿是一种以保护流域生态系统服务功能、促进人与自然和谐为目的，综合运用财政、税费、市场等行政手段和市场手段，调节生态保护者、受益者和破坏者等利益相关方经济利益关系，以达到补偿双方约定目标的制度安排。"

流域生态补偿标准的合理与否直接影响生态补偿的实施与成效，对于同一个试点地区，按不同方法得出的补偿标准可能会相差很大，而补偿标准偏高或偏低，都意味着有一方将受到利益损失。因此，确定补偿标准时，应遵循下面4个原则，科学合理地确定生态补偿标准。

（1）谁保护谁受益，谁破坏/受益谁补偿。在水资源利用、开发和保护过程中，对流域生态环境造成破坏者和因流域生态环境改善的受益者应向流域生态保护者支付补偿。

（2）兼顾水质与水量。流域的水质与水量具有不可分割性，水量供应充足与否会影响区域生产生活，而当水量充足、水质不达标时，会引起水质性缺水，也应发生补偿。因此，应综合考虑水质补偿与水量补偿制定补偿标准。

（3）科学核算与补偿意愿相结合。不同核算方法测得的补偿标准可能存在或大或小的误差，通过调研了解上下游的支付能力与补偿需求，对补偿标准进行调整，达成双方都可以接受的补偿意愿。

（4）社会经济与生态环境协同改善。制定合理的补偿标准不仅能促进流域生态环境改善，还能逐步缩减上下游经济发展的差距，激励上下游对生态环境建设的积极性，实现上下游社会经济互补、环境协调发展。

1.2 流域生态补偿标准核算依据

目前已有的研究与实践中，流域生态补偿标准的核算多根据具体案例简单划定，仅立足于操作层面，且没有遵循统一的核算依据。因此，可以从流域自身属性出发，结合考虑外部性，提炼出下列几条流域生态补偿标准核算的理论依据[7, 8]。

（1）生态服务效益。生态服务是指生态系统与生态过程所形成的、维持人类生存的自然环境条件及其效用。生态服务具有普遍性，当地区生态服务得到改善，受益者不仅局限于当地，还往往包括下游地区[9]。为保障流域上下游生态系统服务的可持续性，需要对生态服务提供者进行直接的经济补偿。对生态系统提供的服务进行换算处理，得到生态系统服务价值，以此核定补偿标准。

（2）生态保护投入。从整个流域来看，上游地区处于特殊的地理位置，为保护流域生态环境，上游放弃了一些发展机遇，并投入了大量的人力、物力和财力，因此，下游理应对上游地区付出的保护成本进行补偿。

（3）流域水质水量。结合水环境监控的总体水平，选择水质水量作为跨区域河流生态补偿的判定标准，实现经济补偿与被污染河流的水质水量相关联，对维护上下游权益，提高流域水环境总体水平意义重大。

（4）水资源价值。不同地区、不同时期的水资源价值大小有较大的区别。根据水资源的紧缺程度调节水价，从水价中征取部分水资源价格以及将整个水生态的价值转化为补偿资金，是实现水资源可持续利用的有效手段。

（5）社会经济效益。水资源的合理利用程度在某种程度上决定着社会经济水平。从最广泛的角度将生态补偿和社会经济相关联，利用生态经济学理论，核算水质污染、水量变化对一个地区经济发展的影响，根据社会经济水平的变化程度得出对该地区的补偿标准。

（6）支付意愿。支付意愿反映了某地居民对流域环境的认知程度、对流域治理的信息和需求等重要信息，对确定流域生态补偿标准具有重要意义。同时，了解居民支付意愿也是带动上下游公众参与到流域管理和决策中的重要途径，是确定流域生态补偿标准核算依据不可或缺的过程。

2 流域生态补偿标准核算方法体系

从流域自身属性和外部性出发，结合目前我国已有的研究成果，分别以生态服务效益、生态保护投入、水资源价值、水质水量、社会经济效应、支付意愿为核算依据，得出流域生态补偿标准核算方法体系（图1）。

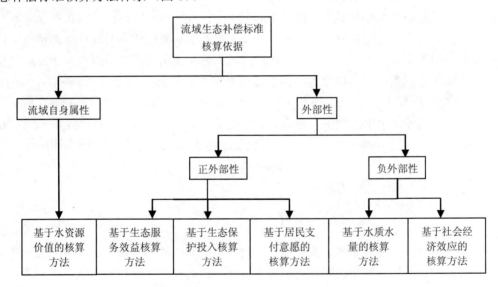

图 1 流域生态补偿标准核算方法体系

2.1 基于生态服务效益的补偿标准核算方法

在流域内，上游为下游提供水土保持、水源涵养、气候调节等生态服务，可通过对这些生态服务的价值进行评估，来确定下游对上游的补偿标准。

生态系统服务的供给不能直接监测获得，通常以土地利用现状进行替代分析[11]。根据中国质量监督检验检疫总局和中国国家标准化管理委员会联合颁布的《土地利用现状分类》（GB/T 21010—2007），按照林地、草地、耕地、湿地、水域、未利用土地 6 种土地利用类型确定其单项服务功能价值系数[10]，以此作为计算的依据，计算公式为：

$$ESV = \sum(A_k \times VC_k)$$
$$ESV_f = \sum(A_k \times VC_{fk})$$

式中：ESV —— 研究区生态系统服务总价值；

A_k —— 研究区 k 种土地利用类型的面积；

VC_k —— 生态价值系数；

ESV_f —— 单项服务功能价值系数[11]。

VC_k 和 ESV_f 通过谢高地等的中国不同生态系统单位面积生态服务价值表确定。

也可将生态系统服务价值划分为自然价值、社会价值和经济价值三部分，每种服务价值采用不同的方法计算。自然价值包括该地生态系统提供的气候调节价值、水分调节价值、环境净化价值、土壤保护价值和生物多样性价值等，可以通过影子价格法、费用分析法、机会成本法、旅行费用法来确定；经济价值包括该地区农、林、牧、渔等物质产品的价值，这些产品可进行市场交换，故可通过市场价值法确定；社会价值包括该地区生态系统提供的休闲、文化价值，可通过调查估值法确定[6]。

在实际应用中，生态系统服务价值法评估出的生态系统服务价值与现实的补偿能力差距往往较大，在现实需求中的作用有限。该方法还难以直接在实际补偿中具体应用，但可以作为生态补偿标准的参考以及理论上限值的获得。

2.2 基于生态保护投入成本的补偿标准核算方法

生态保护投入成本包括直接成本和间接成本两部分，直接成本是流域生态系统保护的资金投入，间接成本是流域上游地区为保护流域生态系统所放弃的经济收入和发展机会成本。中下游等生态受益区应根据上游付出的成本给予上游地区相应的生态补偿。

2.2.1 一般性计算方法

（1）计算流域上游生态保护总成本。上游因保护生态环境付出了直接成本（C_{Dt}）和因发展局限损失的间接成本（C_{It}）。因此，流域上游生态保护总成本计算公式如下：

$$C_{St} = C_{Dt} + C_{It}$$

式中：C_{St} —— 生态保护总成本；

C_{Dt} —— 直接成本；

C_{It} —— 间接成本。

直接成本包括在涵养水源、水土流失治理、农业非点源污染治理、城镇污水处理等环保基础设施建设方面的投资。可以通过调查市场定价直接确定，核算方法比较明确。

间接成本是流域上游为了整个流域的生态环境建设而放弃部分产业发展，所失去获得相应效益的机会成本。因此采用居民收入或地区 GDP 来计算成本：

$$C_{It} = N_e(T_o - T) + N_f(S_o - S)$$

或者

$$C_{It} = (G_o - G) \times N_e$$

式中：N_e —— 上游地区城镇居民人口；

T_o —— 参照区城镇居民人均可支配收入；

T —— 上游地区城镇居民人均可支配收入；

N_f —— 上游地区农业人口；

S_o —— 参照区农民人均纯收入；

S —— 上游地区农民人均纯收入；

G_o —— 参照地区的人均 GDP，元/人；

G —— 保护区人均 GDP，元/人。

（2）补偿金额核算。上游地区为生态保护投入了大量的成本，该成本产生的价值服务于整个流域，因此，生态保护成本应该由上游地区和下游地区合理分配。

在实际操作中，上游为下游提供的水量、水质等会影响下游生态系统，因此引入了水量分摊系数（K_{Vt}）和水质分摊系数（K_{Qt}）来核算补偿额度（C_{Ct2}），公式为：

$$C_{Ct2} = C_{St} \times K_{Qt} \times K_{Vt} = (C_{Dt} + C_{It}) \times K_{Qt} \times K_{Vt}$$

水量分摊系数 K_{Vt} 为下游地区利用上游地区的水量（W_D）与上游总量水量（W_U）之比，计算公式为：

$$K_{Vt} = W_D / W_U \quad (0 < K_{Vt} < 1)$$

当断面水质等于水质标准时，下游地区只需补偿利用上游水量而分担的成本 $C_{St} \times K_{Vt}$；当断面水质优于水质标准时，下游地区除承担 $C_{St} \times K_{Vt}$，还需为享用优于水质标准的水量而对上游补贴；当断面水质劣于水质标准时，上游应对下游进行赔偿。其中补贴或赔偿的数额为某污染物高于或低于标准的排放量（P_t）与削减单位该污染物排放量所需的投资（M_t）之积。

水质修正系数公式为：

$$K_{Qt} = 1 + P_t \times M_t / C_{St} \times K_{Vt}$$

式中：P_t —— 某污染物高于或低于标准的排放量；

M_t —— 削减单位污染物排放量所需的投资[12]。

2.2.2 阶梯式补偿

对于生态服务价值较大、生态地位突出的流域，可以通过阶梯式补偿的方法增加对这些地区的补偿力度，激励上游地区更好的开展生态建设与保护。因此，对流域生态系统进行评价，根据评价结果形成具有区域差异的补偿标准核算方法。

首先，选取可反映流域生态系统质量的指标，可供选择的评价指标见表 2，形成流域环境质量评价指标体系。

表 2 流域生态系统质量评价参考指标

指标分类	评价指标
水资源潜力指标	水资源总量、地下水补给量、年径流变差系数、年径流量、年径流深、年降雨量
水环境功能指标	地表水水质、地下水水质矿化度、水体生化需氧量、水体化学需氧量、河水含水量、水域湿地覆盖率、水源涵养指数
人类活动影响指标	水资源开发利用率、流域治理程度、耕地面积比例、城市化面积、人口增长率、废水处理达标率、化肥农药使用量、人均 GDP
生态系统指标	林草覆盖度、生物多样性指数、生态系统稳定性、生态系统敏感性、生态系统重要性、生物第一性生产力

然后，确定各评价指标所承担的权重，得出梯度补偿系数 Φ。

$$\Phi = \sum_{i=1}^{n} \frac{P_i}{P_{i\max}} \times K_i \quad (0 < \Phi < 1, \ i=1, \ 2, \ \cdots, \ n)$$

式中，Φ —— 梯度补偿系数；

      P_i —— 指标值；

      $P_{i\max}$ —— 该项指标最大值，可取我国县级行政区域的该项指标最大值，部分指标
                 为成本型指标，应做适当转换；

      K_i —— 该项指标的权重，可用专家打分法或层次分析法获得。

那么，在考虑了梯度补偿的基础上，基于生态保护投入成本的补偿标准核算方法可进一步写为：

$$C_{Ct}' = C_{St} \times K_{Qt} \times K_{Vt} \times (1 + \Phi)$$

$$= (C_{Dt} + C_{It}) \times K_{Qt} \times K_{Vt} \times \left(1 + \sum_{i=1}^{n} \frac{P_i}{P_{i\max}} \times K_i\right)$$

基于上游生态保护者的直接投入和机会成本确定补偿标准的方法过程简洁、容易理解、便于操作，目前已被逐渐认可。值得注意的是，在利用评价指标体系计算梯度补偿系数时，评价指标的选择会影响最终补偿金额，因此建议切合流域实际，选择适用于本地区的评价指标。例如，位于水源涵养重点生态功能区的流域要重点选择水资源潜力、水环境功能指标，位于生物多样性重点生态功能区的流域要重点选择生物因子评价指标，再结合其他指标进行评价，得出兼顾科学性与客观性的梯度补偿系数。最后，应明确根据本方法核算的补偿标准应该为生态补偿的最低标准，是对生态环境保护者的最低保障。

2.3　基于水质水量的补偿标准核算方法

水质水量作为流域水体两个不可分割的属性，一方面反映水体的受污染程度，另一方面反映了水体被挤占的程度，基于这两方面提出的下面两种核算方法，运用了环境经济手段，巧妙化解跨界水污染问题和跨界水量超采问题。

2.3.1　恢复成本法

所谓恢复成本法，就是将受到损害的流域生态环境质量恢复到受损以前的环境质量所需要的成本，是基于流域跨界监测断面超标污染物通量核算生态补偿标准的模式，适用于上游对下游地区的补偿。

根据污染者付费原则，计算将 V 类水恢复到 III 类水的成本即为补偿标准。参考目前我国污水处理行业采取的工艺，通常以化学需氧量（COD）为代表性指标，检测水质变化。再结合我国《地表水环境质量标准》（GB 3838—2002），流域中 COD 从 40 mg/L 下降到 20 mg/L 的治理成本，可以代表流域水生态从 V 类到 III 类的恢复成本[13]。运用计量经济学原理，建立以进水 COD 含量为解释变量，治理总成本为被解释变量的指数性模型，其形式如下：

$$R = a\mathrm{e}^{-bx}$$

式中：R —— 治理 10 mg COD 的总成本；

      x —— 进水 COD 含量；

      a、b —— 待定参数；

      $\mathrm{e} \approx 2.718$。

那么，某地区将水质提高到 III 类的补偿额度应该为：

$$P = \frac{T}{10} RQ_\text{入}$$

式中：T —— 下游水质由监测值提高到III类减少的 COD 质量浓度；

R —— 治理总成本的估计值；

$Q_\text{入}$ —— 下游入境总水量。

恢复成本法考虑的影响因子单一，运算简单。主要用于上游地区对下游地区的生态补偿，较适合水体污染严重的地区。需要注意的是，在使用恢复成本法核算补偿标准时，由于流域上下游地区经济发展水平因地而异，水污染因子治理需求不同等原因，对单位污染物通量补偿金扣缴的标准也不同。最终补偿金额应结合当地实际而定。

2.3.2 断面水质目标考核法

为促进流域上下游地区共同承担流域水环境保护的责任和义务，在跨界断面设置水质自动监测站，为生态补偿提供科学依据。根据水质是否达标确定补偿方向，即当断面水质指标优于断面水质控制目标时，下游城市给予上游城市达标补偿；当断面水质指标值超过水质控制目标时，上游城市给予下游城市超标赔偿。

（1）一般性计算方法。基于流域上下游断面水质目标的计算方法一般以《地表环境质量标准》的 III 类标准为依据，根据水质超标/达标的程度确定补偿额度，一般选取的污染物指标有 pH、化学需氧量、五日生化需氧量、氨氮、总氮、高锰酸盐指数、溶解氧以及毒性物质等。

其计算公式为：

$$P = V_\text{取} \sum (L_i C_i N_i) \quad (i = 1, 2, \cdots, n)$$

式中：$V_\text{取}$ —— 下游取水量；

L_i —— 第 i 种污染物超标/达标的级别；

C_i —— 第 i 种污染物水质指标提高一级所需的成本；

N_i —— 第 i 种污染物水质指标超标的倍数[14]。

具体处理成本计算方法可参考恢复成本法。

（2）阶梯式补偿。分析我国水环境质量现状和现有生态补偿机制，发现随着水环境质量的改善，目前"一刀切"式的生态补偿标准不能完全满足水质窄幅动态变化下的生态补偿。因此，一些学者引入阶梯式计算方法，对进一步细化基于水质的流域生态补偿政策提供参考。

这里的阶梯式生态补偿，就是把水质按优劣程度对每个梯级设置不同的生态补偿标准，即上游水质浓度越高，对下游补偿的标准越高，反之越低。据此，可引入阶梯式生态补偿标准梯级系数 K_i，公式如下[15]：

$$K_i = \frac{Q_\text{i\,III}}{Q_0}$$

式中：$Q_\text{i\,III}$ —— 水质实际恢复成本，当水质优于III类水时，代表第 i 种水质由III类提高到实测级别所需要的成本（元），当水质劣于III类水时，代表第 i 种水质恢复到III类水时所需要的成本（元）；

Q_0 —— 基准成本（元），是由劣 V 级水质提高到Ⅲ类的所需的成本。

考虑了梯度补偿的断面水质考核补偿公式可进一步写成：

$$P' = V_{取} \sum (L_i C_i N_i) K_i \quad (i = 1, 2, \cdots, n)$$

式中：P' —— 考虑了梯级补偿的补偿额度；

　　　$V_{取}$ —— 下游取水量；

　　　L_i —— 第 i 种污染物水质指标提高的级别；

　　　C_i —— 第 i 种污染物水质指标提高一级所需的成本；

　　　N_i —— 第 i 种污染物水质指标超标的倍数；

　　　K_i —— 梯级补偿系数。

目前，我国已有不少省市采用了断面水质目标考核法来核算补偿标准，如河北省、辽宁省等，河北省已开始尝试使用简单的梯度补偿方式核算补偿标准。建议在选择污染物考核指标时，要结合流域污染的实际情况确定选择哪几个考核指标。

2.3.3　水质超标通量法

与断面目标考核法相似，按照"谁污染、谁补偿"的原则，当上游水质不达标时，上游地区应对下游地区支付超标污染补偿金。由上下游协商设置断面水质监测站，相关部门负责考核断面水质水量，提供基础数据。超过水质考核断面监测标准的生态补偿金根据超标污染物的通量及生态补偿标准来计算。具体核算方法如下[16]：

$$P = \sum_1^n P_i = \sum_1^n (C_i - C_{i0}) \times q_i \times P_{i0} \times t \times ⨍$$

式中：n —— 监测因子的个数；

　　　P_i —— 第 i 种污染物的生态补偿金，万元；

　　　C_i —— 考核断面第 i 种污染物水质浓度监测值，mg/L；

　　　C_{i0} —— 考核断面第 i 种污染物水质责任目标值，mg/L；

　　　q_i —— 考核断面周平均监测流量，m^3/s；

　　　P_{i0} —— 第 i 种污染物生态补偿标准，万元/t；

　　　t —— 生态补偿金计算周期，s；

　　　$⨍$ —— 修正系数。

修正系数 $⨍$ 也是阶梯式补偿系数，含义为 C_i/C_{i0}，是考核断面污染物浓度监测值与目标责任值的比值，当断面水质超标时，$⨍ > 1$，且 $⨍$ 越大，说明超标越严重，补偿额度越大。这样就使补偿标准更合理化，也可以再结合水生态等因素，将修正系数 $⨍$ 进一步细化，得出更符合地区实际的核算方法。

本方法是目前比较常用的生态补偿金核算方法，在已有的通用水质超标生态补偿标准核算方法基础上，通过引入修正系数 $⨍$，对水质超标通量进行了修正和完善，较好的解决了不同水质浓度水体之间采用同一补偿标准的问题。

2.4　基于水资源价值的补偿标准核算方法

水资源市场价格法的思路为：根据水质的好坏，来判定是受水区向上游补偿，还是上游向受水区补偿，然后结合水量和单位水资源价格进行核算[14]。计算公式为：

$$P = Q \times C_c \times \delta$$

式中：P —— 补偿额；

Q —— 调配水量；

C_c —— 水资源价格；

δ —— 判定系数。

其中，C_c 可采用污水处理成本或水资源市场价格；δ 的取值为，当上游供水水质优于 III 类时，$\delta=1$，当水质劣于 V 类时，$\delta=-1$，否则，$\delta=0$。

这种方法简单易行，但 C_c 还可以进行改进，比如可以采用水资源价值来替换；判定系数 δ 还可以细化，可以根据优质优价的原则来合理确定。计算中参数的取值对结果影响较大，因此要结合流域实际状况慎重选取。随着流域水资源交易市场的逐步形成和完善，基于水资源价值的补偿是最易行和可操作的。

2.5 基于社会经济效应的补偿标准核算方法

当水环境质量下降时，会造成水服务功能的破坏，进而导致经济损失，包括两方面：① 因为水质不合格，或虽暂时合格但存在恶化趋势，为避免由此产生的污染危害，水管理者与水使用者所支付的抵御性费用（Defensive expenditure）；② 水使用者因水污染而直接遭受的经济损失。根据已有研究[17]，水质对经济活动的影响过程大体呈下图所示的 S 形曲线形态（图 2），图中横坐标 Q 代表水污染状况，纵坐标 γ_1 表示水污染经济损失或危害。K_1 为水质恶化到一定程度后，造成的经济损失最大值，通常情况下，$K_1 < 1$。

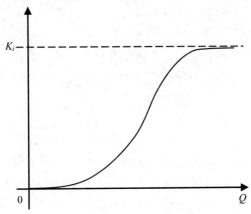

图 2 水污染经济损失函数示意图

可以采用双曲型函数表示这种水质—经济影响的关系：

$$\gamma_i = K_i \left(\frac{e^{0.54(Q-4)} - 1}{e^{0.54(Q-4)} + 1} + 0.5 \right)$$

$$\gamma_i = \frac{\Delta F_i}{F_i}$$

式中：γ_i —— 分项水污染经济损失，即水污染对分项造成的经济损失量（ΔF_i）占整个分项总量值 F_i 的比例；

F_i —— 补偿总量；

Q —— 水污染经济损失计算区域综合水质状况，可以通过对研究区域不同类别水质
评价结果加权平均求解得到；

K_i —— 分项最大经济损失率。

本方法从水污染损失对社会经济影响的角度核算补偿标准，需要大量的基础资料积累，尤其需要地方提供详实的年鉴资料。模型参数也需要根据不同地区水体状况，在应用中加以调整。

2.6 基于居民支付意愿的核算方法

支付意愿法（Willingness to Pay，WTP），又称条件价值法（Contingent Valuation Method，CVM）是对消费者进行直接调查，了解消费者的支付意愿，或者根据他们对产品或服务的数量选择愿望来评价生态系统服务功能的价值。消费者的支付意愿往往会低于生态系统服务的价值。最大支付意愿的补偿标准是利用实地调查获得的各类受水区最大支付意愿与该区人口的乘积得到，估算公式为[18]：

$$P = WTP_u \times POP_u$$

式中：P —— 补偿的数值；

WTP —— 最大支付意愿；

POP —— 各类人口；

u —— 各类受水区。

支付意愿法直接调查支付对象的支付意愿或受偿意愿，理论上应该最接近边际外部成本的数值，但结果存在着产生各种偏倚的可能性，因此在实地调研时要进行详细的问卷设计、抽样调查，同时记录样本特征、样本对生态环境的认知程度以及支付意愿。建议在实际应用中，将意愿调查法与生态系统服务价值法、生态保护投入法等相结合，得出兼具科学性又人性化的补偿标准。

3 评价与建议

对上述补偿标准核算方法进行比较后发现，不同方法均有其优缺点，各自适用范围也不同（表3）。我国的流域生态补偿模式分为水源地保护经济补偿和跨界水质生态补偿两种模式，可以看出，流域生态补偿标准设计中对后者给予了较多的关注。基于水质水量的核算方法主要着眼于污染治理及污染损害成本的补偿，如水质超标通量法、恢复成本法，而断面水质目标考核法不仅包含跨界上游对下游的污染赔偿，还有下游对上游的保护补偿，是双向补偿，这几种方法可用于上下游经济水平差距不大的省份。基于上下游居民支付意愿的补偿算法也适用于跨省界的双向补偿，在应用过程中要配合其他算法实施，而基于水资源利用的水资源市场价格法是跨界下游对上游的入水量补偿，在应用时结合考虑了水质因素，是目前最具可操作性的方法。国外已有不少基于支付意愿法和水资源市场价格法进行补偿的成功案例，因此，在实践中要逐渐强化对这两种方法的应用，以提高补偿标准制定的市场化程度和公众参与程度。适用于水源地保护补偿的算法如生态保护投入成本法实用性强，应用较广，可作为补偿额度的下限，适用于上下游经济水平差距较大的省份；基于生态环境服务效益的核算方法也适用于水源地保护的经济补偿，或下游对上游地区保护

的补偿。基于社会经济效应的补偿标准是对整个行政区域补偿标准的估算，可结合地方政策的调控来实施，随着生态足迹理论、环境容量理论、水质—社会经济等理论的成熟，可进一步考虑采用这些方法对补偿标准核算体系进行完善。

表3 不同标准核算方法的优缺点、适用性及建议

方法名称	优点	缺点	适用性及建议
生态服务价值法	对服务赋予经济价值，能够体现出人类从生态获得的各种服务	不同方法结果差距较大，计算出的服务价值量大，往往超出补偿者承受能力，政策认同度低	可作为补偿标准的上限，适用于上下游经济水平差距较大的地区，是对水源地保护的补偿，实用性一般
生态保护投入成本法	充分体现了上游地区用于生态保护所支付的费用及因生态保护而承担的发展机会成本，计算简单	缺乏跨界流域补偿实证研究	应用较广，可作为补偿额度的下限，适用于上下游经济水平差距较大的地区水源地保护补偿
恢复成本法	依据国家相关标准制定，实行超标罚款，已被多省采用	考虑因素较少，核算方法存在争议	适用于水质较差、上下游经济水平差距不大的流域，是上游对下游的水质污染补偿
断面水质目标考核法	依据国家相关标准制定，有利于提高流域总体水质	需要加强日常监测	适用于上下游经济水平相差不大的地区，可用于上下游的双向补偿，实用性强
水质超标通量法	切合"谁污染、谁补偿"的原则，有利于提高流域总体水质	需要加强日常监测	适用于水质较差、上下游经济水平差距不大的流域，是上游对下游的水质污染补偿，实用性强
水资源市场价格法	直接将水资源价值货币化，只需考虑水资源质量和数量，计算方法简单易行	缺乏理论和实证研究，算法有待完善	可在我国大部分地区推广试行，适用于上下游的双向补偿
社会经济效应法	将水质—经济相结合，适用于对整个行政区域补偿标准的估算	运算中易受基础资料限制	适用于经济发达但水质较差的地区，可用于上下游地区的双向补偿
支付意愿法	充分考虑了水资源支付双方的支付意愿和支付能力，避免了大量的数据计算	缺乏科学依据，可能会出现与实际支付需求不符的情况	可在我国大部分地区推广，适用于上下游地区的双向补偿，建议结合其他算法使用

参考文献

[1] 石广明，王金南，毕军. 基于水质协议的跨界流域生态补偿标准研究[J]. 环境科学学报，2012，32（8）：1973-1976.

[2] 吴明红，严耕. 中国省域生态补偿标准确定方法探析[J]. 理论探讨，2013，2：105-108.

[3] 郭志建，葛颜祥，范芳玉. 基于水质和水量的流域逐级补偿制度研究——以大汶河流域为例[J]. 中国农业资源与区划，2013，34（1）：96-102.

[4] 陈源泉，高旺盛. 基于生态经济学理论与方法的生态补偿量化研究[J]. 系统工程理论与实践，2007，4：165-168.

[5] 刘桂环，文一惠，张惠远. 流域生态补偿标准核算方法比较[J]. 水利水电科技进展，2011，31（6）：

1-5.

[6] 薄玉洁. 水源地生态补偿标准研究——以大汶河流域为例[D]. 山东农业大学，2012.

[7] 杨桐鹤. 流域生态补偿标准计算方法研究[D]. 北京：中央民族大学，2011.

[8] 李国平，李潇，萧代基. 生态补偿的理论标准与测算方法探讨[J]. 经济学家，2013，2：42-45.

[9] 仲俊涛，米文宝. 基于生态系统服务价值的宁夏区域生态补偿研究[J]. 干旱区资源与环境，2013，27（10）：19-22.

[10] 谢高地，鲁春霞，肖玉，等. 青藏高原高寒草地生态系统服务价值评估[J]. 山地学报，2003，21（1）：50-53.

[11] Costanza R，Arge R D，Groot R D. The value of the world's ecosystem services and natural capital[J]. Nature，1997，387：253-260.

[12] 刘强，彭晓春，周丽旋，等. 城市饮用水水源地生态补偿标准测算与资金分配研究——以广东省东江流域为例[J]. 生态经济，2012，1：33-35.

[13] 刘晓红，虞锡君. 基于流域水生态保护的跨界水污染补偿标准研究——关于太湖流域的实证分析[J]. 生态环境，2007（8）：129-131.

[14] 郑海霞，张陆彪. 流域生态服务补偿定量标准研究[J]. 学术交流，2008（1）：42-44.

[15] 王燕鹏. 流域生态补偿标准研究[D]. 郑州：郑州大学，2010.

[16] 刘玉龙，许凤冉，张春玲，等. 流域生态补偿标准计算模型研究[J]. 理论前沿，2006，22：35-37.

[17] 李锦秀，徐嵩龄. 流域水污染经济损失计量模型[J]. 水利学报，2003，10：68-71.

[18] 徐大伟，郑海霞，刘民权. 基于跨区域水质水量指标的流域生态补偿量测算方法研究[J]. 中国人口·资源与环境，2008，4（18）：189-192.

滇池流域水污染防治投资绩效评估

Performance Evaluation on the water pollution control investment of Dianchi Lake Basin

张家瑞 曾维华

（北京师范大学环境学院，北京 100875）

[摘 要] 滇池流域水污染防治巨额的治理投资尚未带来根本性的水质改善，开展滇池流域水污染防治投资绩效评估研究，据此探究从水污染防治投资到改善水环境质量各环节存在的问题，有利于提高投资资金的效益和效率。为此，利用数据包络分析（DEA）的方法，应用数据包络 C^2R 模型和 BC^2 模型，对 2001—2012 年滇池流域水污染防治投资绩效进行了评估。评估结果表明，2001—2012 年滇池流域水污染防治投资综合效率值均值为 0.738，总体效率水平不是很高，且只有 2004 年和 2005 年 DEA 有效，其余 10 年滇池流域水污染防治投资综合效率均未达到最优，其中 2008 年最低为 0.399；在非 DEA 有效年份中，2003 年、2007 年、2011 年、2012 年为技术有效；影响滇池流域水污染防治投资综合效率的主要因素为水域功能区水质达标率和滇池综合营养状态指数，2004 年、2005 年滇池水污染防治投资规模收益不变，其他年份均规模收益递减。根据以上研究结果，本文给出了提高滇池流域水污染防治投资绩效的相关政策建议。

[关键词] 水污染防治投资 绩效评估 数据包络分析 滇池流域

Abstract The huge investment for water pollution control of Dianchi Lake basin has not yet brought the fundamental water quality improvement，so it is favorable to improve the benefit and efficiency of investment funds through studying the investment performance of water pollution control on the Dianchi Lake. Based on this，the paper adopts the method of data envelopment analysis（DEA）. And the data envelopment C^2R model and BC^2 model are applied to evaluate the investment performance from 2001 to 2012. The result shows that，the mean value of the technical efficiency of the water pollution control investment of Dianchi Lake during the year 2001 to 2012 is 0.738，so the whole efficiency level is a little low. And only the year 2004 and 2005 are on the frontiers，the others are technical inefficiency（the year 2008 is the lowest with the value 0.3999）. In the inefficient years，the "pure" technical efficiency of the year 2003，2007，2011 and 2012 are on the frontiers. The main factors which affect the efficiency of the water pollution control investment of Dianchi Lake are water quality compliance rate of functional areas and Dianchi Lake trophic state index. The water pollution control investment of Dianchi Lake in the year 2004 and 2005 exist constant returns to scale，the other years have a decreasing returns to scale.

作者简介：张家瑞，博士生，现就读于北京师范大学环境学院，研究方向为流域水资源规划与管理。

On the basis of the above research results，we propose the relevant policy recommendations to improve the investment performance of water pollution control on the Dianchi Lake.

Keywords　water pollution control investment，performance evaluation，DEA，Dianchi Lake Basin

引言

滇池是中国重点关注的"三湖三河"之一，国家先后批准实施了滇池流域水污染防治"九五"计划及 2010 年远景规划、"十五"计划、"十一五"规划、"十二五"规划等[1, 2]。在规划的指导下，"十一五"期间，国家和地方政府实施了滇池治理的"六大工程"，共投资约 170 亿元用于水质改善。尽管滇池水质恶化的趋势得到了一定的遏制，但巨额的治理投资尚未带来根本性的水质改善[3]。由于滇池治理的工程规模仍将不断增大，资金需求不断增长，但相对于滇池水污染防治不断增长的巨大资金需求而言，我国目前用于滇池水环境保护和污染防治的投资仍然十分有限[4]。因此，在资金总量尚显不足的情况下，开展滇池水污染防治投资绩效评估研究，有利于避免滇池水污染防治投资的低效、无效等问题的产生，提高投资资金的效益和效率。数据包络分析（Data Envelopment Analysis，DEA）由于不需要考虑投入与产出之间的函数关系，而且不需要预先估计参数、任何权重假设，避免了主观因素，直接通过产出与投入之间加权和之比，计算决策单元的投入产出效率[5]。由于 DEA 具有的这种评价特点，在过去 20 多年里取得大量的理论研究与实践应用的成果，在近几年被用于环境效率的评价及研究[6-8]。本文采用 DEA 方法研究滇池流域水污染防治投资绩效，分析滇池流域水污染防治投资效率，探讨影响其效率的主要因素，并提出未来提高滇池流域水污染防治投资绩效的对策。

1　研究方法

DEA 方法用于多投入和多产出情况下的不同决策单元（Decision Making Unit，DMU）的效率进行评估，它可以克服传统绩效评价方法中权重设置时主观因素的影响[9]。DEA 方法的基础思想 1957 年被 Farrell 教授提出，于 1978 年由 Charnes，Cooper 和 Rhodes 三位学者将之扩充到固定规模报酬下的多投入、多产出的效率评价模型（C^2R 模型），1984 年又由 Banker，Charnes 和 Cooper 三位学者将 DEA 模型改良到变动规模报酬下涵盖技术效率和规模效率的评价模型（BC^2 模型）[5, 9, 10, 11]。

假设有 n 个决策单元 DMU_j（$j=1$，2，3，…，n），每个 DMU 有 m 种类型的输入 $X_j=(X_{1j}$，X_{2j}，…，$X_{mj})$ 和 S 种类型的输出 $Y_j=(Y_{1j}$，Y_{2j}，…，$Y_{sj})$，其中 $(X_0$，$Y_0)$ 为 DMU_{j0} 的输入和输出，则具有非阿基米德无穷小量 ε（小于任何正数且大于 0，可取 10^{-6}）的 DEA 模型为：

$$
\begin{cases}
\min\left[\theta - \varepsilon\left(\hat{e}^{T}S^{-} + e^{T}S^{+}\right)\right] \\
s.t. \displaystyle\sum_{j=1}^{n} X_{j}\lambda_{j} + S^{-} = \theta X_{0} \\
\displaystyle\sum_{j=1}^{n} Y_{j}\lambda_{j} - S^{+} = Y_{0} \\
\delta\displaystyle\sum_{j=1}^{n}\lambda_{j} = \delta \\
\lambda_{j} \geqslant 0, j = 1, 2, \cdots, n \\
S^{-} \geqslant 0 \\
S^{+} \geqslant 0 \\
\hat{e} = (1,1,\cdots,1)^{T} \in E^{m}, e = (1,1,\cdots,1)^{T} \in E^{s}
\end{cases}
\tag{1}
$$

式中：θ —— 决策单元 DMU_{j0} 的效率值；

S^{+}、S^{-} —— 松弛变量；

λ_{j} —— 输入输出指标值的权重系数。

当 $\delta=0$ 时，为 $C^{2}R$ 模型，当 $\delta=1$ 时，为 BC^{2} 模型。

假设式（1）的最优解分别为 θ^{*}、λ^{*}、S^{+*}、S^{-*}，则 $C^{2}R$ 模型 DEA 有效性的经济含义为：

（1）当 $\theta^{*}=1$，且 $S^{+*}=0$，$S^{-*}=0$ 时，决策单元 DMU_{j0} 为 DEA 有效，达到帕累托最优，决策单元的生产活动同时存在技术有效和规模有效。

（2）当 $\theta^{*}=1$，但至少有某个输入或输出松弛变量大于零，决策单元 DMU_{j0} 为 DEA 弱有效，即在这 n 个决策单元组成的经济系统中，在保持原产出 y_{0} 不变的情况下，对于投入 x_{0} 可减少 S^{-*}，或在投入 x_{0} 不变的情况下可将产出提高 S^{+*}。

（3）当 $\theta^{*}<1$，决策单元 DMU_{j0} 不是 DEA 有效，决策单元的生产活动既不是技术效率最佳，也不是规模效益最佳。

在 $C^{2}R$ 模型中，可根据 λ_{j} 的最优值 λ^{*}_{j}（$j=1$, 2, …, n）来判别 DMU 的规模效益情况，具体如下：

（1）若 $\sum\lambda^{*}_{j}=1$，则 DUM 为规模效益不变，此时 DMU_{0} 达到最大产出规模点；

（2）若 $\sum\lambda^{*}_{j}<1$，则 DUM 为规模效益递增，表明 DMU_{0} 在投入 x_{0} 的基础上，适当增加投入量，产出量将有更大比例的增加；

（3）若 $\sum\lambda^{*}_{j}>1$，则 DUM 为规模效益递减，表明 DMU_{0} 在投入 x_{0} 的基础上，即使增加投入量也不可能带来更大比例的产出，此时没有再增加投入的必要。

BC^{2} 模型 DEA 有效性的经济含义为：

（1）若 $\theta^{*}=1$ 时，则称决策单元 DMU_{0} 为 DEA 弱有效；

（2）若 $\theta^{*}=1$ 且所有松弛变量 $S^{+*}=0$、$S^{-*}=0$，则称决策单元 DMU_{0} 为 DEA 有效。

$C^{2}R$ 模型求解的 θ^{*} 为综合效率值，BC^{2} 模型求解的 θ^{*} 为纯技术效率值。

2 滇池流域水污染防治投资绩效评估

2.1 绩效评估指标构建

本文在总结和参考相关研究[12-14]的基础上，结合滇池污染治理现状，构建如下滇池流域水污染防治投资绩效评估指标体系：投入指标选取滇池水污染治理年投资额（亿元）；产出指标选取城镇污水处理率（%）、水域功能区水质达标率（%）和滇池综合营养状态指数（外海）三项指标。

2.2 数据选取

本文选取 2001—2012 年共 12 年滇池流域水污染防治投资作为决策单元（DMU），数据来源于 2002—2012 年《昆明市统计年鉴》、2001—2012 年《昆明市环境状况公报》和《中国环境公报》。2001—2012 年滇池流域水污染防治投资各投入指标和产出指标数据描述性统计见表 1。

表 1 2001—2012 年投入和产出指标描述性统计

指标名称	样本总量	最小值	最大值	平均值	标准差
城镇污水处理率/%	12	62.31	99.87	75.72	14.34
水域功能区水质达标率/%	12	50.00	100.00	83.44	12.23
滇池综合营养状态指数（外海）	12	62.50	74.18	67.42	3.71
滇池水污染治理年投资额/亿元	12	6.18	47.17	23.28	16.44

投入指标和产出指标的相关系数见表 2。通过表 2 可以看出本文选取的投入指标和产出指标相关性较高，其中滇池水污染治理年投资额与污水处理率和水域功能区水质达标率呈正相关，与滇池综合影响状态指数呈负相关，说明本文选取的投入和产出指标较为合理。

表 2 投入指标和产出指标相关系数

指标名称	污水处理率	水域功能区水质达标率	滇池综合营养状态指数	水污染治理年投资额
城镇污水处理率	1.000	—	—	—
水域功能区水质达标率	0.636	1.000	—	—
滇池综合营养状态指数（外海）	−0.599	−0.708	1.000	—
滇池水污染治理年投资额	0.900	0.630	−0.797	1.000

2.3 结果分析

通常认为 DMU 的个数不少于指标总数的 2 倍，才能保证计算结果的准确性。本文 DMU 共 12 个，共 4 个投入和产出指标，符合数量要求。同时 DEA 分析要求投入指标越小越好，产出指标越大越好，本文在计算时，将产出指标滇池综合营养状态指数（外海）取其倒数[15]，代入 DEA 模型进行计算。

2.3.1 C^2R 模型

根据数据包络法 C^2R 模型，采用产出导向模式来测量评估单元的综合效率值 θ^*、松弛变量（S^{+*} 和 S^{-*}）、$\sum \lambda_j^*$ 和规模收益变化情况，计算结果见表 3。表 3 中 s_1^{+*}、s_2^{+*}、s_3^{+*}

和 s^{-*} 分别为城镇污水处理率、水域功能区水质达标率、滇池综合营养状态指数（外海）和滇池水污染治理年投资额的松弛变量。

表3　2001—2012 年滇池流域水污染防治投资 DEA 效率计算结果

决策单元（年）	结果						
	s_1^{+*}	s_2^{+*}	s_3^{+*}	s^{-*}	θ^*	$\sum \lambda_j^*$	规模收益变化
2001	0	37.345	2.891	0	0.725	1.343	drs
2002	0	3.549	2.251	0	0.924	1.07	drs
2003	0	0	0.19	0	0.825	1.226	drs
2004	0	0	0	0	1	1	—
2005	0	0	0	0	1	1	—
2006	0	8.865	5.711	0	0.682	1.757	drs
2007	13.635	0	5.042	0	0.666	1.716	drs
2008	0	6.929	7.976	0	0.399	2.858	drs
2009	0	32.252	10.072	0	0.575	2.236	drs
2010	0	51.126	16.987	0	0.507	2.826	drs
2011	0	46.987	15.153	0	0.671	2.319	drs
2012	0	40.808	11.718	0	0.883	1.767	drs
均值					0.738		

注："drs"表示滇池水污染防治投资规模收益递减；"—"表示滇池水污染防治投资规模收益有效、规模收益不变。

　　从表3可以看出，2001—2012 年滇池流域水污染防治投资综合效率值均值为 0.738，总体效率水平不是很高，只有 2004 年和 2005 年为 DEA 有效，达到"技术有效"的最佳状态，其他 10 年滇池流域水污染防治投资综合效率均未达到最优，其中 2008 年最低为 0.399。通过表3还可以看出，2001—2005（"十五"）年滇池流域水污染防治投资综合效率值均较其他时间段高，而 2006—2010（"十一五"）年滇池流域水污染防治投资综合效率值较低。可能由于滇池治理投资，经过"九五"和"十五"城市排水管网和污水处理厂的建设、河道综合整治、农村面源污染控制等工程措施，城镇污水处理率、水域功能区水质达标率和滇池综合营养状态均有较大的提高和改善。2006—2010 年效率值较低，这是由于 2005 年以后，滇池治理暂时将生态建设与恢复作为滇池治理与保护工作的重点，忽略了城市排水支次管网的建设，致使城中村排水管网建设滞后，加上同期城市的快速发展和城市人口的迅速增加，滇池水体环境质量在此期间没有呈现明显的好转[16]。因此，滇池治理应从整个流域的角度考虑，将源头减排、过程控制、末端治理相结合，统筹兼顾、系统考虑。

　　从表3中产出松弛变量可以看出，影响滇池流域水污染防治投资综合效率的主要因素为水域功能区水质达标率和滇池综合营养状态指数（外海），城镇污水处理率的松弛变量除 2007 年外，均为 0。进一步说明滇池治理具有长期性和艰巨性，而依靠单一的工程措施，治理效果有限，甚至会出现进一步恶化的可能。所有年份的投入松弛变量均为 0，说明现阶段滇池流域水污染防治投资不存在冗余，未来可进一步增加投资力度。分析历年规模收益，除 2004 年和 2005 年外，其他年份规模收益均递减，说明滇池流域水污染防治投资产出效果较差。因此，未来滇池治理投资，可结合优化和调整产业结构，推动清洁生产、促进产业转型等措施，以提高其投资效率。

2.3.2 BC² 模型

根据数据包络法 BC² 模型，采用产出导向模式来测量评估单元的纯技术效率值 θ^*，结果见表 4。

表 4 2001—2012 年滇池流域水污染防治投资 DEA 效率值（BC²）

决策单元（年）	2001	2002	2003	2004	2005	2006	2007	2008	2009	2010	2011	2012
结果	0.859	0.941	1	1	1	0.994	1	0.976	0.970	0.962	1	1

根据表 4 给出了非 DEA 有效年的纯技术效率，2003 年、2007 年、2011 年、2012 年滇池水污染防治投资纯技术效率均有效，说明其综合效率值无效不是因为技术无效所致，因此滇池未来治理在保持现有技术水平的前提下，应加强管理，进一步优化和调整产业结构。

3 结论

本文应用数据包络 C²R 模型和 BC² 模型，对 2001—2012 年滇池流域水污染防治投资绩效进行了评估，得出以下结论：① 2001—2012 年滇池流域水污染防治投资综合效率值均值为 0.738，总体效率水平不是很高，且只有 2004 年和 2005 年 DEA 有效，其余 10 年滇池流域水污染防治投资综合效率均未达到最优，其中 2008 年最低为 0.399。在非 DEA 有效年份中，2003 年、2007 年、2011 年、2012 年为技术有效。② 影响滇池流域水污染防治投资综合效率的主要因素为水域功能区水质达标率和滇池综合营养状态指数（外海），2004 年、2005 年滇池水污染防治投资规模收益有效、规模收益不变，其他年份均规模收益递减。

根据以上结论，提出如下政策建议：① 在保持现有技术水平条件下，应继续加强城市排水支次管网的建设，尤其应加强城中村排水管网建设，形成有效的污水收集系统。② 未来滇池治理应从整个流域的角度考虑，以改善滇池湖体水质为目标，统筹规划滇池治理投资，加强资金管理，将源头减排、过程控制、末端治理相结合，统筹兼顾、系统考虑。可通过优化和调整产业结构，推动清洁生产、促进产业转型等措施，提高其投资效率。

参考文献

[1] 金相灿. 湖泊富营养化研究中的主要科学问题——代"湖泊富营养化研究"专栏序言[J]. 环境科学学报，2008，28（1）：21-23.

[2] 王红梅，陈燕. 滇池近 20 年富营养化变化趋势及原因分析[J]. 环境科学导刊，2009，28（3）：57-60.

[3] 刘永，阳平坚，盛虎，等. 滇池流域水污染防治规划与富营养化控制战略研究[J]. 环境科学学报，2012，32（8）：1962-1972.

[4] 郁亚娟，王翔，王冬，等. 滇池流域水污染防治规划回顾性评估[J]. 环境科学与管理，2012，37（4）：184-189.

[5] 刘巍，田金平，李星，等. 基于数据包络分析的综合类生态工业园区环境绩效研究[J]. 生态经济，

2012（7）：125-128.

[6] 王俊能，许振成，胡习邦，等. 基于 DEA 理论的中国区域环境效率分析[J]. 中国环境科学，2010，30（4）：565-570.

[7] 赵艳，孙翔，朱晓东. 基于 DEA 的江苏省环境效率研究[J]. 环境保护科学，2011，37（4）：41-43.

[8] Xi R，Wu J，Zhang Z Y，et al. Energy efficiency and energy saving potential in China: An analysis based on slacks-based measure model [J]. Computers & Industrial Engineering，2012（63）：578-584.

[9] 何平林，石亚东，李涛. 环境绩效的数据包络分析方法———一项基于我国火力发电厂的案例研究[J]. 会计研究，2012（2）：11-17.

[10] 乌兰，伊茹，马占新. 基于 DEA 方法的内蒙古城市基础设施投资效率评价[J]. 内蒙古大学学报（哲学社会科学版），2012，44（2）：5-9.

[11] 李超显，曾润喜，徐晓林. DEA 在政府社会管理职能绩效评估中的应用研究———以湖南省为例[J]. 情报杂志，2012，31（8）：204-207.

[12] 李传奇，李向富. 水源地保护环境绩效评估指标体系的构建[J]. 水利科技与经济，2010，16（9）：979-981.

[13] 陈荣，谭斌，陈武权，等. 流域水污染防治绩效评估体系研究[J]. 环境保护科学，2011，37（5）：48-52.

[14] 曹颖. 环境绩效评估指标体系研究———以云南省为例[J]. 生态经济，2006（5）：330-332.

[15] Golany B，Roll Y. An application procedure for DEA. Omega: The International Journal of Management Science，1989（17）：237-250.

[16] 李亚. 滇池治理与保护规划研究[D]. 重庆：重庆大学，2008.

城市大气环境与经济发展关系研究
——基于杭州市 EKC 曲线的实证分析

On the Relationship between Air Environment and Economic Development Based on EKC in Hangzhou

闫兰玲 徐海岚 唐伟 郑思伟 谷雨

（杭州市环境保护科学研究院，杭州 300014）

[摘 要] 以环境库兹涅茨曲线（EKC）的理论为基础，选取杭州市 1995—2012 年的环境和经济数据，构建大气环境与经济发展库兹涅茨模型，分析杭州市大气环境和经济发展的曲线特征。结果表明，1995—2012 年杭州市工业废气排放量、工业氮氧化物排放量与人均 GDP 之间呈"倒 U"型关系，工业二氧化硫与人均 GDP 呈"倒 N"型关系，产业结构的调整、环保资金的投入和环境管理的加强使杭州市大气环境与经济发展的矛盾得到缓解，人均 GDP 的增加趋于缓和。

[关键词] EKC 经济发展 大气环境 杭州市

Abstract Based on EKC, the article selects the environmental and economic data 1995—2012 in Hangzhou, constructs the EKC model of air environment and economic development, analyzes the curve characteristics of the air environment and economic development. Results indicate that the relationship between the discharge amount of industrial waste air、NO_x and GDP per capita exhibits inverted "N", and the relationship between the discharge amount of industrial SO_2 and GDP per capita exhibits inverted "U" due to the adjustment of the industrial structure, funding to environment protection and strengthening the environmental management, the contradiction between air environment and economic development appears to be easing with the increase of per-capita GDP.

Keywords EKC, economic development, air environment, Hangzhou

前言

环境经济系统这个复杂系统，相互促进又相互制约。一方面环境为经济发展提供了物质基础，另一方面经济发展又对生态环境造成了破坏。随着我国经济的快速发展，环境问题也随之产生，如何协调环境与经济之间的关系成为当今社会关注的焦点。

基金项目：杭州市科技发展计划软科学项目（编号：20130834M11）

作者简介：闫兰玲，区域经济学专业，硕士研究生，杭州市环境保护科学研究院经济师，从事环境经济政策研究。

1955 年，美国著名经济学家西蒙·库兹涅茨提出来用于分析收入分配和经济发展问题的库兹涅茨曲线。1991 年美国环境经济学家 Grossman 和 Krueger 引申出了环境库兹涅茨曲线这一概念。同时根据一个国家的经验数据，提出了"倒 U"型曲线，认为一个国家或地区的污染程度随人均收入增长先增加后下降。但是由于城市化水平、产业结构、环保投资等各种因素都可能会直接或间接地影响分析结果，导致不同形状曲线的出现。环境库兹涅茨曲线不一定呈倒 U 型，在某一特定阶段还可能存在正 U 型、倒 N 型、正 N 型、倒 S 型、单调递增、单调递减，甚至无规律等形状。国内 EKC 曲线研究起步较晚，研究内容只是经济增长与环境污染的一种经验曲线，是对经济增长与环境污染做出的一种经验描述，其本身并没有很强的理论基础。沈满洪等通过计量分析得出了浙江省经济增长与环境变迁之间存在着"倒 U+U"形状的 EKC 曲线。李达等（2007）应用 1998—2004 年我国 30 个省、市、自治区的面板数据，通过综合简化型模型，实证研究发现 3 种大气污染物与经济增长之间不存在"倒 U"型 EKC，SO_2 排放与经济增长之间呈"倒 N"型曲线。大气污染是当前世界最重大的资源环境问题，应该正确处理经济发展与水环境资源之间的关系，使区域经济的发展与生态效益相一致。本研究以杭州市为研究区域，分析 1995—2012 年工业废气排放量和人均 GDP 的关系，提出解决这一矛盾的对策。

1 杭州市经济发展与环境污染现状

1.1 经济发展迅速，实力显著增强

改革开放 30 多年来，杭州经济迅速发展，城市综合实力在同类城市中名列前茅。2012 年，杭州市经济社会发展总体呈现"经济运行缓中有升、结构调整步伐加快、民生保障继续改善、统筹城乡进展良好"的基本态势。杭州市实现地区生产总值 7 803.98 亿元，增长 9%，增速快于全国、全省平均水平。反映经济发展水平和质量的人均 GDP 也迅速提高，2012 年按常住人口计算人均生产总值 88 661.44 元，折合 14 105.71 美元，增长 8.4%。

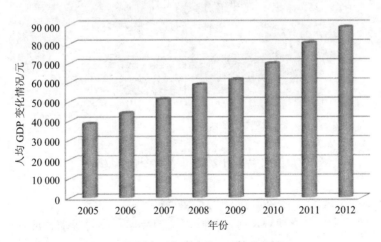

图 1 杭州市近年来人均 GDP 变化情况

1.2 产业结构转型升级加快，十大产业引领作用增强

改革开放以来，经济快速增长过程中产业结构发生重大变化，GDP 构成中的第一、第二、第三产业比例，由 1978 年的 22.3∶59.6∶18.1 转变为 2012 年的 3.3∶46.5∶50.2，第

三产业占比首超 50%，拉动 GDP 增长 4.9 个百分点，增长贡献率达 54.6%。杭州市三次产业结构实现了"二、一、三"到"三、二、一"的转变。2012 年，全市文化创意、旅游休闲、金融服务、电子商务、信息软件、先进装备制造业、物联网、生物医药、节能环保、新能源等十大产业实现增加值 3 511.85 亿元，比上年增长 13.6%，占全市生产总值的比重由上年的 42.9%提高至 45.0%。

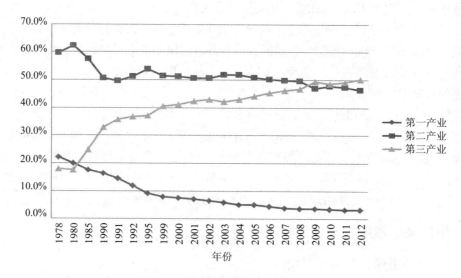

图 2　杭州市三次产业演进状况

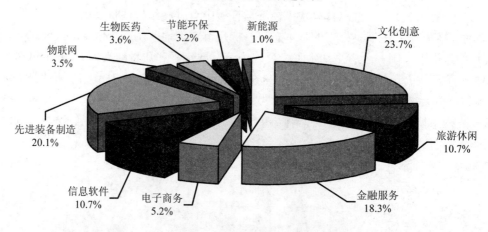

图 3　杭州市 2012 年十大产业占比情况

1.3　传统行业占比较大，污染减排压力加重

杭州市工业产业的主导地位和生产性功能依旧突出，仍是带动经济增长的主导产业，从图 4 可以看出，主要以化学纤维制造业、化学原料及化学制品制造业、橡胶和塑料制造业、黑色金属冶炼及压延加工业、造纸及纸制品业、纺织业等为主，属于利润率低的劳动密集型产业，而具有一定或较高科技含量的电气机械及器材制造业、通用设备制造业、汽车制造业、通信设备计算机及其他电子设备制造业等在经济总量中所占比例不高。全市工业产业仍旧在较大程度上依赖造纸及纸制品业、纺织业等传统产业的发展。

　　15 个主导行业总产值占所有重点调查工业总产值的 89.76%，但是可以看出这些主导行业大部分是属于利润较低的劳动密集型产业，而且属于高污染行业。相对来说，具有一定或较高科技含量而且污染较低的电气机械及器材制造业、通用设备制造业、汽车制造业、通信设备计算机及其他电子设备制造业等在经济总量中所占比例不高，随着区域环境承载能力不断趋于极限，如果继续延续低水平、低附加值、高污染发展模式，必将加重杭州市污染减排压力。

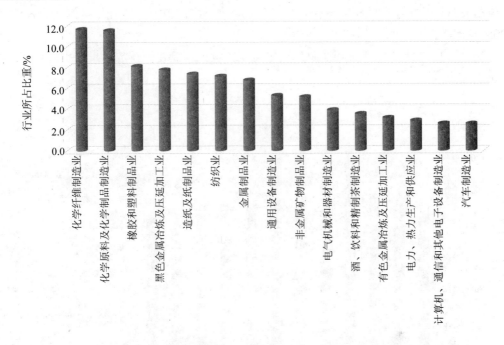

图 4　2012 年杭州市工业总产值前十五位的行业所占比重

1.4　杭州市废气污染物排放增长显著，工业废气排放持续增长

　　杭州市废气的排放主要为工业废气排放。2012 年工业废气排放量比 2001 年增长了 147.89%，增长显著。

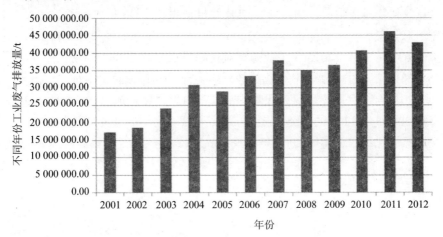

图 5　2001—2012 年杭州市工业废气排放情况

（1）二氧化硫排放情况。随着经济社会的迅猛发展，工业产值的不断增加，杭州市二氧化硫排放总量在 2005 年达到最高值。2006 年起，由于国家主要污染减排政策的颁布和有效措施的落实，二氧化硫作为主要污染物减排约束性指标。排放量呈下降趋势，2012 年二氧化硫排放量比 2005 年下降了 32.75%，年均下降 5.51%，减排成效显著。

杭州市二氧化硫排放总量最大贡献源为工业源。2001—2012 年，工业源二氧化硫排放量占二氧化硫排放总量的 95%～99%。2001—2012 年，工业源二氧化硫排放量呈现和二氧化硫排放总量基本相同的年度变化趋势，变化幅度不同。2012 年工业源二氧化硫排放量比 2005 年下降了 31.52%，年均下降 5.26%。

2001—2012 年，生活及其他源二氧化硫排放量占二氧化硫排放总量很小，仅占 1%～5%，排放量变化不大。

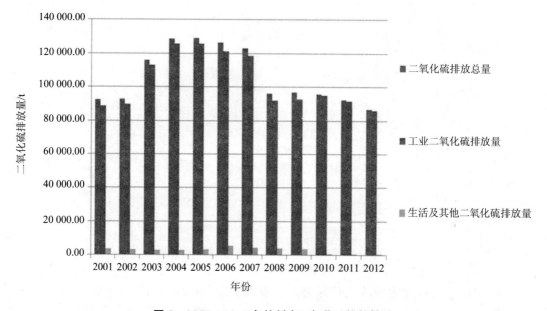

图 6　2001—2012 年杭州市二氧化硫排放情况

（2）氮氧化物排放情况。2012 年氮氧化物排放量比 2006 年增长了 26.64%。杭州市氮氧化物排放总量最大贡献源为工业源。2006—2012 年，工业源氮氧化物排放量占氮氧化物排放总量的 63%～84%。2012 年工业源氮氧化物排放量比 2006 年增加了 4.13%。

2006—2012 年，生活源氮氧化物排放量占氮氧化物排放总量很小，仅占 1%～5%。

2006—2012 年，公路交通氮氧化物排放量占氮氧化物排放总量的 13%～35%。随着机动车保有量 2006—2012 年的迅速增长，公路交通氮氧化物排放量呈现显著增长趋势，2012 年公路交通氮氧化物排放量比 2006 年增长 166.59%。

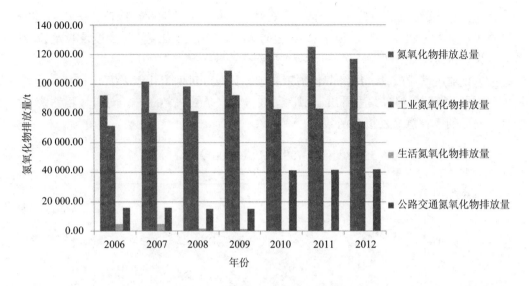

图 7   2001—2012 年杭州市氮氧化物排放情况

2   杭州市经济发展与环境污染 EKC 曲线形成及原因分析

2.1   指标选取

由前面分析得知，杭州市大气环境污染主要来源于工业污染，因此选取杭州市 1995—2012 年工业废气及两种主要污染物指标表征其环境污染状况；经济增长指标选取 1995—2012 年杭州市人均 GDP 指标。

2.2   计量模型的选择及拟合结果

EKC 研究中环境质量（污染水平）和经济增长（收入）的一般模型的形式如下：

$$Y = \alpha + \beta_1 X + \beta_2 X^2 + \beta_3 X^3 + \beta_4 Z + \varepsilon \tag{1}$$

在实际模型构建中，影响收入的其他因素 Z 项在计算和模拟过程中常忽略不计，国内外学者通常选用的简化模型有：

$$Y = \beta_0 + \beta_1 X + \beta_2 X^2 + \varepsilon \tag{2}$$

$$Y = \beta_0 + \beta_1 X + \beta_2 X^2 + \beta_3 X^3 + \varepsilon \tag{3}$$

$$Y = \alpha e^{\beta x} \tag{4}$$

$$\ln Y = \beta_0 + \beta_1 \ln X + \varepsilon \tag{5}$$

式中：Y —— 环境污染指标；

X —— 收入（一般用人均 GDP）；

α —— 常数；

β_k —— 系数；

Z —— 除收入之外影响环境的其他因素；

ε —— 误差项。

模型（5）实际上是模型（4）的两边取对数后的变形，因此在统计分析软件 SPSS 中分别对模型（2）、模型（3）、模型（4）进行模拟，并根据曲线的拟合度及参数检验的显著性结果来选取模型。

（1）工业废气排放量与经济增长的拟合关系。通过对近十几年来工业 SO_2 排放量与人均 GDP 的多种模型耦合关系看出，二次函数拟合度系数 $R^2=0.973$，对于环境库兹涅茨曲线具有充分的解释意义。拟合函数为：

$$Y=-5\ 559\ 300.804+995.179X-0.005X^2\ （R^2=0.973）$$

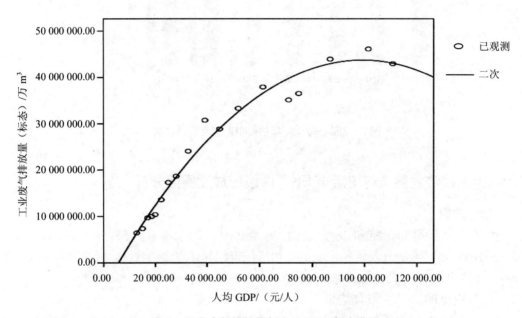

图 8　工业废气排放量与人均 GDP 拟合曲线

由拟合曲线可以得知，随着人均 GDP 的增加，工业废气排放量基本呈现先增加后减少的趋势。主要与杭州市持续推进大气污染重点行业减排以及开展的七个阶段的大气环境整治专项行动有很大关系。"十一五"期间，杭州市全面关停黏土砖瓦窑及页岩烧结砖轮窑、全面淘汰落后水泥粉磨、全面关停小火电机组。努力从源头防控上促进减排，确保工业废气排放量持续减少。

（2）工业 SO_2 排放量与经济增长的拟合关系。通过近十几年来工业 SO_2 排放量与人均 GDP 的多种模型耦合关系看出，三次函数拟合度系数 R^2 最高，但是也仅仅为 0.433，拟合度不是很高，拟合函数为：

$$Y=-17\ 038.055+7.706X+6.071\times10^{-10}X^3\ （R^2=0.433）$$

虽然二氧化硫排放量与人均 GDP 的拟合度不高，对于环境库兹涅茨曲线不具有充分的统计学意义，不能真正说明二氧化硫排放量与人均 GDP 变动之间的关系，但是从拟合曲线的散点图可以看出，二氧化硫排放量的整体趋势是随着人均 GDP 的变动先增加后减少，并于 2005 年人均 GDP 为 40 000 元时达到拐点。虽然后期有往上增长的势头，但是主体上还是减少的。分析其变化情况可以得知，除了同样的产业结构优化调整原因之外，杭州市在"十一五"期间采取了大量减排措施，工业污染源配套建设了大量脱硫除尘装置，同时开展了七个阶段的大气环境整治专项行动。上述措施逐步落实后，在"十一五"期末的 2009 年和 2010 年，二氧化硫排放量出现了明显的下降。

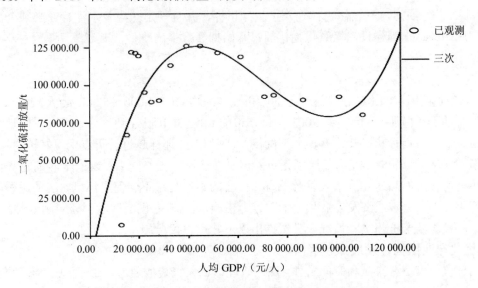

图 9　工业二氧化硫排放量与人均 GDP 拟合曲线

（3）工业 NO_x 排放量与经济增长的拟合关系。由于统计年鉴中氮氧化物统计较晚，从 2006 年才开始统计，因此通过近 7 年来工业氮氧化物排放量与人均 GDP 的多种模型耦合关系看出，二次函数拟合度系数 R^2 最高为 0.667，对于环境库兹涅茨曲线具有充分的统计学意义。拟合函数为：

$$Y=-18\,552.876+2.560X-1.561\times10^{-5}X^2\quad(R^2=0.667)$$

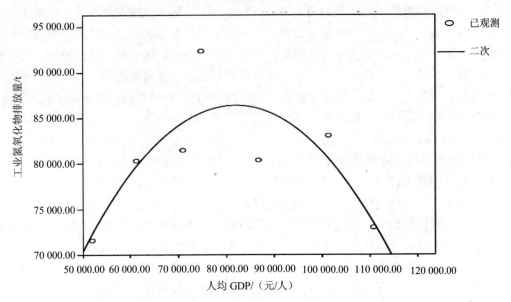

图 10　工业氮氧化物排放量与人均 GDP 拟合曲线

从拟合曲线可以看出，氮氧化物随着人均 GDP 的变动，先增加后减少，呈现典型的"倒 U"型，并于 2010 年出现拐点，2011 年开始减少。由于在"十一五"期间，氮氧化物未被列入减排指标，因此在 2006—2010 年的 5 年时间里，氮氧化物排放量一直在持续增加。"十二五"期间，氮氧化物被列入了减排指标，并且规定热电及水泥行业必须全部实施烟气脱硝改造工程建设，氮氧化物排放量开始持续减少。

3 结论

EKC 理论指出，EKC 在到达一定的转折点（人均 GDP 4 000～5 000 元/人）后，经济的增长有助于环境质量的改善。2003 年杭州市的人均 GDP 已经到达这个标准，但是大气环境污染的有些指标状况却没有像典型的倒"U"型 EKC 那样越过转折点呈现好转的趋势，有些指标虽然在 2005 年左右达到了拐点，但是在下降一段时间后，又有上涨的趋势。以环境污染为代价的高速经济增长以及政府和社会的不作为绝不会促进环境状况的改善。因此现阶段，必须突破经济发展瓶颈，采取有力措施，控制杭州市大气环境污染，保障杭州市空气质量。结合杭州实际情况，尝试提出以下几点建议措施：

3.1 优化产业结构，发展绿色经济

根据杭州市资源禀赋和空间条件，深入研究市域大气疏散通道，推进区域"腾笼换鸟"工作，拓展发展空间，促进产业有效集聚。改造提升传统产业，严格控制高污染、高耗能、严重污染大气环境行业。加强产业发展规划，对区域大气环境质量影响严重的高污染行业实行整体退出。强化结构减排效力，加大力度淘汰电力、冶金、建材等高污染行业中不能满足区域空气质量目标管理的落后产能。大力培育节能环保、新能源、文化创意等战略性新兴产业。严格执行国家、省、市及联防联控区域的产业准入条件，充分发挥环保准入对产业转型升级的优化、引导、调控作用。各级联防联控城市根据实际情况进一步严格和细化制定当地可操作性强的"差异化"发展指引政策，提升工业污染治理目标和水平。在人口集中居住区等环境敏感、环境脆弱区域内，制定高于区域产业准入条件的"差别化"环保准入政策。继续严格执行环评相关政策，严守环境和生态保护底线。采用清洁生产技术及先进的技术装备，对特征化学污染物采取有效的治理措施，确保稳定达标排放。重点推进工业园区的清洁生产，促进园区生态化改造。对重点企业实施强制性清洁审核工作，从源头上控制和降低大气污染物排放。积极发展绿色、低碳、循环经济，以绿色发展为导向，着力构建多元化、多层次的循环产业链。积极培育低碳环保产业，壮大大气环境友好型产业集群。

3.2 调整能源结构，降低煤炭消耗

着力提高清洁能源、可再生能源和新能源等优质能源的利用比重，扩大天然气气源供应，增加工业企业天然气利用率，降低全市煤炭消耗量。切实推进天然气场站建设和管道敷设工作，全面提升天然气供应能力和安全保障能力。加快推进太阳能、以氢能为代表的新能源、新型热泵等开发利用，优化提升用能结构。推进"无燃煤区"建设，实施关、停、搬、改（煤改气、煤改电等清洁能源）等措施。限制高硫分、高灰分煤炭的使用，实施电厂、工业锅炉改造，建立清洁煤储存基地，推进低硫分、低灰分配煤工程，实施煤炭的清洁化利用。

3.3 深化污染源治理，推进大气污染整治

强化常规重点源污染减排，深化二氧化硫污染治理，全面开展氮氧化物污染防治，强化工业烟粉尘治理，全力推进大气污染治理；加强重点行业企业挥发性有机物的监管和治理，全面开展加油站、储油库和油罐车油气回收治理，大力推进清洁生产源头控制 VOCs 废气的产生和无组织排放；继续深化城区餐饮油烟治理及监管；切实履行国际公约，积极推进大气汞污染控制工作，巩固淘汰消耗臭氧层物质的工作成果；加强施工扬尘控制，突出重点季节、重要时期、关键时段的监督管理，控制道路扬尘污染，推进堆场扬尘综合治理，深化面源污染管理。

参考文献

[1] 李金莲. 南京市经济增长与环境污染关系的研究[J]. 南京晓庄学院学报，2010（6）：102-107.

[2] 唐伟，徐海岚，沈旭，等. 杭州市环境保护背景下的工业产业发展研究[J]. 环境科学与管理，2013（4）：156-159.

[3] 1995—2012 年杭州市统计年鉴[M]. 北京：中国统计出版社.

[4] 1995—2012 年杭州市环境保护统计年鉴[M]. 北京：中国统计出版社.

[5] 杭州市污染源普查数据，2010.

快速遴选"高污染、高环境风险"产品备选清单的环境损害指数模型研究

Research of environmental damage index model for rapid selection of "high pollution，high environmental risk" product alternative lists

张见营　张东翔

（北京理工大学化工与环境学院，北京　100081）

[摘　要]　《环境保护综合名录》作为在工业领域支撑环境经济政策的基础性工作之一，是国家相关经济部门制定环境经济政策的重要参考。在该名录中，"高污染、高环境风险"（"双高"）产品子名录是其核心内容，但是现有的"双高"产品（工艺）名录制定方法繁琐，且耗时长。基于环境代价理论的分析，出于数据易获得性的考虑，本工作以化学品的毒理及降解特性参数建立环境损害指数模型（简称 R 指数模型），该模型对于快速、海量遴选"双高"产品备选清单具有很大的优越性。通过 BP 神经网络学习行业协会及相关专家研究制定的"双高"产品（工艺）名录的技术内涵，预测符合"双高"要求的产品。在本工作中对比两种技术方法，得出 R 指数模型与 BP 神经网络预测的"双高"产品（工艺）结果相似率为 53.7%。

[关键词]　环境保护综合名录　高污染、高环境风险产品名录

Abstract　As one of the basis work in the industrial field supporting environmental and economic policy, *Comprehensive List of Environmental Protection* is the important reference for relevant economic sector to develop the environmental and economic policy. In the list, *"High pollution，high environmental risk"* sub-directory is the core content, however, the formulation method of *"High pollution，high environmental risk"* product（process）list is cumbersome and time-consuming. Based on the theory of environmental cost and in view of the availability of date of chemicals，the paper established environmental damage index model（abbreviated R index model），by using toxicology and degradation characteristics of chemicals. The model showed great superiority in the rapid and massive selection of *"High pollution，high environmental risk"* candidate list. By using BP neural network to learn technical connotation of *"High pollution，high environmental risk"* product（process）list given by industry associations and relevant experts，the paper forecasted the products meeting the requirements of *"High pollution，high environmental risk"* product list. In this work，comparison between R index model and

BP neural network showed that the similarity of the result reached at 53.71%.

Keywords　comprehensive list of environmental protection，high pollution，high environmental risk product

前言

改革开放以来，我国的国民经济获得迅速增长，但环境污染也日益加剧，高能耗、高污染行业的飞速发展，粗放的经营方式不可避免地造成环境污染、资源破坏。在 2006 年第六次全国环境保护大会上温家宝总理提出环保工作的历史性改变，要求环保工作从主要用行政办法保护环境转变为综合运用法律、经济、技术和必要的行政办法来解决环境问题，自觉遵循经济规律和自然规律，提高环境保护工作水平[1]。环境保护部为落实这项要求，提出了"高污染、高环境风险"产品名录的制定工作，通过对产品、工艺、设备进行深入分析、科学论证，定义高污染、高环境风险产品，反映其对我国生态环境的影响。"高污染、高环境风险"产品名录工作将为经济部门制定环境经济政策提供依据，从而对生产该产品的行业和企业，在市场准入、发展规划、金融信贷、税收、保险、运输、进出口等方面产生重大影响。

《环境保护综合名录》作为在工业领域支撑环境经济政策的基础性工作之一，受到了环境保护部以及其他相关经济部门、行业协会、企业等各方的高度重视。从 2006 年的"高污染、高环境风险"产品名录到 2012 年"环境保护综合名录"（以下简称"名录"），"名录"得到不断的发展。"名录"的制定是一项严肃、严谨的任务，容不得半点马虎，同时，"名录"的制定工作也是一件复杂、繁琐的任务。然而，"名录"制定方法的复杂性决定了"名录"制定的周期长，不利于环保工作的进行以及环境经济政策的制定实施。

本文考虑毒理性和降解性两方面的因素来建立化学品环境损害指数模型（R 指数模型），对样本化学品进行环境损害（环境污染、环境风险）情况评估鉴定，并运用 BP 神经网络的方法对专家给出的"双高"名录进行学习，对样本产品进行预测，筛选出高环境损害化学品，进而比较分析两种方法对"双高"产品预测结果的相似性。并选择两种方法的交集，整理形成备选名录，作为制定"环境保护综合名录"的初选名单。

1　化学品环境损害指数模型

环境中的污染物多数为化学物质，这些化学物质种类繁多，进入环境对人类带来了潜在的威胁，为了为"环境保护综合名录"提供备选名录，同时对化学品建立科学有效的管理，有必要建立一种快速、海量的遴选方法对这些化学品进行分类评估。

对环境中化学品进行比较评价，通常要根据化学品对环境的影响程度进行排序[2]。环境影响评价标准一般由可定量化的参数组成。基于环境危害的影响因素与数据的可获取性，可以考虑毒理性和降解性两方面的因素来建立模型并对常用化学品进行环境损害情况研究。

1.1　化学品环境损害指数模型的建立

为了提高"名录"制定中定量分析的效率和可操作性，实现快速、海量遴选"双高"化学品的备选清单，本文在深入研究环境代价基本理论的基础上，通过归纳环境代价的主要影响因素，提炼出关键因子以及因子群，用以建立环境损害定量估算的模型。

本文建立对化学品评价的进行定量排序的污染风险指数模型技术方法——化学品环境损害指数模型（简称 R 指数模型），目标是实现对化学品使用中以及生产过程排放造成的环境损害程度进行评估鉴定。

环境风险及污染损害主要取决于产品本身的理化特性、毒理学性质等。多个定量参数组合成评价模型，可用参数（P_i，$i=1$，2，$\cdots$，j）的集合函数来示：$R=f(P_1, P_2, \cdots, P_j)$。函数 f 可以是一加权和[3]，或者是一些简单的权函数组合[4]。

化学品生产过程中既有原料、过程中间产物也有产物的污染排放。为了建立快速简易的评价技术方法，本文以目标化学品为对象，认为该化学品在生产过程的原料、过程中间产物、产物的污染排放特性与该化学品本身的特性具有相关性。同时，又考虑到数据的可获取性，所以以化学品的毒理及降解特性参数建立化学品环境损害评价的指数。其与稳定性因子与毒性因子的比值成正比，见式（1）。

$$R_i = \tau \cdot L^{-1} \tag{1}$$

式中：τ —— 稳定性因子，s；

L —— 毒性因子，mg/kg。

由于模型主要根据产品本身的特征计量，相比于一般的定量分析方法，不受产品生产时间和地域性的限制，具有更好通用性。

1.2 BP 神经网络介绍

不确定性、非线性等是产品工艺评价过程中不可避免的问题，运用经典数值算法难以实现精确描述。而 BP 神经网络方法弥补了经典数值算法的不足，其数值的稳定性和精确性大大优于常规算法。BP 网络是一种按误差逆传播算法训练的多层前馈网络，是目前应用最广泛的神经网络模型之一。

2 高环境损害化学品的定量识别

2.1 实证样本与"双高"指针的选择

本文选择 1 135 种常见的化学品作为样本，样本中包含 2012 版《环境保护综合名录》中的"双高"产品 45 种。样本化学品数据（节选）见表 1。

表 1 化学品的毒理性与降解性数据（节选）

污染物名称	毒理性数据				降解性时间/d		
	LD$_{50}$值		LC$_{50}$值		空气降解	水降解	
	大鼠经口/（mg/kg）	小鼠经口/（mg/kg）	大鼠吸入/[mg/（m³·4 h）]	小鼠吸入/[mg/（m³·4 h）]	光诱发羟基游离基降解	河流	湖泊
柠檬烯	5 000	6 100	—	—	0.108 3	0.041 7	5
1,2,4-三甲苯	5 000	6 900	18 000	—	0.5	0.125	4
1,2-二甲苯，邻二甲苯	2 155	1 590	—	—	1.2	0.133 3	4.1
1,3,5-三甲苯	5 000	7 000	—	—	0.291 7	0.125	1

污染物名称	毒理性数据				降解性时间/d		
	LD$_{50}$值		LC$_{50}$值		空气降解	水降解	
	大鼠经口/ (mg/kg)	小鼠经口/ (mg/kg)	大鼠吸入/ [mg/(m³·4 h)]	小鼠吸入/ [mg/(m³·4 h)]	光诱发羟 基游离基 降解	河流	湖泊
1,3-丁二烯	5 480	3 210	—	—	0.25	—	—
1,4-二甲苯, 对二甲苯	4 750	1 590	5 610	5 850	1.125	0.125	4.125
法呢醇, 金合欢醇	17 742	8 764	—	—	0.058 3	0.395 8	7.4
胡椒基丁醚	11 500	2 600	—	—	0.166 7	—	—
肼	60	59	28	376	0.25	—	—
氰化氢	—	4	18	21.125	535	0.125	3

注：1. "—"表示此项在相关文献中无数据；2. 化学品数据来源于数据库"化学物质环境数据简表（2011），乌锡康编，华东理工大学"。

2.2 毒理性数据与降解性数据的映射方法

危害的鉴定必须确定环境污染物是否对人类健康有害，可以从动物的反应来推断，所用的主要度量终点为生物的死亡，可以用 LD$_{50}$ 或 LC$_{50}$[5]来表示。本文选取 LD$_{50}$[6]（大鼠经口与小鼠经口）、LC$_{50}$（大鼠吸入与小鼠吸入）作为分析化学品毒理性的依据，选取光诱发羟基游离基降解半衰期 $t_{1/2}$ 以及在河流、湖泊中的降解半衰期 $t_{1/2}$ 作为化学品稳定性分析的取值依据。由于 LD$_{50}$ 与 LC$_{50}$ 值的量纲及数值都存在较大的差异，故需将化学品毒理数据 LD$_{50}$ 与 LC$_{50}$ 值映射到[0.00，1.00]区间，形成化学品污染物的毒理性指数 L 值。由于不同的降解半衰期类型数据与内涵有很大的差异，故将 τ 值映射到[0.00，1.00]区间，从而形成化学品的降解性指数 τ。映射后的数据大小是我们分析的重点，所以不考虑数据量纲问题。

将 LD$_{50}$（大鼠经口）值对样本数据作图（采用对数纵坐标），见图 1，根据图中数据分布，划分 LD$_{50}$（大鼠经口、小鼠经口）的映射区间，分别见表 2。

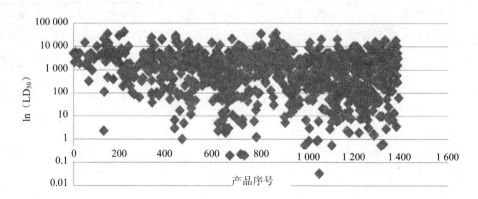

图 1 LD$_{50}$大鼠经口映射区间划分依据图

表2　LD₅₀ 大鼠经口映射区间划分参数

序号	L_{max}/（mg/kg）	L_{min}/（mg/kg）	区间	区间极小值
1	10	0	[0.2，0]	0
2	100	10	[0.4，0.2)	0.2
3	1 000	100	[0.6，0.4)	0.4
4	10 000	1 000	[0.8，0.6)	0.6
5	45 000	10 000	[1，0.8)	0.8

将 LD₅₀（大鼠经口）原数据通过式（2）得到相应的映射值。

$$D = \frac{LD_{50} - LD_{50}(min)}{LD_{50}(max) - LD_{50}(min)} \times 0.2 + d(min) \qquad (2)$$

式中：D —— LD₅₀ 映射值；

　　　LD₅₀（max）与 LD₅₀（min）—— 划分原区间的最大、最小值；

　　　d（min）—— 划分的映射区间的最小值。

同理，可得到 LD₅₀（大鼠经口）、LC₅₀（大鼠、小鼠吸入）、降解半衰期的划分依据图、划分参数、映射公式（由于篇幅限制，其他图与表略）。

2.3　基于 R 指数模型的高环境损害化学品的识别

取化学品毒理性最小的数据作为化学品环境损害指数模型中的毒性因子 L，取化学品在环境中分解的最长半衰期作为化学品环境损害指数模型中的降解性因子 τ，依据 R 指数模型，根据公式（1）计算获得化学品环境损害指数（R）并按照由高到低排序。

通过模型计算获得"双高"名录中 45 种识别指针的 R 值，见表3，将 45 种识别指针插入到化学品样本计算表中，由此确定具有高环境损害倾向的产品 R 值筛选区间为（1.080 0，+∞），经过筛选，得出样本中处于该阈值区间的化学品为 566 种，占样本总数的 49.87%。

表3　"高污染、高环境风险"产品名录中的产品的环境损害指数 R（节选）

污染物名称	毒理性数据 L	降解性数据 τ	化学品环境损害指数 R	备注
奥克托今，环四亚甲基四硝胺	0.611 1	0.800 0	1.309 1	GHW/GHF
甲基丙烯酸甲酯	0.700 0	0.297 8	0.425 4	GHW/GHF
乙酸仲丁酯，醋酸仲丁酯	0.648 9	0.603 0	0.929 2	GHW/GHF
丙烯腈	0.237 8	0.746 7	3.140 2	GHW/GHF
乙醛	0.524 7	0.629 3	1.199 4	GHW/GHF
1,2-环氧丙烷	0.462 2	0.802 3	1.735 7	GHW
硝基苯	0.455 3	0.800 1	1.757 1	GHF
4-氨基苯酚，对氨基苯酚	0.461 1	0.244 4	0.530 1	GHW
硫氰酸铵	0.488 9	0.609 7	1.247 1	GHF
钙氰胺，石灰氮，氰氨化钙	0.412 9	0.616 1	1.492 2	GHF
四氯化碳	0.630 0	0.800 0	1.269 9	GHW
2,4,6-三硝基甲苯	0.511 1	0.800 1	1.565 4	GHW

污染物名称	毒理性数据 L	降解性数据 τ	化学品环境损害指数 R	备注
四乙基锡	0.200 0	0.625 8	3.129 0	GHW/GHF
六溴环十二烷	0.222 2	0.625 0	2.812 5	GHW/GHF
毒死蜱	0.222 2	0.811 9	3.653 6	GHW/GHF
甲醇	0.613 3	0.801 6	1.307 0	GHW/GHF

注："备注"中 GHW、GHF 分别代表 2012 年《环境保护综合名录》中的高环境污染、高环境风险产品。

3　BP 神经网络对高环境损害化学品的预测

3.1　BP 神经网络在筛选"双高"产品中的应用

目前，"环境保护综合名录"主要遵循专家判定标准进行挑选，对各个行业的高污染、高环境风险产品生产工艺的判断具有针对性。"名录"体现了行业协会及相关专家对"高污染、高环境风险"的认知，通过提炼专家的认知结果，抽象"名录"的"双高"的技术内涵，可以进行新产品的预测，进而形成新的"名录"。

BP 神经网络是一单向传播的多层前向网络，可以看作是一个从输入到输出的高非线性映射，是目前应用最广泛的神经网络模型之一，能学习和存贮大量的输入—输出模式映射关系，而无须事前揭示描述这种映射关系的数学方程。因此，用 BP 神经网络学习现有的"名录"产品，可以预测新的"双高"产品。

3.2　BP 神经网络拓扑结构的确定

参照文献[7]的分级方法，对样本产品进行分级。选择大鼠经口 LD_{50}、小鼠经口 LD_{50}、大鼠吸入 LC_{50}、小鼠吸入 LC_{50}、毒理性因子 L、光降解半衰期、河流降解半衰期、湖泊降解半衰期、降解性因子 τ 共 9 项指标作为 BP 网络的输入层节点数，因此输入层有 9 个节点；在输出层，为了能够识别化学品环境损害严重程度，将化学品环境损害情况用数值表示，将高环境损害的化学品输出级别为 2，将其他非明显高环境损害的化学品输出级别为 1，因此输出层只需选用 1 个节点[8]；通过比较不同隐含层节点数训练的 BP 网络均方根误差来确定隐含层神经元的个数，最终确定隐含层神经元数目为 8。因此网络的拓扑结构为9-8-1。

3.3　BP 神经网络的训练

本文选取已被列入 2012 年"双高"产品名录的 45 个化学品与 45 个低 R 值化学品作为 BP 神经网络模型的样本数据（其中学习样本各 40 个，共计 80 个；检验样本各 5 个，共计 10 个），将化学品污染等级分为两个等级："高污染、高环境风险（高环境损害）"化学品对应于 2 级，污染越严重，相应的分级数值就越大；将低 R 值化学品纳入"其他类"，对应污染等级为 1，其中也可能包含部分"高污染、高环境风险"产品。经过训练，剔除50.2% 的误差，网络的平均误差为 8.65%，符合精度要求。

3.4　BP 神经网络对高环境损害化学品的筛选

选择分级结果 $M \geqslant 2.0$ 为"高环境损害"产品，经过筛选，在该区间的化学品有 464种，占样本总数的 40.88%。也就是通过对专家给出的"双高"产品名录进行学习，可以预测出 464 种新的"双高"产品。

4　分析与讨论

通过分析 R 模型预测的 566 种"高环境损害"产品的 BP 神经网络预测级别 M，可知其中包含 BP 神经网络预测的"双高"产品共 304 种，可知两种方法预测"双高"产品的相似率为 53.71%，可见，该模型能够客观地反映行业协会及相关专家对"双高"产品内涵的认知，作为初步筛选"双高"产品，即备选名录的制定方法，是合乎要求的。

任何预测方法都是有误差的，但是我们发现，通过两种方法的筛选，可以缩小范围，提高预测的准确性，因此可以将两种方法的交集（304 种产品）作为备选名单，供"双高"名录制定研究使用。

5　结论

"双高"产品的快速识别，对环境经济政策的建立以及生态文明制度建设，进而促进生态文明建设都具有重大的意义。基于化学品毒理性与降解性数据建立的环境损害指数模型与 BP 神经网络对"双高"产品的预测结果相似率高达 53.71%，合乎要求。同时，由于毒理性与降解性数据易于获得，且该模型根据产品本身的特征计量，不受地域与时间的影响，因此，可以考虑将此方法应用到"双高"名录的制定过程。

随着化学品环境数据的不断丰富，环境损害指数模型也将不断完善，可以更好地用于"双高"名录的制定过程中，为环保工作服务。

参考文献

[1] 李婕旦，葛察忠，李晓亮，等. "双高"产品名录的制定与农药行业环境保护[J]. 中国环保产业，2011（5）：54-59.

[2] Van C J, Hermens J L M. Risk Assessment of Chemicals: An Introduction. Kluwer Academic Publishers, Dordrecht, the Netherlands. 1995, 1-4.

[3] 化学工业出版社. 中国化工产品大全[M]. 北京：化学工业出版社，2005：1045-1227.

[4] Swanson M B, Davis G A, Kincaid L E, Schultz T W, Bartmess J E, Jones S L, George E L. A screening method for ranking and scoring chemicals by potential human and environmental impacts. Environ Toxicol Chem, 1997, 16: 372-383.

[5] 孟紫强. 生态毒理学原理与方法[M]. 北京：科学出版社，2006.

[6] 张敏恒. 新编农药商品手册[M]. 北京：化学工业出版社，2006.

[7] Hao Yuling. The Research on the Chemical Industry Risk Analysis Based on the BP Neural Network[D]. Shanghai: East China University of Science and Technology, 2011.

[8] 楼文高. 海水水质评价的人工神经网络模型研究[J]. 海洋环境科学，2001，20（4）：49-53.

基于灰色系统理论的我国林业产业结构分析研究

Analysis and Research on China's Forestry Industry Based on Gray System Theory

张 颖 丁 贺

（北京林业大学经济管理学院，北京 100083）

[摘 要] 以 1998—2011 年林业统计数据为基础，运用灰色关联分析和 GM（1，1）模型对我国林业产业结构进行了研究，并对未来变化趋势进行了预测。研究结果表明：林业第二产业与总产值的灰色关联度最大，对林业总产值的贡献率最高，第一产业次之，第三产业最小；动态关联分析结果显示，林业产业总产值和各产业产值都在显著增加，产业增速表现为"二、一、三"的变化格局。GM（1，1）研究也表明：2013 年我国林业总产值将达到 41 329.21 亿元，但最近 5 年的产业结构的比重变化仍保持着"二、一、三"的产业格局，同时也表明我国林业产业结构向比较合理的方向发展。

[关键词] 林业 灰色关联度 灰色模型 产业结构 中国

Abstract Based on 1998—2011 forestry statistics, this paper used the theory of Gray correlation degree and GM（1，1） model analysis of China's forestry industry structure and prediction changes in them. The results show that the greatest gray correlation is the output value of the second industry with the total forestry output value in China, followed by the first industry in forestry, tertiary industry in forestry is minimum; also, the dynamic association analysis shows that the total forestry output value and various industrial output values increased significantly. Industry structure is "second, first, third". Gray model forecast revealed that China's forestry industry structures tend to be reasonable. Forestry output value in 2013 will be reached 4 132.921 billion RMB yuan, and in the next five years the forestry industry structure still will be "second, first, third" in China.

Keywords forestry, gray correlation degree, gray model, industrial structure, China

前言

在党的十八大会议上，生态文明建设被提上了议事日程。我国经济发展对资源和环境造成了严重威胁和破坏，不可再生资源日益枯竭，生态环境日益恶化，给人们生产生活造成了严重影响。我国既是森林资源大国，又是森林资源小国，人均森林资源拥有量较低，但林业在生态文明建设中起着重要的作用。合理科学的林业经营，不仅能够实现森林经济效益的最大化，也能够促进社会效益和生态效益的最优化[1]。根据统计，2011 年我国林业总产值达到 30 596.73 亿元，比 2000 年增长了 8 倍多，在林业内部产业结构上，也均有较快的发展，尤其是 2000—2011 年，林业第二、第三产业的平均增长速度远远超过林业总产值 21.61%的年均增长速度[2]，林业对经济、社会和环境的作用日益凸显。本文收集相关数据，通过灰色关联分析法分析目前我国的林业产业结构，并对其发展变化情况进行研究，在此基础上采用 GM（1，1）模型对近 5 年我国林业发展情况进行预测。

灰色系统理论（grey system theory）是 1982 年由我国学者邓聚龙教授首次提出的[3]。它着重研究概率统计、模糊数学难以解决的"小样本，贫信息"等不确定性问题，并以"外延明确，内涵不明确"的事物为重点研究对象[4-7]。国外学者 Moses L. Singgih, Anggi I. Pamungkas[6], Ali Mohammadi[7]等采用这种方法分别对供应链管理、股票市场等进行了研究。我国学者刘思峰[8]、姜微、尹少华[9]、尚旭东、宋国宇[10]、邵砾群、陈海滨[11]等分别采用灰色控制方法、灰色关联分析方法等对系统最优控制、有关省区林业产业结构等进行了研究。灰色系统理论是横断面宽、渗透力强的学科，已广泛应用于经济、农业、医疗、生态和气象等多个领域，解决了许多的现实问题，具有很强的实用价值[8]。

1 研究方法

本研究主要采用灰色关联分析法和灰色模型（gray models，GM）法对我国林业产业结构及发展变化进行研究。

1.1 灰色关联分析

灰色关联分析法主要是计算两个系统之间的因素随时间而变化的关联度的大小，并进行分析的一种方法。其主要步骤为：

（1）确定参考序列与对比序列。在此把我国林业产业总产值的时间序列 X_0 作为参考序列，林业三大产业（X_i，i=1，2，3）作为比较序列。

$$X_0=(x_0(1)，x_0(2)，\cdots，x_0(k))\qquad k=1，2，\cdots，n$$

$$X_i=(x_i(1)，x_i(2)，\cdots，x_i(k))\qquad k=1，2，\cdots，n；i=1，2，3$$

（2）将数据无量纲化，引入序列算子 D_1，且

$$X_iD_i=(x_i(1)d_1，x_i(2)d_1，\cdots，x_i(n)d_1)$$

其中 $x_i(k)d_1=\dfrac{x_i(k)}{\dfrac{1}{n}\sum\limits_{k=1}^{n}x_i(k)}$；$k$=1，2，$\cdots$，$n$ 则 D_1 为均值化算子。X_iD_1 为 X_i 均值化算子 D_1 的象，简称均值象。

（3）计算绝对差序列（使用无量纲化的值）：

$$\Delta_{0i}=\left|x_0(k)-x_i(k)\right|\qquad k=1，2，\cdots，n；i=1，2，3$$

（4）确定 $m=\min_{i=1}^{3}\min_{i=1}^{n}\left|x_0(k)-x_i(k)\right|$ 和 $M=\max_{i=1}^{3}\max_{i=1}^{n}\left|x_0(k)-x_i(k)\right|$

（5）计算关联系数。分别计算每个比较序列与参考序列对应元素的关联系数

$\varepsilon_{0i}(k)=\dfrac{m++\delta}{\Delta_{0i}+\delta}$，其中 $\delta=\theta\times M$，θ 为分辨系数[7, 8]，取值一般在开区间（0，1）中，本研究取 θ=0.5。

（6）计算序列 X_0 与 X_i 的关联度：

$$r_{0i} = \frac{1}{n}\sum_{k=1}^{n}\varepsilon_{0i}(k)$$

1.2 灰色模型预测

灰色模型预测就是通过少量的、不完全的信息，建立灰色微分预测模型，对事物发展规律作出模糊性的长期描述的方法。本研究主要采用 GM（1，1）模型对我国林业产值进行预测。具体步骤如下：

（1）确定待分析的非负序列：$X_0=(x_0(1)，x_0(2)，\cdots，x_0(n))$

（2）数据处理。做 X_0 的 1-AGO（一次累加）序列，记为 X_1：$X_1 = (X_1(1), X_1(2), \cdots, X_1(n))$。其中 $X_1(k)=\sum_{i=1}^{k}X_0(i)$；$k=1，2，\cdots，n$；$Z_1$ 为 X_1 的紧邻均值生成序列。

$Z_1 = (Z_1(1), Z_1(2), \cdots, Z_1(n))$，其中 $Z_1(K)=\frac{1}{2}(X_1(K)+X_1(K-1))$，$k=1，2，\cdots，n$

（3）参数估计。若 $a^\wedge=[a,b]^T$ 为参数列，且 $Y=[(x_0(2)，x_0(3)，\cdots，x_0(n))]^T$，

$$B = \begin{bmatrix} -z_1(2) & \cdots & -z_1(n) \\ 1 & \cdots & 1 \end{bmatrix}^T$$

则 GM（1，1）模型 $x_0(k)+az_1(k)=b$ 的最小二乘估计参数列满足

$$a^\wedge=[a,b]^T = (B^TB)^{-1}B^TY$$

建立预测模型。GM（1，1）模型 $x_0(k)+az_1(k)=b$ 的时间响应函数序列为：

$$x_1^\wedge(k+1)=\left(x_0(1)-\frac{b}{a}\right)\mathrm{e}^{-ak}+\frac{b}{a} \quad k=1，2，\cdots，n$$

还原值

$$x_0^\wedge(k+1)=x_1^\wedge(k+1)-x_1^\wedge(k)=(1-\mathrm{e}^{a})\left(x_0(1)+\frac{b}{a}\right)\mathrm{e}^{-ak} \quad k=1，2，\cdots，n$$

GM（1，1）模型中参数 $-a$ 为发展系数，b 为灰色作用量。$-a$ 反映了 $x_1^\wedge$ 与 $x_0^\wedge$ 的发展态势[9, 10]。

2 数据收集

本研究数据主要来源于中国林业统计年鉴[2]。具体选取 1998—2011 年的林业总产值和各产业产值的数据，并进行分析研究。具体数据如表 1 所示。

表 1　1998—2011 年我国林业产业产值

年份	第一产业/亿元	第二产业/亿元	第三产业/亿元	总产值/亿元
1998	1 903.09	716.23	108.52	2 727.84
1999	2 134.82	930.88	122.03	3 187.73
2000	2 389.30	1 034.60	131.57	3 555.47
2001	2 703.70	1 241.62	145.16	4 090.48
2002	2 911.72	1 485.69	236.83	4 634.24
2003	3 518.08	2 007.43	334.81	5 860.32
2004	3 887.54	2 561.12	443.55	6 892.21
2005	4 355.56	3 486.54	616.64	8 458.74

年份	第一产业/亿元	第二产业/亿元	第三产业/亿元	总产值/亿元
2006	4 708.82	5 198.40	745.00	10 652.22
2007	5 546.21	6 033.92	953.29	12 533.42
2008	6 358.82	6 838.25	1 209.34	14 406.41
2009	7 225.26	8 717.92	1 550.56	17 493.74
2010	8 895.21	11 876.95	2 006.86	22 779.02
2011	11 056.19	16 688.40	2 852.14	30 596.73

3 结果分析

3.1 灰色关联分析

根据灰色关联分析的步骤，计算出 1998—2011 年我国林业三大产业与总产值的灰色关联度，同时进一步计算出在此期间的林业各产业与总产值的动态关联度（表 2）。表 2 显示 1998—2011 年，林业第二产业与总产值的平均关联度最大，其次是第一产业，第三产业与总产值的平均关联度最低，平均灰色关联度分别是 0.764 4、0.727 4 和 0.716 6。表明林业第二产业在总产值中的比重最高，对我国林业产值的贡献率最大。从动态分析来看，三次产业的平均关联度都表现出先增大后减少的趋势，第一、第二产业在 2005—2011 年达到最大值，分别为 0.747 8、0.775 6；第三产业在 2004—2011 年达到最大值 0.726 0，但是在每个阶段都是第二产业的平均关联度最高。这表明：近年来我国林业的发展一直是以第二产业的发展为主导方向，并以第一产业为基础，不断推动林业第三产业发展的。

从总体趋势来看，我国林业产业的发展，不仅总产值得到了很快地发展，而且林业产业结构也在不断地完善、优化，已经从"一、二、三"的产业格局，转向了"二、一、三"的产业格局。在总量变化上，林业总产值发展较快，各个产业的产值不断增加，其中第二产业的增长速度最快，其次是第三产业。我国经济的快速发展，人民生活水平的不断提高，使得人们不仅要追求林业的经济效益，也要注重其社会、生态效益。因此，也带动了林业的第三产业较快发展。

另外，从长远来看，我国应进一步加强第一产业发展，促进林业科技创新，提高林业职工的整体素质，在保证第二产业稳步发展的同时，进一步促进第三产业的快速发展，真正实现"三、二、一"的林业产业格局。

表 2 中国林业三次产业与总产值动态关联矩阵

年份	第一产业	第二产业	第三产业
1998—2011	0.727 4	0.764 4	0.716 6
1999—2011	0.726 5	0.763 0	0.713 5
2000—2011	0.725 9	0.761 5	0.713 5
2001—2011	0.727 9	0.761 9	0.716 7
2002—2011	0.732 4	0.763 9	0.725 0
2003—2011	0.736 6	0.766 6	0.725 8
2004—2011	0.743 5	0.772 1	0.726 0

年份	第一产业	第二产业	第三产业
2005—2011	0.747 8	0.775 6	0.717 5
2006—2011	0.738 6	0.767 7	0.682 6
2007—2011	0.693 1	0.736 8	0.657 2
2008—2011	0.628 3	0.684 9	0.571 5
2009—2011	0.528 5	0.585 4	0.502 3
2010—2011	0.441 7	0.491 6	0.453 6

3.2　GM（1，1）模型分析

GM（1，1）模型主要是对时间序列进行预测。与其他统计模型相比，在数据不是很大的情况下，预测出来的结果精确度更高，结果更为可信[11]。根据 1998—2011 年我国林业产值数据，分别建立三次产业的预测模型，对未来 10 年的我国林业产值发展情况进行预测。首先对待分析的序列进行一次累加生成，然后紧邻均值生成序列，构造矩阵 B。采用最小二乘估计法对模型参数进行估计，分别得到三次林业产业的预测模型。对参数的估计值进行 t 检验均达到显著水平。

三次产业的预测模型分别为：

第一产业：

$$x_1^{\wedge}(k+1) = 11\,771.986\,1e^{0.142\,6k} - 9\,868.896\,0$$

第二产业：

$$x_2^{\wedge}(k+1) = 2\,265.367\,3e^{0.255\,3k} - 1\,549.137\,3$$

第三产业：

$$x_3^{\wedge}(k+1) = 351.805\,0e^{0.267\,0k} - 243.285\,0$$

计算三次产业预测模型的关联度分别为 0.967 1，0.968 3 和 0.994 0，均在 0.9 以上，甚至超过 0.95，表明此模型的预测精度达到一级水平[11]。也表明预测模型拟合效果非常好，可以运用此模型进行预测。

根据所建立的模型对我国 2013 年，2015 年和 2018 年林业产值进行预测（表 3）。在未来的 5 年里，三次林业产业在总量上均有较快的发展，总量会有很大的提升。预测表明，2013 年林业总产值为 41 329.208 3 亿元，并且第三产业的发展速度大于第二产业的发展速度，第一产业的发展速度最慢。从林业各产业所占的比重来看，在未来的 5 年里，林业第二产业的比重进一步提高，第三产业所占比重不断增加，有超越第一产业所占比重的趋势，这也表明我国林业产业结构将进一步得到优化，向着发达国家的水平迈进。这种预测和我国的经济的需求是相一致的。随着经济的发展，收入增加，生活质量的提高，人们追求更高层次的物质和精神需求，生态旅游、度假成为人们生活的必需品。因此，以森林旅游业和林业服务为主导的林业第三产业，会随着经济的发展进一步快速发展，林业第三产业在林业总产值中所占比重会不断增加。

表3　中国三次林业产业发展变化预测

年份	总产值/亿元	第一产业		第二产业		第三产业	
		产值/亿元	估计精度	产值/亿元	估计精度	产值/亿元	估计精度
2013	41 329.208 3	13 284.133 2	0.933 8	23 520.721 4	0.875 0	4 524.353 7	0.927 2
2015	51 438.064 1	17 668.289 4	0.933 8	39 196.170 5	0.875 0	7 717.539 9	0.927 2
2018	128 614.986 5	27 101.069 4	0.933 8	84 320.493 0	0.875 0	17 193.424 1	0.927 2

4　结论

从上述研究可以看出：随着科学技术进步，经济快速发展和人民生活水平的提高，我国林业产业结构逐步趋向合理。三大产业都呈快速发展趋势，第二产业的增长速度最快，第三产业在总量上和增长速度上将会超过第一产业。目前我国林业产业仍处于"二、一、三"的产业格局，离发达国家"三、二、一"的产业格局还有一定的差距。我国应进一步加大林业人才教育，增进林业科技创新，建设良好的林业产业链，提高林业经营效率，并促进各产业的合理发展。另外，林业第三产业的发展程度是衡量产业结构高度化和经济现代化的一个重要标志。我国有着丰富的森林资源和生态文明的基础，要以此为基础在合理利用森林资源的同时保护好森林资源，挖掘利用森林资源的生态效益，促进生态文明建设，实现"美丽中国"的梦想。

参考文献

[1] 唐小平，黄桂林，张玉钧. 生态文明建设规划——理论、方法与案例[M]. 北京：科学出版社，2012.

[2] 国家林业局. 中国林业统计年鉴 2011. 北京：中国林业出版社，2012：84-86.

[3] 邓聚龙. 灰色控制系统[M].武汉：华中工学院出版社，1987.

[4] Lee Chengchung，Wan Terngjou，Kuo Chaoyin，et al. Modified Grey Model for Estimating Traffic Tunnel Air Quality. Environ Monit Assess，2007，132：353.

[5] Xi Bin，Chen Yunhao，Cai Hongchun，et al. Research and System Realization of Food Security Assessment In Liaoning Province Based On Grey Model. Computer and Computing Technologies in Agriculture，2008，1：703- 706.

[6] Moses L. Singgih，Anggi I. Pamungkas. Implementing Grey Model and Value Analysis in QFD Process To Increase Customer Satisfaction（Case Study at Juanda international airport-surabaya）.3rd International Conference on Operations and Supply Chain Management. Malaysia，2009：1-2.

[7] Ali Mohammadi. Appling grey forecasting method to forecast the portfolio's rate of return in stock market of iran．Australian Journal of Business and Management Research，2011，7：1.

[8] 刘思峰. 灰色系统理论及其应用（第五版）[M].北京：科学出版社，2010.

[9] 姜微，尹少华.湖南省林业产业结构灰色关联度分析[J].中南林业科技大学学报：社会科学版，2007，1（4）：49-50.

[10] 尚旭东，宋国宇. 基于灰色关联分析的河北省林业产业结构研究[J]. 北方园艺，2011（2）：212-216.

[11] 邵砾群，陈海滨，刘军弟，等. 基于灰色理论的陕西省林业产业结构分析预测[J]. 西北林学院学报，2012，27（5）：290-291.

企业绿色购买决策模型及其应用分析：
基于二手市场存在假设[*]

Decision Model of the Enterprises Green Purchasing and its Applied Analysis：Based on Second-hand Market Existing Assumption

徐大伟 杨 娜 李 斌

（大连理工大学管理与经济学部，大连 116024）

[摘 要] 本文针对我国在发展循环经济社会中存在的制约资源回收型企业绿色购买决策的现实问题，对国内外二手市场经济机理等问题进行了分析研究。从资源回收型企业经营活动中的购买决策视角出发，对企业是否进行旧商品购买行为进行经济学分析和模型构建，从交易成本分析入手，探索企业在生产原料选择上二手商品的经济价值与其交易成本之间的关系。本文提供了通过建立二手市场来影响企业在选择生产性原料的决策过程的一个理论框架，即可通过降低交易成本、增加产品寿命或减少新商品的获益来刺激企业（尤其是资源回收型企业）对废弃旧商品作为企业生产原料的有效需求，这为企业参与循环经济的绿色经营决策过程进行尝试性的探索。

[关键词] 企业购买决策 二手市场 经济分析 旧商品 交易成本

Abstract According to the series of reality problems about green purchasing decision making which restricted resources recovery enterprises in the background of the circular economy society development in China，this paper analyzed and studied the second-hand market economy mechanism at home and abroad. From the perspective of the purchasing decision of resources reuse enterprise business activities，the economics model of second-hand goods purchase behavior to the enterprise is analyzed and established. Meanwhile，this paper explores the relationship between the second-hand goods economic value and their transaction cost in the production raw material choice from the viewpoint of the enterprises transaction cost analysis. This paper provides a theoretical framework of the secondary market establishment to influence enterprise in the choice of raw materials production decision process，which by reducing the transaction cost，increase product life or reduce new commodity benefit to stimulate enterprises （especially resources reuse enterprises） waste old goods as enterprise production raw material of effective demand.

* 基金项目：国家自然科学基金项目（71273038 & 70973013）以及教育部哲学社会科学研究后期资助项目（11JHQ031）和辽宁省财政科研基金项目（12C004）。

作者简介：徐大伟，汉族，辽宁沈阳人，管理学博士，经济学博士后，大连理工大学副教授，主要从事环境经济系统分析、环境经济学与环境管理等研究。

Keywords enterprise purchasing decision，second-hand market，economics analysis，used goods，transaction cost

前言

循环经济是人类社会经济发展的一种可持续发展模式，是按照自然生态物质循环方式运行的经济模式，它要求用生态学规律来指导人类社会的经济活动[1]。在现实操作中，循环经济遵循减量化、再利用和资源化三个原则，以提高资源利用效率为基础，以资源的再生、循环利用和无害处理为手段，以经济社会可持续发展为目标，以资源节约和循环利用为特征，推进经济社会的全面可持续发展。

在现实环境中，中国已被公认为 21 世纪世界的"加工工厂"。我国多数生产企业所产生的以废弃物为主、可回收循环再使用的再生性资源，由于社会进步及其人们环保意识的增强，已逐渐地被回收，通过分拣、加工、分解，重新进入生产和消费领域。而对于生产和生活中产生的废弃物，目前，国内的处理手段和重视程度还远远不够，这与中国目前的环保管理体制不无关系，具体体现在企业生产经营观念、废弃物制造者的环境责任以及目前国内落后的废弃物交易体制和尚不健全的法律法规体系等方面。对此，如何使我国企业的废弃物资源回收循环再利用逐步实施市场化运作和产业化经营，就成为一个亟待解决的现实问题。根据现有研究成果，本文认为循环经济得以有效开展的关键就是构建生产性资源型废弃物的二手交易市场，使得工业废弃物商品通过废弃物交易平台的买卖信息发布与交流，实现动脉产业和静脉产业①的有效链接，最终实施循环型经济社会发展目标。目前，日本、美国、德国等经济发达国家的实践经验表明，通过二手商品市场机制的优化配置来实现资源的循环再利用是一条经济合理的途径。

因此，本文以二手市场的存在为假设条件，基于企业对生产性废弃物资源的需求决策，应用管理经济学分析范式来研究二手市场中企业的绿色购买行为机理。在借鉴国内外现有研究的基础上，从资源回收型企业经营活动中的购买决策视角出发，对企业是否进行绿色购买行为进行经济学分析和模型构建，并从企业在选择生产原料的成本与价值分析入手，探索二手市场假设下生产性资源型废弃物商品的经济价值与其交易成本之间的关系，为我国企业参与循环经济的绿色经营决策进行了探索性理论研究。

1 文献述评

在对国内外二手市场经济、企业环保决策等一系列问题的研究中，目前，国内外学者主要是对企业的绿色购买（Green Purchasing）或环境购买（Environmental Purchasing）以及二手市场交易（Second-hand Market）或二手商品市场（Used goods market）开展了个案研究和实证分析，取得了初步的研究成果。

对二手市场上企业的绿色购买决策的研究是为了实现资源的循环利用，企业的绿色投入产出核算是实现资源经济一体化的有效方式[2]。而企业对资源的管理包括 5 个维度，即

---

① 静脉产业（资源再生利用产业）是将生产和消费过程中产生的废物转化为可重新利用的资源和产品，实现各类废物的再利用和资源化的产业。本文认定二手商品通过二手商品市场流动到资源回收型企业以实现其价值。

企业资源获取管理、信息搜集和分析管理、企业产品和资源释放管理、企业内部组织管理以及外部关系协调管理，赵剑波等通过结构方程模型验证了资源管理与企业绩效之间存在正相关关系[3]。二手市场为企业的资源管理及再利用提供了场所，国内外学者也对二手市场交易行为开展了个案研究和实证分析。Anderson 和 Ginsburgh（1994）对二手市场的需求效应进行了基础性研究[4]，Hans S. Heese 等（2000）的研究表明，通过收回、转售翻新的产品，制造商可以增加平均利润率和销售，企业是否使用回收商品的好处主要是为了增加他们的利润或传递给客户降低他们的价格[5]。此外，Ruey Huei Yeh 等（2011）也认为，重用（reuse）被公认为是企业为了减少采购成本或符合环境保护理念所实施的最有效的策略[6]。企业在对商品进行采购时，Maria Bjorklund（2011）研究认为，考虑自然环境的采购是实现企业长期购买的关键因素，并通过因子分析方法得出最大的影响因素是企业的内部管理、形象、公司的资源、客户的需求、运营商和政府的控制手段[7]。针对二手市场上的"中介"机构，Pascal Chantelat 和 Bénédicte Vignal 应用新制度经济学和微观社会学的高夫曼式方法，分析了认知和正式的安排（合同和技术）是通过"中介"这种职业化的行为影响个人网络和客观的经济事务的决定因素[8]。二手商品主要为耐用消费品，如电子产品、住房等。我国学者孙浩和达庆利（2010）研究了再制造电子产品在二手市场进行销售的问题，以电视机为例，探讨了电视机制造商如何在"生产者延伸责任制"及其他环保政策影响下建立回收再制造设施体系及其动态扩张过程[9]；同时，国外学者 Lennart Berg（2002）对瑞典家庭住房的二手市场进行了研究，并进行了 VAR 建模[10]。在进行案例分析时，许多学者基于不同的视角对二手市场交易行为也进行了探讨，其中，孔令丞等（2012）以提供耐用品的垄断制造/再制造厂商和二手交易商的竞争行为为视角，探寻垄断厂商采取的制造/再制造生产决策和产量优化[11]；王文宾等（2012）讨论了 CLSC 视角下我国废旧电器电子产品（WEEE）回收再利用的结构和激励机制，并以此为基础分别给出了 WEEE 回收和再利用的管理对策[12]；范体军等（2011）基于博弈理论构建了考虑激励因素和不考虑激励因素两种情况下废旧产品回收外包的决策模型，推导出临界外包成本，提出废旧产品回收是否外包取决于临界外包成本[13]。二手商品在市场上的交易量仍然取决于商品的价格，对价格商品的确定许多学者也作出了贡献，Natasha E. Stroeker 和 Gerrit Antonides（1997）在其对二手市场上耐用消费品的调查研究中分析了讨价还价过程，估计预测了基于预订价格和相应的概率视为达成协议由潜在的买家和卖家的协商价格[14]；李响和李勇建（2012）认为，多个再制造商在同一回收市场中获取废旧产品并进行再制造，他们之间存在回收竞争，每个再制造商回收废旧产品的数量取决于自身付出的回收价格，同时和对手们的回收价格相关[15]；李海燕等人（2012）建立了关联供应链两核心生产商之间的非合作独立决策模型和完全合作联合决策模型，给出了废弃物再利用可能存在的各种供求情形的定量化条件，以及在各种供求条件下两核心生产商的主产品产量及价格策略[16]；Hideo Konishi，Michael T.Sandfort（2002）证明了在初选和二手市场不可分割的耐用消费品一般模型与随机退化和内源性报废的决定下存在的静止均衡[17]。大部分学者对二手商品价格的研究集中于价格策略，没有对二手商品价格或二手商品需求的影响因素进行分析。

综上所述，目前国内外关于企业环境购买决策的相关研究并没有考虑二手市场或二手商品市场的存在下开展的。在二手商品交易数据缺失的条件下，多数研究采用的是数理分析、理论阐述和调查分析。然而，这些研究成果由于割裂了二手市场与企业绿色购买之间的联系，还难以揭示其内在规律且满足现实需求，这样就需要开展相关的系统性规范分析，揭示和描述其内在联系和变化规律。其中，关于微观企业开展资源回收循环利用的环境购买决策的研究较为鲜见，这与国内外在现代工业发展后期所倡导并实施在循环经济模式下产业生态变革需求，则存在着理论研究与实践探索的脱节滞后。

2 企业绿色购买决策模型的经济学假设

本文是基于 Lennart Berg 在研究二手商品时提出的基本模型来研究企业的绿色购买行为的[18]。对于企业的绿色购买的决策模型我们做出了一系列经济学假设。假定一个商品被其购买者（这里指资源回收型企业）使用了一段时期（如一年），但这件商品可能存在一个延续的生命周期，这样该商品总的生命期为 L。在消费者已经使用这件产品后，可以卖掉、储存、丢弃或给人。同时，假设资源回收型企业在购买原料时有 3 种选择：① N——购买新的产品原料；② U——企业购买旧的商品作为原料①；③ Z——企业没有购买和消费任何产品。每一个资源回收型企业进行上述 3 种选择性购买经济决策行为的利益为 V。

$$N : V_N = \theta(v + k) - p_N + p_S \tag{1}$$

$$U : V_U = L\theta v - (p_S + \tau) \tag{2}$$

$$Z : V_Z = 0 \tag{3}$$

式中： p_N —— 新商品原料的价格；

p_S —— 新商品在使用过一段时期后被转让的交易价格；

L —— 二手旧商品的生命周期（即产品使用寿命）；

θ —— 一个支付意愿参数，其值在 0～1 分布；

v —— 一件旧商品所能提供的价值；

$v + k$ —— 一件新商品提供的价值；

k —— 新产品能带来的额外价值利益；

τ —— 旧商品作为生产原料得以再利用的交易成本。

根据假设每一个企业购买者 θ 选择效用最大化的原则，上述 3 个公式包含了这个二手市场交易模型，其中参数的相关取值决定了二手市场的性质。L 代表旧商品的使用寿命。如果 $L < 1$，二手商品的购买者只能在使用期限内部分获益；如果 $L > 1$，二手商品的购买者将从商品中相应地获得更多利益。L 被限定小于 $1 + k/v$；否则，旧商品在 θ 的高价值上比新产品有较高的价值。在实际的表述中，L 被认为不会大于 1。同时，模型不包括随 L 增长而变得更重要的现金折扣。$L = 1$ 是对模型的简化。

式（1）至式（3）在图 1 表示为商品原料的价值作为参数 θ 的一个函数来加以说明。这些线段的 V 型截距为负，这意味着每条线穿过 θ 轴落在非负值 θ。假设每个企业追求效用最大化，所有的资源回收型企业在 V_N 穿过 V_U 有一个 θ 值点表示可选择可购买新商品原

---

① 假设废旧的商品原料与新的产品原料在使用功能和价值上同质；但是，相对于购买新的生产性资源商品，可利用的废旧生产性资源型商品则存在价格优势。

料，即该交点设为 θ_{NU} ；同理，θ_{UZ} 也被相应地设定。

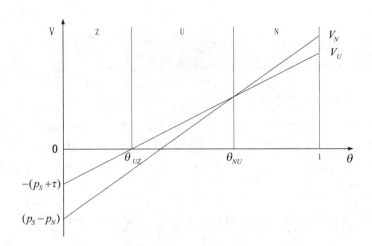

图1　企业三种购买决策行为的分析示意图

从 N 、U 和 Z 的定义来看，在 N 、U 和 Z 线交叉点的 θ 值可表示如下

$$\theta_{NU} = \frac{[p_N - 2p_S - \tau]}{[k + v(1-L)]} \tag{4}$$

$$\theta_{UZ} = (p_S + \tau)/Lv \tag{5}$$

U 线也可以在所有 θ 正值的 N 线以下，即在 U 不是效用最大化的选择的情况下，既不存在二手市场而且旧商品的价格也自然为零。在这种情况下，企业既可以买新的商品，也可以根本不进行购买行为，相关的交点为

$$\theta_{NZ} = p_N/(v+k) \tag{6}$$

3　二手市场存在假设下的商品需求动态关系模型

在上述模型建立假设的前提下，我们将进一步推导出在二手市场存在假设情况下新商品、旧商品以及不存在二手市场情况下的市场需求动态关系模型。

当二手市场存在时，新商品的需求量为

$$N = 1 - \theta_{NU} = 1 - \frac{[p_N - 2p_S - \tau]}{[k + v(1-L)]} \tag{7}$$

而旧商品作为生产资源得以再利用的需求量为

$$U = \theta_{NU} - \theta_{UZ} = \frac{[p_N - 2p_S - \tau]}{[k + v(1-L)]} - \frac{(p_S + \tau)}{Lv} \tag{8}$$

当二手市场存在时，企业对二手商品的需求很大程度上与商品的交易成本 τ 和使用寿命 L 有关。从式（8）中看出，当二手商品的交易成本 τ 增加时，企业将旧商品作为生产资源得以再利用的需求量会相对降低；而如果二手商品的使用寿命 L 增加时，企业将旧商品作为生产资源得以再利用的需求量会相对增加。所以可以通过降低二手商品交易成本，增加商品寿命来提高企业将废弃的旧商品作为企业生产原料的有效需求。

当不存在二手市场，即旧商品价格为零时，资源回收型企业对新产品资源的需求量为

$$N = 1 - \theta_{NZ} = 1 - p_N /(v+k) \tag{9}$$

当存在二手市场，二手商品价格 p_S 由供需平衡确定。人们购买新商品 $(1-\theta_{NU})$ 的数量与购买旧商品 $(\theta_{NU} - \theta_{UZ})$ 的数量相等，市场交易价格 p_S 为

$$p_S = \frac{2L \cdot v \cdot p_N - \tau \cdot (k+v+L \cdot v) - L \cdot v \cdot (k+v-L \cdot v)}{3L \cdot v + k + v} \tag{10}$$

若市场对二手商品的需求小于其供给，那么二手商品价格会逐渐降低为零。这种情况下，市场中的商品总量可由企业购买新产品 $(1-\theta_{NU})$ 的数量减去人们获得旧商品 $(\theta_{NU} - \theta_{UZ})$ 的数量而获得。若没有二手市场存在时，废弃商品资源的数量就等于企业购买新商品 $(1-\theta_{NU})$ 的数量。

4　工业剩余物质作为二手商品的价值与其交易成本的关系分析

交易成本是由科斯在发表于 1937 年的《企业的性质》一文中提出来的，一般指的是企业在经营过程中除直接生产成本以外的所有其他费用，或者说是企业在企业之外，即市场交易中必须面对的成本[19]。市场交易成本是组织结构和组织行为产生与变化的决定因素。在市场交易过程中，市场交易成本指市场机制运行的费用，即当事人双方在通过市场进行交易时，搜集有关信息、进行谈判订立契约并检查、监督契约实施所需要的费用[20]。市场交易成本包括发现交易对象和发现价格的成本、交易谈判的成本和执行交易合同的成本。交易成本经济学①关注企业间的合作[21]，并从组织结构的角度认为企业为实现商品的价值应充分考虑其交易成本。在商品价值实现的过程中，商品在其实际流通环节中所发生的交易成本是包含在商品的全部价值中的。

因此，二手商品由于具有分散性等特点也在某种程度上决定了其价值构成中交易成本所占比重的大小。在二手商品进行循环再利用的时候，本文假定二手商品所能提供的价值与新产品所能提供的价值相等，即 $v \cong v+k$，$k \to 0$。这时式（10）可简化为

$$p_s = \frac{2L \cdot v \cdot p_N - \tau \cdot (v+L \cdot v) - L \cdot v \cdot (v-L \cdot v)}{3L \cdot v + v} \tag{11}$$

对上式进一步推导可得

$$v = \frac{p_s(3L+1) - 2L \cdot p_N + \tau(L+1)}{L(L-1)} \tag{12}$$

由于本文已假设二手市场的存在，即 p_s、p_N 已知；同时二手商品的使用寿命是一定的，即 L 为常数。此时，式（12）变为

$$v \propto \frac{L+1}{L(L-1)} \tau + C \quad （C \text{ 为常数}） \tag{13}$$

$$\tau \propto \frac{L(L-1)}{L+1} v + C' \quad （C' \text{ 为常数}） \tag{14}$$

从式（13）、式（14）中可以看出：二手商品的价值 v 与二手商品作为生产原料得以循

---

① 当代经济学结合了新古典经济学和新制度经济学的理论，认为企业是生产成本和交易成本的统一体。

环再利用所实现的交易成本（即二手商品进入二手市场进行交易所必须面对的成本）τ 存在着一定的关系，这是符合商品价值理论的。由于二手商品价值构成的特殊性，即二手商品价值越大，其拥有者存在心理上的价值高估，导致二手商品拥有者在其出让时越不愿意将其投入二手市场进行价值转换；而现实中由于二手商品的价值的不易估价性，同时使其进入流通市场进行交易的制度机制难以保障实际二手商品的市场交易，买卖双方在博弈中由于信息不对称、市场机制不健全等原因造成二手商品市场交易成本较高，致使二手商品的价值被人为地提高。这一点在我国的二手商品市场已有显现。在实际情况中，由于二手商品的寿命周期 L 大于 1，通过式（13）的分析，二手商品的价值 v 总是高于交易成本 τ，这说明了二手商品的价值构成是生产成本和交易成本的统一，但不能错误地理解为二手商品的价值 v 与二手商品实现价值所发生的交易成本存在着一定的相关比例关系。

因此，在资源环境经济研究领域，这种关系可用来解释、验证废弃物等二手商品的经济学现象：当一种二手商品在某种情况下重新回到生产领域中作为其他企业的生产原料之前，需要进入二手市场等流通环节，才能实现资源回收再利用。二手市场在资源配置的过程中，买卖双方为了达成交易需要付出获取信息、搜寻价格、谈判签约等交易成本，这是二手商品实现价值的前提基础。

5　结语

本文是在企业进行选择性购买经济决策行为分析的基础上，对企业的购买决策问题进行了分析，尝试性探讨分析了以下 3 个问题：① 通过设定产品的使用寿命周期，建立了企业原材料购买经营决策的利益模型；② 着重地探讨了企业在购买新产品做原料、购买二手旧商品做原料以及不发生购买这 3 种购买决策行为下的产品需求量以及市场交易价格问题；③ 在对二手市场商品需求模型简化的基础上，分析了二手商品的价值及其交易成本的关系，从而验证了交易成本经济学所认为的交易成本是构成企业实现商品（这里指二手商品）价值的理论。

本文提供了通过建立二手市场来影响企业在选择生产性原料的决策过程的一个理论框架，即可通过降低交易成本、增加产品寿命或减少新商品的获益来刺激企业（尤其是资源回收型企业）对废弃旧商品作为企业生产原料的有效需求。基于此，建议我国政府努力降低二手市场交易成本，积极发展和建立二手市场，对于全面实现我国循环型经济社会具有长远性战略意义。

需要说明的是，由于我国目前缺乏二手商品市场交易的微观数据，因此本文难以开展实证分析检验研究。为此，本研究的理论贡献是，在循环经济体系框架下应用经济学理论，分析和探究了在二手（商品）市场存在假设下资源回收型企业将工业剩余物质作为二手商品融入到企业绿色经营决策活动中的经济学理论，以期对我国生态文明建设中开展循环经济微观层面的产业生态经济实践提供理论参考。

参考文献

[1]　解振华. 关于循环经济理论与政策的几点思考[J]. 环境保护，2004，315（1）：3-8.

[2]　雷明. 企业绿色投入产出核算[J]. 经济科学，1999（6）：76-86.

[3]　赵剑波，曹红军，王以华. 资源管理与企业绩效实证研究[J]. 科研管理，2009，30（4）：115-122.

[4] Anderson，S P，V A Ginsburgh. Price discrimination via second-hand markets [J]. European Economic Review，1994，38（1）：23-44.

[5] Hans S Heese，Kyle Cattani，Geraldo Ferrer，et al. Competitive advantage through take-back of used products[J]. European Journal of Operational Research，2005，164：143-157.

[6] Ruey Huei Yeh，Hui-Chiung Lo，Rouh-Yun Yu. A study of maintenance policies for second-hand products[J]. Computers & Industrial Engineering，2011，60：438-444.

[7] Maria Bjorklund. Influence from the business environment on environmental purchasing—Drivers and hinders of purchasing green transportation services[J]. Journal of Purchasing & Supply Management，2011，17：11-22.

[8] Pascal Chantelat，Benedicte Vignal. 'Intermediation' in used goods markets Transactions，confidence，and social interaction[J]. Sociologie du travail，2005，47：71-88.

[9] 孙浩，达庆利. 电子类产品回收再制造能力与二手市场需求相协调的研究——以电视机为例[J]. 管理工程学报，2010，24（3）：90-97.

[10] Lennart Berg. Prices on the Second-hand Market for Swedish Family Houses：Correlation，Causation and Determinants[J]. European Journal of Housing Policy，2002，2（1）：1–24.

[11] 孔令丞，李瑞芬，迟琳娜. 基于返回品质量降级的回收再制造策略优化[J]. 统计与决策，2012（8）：178-182.

[12] 王文宾，达庆利，聂锐. 闭环供应链视角下废旧电器电子产品回收再利用的激励机制与对策[J]. 预测，2012，26（8）：44-48.

[13] 范体军，楼高翔，王晨岚，等. 基于绿色再制造的废旧产品回收外包决策分析[J]. 管理科学学报，2011，14（8）：8-16.

[14] Natasha E. Stroeker，Gerrit Antonides. The process of reaching an agreement in second-hand markets for consumer durables [J]. Journal of Economic Psychology，1997（18）：341-367.

[15] 李响，李勇建. 多再制造商回收定价竞争博弈[J]. 管理工程学报，2012，26（2）：72-76.

[16] 李海燕，但斌，张旭梅，等. 面向废弃物再利用的关联供应链合作决策模型[J]. 预测，2012，31（1）：49-53，64.

[17] Hideo Konishi，Michael T Sandfort. Existence of stationary equilibrium in the markets for new and used durable goods [J]. Journal of Economic Dynamics & Control，2002（26）：1029-1052.

[18] Valerie M. Thomas. Demand and Dematerialization Impacts of Second-Hand Markets：Reuse or More Use？[J]. Journal of Industrial Ecology，2003，7（2）：65-79.

[19] [美]科斯，诺思，威廉姆森，等. 制度、契约与组织——从新制度经济学角度的透视[M]. 北京：经济科学出版社，2003：42.

[20] 理查德·A. 波斯纳. 法律的经济分析[M]. 蒋兆康，林毅夫，译. 北京：中国大百科全书出版社，1997：16-18.

[21] Williamson O E. Comparative economic organization：The analysis of discrete structural alternatives [J]. Administrative Science Quarterly，1991，36：269-296.

BP 神经网络优化模型在水体富营养化预测的国内进展[*]

A literature review of improvements in Back Propagation neural network for prediction of Lake Eutrophication in China

张 育[1] 张祖群[2]

（1. 内蒙古师范大学化学与环境科学学院，呼和浩特 010020;
2. 首都经济贸易大学工商管理学院旅游管理系，北京 100070）

[摘 要] 在湖泊富营养化已成为世界性的水污染治理难题的今天，富营养化预测模型应用广泛，已取得较大发展。本文介绍了运用 BP 人工神经网络预测水体富营养化的计算过程，综合论述了学者们在预测水体富营养化时水体中 BP 人工神经网络模型联合各种算法的优化情况，从中可以看出：① 足够多的样本是 BP 神经网络进行学习训练的关键；② 各种联合模型比普通 BP 人工神经网络模型更加准确，有效；③ 多种联合模型并未运用于水体营养化评价方面；④ 联合模型优化的 BP 人工神经网络必将具有巨大的价值和发展前景。

[关键词] 富营养化水体 BP 人工神经网络 预测

Abstract With a worldwide water pollution controlling problems of Lake Eutrophication，Eutrophication prediction model has made great development today，this paper introduces the application process by using Back Propagation（BP） neural network on water Eutrophication prediction，and a synthesis of scholars' improvements on the elimination of the defects with Back Propagation（BP） neural network. It conclude：① Plenty of samples is the key to the BP neural network for training. ② Combined model is more accuracy and effective than BP neural network. ③ A variety of combined model is not applied in Lake Eutrophication predicting. ④ There are huge prospects in combined mode improving（BP） neural network.

Keywords water eutrophication，Back Propagation（BP）neural network，prediction

基金项目：北京市属高等学校人才强教深化计划中青年骨干人才资助项目（PHR201108319）；北京市教育科学"十二五"规划青年专项课题（CGA12100）；北京市高等教育学会"十二五"高等教育科学研究规划课题（BG125YB012）；北京对外文化交流与世界文化研究基地 2013—2014 年度青年研究项目"文化多样性：逻辑关系、案例与政策研究"（BWSK201304）

作者简介：张育，男，湖北应城人，主要研究环境科学与工程、旅游管理；

通讯作者，张祖群，男，湖北应城人，中国科学院地理科学与资源研究所（自然与文化遗产研究中心）博士后，首都经济贸易大学工商管理学院旅游管理系党支部书记、副主任、副教授、硕士导师，主要研究区域经济与旅游管理等。

前言

水体富营养化问题自出现以来，即引起了学者们极大的关注，在短时间内人类生产生活所使用的大量含氮、含磷等植物所需营养物质进入水体（湖泊、河口、海湾等缓流处更甚），从而引起藻类和浮游生物迅速繁殖，致使水中溶解氧（DO）下降、透明度（SD）下降、水质恶化、鱼贝及其他水生生物大量死亡，破坏了水体自然生态平衡，即为水体的富营养化[1]。水体富营养化已成为当今世界性水污染治理的难题，学术界设法通过构建模型来认识和预测湖泊富营养化。通过几十年的发展，从简单的单一变量估算模型发展到复杂的湖泊生态系统动态模拟模型，富营养化模型无论在理论上还是在实践上都有了较大的发展。然而由于影响富营养化程度的因素很多，评价因素与富营养化等级之间的关系复杂，各等级之间的关系模糊，每种方法均有其适用条件和局限性，因此至今尚未形成一种统一的、确定的评价模型[2]。当常规方法解决不了或效果不佳时，运用 BP 人工神经网络一般可以取得满意的、具有稳定性和精确度的结果。国内众多学者也已将 BP 人工神经网络运用于湖库水质富营养的评价，并展开了各项研究[3-5]，可见该网络在解决复杂的非线性动力学问题上有诸多优势，在应用于水体评估方面有着巨大的实用价值。近年来 BP 人工神经网络已广泛应用于模式识别、优化计算、信号处理、复杂控制等诸多方面，乃至银行客户分类的仿真实验证明[6]、混煤煤质特性的预测[7]、转炉炼钢终点优化控制[8]等国民经济各个方面。本文尝试综述至今在水体富营养化评价中对 BP 网络模型联合使用的进展，为学者以后使用提供若干参考。

1 BP 人工神经网络的计算过程

1.1 BP 人工神经网络的发展脉络

BP 人工神经网络（Back Propagation（BP） neural network）是 1986 年由以 Rumelhart 和 McClelland 为首的科学家小组提出。Jackson（1989）论证了径向基神经网络对非线性连续函数的一致逼近性能[9]。Specht（1991）开发的 GRNN 模型执行非线性回归分析的前馈型神经网络，具有强大的非线性映射特性，有效解决了输入与输出之间存在着非线性关系的各种问题[10]。Zhao（2007）通过对颤藻生物量的预测值与实测值之间的均方误差值（MSE）来确定最佳网络模型[11]。BP 人工神经网络模型具有 3 层或 3 层以上的神经元，通过邻层神经元之间的连接实现信息的传递。如果输入节点数为 i，输出节点数为 j，则神经网络是从 i 维欧氏空间到 j 维欧氏空间的映射，形成 3 层结构的 BP 神经网络（图 1），这种网络依靠系统的复杂程度，通过调整内部大量节点之间相互连接的关系，从而达到处理信息的目的。这种人工神经网络具有强大的自主学习和自适应能力，可以通过预先提供的一批相互对应的输入－输出数据，分析掌握两者之间潜在的规律，而无需考虑其内在函数关系，最终根据输入输出间非线性的规律，用新的输入数据来推算输出结果。

1.2 BP 人工神经网络计算过程（图 2）

1.2.1 数据归一化

BP 网络自身要求每一输入数值都在 0～1。因此要对输入样本归一化（标准化）。一般归一化公式为：

$$c' = \frac{c - c_{\min}}{c_{\max} - c_{\min}} \tag{1}$$

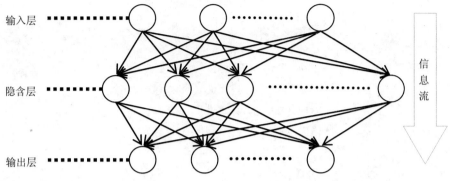

图1 BP人工神经网络模型图

1.2.2 正向传递

网络学习训练过程的第一步是输入因子，从输入层经隐含层传向输出层，这个过程称为"模式顺传播"也就是正向传递。传播时，假定第 i 个神经元和 j 个神经元链接权值为 w_{ji}，即第 j 个神经元的总输出量是前一层各个神经元输入向量 x_i 与其连接权值 w_{ji} 的乘积总和和 p 层阀值的和，记为：

$$u_j = \sum_{i=1}^{p} w_{ji}x_i + \theta_p \tag{2}$$

任意神经元输出值由前一层神经元总输入量 u_j 和激活函数 $f(x)$ 运算确定，一般 $f(x)$ 为 Sigmoid 函数，其主要优点在于输出值介于[-1，1]，也有学者在隐含层到输出层的传递函数使用 Purelin 函数[12]线性函数：

$$y_j = f(u_j) \tag{3}$$

Sigmoid 函数： $\qquad f(x) = 1/(1 + e^{-x}) \tag{4}$

Purelin 函数： $\qquad f(x) = ax + b \tag{5}$

1.2.3 学习目标和方向传播

网络训练学习的结果目标是使得网络误差函数 $E < R$，并输出此时的最佳权值和阈值，同时停止学习。R 为自定义精度，E 定义为：

$$E = \frac{1}{2}\sum(t_j - u_j)^2 \tag{6}$$

式中：t_j —— 输出期望值；

$\quad\;\; u_j$ —— 实际输出值。

若 $E > R$ 则返回 u_j 到输入层再次学习，同时调整阈值，直至 $E < R$，学习结束，同时输出此时的权值和阈值。调整阈值公式：

$$\theta_p(N+1) = \alpha\theta(N) \qquad (7)$$

式中：N —— 学习次数；

α —— 学习率。

1.2.4 评价网络学习效果

方根误差（Root Mean Square Error，RMSE）可用来评价 BP 人工神经网络学习性能的效果好坏：

$$\text{RMSE} = \sqrt{\sum_{i=1}^{N}(E_i)^2/N} = \sqrt{\sum_{i=1}^{N}(t_i-u_i)^2/N} \qquad (8)$$

式中：N —— 确证集样本对的数量；

i —— 样本对编码；

E —— 样本的相对误差；

t —— 样本对的目标输出值；

u —— 样本对的实测值。

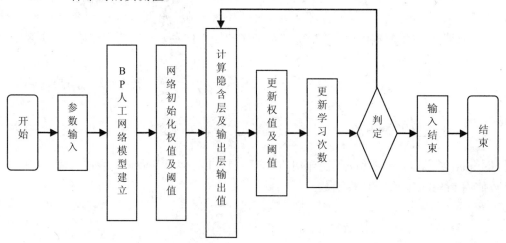

图 2　BP 人工神经网络计算流程图

2　联合模型的进展

2.1　混沌遗传算法

混沌遗传算法改进于遗传算法[13]（Genetic Algorithm），是一种借鉴生物界的进化繁衍规律而发展出来的随机化搜索方法，其特点是应用混沌变异算子有效维持和控制群体的多样性，使之跳出局部极值区、快速找到全局最优解。马国建[14]将混沌遗传算法联用于 BP 网络建模中，利用混沌遗传算法对种群的多样性和遍历性以及 BP 网络的连接权值进行优化，通过混沌遗传算法的强大搜寻能力克服神经网络的初始权值人为设定的缺陷。其对万宁水库水体富营养化评价的结果表明，以 BP 神经网络的主要指标的比较检验结果来看，自适应 GABP 神经网络在预测精度上优于单纯的 BP 神经网络。崔明[15]等应用与混沌遗传算法的联合研究了渤海湾水体富营养情况表明，该联合模型能较为准确地预测水体富营养化。

2.2 小波分析方法

小波分析（Wavelet-analysis）是在现代调和分析基础上发展起来的信号处理方法，具有伸缩，平移，放大信号的功能。小波分析在信号的分解重构，信号和噪声的分离，特征提取，数据压缩等工程应用中，显示出了极大的优越性。朱玲[16]将小波变换方法分别应用于神经网络的输入层和输出层上，从而有效地消除了天气、雨水和实验人员等不可预见因素对神经网络的影响，又保证了主要信息的完整，避免过拟合现象的发生，提高了网络稳定。曾光明[17]等用小波神经网络时间序列预测模型对洞庭湖各区域的营养状况进行了评价。该研究结果表明，洞庭湖大部分区域的营养水平较高，应注意对其内的工业废水、生活污水的合理排放。吴巧媚[18]等在预测北京地区水华的研究中，用小波分析对神经网络输出信号进行处理之后，其拟合精度、预测精度都比 BP 模型高，获得了理想的预测效果。卢志娟[19]等在西湖叶绿素的预测中分别构建了两个模型，比较了小波分析应用于输出信号前后模型的学习性能和预测能力，表明基于小波分析方法构建的神经网络模型，较好地回避了 BP 网络的不稳定和提高了可靠性。

2.3 RPROP 算法

弹性 BP 方法[20]（RPROP 算法）其本质是通过引入 Resilient，有弹性的概念，对权值和阈值直接进行修改，从而避免收敛较慢的情况，可以有效地提高收敛时间。姜雅萍[21]等以 RPROP 算法优化神经网络，直接以迭代次数调节了网络权值。通过对西湖、东湖、青海湖、巢湖、滇池的富营养化评价，对比迭代次数、全局误差、收敛次数、预测能力等发现其自适应能力强，局部极小点不易达到，收敛速度快。

2.4 加入惯性冲量算法

加入惯性冲量算法就是在每次权值修正时，加入一个惯性的冲量，此惯性冲量与前一次学习的校正量有关，用以滤除在学习过程中的震荡，加快学习速度。梅长青[22]等在应用 BP 神经网络对巢湖营养化水平的研究中运用惯性冲量法。综合评价了巢湖的富营养化状况，证明用该方法评价是切实可行的，同时预测在 2010 年巢湖水质接近中富营养状态。姚云[23]等在胶州湾的水体富营养化预测中用增加惯性冲量算法提高了网络的稳定性，避免了陷入局部极小点。

2.5 L-M 算法

L-M（Levenberg-Marquardt）算法主要结合牛顿法和梯度下降法的优势，当网络权值数目较少时，收敛极其迅速。比传统的 BP 及其他改进算法（如共轭梯度法、附加动量法、自适应调整法等）精度高，收敛快，学习时间更短，在实际应用中效果更好。姚云等[17]以 L-M 算法优化神经网络的方法，通过对比增加惯量冲量算法，发现两种神经网络评价几乎结果一致，即对于同一时空体系下的同一目标，两种神经网络算法得出的营养化水平一样，同时较普通 BP 算法有较大的提升，能更准确地预测水域富营养化情况。

3 BP 神经网络的应用与比较

3.1 BP 神经网络的应用

王建平等（2003）构造了包含隐含层的 BP 神经网络模型，进行湖泊水质同步监测、分析误差和质量评价[24]。宋松柏等（2004）以评价指标生成序列和所属的评价等级值来建立 BP 网络评价模型，评价区域水资源可持续利用[25]。任黎等（2004）研制了包括 5 个评价指标 8 种类型的评价标准在内的 BP 人工神经网络模型，对湖泊富营养化程度自动做出正确评价[26]。彭金涛等（2011）引入"水面视觉比例"的概念，建立可预测减水河段河流景观质量的人工神经网络模型，评价了河流景观质量，最后提出相应的生态修复、植物措施及工程措施[27]。杨红等（2012）运用 BP 人工神经网络的方法结合地形及水动力情况，评价了长江口外海域生态环境质量状况，这种方法评价生态环境具有客观性和通用性[28]。邹劲松等（2012）探讨了人工神经网络水质预测模型优劣点，便于更有效、更好监控水质变化情况[29]。张克鑫等（2012）运用 BP 人工神经网络方法测定了 2009 年渭河宝鸡段 6 个过水断面水环境质量，探求颤藻生物量与总氮、总磷、透明度等 6 项环境因子之间的关系，BP 神经网络模型在水体中藻类水华的短期预测中拟合度很高，效果很好，该研究发现神经网络方法可以构建最佳预测模型[30]。谢恒星（2013）利用 BP 人工神经网络模型综合评价[31]。

通过 BP 神经网络与其他方法的比较（表 1），BP 人工神经网络方法以其学习、联想和容错功能，处理矛盾样本的能力高[32]，评价地表水环境质量是可行的，评价简便而实用，预测评价精度高[33]。

表 1　BP 神经网络与其他方法的比较

BP 人工神经网络优缺点	其他方法优缺点	研究对象（案例）	文献出处
细分自适应 BP 模型、敏感型人工神经网络模型、时间差分法人工神经网络模型、结合卡尔曼滤波技术的人工神经网络模型、带偏差单元的人工神经网络模型等，各有优缺点，适用情况不同		长江监利站、新疆伊犁河雅马渡站、岷江紫坪埔站、长江流域宜昌水文站、长江流域监利水文站、岷江流域紫坪埔水文站、金沙江流域屏山水文站	覃光华. 人工神经网络技术及其应用[D]. 四川大学，2003
BP 网络模型以单输出代替多输出可保证评价结果的唯一性	Hopfield 网络优于 BP 网络，既适用于定量指标的水质参数，又适用于定性指标的水质参数，而且使水质评价形象化	成都市金堂县东风水库水质资料	刘国东，黄川友，丁晶. 水质综合评价的人工神经网络模型[J]. 中国环境科学，1998，18（6）：514-517
BP 神经网络模型作为现代化技术手段，在处理非线性模式识别、信息处理能力和解算能力等方面具有显著优点，广泛应用于系统模拟、数据处理以及信息的提取等方面	RBF 神经网络、GRNN 三种方法对赤潮进行预测比较研究，光滑因子选取适当的 GRNN 准确度更高	赤潮预测	孙晓慧. 基于人工神经网络的赤潮预测方法研究[D]. 浙江海洋学院，2012
BP 人工神经网络模型在关联矿化度等中预测指标与地下水水位、降雨、蒸发和灌溉等相关因子的预测精度更高，更合适	三次平滑指数计算法精度不高	渭北黄土台塬灌区水质预测与评价	蔚丽娜. 渭北黄土塬灌区地下水水质演变规律研究[D]. 西北农林科技大学，2012

BP 人工神经网络优缺点	其他方法优缺点	研究对象（案例）	文献出处
在预测混合厌氧消化产气量中 BP 人工神经网络模型的预测准确率较之前者更高、更适用		脂肪类单基质和城市污水厂剩余污泥进行混合厌氧消化试验	周红艳，张文阳，李娜. 多元回归和 BP 人工神经网络模型对混合厌氧消化产气量的预测研究[J]. 四川环境，2012（3）：111-115
传统 BP 人工神经网络模型训练速度慢、参数选择困难、易陷入局部极值等缺点	多元回归原理不理想，ELM 模型模拟结果好，预测精度高，RBF 模型一般	云南某水库为实例进行总磷、总氮浓度预测	崔东文. 极限学习机在湖库总磷、总氮浓度预测中的应用[J]. 水资源保护，2013，29（2）：61-66

3.2　人工神经网络模型在水体富营养化预测中的优势

第一，水生生态系统是一具有多要素的复杂系统，要素间的关系错综复杂，表现出极大的随机性和非线性，而神经网络作为高度非线性关系映射，可避免人为因素在模糊综合评价和灰色聚类等方面影响，减少主观因素，使其具有更好的自学习、自适应能力[34]，可以极其方便地为水体富营养化提供预测。第二，BP 网络用于水体富营养化评价只需向系统输入已有样本参数信息和目标输出期望，而无需人为干预网络学习过程，计算简便。第三，权值的获得是网络对水质样本学习的结果，摒弃了人为确定权值的主观影响，使评价结果更具客观性。第四，一旦对标准训练完毕，就可用训练好的网络权值和阈值对不属于训练集的样本进行评价。因此，该模型具有强大的泛化性。

3.3　人工神经网络模型缺陷及其改进

（1）由于 BP 网络的学习过程由正向计算和误差反向传递修改两个过程组成（图 2），在误差曲面较平坦的区域，收敛速度较慢，耗时较长，而当误差曲面陡峭时，又会在峡谷区域引起振荡，通常需要上千次或更多的学习才能达到拟合。收敛速度慢，为了克服此缺陷，学者们也做了很多改进（如方法联合使用），若干学者对于 BP 人工神经网络的改进方法，其主要在于以动态阈值置换静态阀值，从而有效地缩短了收敛时间（表 2）。

表 2　若干学者在运用 BP 人工网络法时的改进

学者名	文献名	文献类型	文献出处	年份	研究地域	结合方法	特点
崔明、马国建	神经网络在渤海湾富营养化模型中的研究	J	山西建筑	2011	渤海湾	混沌遗传混合算法	避免出现局部最小值，克服收敛时间长
朱玲	基于小波分析的 BP 神经网络在西湖富营养化趋势预测中的应用	D	浙江大学学位论文	2007	杭州西湖	小波分析法	对输入层信号进行预先加工，提高预测准确度
梅长青、王心源、李文达	BP 网络模型在巢湖富营养化评价中的应用	J	能源与环境	2008	巢湖	惯性冲量的方法	加快收敛速度
任家宽	基于遗传算法—BP 神经网络的水库富营养化研究	D	重庆大学学位论文	2008	海南省万宁水库	自适应遗传算法	优化搜索步长，缩短收敛时间

（2）基于数据驱动型方法的 BP 人工神经网络若训练样本过少，则不能提取到足够多的数据信息[35]，反而可能得到错误的信息，且网络波动较大。然而在实际建模过程中，往往无法采集足够多的实验数据，这给学者们造成了一些困扰。实际应用中通常采用插值法进行样本数量增值是一个不错的方法，获得了不错的应用前景（表3）。

表3 使用插值法进行样本增值统计列表

学者名	文献名	文献类型	文献出处	年份	研究地域	差值后样本数	检验样本
罗妮娜	用 BP 网络预测杭州西湖富营养化的短期变化趋势	D	浙江大学学位论文	2004	西湖	57	有
朱玲	基于小波分析的 BP 神经网络在西湖富营养化趋势预测中的应用	D	浙江大学学位论文	2007	杭州西湖	64	有
刘恒	BP 神经网络在千岛湖水体富营养化变化预测中的应用	D	浙江大学学位论文	2007	浙江千岛湖	89	有
林高松，黄晓英，李娟	人工神经网络在深圳市水库富营养化评价中的应用	J	环境监测管理与技术	2010	深圳市水库	800	有

（3）隐层及节点数越多，BP 神经网络的训练能力越强，而其泛化能力越差。因此，在选取隐层及节点数时，必须综合考虑训练能力和泛化能力。实际应用过程中一般使用实验法进行检验，也有学者在隐含层因子数目方面使用了经验公式，或改进实验步骤以求自动调节隐含层因子数，以使其取得较好的校正效果（表2）。

（4）水生生态系统是一个具有多要素的复杂系统，要素间的关系错综复杂，表现出极大的随机性和非线性，预测评价水体营养化程度属于一个典型的黑箱问题，输入参数会因地域的不同，视角的不同而改变（表3）。

表3 若干学者输入层指标和隐含层因子数确定方法

学者名	文献名	研究地域	输入层指标	隐含层因子数
莫明辉、胡玮	BP 神经网络在东钱湖富营养化评价中的应用	东钱湖	TP、TN、高锰酸盐指数、SD	实验法
任家宽	基于遗传算法—BP 神经网络的水库富营养化研究	海南省万宁水库	水温、总磷、总氮、溶解氧和叶绿素 a	经验公式
崔明、马国建	神经网络在渤海湾富营养化模型中的研究	渤海湾	Chla、Tw、DO、pH 值和硅酸盐	实验法
罗妮娜	用 BP 网络预测杭州西湖富营养化的短期变化趋势	西湖	Tw、SD、Ec、TP 和 Chla	实验法
苏畅、沈志良、姚云、曹海荣	长江口及其邻近海域富营养化水平评价	长江口及其邻近海域	COD、DO、活性磷酸盐（PO$_4$-P）、溶解无机氮（DIN）和 Chla	实验法
朱玲	基于小波分析的 BP 神经网络在西湖富营养化趋势预测中的应用	杭州西湖	Chla、Tw、SD、Ec	实验法

学者名	文献名	研究地域	输入层指标	隐含层因子数
梅长青、王心源、李文达	BP 网络模型在巢湖富营养化评价中的应用	巢湖	Chla、SD、TP、TN、COD	自适应动态节点数
柳彩霞，傅南翔，郭子祺等	基于人工神经网络的 CHRIS 数据内陆水体叶绿素浓度反演研究	太湖梅梁湾地区	CHRIS 的前 5 个波段和第 13 波段的反射率值	实验法
万幼川、谢鸿宇、吴振斌、沈晓鲤	GIS 与人工神经网络在水质评价中的应用	湖北东湖	TN、TP、COD、SD、Chla	自适应动态节点数
林佳、苏玉萍、余榕霞等	应用人工神经网络模型研究福建省山仔水库叶绿素a动态	福建省山仔水库	总氮（TN）、水温（T）、总磷（TP）、高锰酸盐指数（COD_{Mn}）、pH 值、溶解氧（DO）	实验法
刘恒	BP 神经网络在千岛湖水体富营养化变化预测中的应用	浙江千岛湖	Tw、pH 值、Chla、SD	实验法
李贺、刘春光、樊娟等	BP 神经网络在河流叶绿素 a 浓度预测中的应用	天津市的津河和卫津河	NH_3-N、TN、TP、DRP，影响光合作用的 SS、T 及 pH 值，以及高锰酸盐指数、DO 和 BOD_5,Chla	实验法
任黎、董增川、李少华	人工神经网络模型在太湖富营养化评价中的应用	太湖	Chla、SD、TP、TN、COD	实验法
林高松、黄晓英、李娟	人工神经网络在深圳市水库富营养化评价中的应用	深圳市水库	Chla、SD、TP、TN、COD	自适应动态调节

4　结论

（1）针对 BP 神经网络在学习过程中收敛慢，且易陷入，学者可适当改进阈值的更新过程，以动态惯量的方式进行。隐函数因子数因 BP 网络本身的局限性，不易给出统一的计量公式，学者可在实验工作中应用实验法得出，亦可根据若干参考公式进行检验。实际运用 BP 神经网络进行学习训练时，若实验样本并不足以得到满意的网络，可使用插值法进行学习样本增值，从而达到学习要求。

（2）国内学术界在 BP 神经网络上的联合模型已做出了许多有效的成果，联合各种优化算法的 BP 人工神经网络模型可更为准确地模拟水体富营养化的程度，反映一个更加准确、全面的水体富营养化发展动态过程。同时我国正处于工业化的飞速发展时期，各地湖泊江河水体富营养化案例层出不穷，急需要更多的高精度模拟与预测，以促进环境保护与经济发展。无论是在拟合度，准确度，收敛时间，网络学习效率，还是实际运用中，联合模型的效果都较普通 BP 网络有较大的提升。

（3）在水体富营养化评价方面，BP 人工神经网络模型的联合模型还处于起步阶段，更多的如共轭梯度算法[36]、模拟退火算法、VLBP 算法[37]等联合 BP 网络模型在多个领域已有应用，可从算法和网络结构设计方面进行综合改进[38]。可见 BP 人工神经网络模型中多种算法的联合使用，互相矫正，弥补单一算法的缺憾，使得水体富营养化预测与环境评价具有更加实用的学术前景。富营养化评价过程中评价参数并不唯一，根据不同地域，不同视角，参数的选取具有很大的自主性。

（4）值得指出的是，神经网络技术具有大规模并行处理、分布式存储、自适应性、容错性等显著优点，虽然 BP 网络构建过程中联合模型的应用已较好地回避了网络在学习过程中陷入极小点，收敛较慢，局部震荡等缺憾，例如，吕琼帅（2011）等应用混合 BP 神经网络的分类模型于复杂样本的分类问题中，通过分析样本中属性的相关性进行网络构建，使用主成分分析法（PCA）对样本进行降维，用蜂群算法（ABC）对网络的权值进行优化，已经较好地克服了这些难题[39]。但是 BP 网络学习过程中隐性节点的不确定性，网络输入信号差异等缺憾是后期需要重点克服的学术难题，在一定程度上这些缺憾限制了 BP 人工神经网络在水体富营养化预测与评价中的应用。

参考文献

[1] 戴桂树. 环境化学[M]. 北京：高等教育出版社，1997.

[2] 金相灿. 中国湖泊富营养化[M]. 北京：中国环境科学出版社，1990：20-24.

[3] 楼文高. 湖库富营养化人工神经网络评价模型[J]. 水产学报，2001，25（5）：474-477.

[4] 刘恒. BP 神经网络在千岛湖水体富营养化变化预测中的应用[D]. 杭州：浙江大学，2007.

[5] 邓大鹏，刘刚，李学德，等. 基于神经网络简单集成的湖库富营养化综合评价模型[J]. 生态学报，2007，27（2）：725-731.

[6] 黄光明. BP 神经网络的模型优化研究及应用[J]. 河池学院学报，2008（5）：66-70.

[7] 李颖，周俊虎. BP 神经网络在优化配煤预测模型中的研究[J]. 煤炭转化，2002（2）：79-85.

[8] 孔祥瑞. 转炉炼钢终点优化控制模型的研究[D]. 杭州：杭州电子科技大学，2010.

[9] 张德丰. MATLAB 神经网络应用设计[M]. 北京：机械工业出版社，2008.

[10] D. F. Specht. A General Regression Neural Network [J]. IEEE Transactions on Neural Networks，1991，2（6）：568-576.

[11] Zhao Ying，Nan Jun，Cui Fuyi，et al. Water quality forecast through application of BP neural network at Yuqiao reservoir[J]. Zhejiang Univ Sci A，2007，8（9）：1482-1487.

[12] 杨松芹，张慧珍，巴月，等. 水体富营养化状况的人工神经网络预测模型的建立[J]. 卫生研究，2008，（5）：543-545.

[13] 袁晓辉，袁艳斌，王乘，等. 一种新型的自适应混沌遗传算法[J]. 电子学报，2006（4）：708-712.

[14] 马国建. 混沌优化神经网络在渤海湾富营养化模型中的应用研究[D]. 天津：天津大学，2009.

[15] 崔明，马国建. 神经网络在渤海湾富营养化模型中的研究[J]. 山西建筑，2011（15）：191-192.

[16] 朱玲. 基于小波分析的 BP 神经网络在西湖富营养化趋势预测中的应用[D]. 杭州：浙江大学，2007.

[17] 曾光明，卢宏玮，金相灿，等. 洞庭湖水体水质状况及运用小波神经网络对营养状态的评价[J]. 湖南大学学报（自然科学版），2005（1）：91-94.

[18] 吴巧媚，刘载文，王小艺，等. 小波神经网络在北京河湖水华预测中的应用[J]. 计算机工程与应用，2010（12）：233-235.

[19] 卢志娟，朱玲，裴洪平，等. 基于小波分析与 BP 神经网络的西湖叶绿素 a 浓度预测模型[J]. 生态学报，2008（10）：4965-4973.

[20] 余妹兰，匡芳君. BP 神经网络学习算法的改进及应用[J]. 沈阳农业大学学报，2011（3）：382-384.

[21] 姜雅萍，马宗仁. 基于 RPROP 算法的湖泊富营养化评价[J]. 中国资源综合利用，2008（11）：17-19.

[22] 梅长青，王心源，李文达. BP 网络模型在巢湖富营养化评价中的应用[J]. 能源与环境，2008（1）：9-11.

[23] 姚云，郑世清，沈志良. 利用人工神经网络模型评价胶州湾水域富营养化水平[J]. 海洋环境科学，2008（1）：10-12.

[24] 王建平，程声通，贾海峰，等. 用 TM 影像进行湖泊水色反演研究的人工神经网络模型[J]. 环境科学，2003，24（2）：73-76.

[25] 宋松柏，蔡焕杰. 区域水资源可持续利用评价的人工神经网络模型[J]. 农业工程学报，2004，20（6）：89-92.

[26] 任黎，董增川，李少华. 人工神经网络模型在太湖富营养化评价中的应用[J]. 河海大学学报（自然科学版），2004，32（2）：147-150.

[27] 彭金涛，王莉，杨玖贤，等. 人工神经网络模型在河流减水河段景观质量评价中的应用[J]. 水电站设计，2011（4）：77-82.

[28] 杨红，戴桂香，赵瀛，等. 基于 BP 人工神经网络的长江口外海生态综合评价及其成因分析[J]. 海洋环境科学，2012（6）：893-896.

[29] 邹劲松，徐伟刚. 基于 MATLAB 的人工神经网络水质预测模型探析[J]. 网友世界，2012（10）：40-41.

[30] 张克鑫，陆开宏，朱津永，等. 基于 BP 神经网络的藻类水华预测模型研究[J]. 中国环境监测，2012，28（3）：53-57.

[31] 谢恒星. 渭河宝鸡段水环境质量的 BP 人工神经网络分析[J]. 河南科学，2013，31（4）：509-512.

[32] 纪桂霞，李培红. 水环境质量评价的人工神经网络模型及应用[J]. 华北水利水电学院学报，1999，20（1）：60-62.

[33] 郭庆春，赵雪茹. 基于人工神经网络的黄河水质评价[J]. 计算机与数字工程，2013（5）：683-685.

[34] 王冬云，黄焱歆. 海水富营养化评价的人工神经网络方法[J]. 河北建筑科技学院学报（自然科学版），2001（4）：27-29.

[35] 张福勇. 汽车驾驶室显控系统的人机界面评价研究[D]. 哈尔滨：哈尔滨工程大学，2007.

[36] 史春朝，叶建美. 共轭梯度法在 BP 算法中的应用及其 MATLAB 仿真[J]. 科技信息（科学教研），2008（23）：563，578.

[37] 侯彦东，方惠敏，杨国胜，等. 一种改进的可变学习速率的 BP 神经网络算法[J]. 河南大学学报（自然科学版），2008（3）：309-312.

[38] 贺昌政，李晓峰，俞海. BP 人工神经网络模型的新改进及其应用[J]. 数学的实践与认识，2002，32（4）：554-561.

[39] 吕琼帅. BP 神经网络的优化与研究[D]. 郑州：郑州大学，2011.

中国征收环境税对经济和污染排放的影响分析

Economic and Emission Impact Analysis of Reforming China's Environmental Tax System

秦昌波　　王金南　　葛察忠　　高树婷

（环境保护部环境规划院战略规划部，北京　100012）

[摘　要]　本文利用 GREAT-E 模型分析环境税改革后不同税率水平对宏观经济、污染减排、收入水平、产业结构、贸易结构和要素需求的影响，为制定相关的环境税制度和政策提供决策支持服务。模拟结果表明，征收环境税对中国宏观经济的影响非常有限，GDP 的下降在可承受的范围之内。相对而言，征收环境税对污染物的减排作用远大于对经济发展的抑制作用。征收环境税会对不同的行业产生不同的影响，重污染行业受到抑制，而清洁产业反而加快发展。这主要是因为重污染行业因为成本的增加，减少了生产规模，释放出的资本和劳动力等要素资源被转移到了清洁产业，从而促进了这些产业的发展。为了促进环境成本内部化，建议提高污染税/费标准，同时政府应通过减免所得税或者向弱势群体提供补贴等方式减少环境税征收的负面影响。

[关键词]　环境税　排污收费　可计算一般均衡模型　经济影响

Abstract　In this study, the GREAT-W model is further extended into the GeneRal Equilibrium Analysis sysTem for Environment（GREAT-E）to assess the economic impacts of China's environmental taxation reforming. The simulation results show that the imposition of environmental tax is of very limited impact on China's macro-economy, in which the reduction in GDP can be made within the affordable range. Relatively, the emission reduction effect of the imposition of environmental tax on the pollutants is much greater than its negative effect on the economic development. It suggests that imposing environmental taxes can lead to important shifts in production, consumption, value added, and trade patterns. In order to promote the internalization of environmental cost, it is suggested to raise the pollution tax/charge standard, and at the same time, the government should reduce the adverse impact in the imposition of environmental tax by such means as to relieve the income tax or to provide subsidies to the vulnerable groups.

Keywords　environmental taxation, effluent fee, CGE, Economic impact

项目资助：国家社科基金重大项目"中国环境税收政策设计与效应研究"（编号：12AZD040）；环保公益性行业科研专项"稀土资源开发生态环境成本核算技术与环境损失评估"（编号：201309043）；自然科学基金重大项目"'自然—社会'二元水循环耦合规律研究——以渭河为例"（编号：50939006）。

作者简介：秦昌波，男，经济学博士，主要从事环境经济理论、模型与政策分析研究。

资源相对短缺、环境容量有限已经成为我国国情新的基本特征，而我国经济总量将继续扩大，资源环境压力将持续加大。开征环境税是促进我国节能减排和发展方式转型的有效环境经济手段之一。2011年10月国务院印发《关于加强环境保护重点工作的意见》（国发[2011]35号）提出"积极推进环境税费改革，研究开征环境保护税"，为我国环境税的制定和实施提供了契机。

1 背景

环境税最早是在20世纪20年代由英国经济学家Arthur C.Pigou在其外部性研究理论中提出，Pigou认为要使环境成本内部化，需要政府采取税收或补贴的形式来对市场进行干预，使私人边际成本与社会边际成本相一致。形成于60年代末的"污染者付费原则"（the Polluter Pays Principle）为环境税征税对象的确定提供了理论依据。该原则出发点是商品价格应充分体现生产成本和消耗的资源，利用经济手段将污染防治的资源重新分配以减少污染、合理使用环境资源。

环境税有利于推动污染排放产生的外部负效应内部化，促使经济主体自觉地通过成本效益分析，加强污染治理或者采用更清洁的生产工艺，从而减少污染物的排放。但是征收环境税将会在一定程度上影响生产成本、商品供应与需求，从而对经济增长和居民福利等方面造成一定影响。因此，环境税收政策在具体应用前，需要回答一系列根本的问题：什么是合理的环境税税率水平？环境税会对中国的污染排放造成什么影响？对中国经济造成什么样的总体影响？对中国的产业结构和贸易结构有何影响？等等。

可计算一般均衡模型（Computable General Equilibrium Model，CGE）作为经济学领域有效的实证分析工具，能够为回答上述问题提供有力支持，为环境税征收的经济影响和环境影响提供定量分析手段。武亚军和宣晓伟（2002）构建了一个硫税静态CGE模型，进行中国硫税政策效果模拟分析。结果表明：征收硫税会给我国GDP带来负效应，但却有利于能源结构和经济结构调整，大大降低二氧化硫的排放。王灿等（2005）利用CGE模型研究二氧化碳减排的经济影响，发现碳税会使煤和天然气产量大幅下降，石油和电力行业产量将上升以满足总的能源需求。庞军等（2008）根据"能源—经济—环境"CGE模型模拟了中国征收燃油税的经济影响。Qin等（2011）利用环境经济一般均衡分析系统（GeneRal Eqiulibrium Analysis sysTem for Environment，GREAT-E）分析了水污染物总量控制目标和排污交易政策的经济影响。Qin等（2012）将水资源作为一种生产要素纳入CGE模型中开发了水资源一般均衡分析系统（GeneRal Eqiulibrium Analysis sysTem for Water，GREAT-W），分析了提高水资源费征收标准对中国经济和水资源利用效率的影响。本文利用GREAT-E模型分析环境税改革后不同税率水平对宏观经济、污染减排、收入水平、产业结构、贸易结构和要素需求的影响，为制定相关的环境税制度和政策提供决策支持服务。

2 数据与方法

2.1 GREAT-E模型简介

GREAT-E模型利用基于通用代数模型系统（General Algebraic Modeling System，GAMS）的一般均衡数学编程系统（Mathematical Program System for General Equilibrium，MPSGE）开发而成（Rutherford，1998）。GREAT-E模型包含了新古典静态CGE模型的一

般结构（Robinson，1999）。图 1 给出了 GREAT-E 模型的基本结构。模型的建模基本思想是模拟宏观经济运行中生产引发收入，收入产生需求，需求带动生产的循环过程。在生产的过程中，生产部门不是价格的决策者而是价格的接受者，因此企业（部门）必须在一定的技术条件下，按照成本利润最大化或者既定利润成本最小化的原则来进行生产决策。决策在生产可能性边界约束下，按收入最大化原则确定该部门产出中用于内销和出口的相对份额构成。在规模不变的假设下，各部门的总产出不能由生产者决定，而是由均衡条件决定。即生产者需要进行投入决策，要在该部门总的均衡条件决定的前提下，选择中间投入和要素有效投入水平，使生产成本最小化。模型假定一种商品只能被一个生产者所生产。模型中采用多层嵌套的 CES 函数来描述生产要素之间的不同替代性。在第一层次，最终产出由合成中间投入和合成要素禀赋的组合决定，采用 CES 函数来描述其替代性。在第二层次，合成中间投入采用 Leontief 函数描述为对各部门中间产品的需求；而要素禀赋合成束采用 CES 函数描述污染排放和资本—劳动力合成束的组合。在第三层次，采用 Leontief

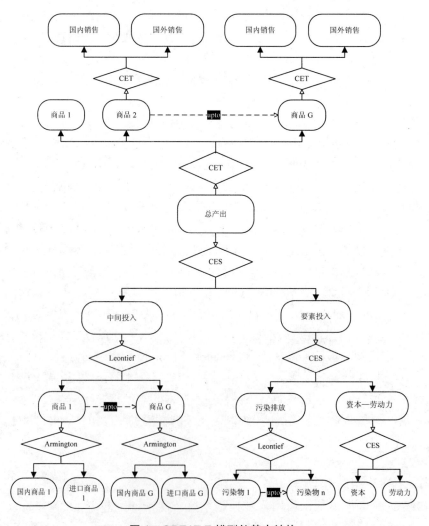

图 1　GREAT-E 模型的基本结构

函数描述各部门对不同污染物的需求，资本—劳动力合成束则采用 CES 函数描述资本和劳动力之间的组合关系。劳动力、资本可以根据研究的需要做进一步的分解。生产中各种要素间可替代的程度取决于它们的替代弹性和在基准年生产过程中的份额。模型采用 Armington 假设来描述进口商品和国内产品之间的不完全替代关系，通过 CES 函数描述最终消费在最小化成本的原则下，对进口商品和国内产品之间的优化选择。生产者生产出的产品根据收入最大化原则按 CET 函数在出口与国内市场间分配。

2.2 环境社会核算矩阵

要利用 CGE 模型开展政策模拟，就需要有高质量的数据集作支撑，数据问题在求解 CGE 模型过程中发挥着举足轻重的作用。一般均衡模型全面反映了社会经济各个主体间的经济行为和经济联系，因此在模型中变量初始值的确定、方程中参数的标定，必然涉及社会经济体中各方面大量的数据，这些数据反映了国民生产总值核算、投入产出核算、资金流量核算、资产负债核算和国际收支核算五项内容。社会核算矩阵（SAM）是一定时期内（通常是一年）对一国（或者一个地区）经济的全面描述。社会核算矩阵把投入产出表和国民经济核算表结合在一起，整合到一张表上，全面描述了整个经济的图景，它反映了经济系统一般均衡的基本特点，为 CGE 模型提供了必要而完备的数据基础。

由于我国缺乏官方发布的 SAM 表，同时，传统 SAM 表没有包含污染排放账户。因此，本研究以国民经济投入产出表为主要数据来源，通过增加非生产性机构账户（如居民、政府、国外等）构建社会核算矩阵。然后，通过单列环境污染排放要素账户，设计并编制能够反映污染排放与经济部门之间全面数量关系的环境经济一体化社会核算矩阵，从而将环境系统和经济系统统一在一个框架下。本研究利用 2007 年中国 135 个部门投入产出表将国民经济合并为 16 个行业部门，部门列表见表 1。

表 1 行业部门分类

代码	行业	代码	行业
CCF	种植业	NME	非金属矿物制造业
LSF	养殖业	MET	金属制品业
MIN	采掘业	MAC	机械设备制造业
FOO	食品产业	CCC	电子通信及仪器仪表业
TEX	纺织服装业	OHM	其他制造业
PPP	木材加工及造纸印刷业	ELE	电力、热力、燃气与水的生产供应业
PET	石油加工及炼焦	CON	建筑业
CHM	化学工业	SER	服务业

生产活动、商品、出口和进口账户数据来源于 2007 年中国投入产出表，政府收入和支出数据来源于《中国财政年鉴 2008》（财政部，2008），税收数据来源于《中国税务年鉴 2008》（税务总局，2008），家庭储蓄和政府储蓄数据来源于《中国统计年鉴 2008》的资金流量表（国家统计局，2008）。化学需氧量、氨氮、二氧化硫和氮氧化物的排放量及排污收费数据来源于《中国环境统计年报 2007》（环境保护部，2008）。本研究编制的中国 2007 年环境社会核算矩阵简表见表 2。

表2 中国2007年环境社会核算矩阵简表 单位：亿元

	活动	商品	劳动力	资本	COD	氨氮	SO₂	NOₓ	农村家庭	城镇家庭	企业	政府	国外	投资	总计
活动	—	818 859													818 859
商品	552 815	—			—	—	—	—	24 317	72 235	—	35 191	95 541	112 780	892 880
劳动力	110 047	—													110 047
资本	117 478	—													117 478
COD	103														103
氨氮	8														8
SO₂	170														170
NOₓ	113														113
农村家庭	—	—	28 652							—	12 023	—	775	—	41 451
城镇家庭	—	—	81 395							—	44 179	5 447	2 940	—	133 962
企业	—	—		117 478							—	2 061	1 606	—	121 144
政府	38 124	1 433	—	—	103	8	170	113	—	13 998	16 643	—	—	—	70 592
国外	—	72 588													72 588
储蓄									17 133	47 729	48 298	27 894	−28 274		112 780
总计	818 859	892 880	110 047	117 478	103	8	170	113	41 451	133 962	121 144	70 592	72 588	112 780	—

3 税率情景设置

我国现行排污费标准低于污染治理成本和污染损害成本。根据现行的排污收费标准，化学需氧量、氨氮、二氧化硫和氮氧化物的征收标准分别只有 0.7 元/kg、0.875 元/kg、0.63 元/kg 和 0.63 元/kg。无论继续执行现行的排污收费政策还是将来出台环境税，我国都面临提高征收标准的现实选择。为了评估征收环境税对中国经济和污染减排的影响，本研究设置 1 个基准情景和 4 个模拟情景进行分析。基准情景假设环境税征收税率平移目前的排污收费标准，模拟情景假设环境税征收标准相比现有排污收费标准分别提高 2 倍、4 倍、6 倍和 8 倍，具体征收标准见表3。

表3 税率情景设置 单位：元/kg

	基准	情景1	情景2	情景3	情景4
化学需氧量	0.7	1.4	2.8	4.2	5.6
氨氮	0.875	1.75	3.5	5.25	7.0
二氧化硫	0.63	1.26	2.52	3.78	5.04
氮氧化物	0.63	1.26	2.52	3.78	5.04

4 结果与讨论

4.1 对宏观经济和污染减排的影响分析

征收环境税对实际 GDP 的影响非常小，但能取得相对明显的污染减排效果。从表4 给出的模拟结果来看，在环境税征收标准提高 2 倍、4 倍、6 倍和 8 倍的情况下，实际 GDP 仅分别下降 0.018 个、0.055 个、0.092 个和 0.128 个百分点。相对 GDP 的轻微下降幅度来讲，征收环境税对减少污染物排放的作用较为明显。在环境税征收标准提高 8 倍的情况下，化学需氧量、氨氮、二氧化硫和氮氧化物的总排放量分别减少 0.5%、0.2%、1.9%和 1.7%。总体来看，征收环境税对大气污染物的减排作用大于水污染物。这主要是因为大气污染物的排放量大于水污染物的排放量，较高的大气污染环境税征收抑制大气污染排放强度高的行业发展的同时，促进了大气污染排放强度低的行业发展。而一些大气污染排放强度低的行业可能排放较大强度的水污染物，这会对水污染物的减排产生抵消作用。

表 4　不同税率设置对宏观经济和污染减排的影响模拟结果　　　　　单位：%

	情景 1	情景 2	情景 3	情景 4
实际 GDP	−0.018	−0.055	−0.092	−0.128
总出口	−0.056	−0.165	−0.272	−0.376
总进口	−0.073	−0.217	−0.358	−0.495
工资率	−0.206	−0.612	−1.010	−1.402
资本回报率	−0.142	−0.423	−0.698	−0.967
居民收入	−0.326	−0.970	−1.601	−2.221
农村居民收入	−0.359	−1.068	−1.764	−2.447
城镇居民收入	−0.317	−0.942	−1.556	−2.158
政府收入	0.714	2.119	3.494	4.841
COD 排放	−0.073	−0.217	−0.360	−0.500
氨氮排放	−0.031	−0.093	−0.154	−0.214
SO_2 排放	−0.280	−0.827	−1.357	−1.870
NO_x 排放	−0.257	−0.754	−1.236	−1.703

征收环境税会导致进出口总量的下降。环境税的征收推高产品销售价格，从而影响产品的出口竞争力。在环境税提高到现行排污费征收标准的 8 倍时，总出口会面临 0.38 个百分点的下降。由于国内需求的下降，总进口也会出现一定幅度的下降。在环境税提高到现行排污费征收标准的 8 倍时，总进口会下降 0.5 个百分点。

征收环境税会减少居民可支配收入，但能显著增加政府收入。过高的环境税征收标准会影响居民的收入，而且对农村居民的影响高于城镇居民，表明环境税的征收对相对弱势的群体影响更为明显。这主要是因为环境税提高了消费品价格，弱势群体对物价上涨的承受能力更弱。在环境税提高到现行排污费征收标准的 8 倍时，政府财政收入能够提高 4.8 个百分点。政府收入的增加使得政府有财力通过减免所得税或者为弱势群体提供补贴来减少环境税征收给居民福利带来的负面影响。

4.2　对行业生产结构的影响分析

表 5 列出了我国征收环境税时各行业产出水平和产出价格的变化百分比。就产出水平而言，征收环境税会抑制污染排放强度大的行业，而且税率越高，抑制作用越明显；对于污染强度较小的行业，征收环境税反而会促进其发展。产出水平下降幅度最大的行业是电力行业，其次是畜禽养殖、采掘业、食品业和化工产业。从价格水平变化情况来看，价格增加较大的行业往往也是产出水平下降较大的行业。电子通信与仪器仪表产业、服务业是

产出水平增长较大的行业，这主要是因为一些高污染行业的生产受到抑制后，资本和劳动力被转移到了这些相对清洁的产业。对于种植业和林业，尽管并不征收环境税，但由于产业关联度较为密切的畜禽养殖、食品和服装纺织等行业产出水平的下降降低了对其产品的需求，其产出水平也出现了较大幅度的下降。

表5　不同税率设置对行业生产的影响模拟结果　　　　　单位：%

部门	情景1		情景2		情景3		情景4	
	产出	价格	产出	价格	产出	价格	产出	价格
种植业	−0.155	−0.129	−0.464	−0.383	−0.769	−0.634	−1.070	−0.880
养殖业	−0.250	0.072	−0.743	0.216	−1.228	0.359	−1.706	0.502
采掘业	−0.243	0.017	−0.720	0.050	−1.188	0.082	−1.646	0.113
食品	−0.236	−0.015	−0.701	−0.044	−1.160	−0.072	−1.612	−0.099
纺织服装	−0.198	−0.014	−0.593	−0.041	−0.986	−0.066	−1.377	−0.091
造纸印刷	−0.227	0.105	−0.674	0.313	−1.112	0.517	−1.543	0.719
石油冶炼	−0.176	0.043	−0.524	0.127	−0.865	0.210	−1.200	0.291
化学工业	−0.229	0.086	−0.681	0.257	−1.125	0.424	−1.560	0.588
非金属制品	−0.140	0.142	−0.417	0.424	−0.688	0.701	−0.953	0.973
金属冶炼	−0.157	0.081	−0.466	0.239	−0.769	0.396	−1.066	0.549
设备制造	−0.079	0.008	−0.233	0.025	−0.386	0.041	−0.535	0.056
电子信息	0.141	−0.039	0.420	−0.115	0.695	−0.190	0.966	−0.263
其他工业	−0.121	−0.055	−0.360	−0.165	−0.595	−0.272	−0.826	−0.377
电力	−0.734	0.605	−2.161	1.801	−3.538	2.978	−4.867	4.138
建筑业	−0.006	0.021	−0.019	0.063	−0.032	0.104	−0.044	0.145
服务业	0.059	−0.036	0.174	−0.106	0.285	−0.174	0.393	−0.240

4.3　对进出口贸易结构的影响分析

征收环境税会抑制重污染产品出口，提升清洁行业的出口竞争力，降低贸易顺差对我国环境的影响。表6列出了我国征收环境税时各行业进出口相比征税之前的变化百分比。畜禽养殖、采掘业、木材加工及造纸印刷业、石油冶炼及加工业、化学工业、非金属矿物制造业、金属冶炼及制品业等重污染行业的出口下降明显，而且税率越高，出口下降幅度越大。而电子通信及仪器仪表产业和服务业出口增加明显，在环境税提高到现行排污费征收标准的8倍时，其增长幅度分别达到2.1%和1.4%。由于环境税的征收改变了国内生产结构，国内需求的变化导致进口结构也产生了相应的变化。

表6　不同税率设置对进出口的影响模拟结果　　　　　单位：%

行业	情景1		情景2		情景3		情景4	
	出口	进口	出口	进口	出口	进口	出口	进口
种植业	0.378	−0.368	1.127	−1.093	1.868	−1.804	2.600	−2.501
养殖业	−0.520	−0.128	−1.547	−0.379	−2.557	−0.625	−3.550	−0.865
采掘业	−0.293	−0.218	−0.868	−0.647	−1.432	−1.066	−1.984	−1.478
食品	−0.159	−0.264	−0.478	−0.785	−0.797	−1.296	−1.116	−1.797

行业	情景1		情景2		情景3		情景4	
	出口	进口	出口	进口	出口	进口	出口	进口
纺织服装	−0.125	−0.249	−0.381	−0.741	−0.644	−1.225	−0.912	−1.701
造纸印刷	−0.628	0.065	−1.858	0.194	−3.055	0.321	−4.222	0.446
石油冶炼	−0.329	−0.119	−0.978	−0.353	−1.614	−0.583	−2.237	−0.809
化学工业	−0.556	−0.107	−1.645	−0.318	−2.706	−0.525	−3.740	−0.730
非金属制品	−0.690	0.028	−2.039	0.083	−3.347	0.138	−4.615	0.192
金属冶炼	−0.461	−0.055	−1.364	−0.163	−2.245	−0.269	−3.104	−0.373
设备制造	−0.095	−0.068	−0.282	−0.203	−0.468	−0.334	−0.652	−0.462
电子信息	0.313	0.047	0.933	0.139	1.543	0.232	2.146	0.323
其他工业	0.118	−0.194	0.350	−0.575	0.574	−0.949	0.791	−1.314
电力	−3.082	−0.006	−8.856	−0.023	−14.15	−0.046	−19.02	−0.075
建筑业	−0.074	0.014	−0.222	0.043	−0.368	0.071	−0.513	0.099
服务业	0.219	0.006	0.648	0.017	1.065	0.027	1.472	0.037

4.4 对要素需求结构的影响分析

总体来看，征收环境税将促进劳动力和资本等要素从高污染行业向低污染行业转移。表7列出了我国征收环境税时各行业劳动力投入及资本投入相比征税之前的变化百分比。电力、畜禽养殖、木材加工及造纸印刷业、食品产业是要素投入下降最大的4个行业。而电子通信与仪器仪表产业、装备制造、服务业等行业的要素投入则增加明显。主要是因为这些行业污染强度低，可以吸纳重污染行业释放出的劳动力和资本加快自身发展。

表7 不同税率设置对要素需求的影响模拟结果   单位：%

行业	情景1		情景2		情景3		情景4	
	劳动力	资本	劳动力	资本	劳动力	资本	劳动力	资本
种植业	−0.097	−0.129	−0.291	−0.386	−0.483	−0.640	−0.674	−0.893
养殖业	−0.195	−0.227	−0.581	−0.675	−0.962	−1.118	−1.337	−1.554
采掘业	−0.128	−0.160	−0.382	−0.476	−0.630	−0.787	−0.873	−1.092
食品	−0.150	−0.161	−0.447	−0.479	−0.740	−0.794	−1.030	−1.104
纺织服装	−0.073	−0.096	−0.223	−0.290	−0.377	−0.487	−0.535	−0.688
造纸印刷	−0.175	−0.200	−0.517	−0.593	−0.852	−0.978	−1.180	−1.354
石油冶炼	−0.061	−0.089	−0.180	−0.266	−0.297	−0.439	−0.411	−0.609
化学工业	−0.125	−0.157	−0.371	−0.466	−0.612	−0.768	−0.847	−1.066
非金属制品	−0.034	−0.063	−0.100	−0.185	−0.162	−0.304	−0.221	−0.419
金属冶炼	−0.048	−0.079	−0.141	−0.236	−0.231	−0.388	−0.318	−0.537
设备制造	0.037	0.015	0.111	0.045	0.184	0.073	0.255	0.101
电子信息	0.340	0.314	1.013	0.937	1.680	1.552	2.339	2.159
其他工业	−0.002	−0.033	−0.005	−0.100	−0.009	−0.166	−0.012	−0.232
电力	−0.514	−0.545	−1.516	−1.609	−2.485	−2.639	−3.424	−3.637
建筑业	0.124	0.093	0.371	0.276	0.615	0.456	0.856	0.634
服务业	0.146	0.114	0.433	0.337	0.714	0.556	0.991	0.769

5 结论

本文利用 GREAT-E 模型分析环境税改革后不同税率水平对宏观经济、污染减排、收入水平、产业结构、贸易结构和要素需求的影响。模拟结果表明，征收环境税对中国宏观经济的影响非常有限，GDP 的下降在可承受的范围之内。相对而言，征收环境税对污染物的减排作用远大于对经济发展的抑制作用。较高税率的环境税能够较大幅度地减少污染物的排放。征收环境税在增加政府收入的同时会对居民福利产生一定的负面影响。但是考虑到污染减排能够带来环境质量的改善，进而产生正面的居民福利效应和社会效应，环境税征收产生的社会负面影响实际上要小于模拟结果。

征收环境税会对不同的行业产生不同的影响，重污染行业受到抑制，而清洁产业反而加快发展。这主要是因为重污染行业因为成本的增加，减少了生产规模，释放出的资本和劳动力等要素资源被转移到了清洁产业，从而促进了这些产业的发展。

为了促进环境成本内部化，建议提高污染税/费标准。由于现有排污收费标准偏低，远低于污染治理成本，很多企业宁愿缴纳排污费也不愿意治理污染。因此未来开征环境税，税率应至少与治理成本相当，促进污染者减少污染排放。在环境税开征之前，则可以通过提高现有排污收费标准，达到提高排污成本，促进环境成本内部化的目标。另一方面，建议政府通过减免所得税或者向弱势群体提供补贴等方式减少环境税征收的负面影响。

参考文献

[1] 武亚军，宣晓伟. 环境税经济理论及对中国的应用分析[M]. 北京：经济科学出版社，2002.

[2] 庞军，等. 应用 CGE 模型分析中国正式燃油税的经济影响[J]. 经济问题探索，2008（11）：69-73.

[3] 王灿，陈吉宁，邹冀，等. 基于 CGE 模型的二氧化碳减排对中国经济的影响[J]. 清华大学学报，2005，45（12）：1621-1624.

[4] Qin C，Bressers H J A，Su Z，et al. Economic impacts of water pollution control policy in China：A dynamic computable general equilibrium analysis [J]. Environmental Research Letters，2011（4）.

[5] Qin C，Jia Y，Su Z，et al. The Economic Impact of Water Tax Charges in China：A Static Computable General Equilibrium Analysis [J]. Water International，2011，37（3）：279-292.

[6] Thomas F. Rutherford. Economic Equilibrium Modeling with GAMS：An Introduction to GAMS/MCP and GAMS/MPSGE. Washington DC：GAMS Development Corporation，1998.

[7] Robinson S，et al. From stylized to applied models：building multi-sector CGE models for policy analysis [J]. The North American Journal of Economics and Finance，1999，10（1）：5-38.

[8] 财政部. 中国财政年鉴 2008[M]. 北京：中国财政经济出版社，2008.

[9] 国家统计局. 中国统计年鉴 2008[M]. 北京：中国统计出版社，2008.

[10] 国家税务总局. 中国税务年鉴 2008[M]. 北京：中国税务出版社，2008.

[11] 环境保护部. 中国环境统计年报 2007[M]. 北京：中国环境科学出版社，2008.

陕西省生产用水变动的驱动机制分析

Drive Factor Analysis for Productive Water Consumption Changes in Shaanxi Province

秦昌波[1] 葛察忠[1] 贾仰文[2]

（1. 环境保护部环境规划院环境经济部，北京 100012
2. 中国水利水电科学研究院流域水循环模拟与调控国家重点实验室，北京 100038）

[摘 要] 进入 21 世纪以来，陕西省生产用水消费量呈波动增长趋势，用水的增长速度远远落后于 GDP 的增长速度，生产用水量和经济发展呈现明显的"脱钩"效应。针对生产用水消耗问题，采用 LMDI 方法从经济规模效应、产业结构效应和用水技术效应 3 个方面分析了陕西省用水变动的驱动因素及影响程度。结果表明，经济规模效应是驱动陕西省生产用水增加的主要因素，经济增长带来的用水压力依然巨大；农业生产比重的下降是经济结构效应驱动陕西省生产用水下降的主要原因，但是其他行业的结构调整总体上对抑制用水增加起负面作用；通过技术进步提高用水效率能够有效抑制陕西省用水量增加。文章最后结合实证分析结果提出了提高陕西省水资源利用效率的相关建议。

[关键词] 用水消耗 因素分解 LMDI 陕西省

Abstract In the past decade, productive water consumption in Shaanxi province increased with fluctuations, and its growth was far slower than economic growth. This means the decoupling of water consumption and economic development. In this study drive factor of productive water consumption change was decomposed to scale effect, structural effect and technical effect through Logarithmic Mean Divisia Index (LMDI). From the decomposition results we can draw important policy implications. The scale effect is the major factor to drive the water consumption growth, and expansion of economic scale led to great pressure on water consumption in Shaanxi province. Reduction of agriculture share in economy was the main contribution factor of reducing water consumption through structural effect and structural adjustment of other sectors totally raised the water demand. Technical effect can effectively reduce the water consumption through improving the water use efficiency. Accounting to the drive factor decomposition results, policy recommendations were provide to decision-makers for improving the water use efficiency in Shaanxi province.

项目资助：国家社科基金重点项目"中国环境税收政策设计与效应研究"（编号：12AZD040）；环保公益性行业科研专项"稀土资源开发生态环境成本核算技术与环境损失评估"（编号：201309043）；自然科学基金重大项目"'自然—社会'二元水循环耦合规律研究——以渭河为例"（编号：50939006）。
作者简介：秦昌波，男，经济学博士，主要从事环境经济理论、模型与政策分析研究。

Keywords water consumption，factor decomposition，LMDI，Shaanxi province

1 背景

水资源是人类社会发展不可或缺的重要战略资源，是社会经济可持续发展的基本保障。我国是一个缺水的国家，人均水资源只有世界平均水平的 1/4，而陕西人均水资源只相当于全国的 52%，人口和经济集中的关中地区只相当于全国平均水平的 15%。21 世纪以来，陕西省在"西部大开发"战略指导下加速推进工业化发展进程，经济规模快速扩张，2001—2011 年国内生产总值（GDP）增长 3.6 倍，年均增幅高达 13.8%，随之而来的能源资源消耗的压力日益突出。目前陕西省工农业和城市缺水问题已很突出，水资源问题已经成为制约区域社会经济可持续发展的重要瓶颈。在此背景下，研究陕西省生产用水消费变化问题，定量分析经济用水消耗变化的驱动因素及其影响，对于正确理解陕西省经济发展与用水量变化之间的关系，调整相关的产业发展政策、制定不同行业的节水政策，保障社会经济可持续发展具有重要意义。

近年来，随着水资源供给与经济发展矛盾日渐凸显，学者们逐渐开展对节水、用水效率、用水的驱动因素等问题的研究。贾绍凤等（2004）定量分析了北京市产业结构调整对平均工业用水定额下降的贡献，结果表明经济结构调整对北京市节水从 20 世纪 80 年代的负面影响逐渐转变为 90 年代的正面影响，并且贡献率逐渐增长成为平均用水定额减少的主要原因。孙才志和王妍（2010）构建了产业用水变化的全要素分解模型，测度了1994—2007 年辽宁省产业用水变化驱动的经济增长效应、结构效应和强度效应，结果表明辽宁省产业用水变化是由经济增长的稳定作用、结构变动的冲击作用和技术进步的动力作用共同决定的。陈雯和王湘萍（2011）采用对数均值迪氏指数分析方法从技术进步和产业结构变迁两个层面分析了水资源消耗强度变化的原因，结果表明技术效应是导致工业行业水资源消耗强度下降的主要原因，结构效应对水资源消耗强度的下降也起到一定作用。王康（2011）将经典的 IPAT 等式扩展为包含人口、富裕程度、用水强度和产业结构 4 种影响的用水分析等式，并利用结构分析模型将 4 种因素对 1999—2008 年甘肃省用水总量变化的贡献分解，结果表明 GDP 的规模增长导致用水量增长，产业结构变化导致用水量减少。佟金萍等（2011）利用 Laspeyres 指数构建了万元 GDP 用水量的完全分解模型，从产业和地区两个层面对我国 1997—2009 年万元 GDP 用水量的变动进行分解，结果表明技术进步和结构调整是推动我国万元 GDP 用水量显著下降的两个重要因素。

考虑到水资源供给的有限性，生产用水不可能无限制增加，本文应用对数均值迪氏指数（LMDI）分析方法构建用水消费分解模型，全面分析驱动陕西省生产用水变化的驱动因素及贡献率，进而提出相应节水政策和产业结构调整政策建议，为陕西省水资源与社会经济协调可持续发展决策提供科学参考。

2 数据与方法

2.1 用水分解模型

国内外研究常用因素分解法分析造成污染排放或能源消耗的主要影响因素，由于该法可以分离各因素对总指标变化的贡献，因此因素分解法已成为研究能源、环境问题驱动原因分析普遍使用的方法之一。因素分解法可以分为基于投入产出分析的结构分解法和指数分解法。指数分解法大多是基于拉氏（Laspeyres）和迪氏（Divisia）指数分解的改进，但这些方法中总量变化的分解结果中大多存在未经解释的剩余项，影响了分解方法的有效性。Ang（2004）在迪氏指数分解方法的基础上，提出了对数平均迪氏指数分解方法（Logarithmic Mean Divisia Index，LMDI），解决了分解中剩余项的问题。这种简单平均分解法为基础的对数平均权重分解法，由于可以做到对总量变化的完全分解，以及其在理论基础、适用性和应用性等方面的良好特性，因而总量变化的因素分解研究中逐步得到了广泛应用（Ang，2005；张炎治和聂锐，2008）。

本文依据 LMDI 方法原理对生产用水消费变化问题进行分解，将陕西省生产用水变化的影响因素分解为经济规模效应、行业结构效应以及技术效应，实证研究引起陕西省生产用水消费变化的驱动机制，分析各种影响因素对用水消耗变化的变动效应和变动贡献率。具体的因素分解恒等式表示为：

$$W = \sum_{i=1}^{n} W_i = \sum_{i=1}^{n} G \frac{V_i}{G} \frac{W_i}{V_i} = \sum_{i=1}^{n} G \mathrm{SHR}_i \mathrm{TEC}_i \tag{1}$$

式中：W —— 生产用水总量；

i —— 不同的行业部门；

n —— 行业的数量；

W_i —— 行业用水量；

V_i —— 行业增加值；

G —— 国内生产总值，即 $G = \sum_{i=1}^{n} V_i$。

用水总量被分解为以下 3 种因素的作用结果。① 规模效应，经济活动的规模，用增加值 G 来表示；② 结构效应，经济活动的产出结构，用各行业的增加值占总增加值的比重表示，即 $\mathrm{SHR}_i = V_i / G$；③ 技术效应，生产用水的技术水平，用单位增加值的用水量表示，即 $\mathrm{TEC}_i = W_i / G_i$。

接下来，对式（1）两边对时间 t 取导数可得：

$$\frac{\mathrm{d} \ln W}{\mathrm{d}t} = \sum_{i}^{n} \frac{G \cdot \mathrm{SHR}_i \cdot \mathrm{TEC}_i}{W} \cdot \left(\frac{\mathrm{d} \ln G}{\mathrm{d}t} + \frac{\mathrm{d} \ln \mathrm{SHR}_i}{\mathrm{d}t} + \frac{\mathrm{d} \ln \mathrm{TEC}_i}{\mathrm{d}t} \right) \tag{2}$$

令 $\omega_i = G \cdot \mathrm{SHR}_i \cdot \mathrm{TEC}_i / W$，那么用水总量 W 在时期 $t \in [0, T]$ 中的变化量可以表示为：

$$\begin{aligned} \Delta W = W_T - W_0 &= \Delta W_G + \Delta W_{\mathrm{SHR}} + \Delta W_{\mathrm{TEC}} \\ &= \int_0^T \sum_{i=1}^{n} \omega_i \ln \frac{G^T}{G_0} \mathrm{d}t + \int_0^T \sum_{i=1}^{n} \omega_i \ln \frac{\mathrm{SHR}_i^T}{\mathrm{SHR}_i^0} \mathrm{d}t + \int_0^T \sum_{i=1}^{n} \omega_i \ln \frac{\mathrm{TEC}_i^T}{\mathrm{TEC}_i^0} \mathrm{d}t \end{aligned} \tag{3}$$

式中：ΔW —— 生产用水总变化量；

ΔW_G，ΔW_{SHR}，ΔW_{TEC} —— 经济规模效应导致的用水消耗变化量、行业结构效应导致的用水消耗变化量和技术效率引起的用水变化量。

采用对数平均权重函数对式（3）的右侧的各积分项求解，令：

$$\omega_i^* = (W_i^T - W_i^0)/(\ln W_i^T - \ln W_i^0)$$

则可得：

$$\Delta W = \sum_{i=1}^{n} \omega_i^* \ln \frac{G^T}{G^0} + \sum_{i=1}^{n} \omega_i^* \ln \frac{\text{SHR}_i^T}{\text{SHR}_i^0} + \sum_{i=1}^{n} \omega_i^* \ln \frac{\text{TEC}_i^T}{\text{TEC}_i^0} \quad (4)$$

方程（4）的含义是，用水总量的变化可分解为等式右边 3 种因素的贡献。第一项是规模效应，如果产出的规模报酬不变，产出增加 1%，其他效应不变的情况下，用水也会增加 1%；第二项是结构效应，如果经济规模和用水技术效率不变，更多投资用水强度低的行业会减少需水量；第三项是技术效应，其他条件不变，用水效率的增加会减少用水量。这三项因素变动效应的 LMDI 分解算式分别为：

$$\Delta W_G = \sum_{i=1}^{n} \frac{W_i^T - W_i^0}{\ln W_i^T - \ln W_i^0} \ln \frac{G^T}{G^0} \quad (5)$$

$$\Delta W_{\text{SHR}} = \sum_{i=1}^{n} \frac{W_i^T - W_i^0}{\ln W_i^T - \ln W_i^0} \ln \frac{\text{SHR}_i^T}{\text{SHR}_i^0} \quad (6)$$

$$\Delta W_{\text{TEC}} = \sum_{i=1}^{n} \frac{W_i^T - W_i^0}{\ln W_i^T - \ln W_i^0} \ln \frac{\text{TEC}_i^T}{\text{TEC}_i^0} \quad (7)$$

2.2 数据来源

本文依据国家统计局《国民经济行业分类（GB/T 4754—2011）》，在对部分行业部门进行适当归并的基础上将陕西省划分为 35 个行业部门，其中第一产业包括农业和林牧渔畜两个部门，第二产业包括 23 个工业部门和 1 个建筑业部门，第三产业划分为 9 个服务业部门。其中，35 个行业历年增加值数据取自各年《陕西省统计年鉴》，用水量数据来自历年《陕西省水资源公报》。本文分析的时间跨度为 2001—2011 年，各年行业增加值数据按照 GDP 平均指数调整至 2010 年价格水平。部分细分行业的用水量数据根据投入产出表中水的生产和供应业的中间投入数据进行分解获得，因篇幅所限，35 个行业各年的用水量、增加值的计算数据未列表显示。

3 结果与讨论

3.1 生产用水变化的因素分解

2001—2011 年，陕西省生产用水总量呈现中先减少后波动增长的趋势（图 1）。10 年间，用水总量总共增加了 5.07 亿 t，增长幅度为 7.3%。而同期 GDP 总量从 2001 年的 3 177 亿元增长到 2011 年的 11 531 亿元（以 2010 年不变价计算），增长幅度高达 263%（图 2）。这表明陕西省生产用水量并未随着经济规模的增长同步增加，生产用水量和经济发展呈现明显的"脱钩"效应。

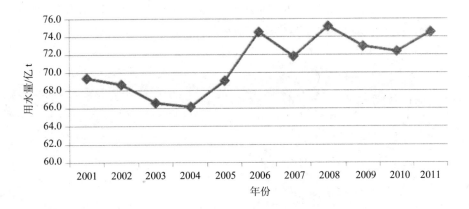

图 1　2001—2012 年陕西省年度用水量变化情况

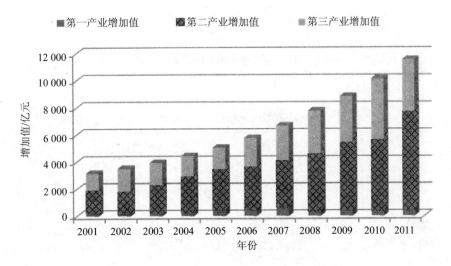

图 2　2001—2012 年陕西省三次产业增加值

从各项效应的分解结果来看，生产规模的增加依然给用水消耗带来了巨大的增长压力，而产业结构调整的结构效应和用水技术进步的技术效应则大大降低了用水的增长压力。10 年间，规模效应总共贡献了 99.53 亿 t 的用水增长压力，与 2011 年相比增长幅度高达 143%，其中一产、二产和三产用水量分别增长 78.53 亿 t、18.93 亿 t 和 2.07 亿 t（表 1），增幅分别为 143%、139% 和 197%。结构效应是导致用水总量大幅减少，10 年间通过产业结构调整总共减少用水量 36.91 亿 t。其中第一产业在 GDP 份额中占比的减少是导致用水减少的主要因素，总共降低用水量 39.70 亿 t，第二产业比重增长则导致用水量增加 3.02 亿 t，第三产业则小幅减少用水量 0.23 亿 t（表 1）。这表明陕西省用水效率最高的第三产业增长速度仍然慢于第二产业，未来通过提高第三产业在国民经济中的比重来降低用水压力仍然有很大潜力可挖。技术效应是导致用水总量减少的另一个重要因素。陕西省万元 GDP 用水量从 2001 年的 232.7 m³/万元降至 2011 年的 61.7 m³/万元，用水效率提高 3.8 倍，一产、二产和三产的万元增加值用水量分别从 2011 年的 1 159.0 m³/万元、97.6 m³/万元和 9.4 m³/万元降至 2011 年的 618.7 m³/万元、19.1 m³/万元 5.3 m³/万元，用水效率分别提高 1.9 倍、5.1 倍和 1.8 倍（图 3）。10 年间通过提高用水效率总共减少用水量 57.55 亿 t，其中一产、二产、三产通过技术进步分别减少用水量 35.41 亿 t、21.18 亿 t 和 0.96 亿 t（表 1）。

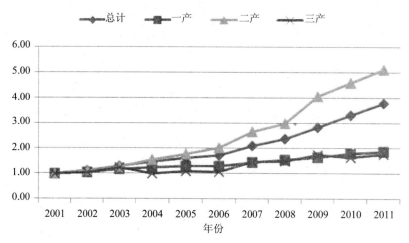

图 3   2001—2011 年陕西省用水强度变化（2001 年=1）

表 1   2001—2011 年陕西省用水变动的驱动因素分解　　单位：亿 t

变动 年份	用水量变动	规模效应				结构效应				技术效应			
		一产	二产	三产	小计	一产	二产	三产	小计	一产	二产	三产	小计
2001—2002	-0.74	5.33	1.32	0.11	6.76	-3.77	0.24	0.00	-3.54	-2.24	-1.68	-0.05	-3.97
2002—2003	-2.05	6.35	1.65	0.13	8.13	-3.06	0.95	0.01	-2.09	-5.75	-2.12	-0.21	-8.09
2003—2004	-0.43	6.67	1.78	0.16	8.61	-3.01	0.50	0.01	-2.50	-4.00	-2.75	0.22	-6.53
2004—2005	2.91	7.15	1.86	0.20	9.20	-2.99	0.27	0.00	-2.71	-1.68	-1.73	-0.17	-3.58
2005—2006	5.40	7.69	1.92	0.21	9.82	-2.96	0.20	0.00	-2.77	0.04	-1.72	0.02	-1.65
2006—2007	-2.72	8.89	2.08	0.24	11.21	-3.12	0.10	-0.01	-3.04	-6.91	-3.50	-0.49	-10.8
2007—2008	3.33	9.87	2.29	0.25	12.41	-4.28	0.23	-0.03	-4.08	-3.60	-1.35	-0.05	-5.00
2008—2009	-2.17	8.61	1.92	0.23	10.76	-5.02	0.21	-0.05	-4.86	-3.95	-3.88	-0.23	-8.07
2009—2010	-0.54	8.70	1.91	0.25	10.86	-5.51	0.16	-0.07	-5.41	-4.82	-1.28	0.11	-5.99
2010—2011	2.07	9.28	2.21	0.30	11.78	-5.99	0.15	-0.09	-5.93	-2.50	-1.17	-0.11	-3.78
2001—2011	5.07	78.5	18.9	2.07	99.5	-39.7	3.02	-0.23	-36.9	-35.4	-21.1	-0.96	-57.5

3.2   行业用水变化的因素分解

从行业用水总变动的绝对量来看，2001—2011 年陕西省有 16 个行业的用水量呈增长趋势（表 2），其中林牧渔畜业、煤炭开采和洗选业、食品制造及烟草加工业、水的生产和供应业、石油和天然气开采业是用水量增长的主要产业部门。另外 19 个行业的用水量呈不同程度的减少趋势，其中农业、纺织业、化学工业、非金属矿物制造业、通用专用设备制造业、交通运输设备制造业、电气机械及器材制造业、通信计算机及其他电子设备制造业是用水减少的主要部门。这表明一些传统产业部门的用水比重仍在较大幅度增长，而一些新兴产业部门和技术密集型产业部门的用水比重则出现了下滑趋势。

表2　陕西省2001—2011年各行业用水变动的驱动因素分解　　　单位：万t

行业序号	行业分类	用水量总变动	变动效应		
			规模效应	结构效应	技术效应
1	农业	−4 900	687 985	−345 856	−347 029
2	林牧渔畜	39 100	97 283	−51 154	−7 029
3	煤炭开采和洗选业	24 280	16 704	14 496	−6 919
4	石油和天然气开采业	4 298	33 099	28 417	−57 218
5	金属矿采矿业	582	8 904	4 770	−13 093
6	非金属矿和其他采矿业	−403	341	−617	−126
7	食品制造及烟草加工业	10 598	18 577	−3 101	−4 877
8	纺织业	−7 247	5 811	−6 672	−6 385
9	纺织服装鞋帽皮革羽绒及其制品业	−328	492	−689	−131
10	木材加工及家具制造业	−250	409	−384	−275
11	造纸印刷及文教体育用品制造业	302	1 983	−1 366	−315
12	石油炼焦及核燃料加工业	1 504	3 811	5 269	−7 577
13	化学工业	−7 223	13 741	6 132	−27 097
14	非金属矿物制品业	−7 886	7 822	−9 964	−5 743
15	金属冶炼及压延加工业	2 776	7 704	8 486	−13 414
16	金属制品业	−1 847	966	−435	−2 378
17	通用、专用设备制造业	−6 745	6 976	−206	−13 515
18	交通运输设备制造业	−4 920	7 495	−2 775	−9 640
19	电气机械及器材制造业	−3 405	2 509	310	−6 225
20	通信计算机及其他电子设备制造业	−3 117	2 816	−2 337	−3 596
21	仪器仪表及文化办公机械制造业	−880	1 388	−416	−1 852
22	其他制造业	−213	319	−459	−72
23	燃气生产和供应业	294	311	6	−23
24	水的生产和供应业	8 090	12 365	22 810	−27 085
25	电力热力的生产和供应业	−1 760	19 539	−20 988	−311
26	建筑业	1 207	15 216	−10 092	−3 917
27	交通运输及仓储业	−721	1 118	−688	−1 152
28	邮政与电信服务业	−1 108	1 467	−75	−2 500
29	金融业	2 317	1 880	1 244	−807
30	房地产业	680	411	−117	386
31	生活服务业	1 667	8 345	1 465	−8 143
32	研究与试验发展	−139	409	115	−663
33	综合技术服务业	1 162	904	109	149
34	科教文卫	3 320	3 519	−1 681	1 481
35	公共管理和社会组织	1 607	2 671	−2 699	1 635
	合计	50 692	995 292	−369 143	−575 458

　　从行业规模效应来看，行业规模扩张给用水消费量的增长带来了巨大压力。所有35个行业的经济规模效应均为正值，表明各产业的经济规模扩张均不同程度造成了生产用水消费量的增加（表2）。其中农业部门由于用水强度非常高，其规模的扩张造成了最大的用

水增长压力。煤炭开采和洗选业、石油和天然气开采业、食品制造及烟草加工业、化学工业、水的生产和供应业、电力热力的生产和供应业等工业部门和建筑业是第二产业中行业规模效应导致用水量增长的主要部门，而生活服务业则是第三产业中规模扩张引起用水增加的主要部门。

从行业结构效应来看，不考虑农业部门的情况下产业结构调整对减少用水量起负面作用。有 22 个行业的经济结构效应为负值，对工业用水消费量增加起到了一定的抑制效果（表 2）。但是如果剔除农业部门，其他行业的经济结构效应总体上增加了用水消费量。特别是一些传统产业部门如煤炭开采和洗选业、石油和天然气开采业、金属矿采矿业、石油炼焦及核燃料加工业、化学工业、金属冶炼及压延加工业其经济结构效应为正值，对用水量的增加起了促进作用。这表明陕西省 21 世纪以来的经济发展呈现明显的重化工倾向，依托陕西省丰富的自然资源，能源化工产业快速发展，增加了巨大的用水压力。通用专用设备制造业、交通运输设备制造业、通信计算机及其他电子设备制造业、仪器仪表及文化办公机械制造业等工业部门和一些服务业部门的经济结构效应却为负值。虽然对用水量的增长起了抑制作用，但这也表明陕西省的新兴制造业、高科技产业和现代服务业发展缓慢，水资源的配置并未转向这些高附加值产业部门。

从行业技术效应来看，行业的技术进步不同程度降低了各行业的用水消费量。除了房地产业、综合技术服务业、科教文卫、公共管理和社会组织 4 个服务行业部门，其他 31 个行业部门的技术效应均为负值（表 2）。说明绝大多数行业的用水效率均不同程度地提高了，对控制用水量增加起到了明显的效果。这 4 个用水技术效应为负值的服务业部门的用水行为与生活用水行为较为相似，很大一部分用水量本身就来自办公场所的生活用水，随着生活水平的提高，导致这些行业的用水强度不断增加。农业是因用水效率进步节水最多的部门，10 年间总共减少用水 34.7 亿 t。工业部门中石油和天然气开采业、金属矿采矿业、化学工业、金属冶炼及压延加工业、通用专用设备制造业、水的生产和供应业是通过提高用水效率减少用水最多的 6 个部门。

4　结论与建议

4.1　主要结论

根据本文对 2001—2011 年陕西省生产用水量变化的因素分解分析，可以得到以下结论：

（1）陕西省生产用水消费量呈波动增长趋势，用水的增长速度远远落后于 GDP 的增长速度，生产用水量和经济发展呈现明显的"脱钩"效应。

（2）经济规模效应是驱动陕西省生产用水增加的主要因素，经济增长带来的用水压力依然巨大。如果不考虑结构调整和用水效率进步，10 年间陕西省用水量增长幅度将超过 140%。

（3）农业生产比重的下降是经济结构效应驱动陕西省生产用水下降的主要原因，但是其他行业的结构调整总体上对抑制用水增加起负面作用。陕西省由于能源资源较为丰富，21 世纪以来重化工产业迅速发展，煤炭、石油、天然气、矿产资源等自然资源开采加工产业以及石油、化工等产业迅速发展，成为驱动陕西省经济快速发展的主要推动力量，这些高耗水行业的发展也给陕西省带来了巨大的水资源消耗压力。与此同时，陕西省的装备制造业、高科技产业和现代服务业则发展相对缓慢，反映出陕西省的产业结构调整呈现很大的负向效应，不利于水资源与经济的协调可持续发展。

（4）通过技术进步提高用水效率是抑制陕西省用水量增加的主要因素。特别是农业、石油和天然气开采业、金属矿采矿业、化学工业、金属冶炼及压延加工业、通用专用设备制造业、水的生产和供应业等高耗水行业通过采取节水措施，改进生产工艺，大大降低了用水强度，为陕西省控制用水量过快增长起到了重要作用。

4.2 对策建议

（1）加强用水总量控制，提高水资源利用效率。重点针对经济规模效应显著的行业，如煤炭开采和洗选业、石油和天然气开采加工业、食品制造及烟草加工业、化学工业、水的生产和供应业、电力热力的生产和供应业、建筑业等，加强企业用水总量控制，努力提高水资源循环利用率，从而有效抑制生产用水的快速增长。

（2）加快产业结构调整，优化水资源配置。行业经济结构的变化对于用水消耗的变动有较明显的影响。陕西省应逐步降低高耗水产业的比重，适度控制煤炭开采和洗选业、石油和天然气开采业、金属矿采矿业、石油炼焦及核燃料加工业、化学工业、金属冶炼及压延加工业等传统主导行业的发展。结合建设"关中—天水"经济区，依托陕西省的科技和教育资源优势，大力发展装备制造业、高技术产业和现代服务业，快速提高这些行业的经济结构比例。

（3）强化用水定额管理，加强节水技术的应用。加强农田水利建设，兴建喷灌、滴灌、渗灌等高效节水工程，通过采用高效节水灌溉技术降低农业用水量。进一步加强企业用水定额管理，强化企业生产过程和工序用水定额管理，通过阶梯水价、节水奖励政策促进企业积极研发使用低耗水的生产工艺，对现有企业达不到节水指标要求的落后产能，要进一步加大淘汰力度。

参考文献

[1] Ang B W. Decomposition analysis for policymaking in energy：which is the preferred method？[J]. Energy Policy，2004，32（9）：1131-1139.

[2] Ang B W. The LMDI approach to decomposition analysis: a practical guide [J]. Energy Policy，2005，33（7）：867-871.

[3] 陈雯，王湘萍. 我国工业行业的技术进步、结构变迁与水资源消耗——基于 LMDI 方法的实证分析[J]. 湖南大学学报（社会科学版），2011（3）：68-72.

[4] 贾绍凤，张士锋，夏军，等. 经济结构调整的节水效应[J]. 水利学报，2004（3）：111-116.

[5] 孙才志，王妍. 辽宁省产业用水变化驱动效应分解与时空分异[J]. 地理研究，2010，29（2）：244-252.

[6] 佟金萍，马剑锋，刘高峰. 基于完全分解模型的中国万元 GDP 用水量变动及因素分析[J]. 资源科学，2011，33（10）：1870-1876.

[7] 王康. 基于 IPAT 等式的甘肃省用水效率影响因素分析[J]. 中国人口·资源与环境，2011，21（6）：148-152.

[8] 张炎治，聂锐. 能源强度的指数分解分析研究综述[J]. 管理学报，2008（5）：647-650.

我国煤炭环境污染成本的核算研究

Research of Economic Accounting of Coal Environmental Cost in China

刘倩倩　秦昌波　葛察忠　程翠云　龙　凤

（环境保护部环境规划院，北京　100012）

[摘　要]　本文通过建立煤炭环境污染成本核算框架，采用环境价值评估方法，对煤炭生产、运输及利用环节环境成本实物量及价值量进行核算，最后估算得到煤炭的环境成本，为制定环境政策提供一定的参考依据。以 2010 年为核算基准年，得到煤炭环境污染成本为 76 607 062 万元，吨煤成本为 296.42 元。

[关键词]　煤炭　环境成本　核算

Abstract　The paper established the framework of the coal environmental cost accounting，which included the account of the physical quantity and magnitude of value for the cost in coal production，transportation and use links. Finally we estimated coal environmental cost，which offered some referenced opinion for making environmental policy of coal mining，transporting and using，with environmental value appraisal methods. The valuation results revealed that the total environmental cost of coal was 766 billion yuan in 2010，and each tons of coal is 296.42 yuan.

Keywords　coal，environmental pollution cost，accounting

前言

我国是世界上煤炭开采量与消费量最大的国家。2010 年我国原煤产量达到 32.35 亿 t，占原煤、原油、天然气、水电等总能源生产总量的 76.6%（国家统计局）。尽管近年来煤炭消费量呈递减趋势，但占比重仍较大，2010 年达到能源总消费量的 68.0%（国家统计局）。如今我国处于经济发展阶段，在可预见的未来，煤炭仍将是主要能源和重要的战略物资，同时也带了煤炭利用带来的环境问题。

长期大规模、高强度煤炭开采，运输以及煤炭使用过程中，不仅造成了严重的环境污染，而且过度开采破坏了原本的自然生态系统。在煤炭生产时，不可避免地排放废水、废气、煤矸石等废弃物，从而产生土地、空气、水源、土壤等环境污染与生态破坏，据调查研究，我国平均每开采出 1 万 t 煤炭造成的塌陷面积就为 0.24 hm²，开采吨煤破坏水资源

作者简介：刘倩倩，中国环境科学研究院，硕士生，专业方向环境经济核算。

量 2.48 m³。在煤炭运输过程中，不仅耗损了大量煤炭，而且对周边环境造成了噪声、废气等污染，按我国年产 12 亿 t 煤计，仅运输和堆存损耗即达 3 000 多万 t/a，相当于 3 个千万吨产量的大型矿务局全年的产量。煤炭使用过程中，燃烧产生的 SO_2、NO_x、黑烟尘、CO_2 等有害气体是大气污染的主要来源。

本文针对目前我国煤炭开采、运输与使用引起的环境问题，建立煤炭环境成本核算框架，确定核算具体内容与方法，实现环境成本在煤炭成本中的真实体现，在总体成本的核算基础上，为煤炭各环节环境政策的制定提供参考依据。基于数据的可得性，选取 2010 年为核算基准年。

1 核算框架

从核算内容来讲，本文包括 3 个环节的核算内容，即开采、运输以及使用环节。在开采环节，煤炭开采环境成本主要表现在开采过程中产生大气、水、固废污染物对环境的污染及开采行为对生态的破坏。运输环节中，成本主要表现在煤炭公路、铁路及水运路途中对周边环境的污染。煤炭的用途较为广泛，主要作为燃料燃烧和炼焦，在燃烧与炼焦过程中产生大量的污染物是使用环节的环境成本来源。由于数据来源的限制，生产环节中不考虑大气污染对周边农田影响，固废污染物方面只考虑煤矸石污染影响，核算森林、农田、草原生态服务价值时，仅涉及部分服务功能。运输环节主要考虑铁路运输与装卸，使用环节考虑各工业行业燃煤。从核算方法考虑，基于全国范围内的煤炭环节成本核算框架主要包括实物量核算与价值量核算（图 1）。

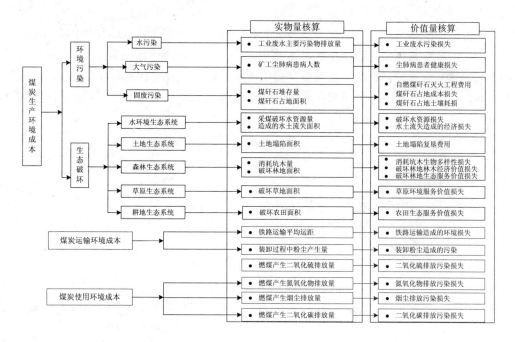

图 1 核算框架图

2 核算方法

2.1 实物量核算方法

环境实物量的核算方法主要有：① 以环境统计数据为基础，并对应价值量方法与内容，综合核算全口径的各环节主要污染物的排放量；② 在没有统计数据的情况下，通过相关研究与经验公式，对污染物量或生态破坏量进行估算。

2.2 价值量核算方法

进行环境污染价值量核算，也就是核算环境污染成本。环境污染成本由污染治理成本和环境退化成本两部分组成。其中，污染治理成本是指目前已经发生的治理成本，在本文中指实际运行产生的费用。环境退化成本是指在目前的治理水平下，生产和消费过程中所排放的污染物对环境功能造成的实际损害。环境退化的估价主要有两种方法：① 基于成本的估价方法，假设对污染物进行治理并使之消除，使环境"复原"到期初退化前的状态，以治理过程中需要的成本作为环境退化价值的估计值，即对虚拟治理成本的估算；② 基于损害的方法，经济活动排放污染物使环境发生退化，环境退化反过来又会对经济活动产生损害，即造成污染经济损失，假设环境没有退化，则不会发生这些损失，因此以污染损失来代替环境退化价值，显然，两种方法都是对环境退化价值的间接推算方法。环境治理成本和环境污染损失虽然都可用来反映环境退化价值，但前者是从成本的角度表示了设法矫正环境问题的努力，后者则代表环境问题的严重性，由于这两种估价方法的出发点不同，其测算结果在性质上存在差异，在数值上也将会有明显不同。

2.2.1 基于成本的核算方法

利用治理成本法计算虚拟治理成本，忽视了排放污染物所造成的环境危害，等于假设治理污染的成本与污染排放造成的危害相等，因此环境污染治理的效益无从体现。因此，从严格的意义上来讲，利用这种虚拟治理成本核算得到的仅是防止环境功能退化所需的治理成本，是污染物排放可能造成的最低环境退化成本，并不是实际造成的环境退化成本。虚拟治理成本法的基本思路为：

$$C = \sum_{i=1}^{n} \bar{C}_i Q_i$$

式中：C —— 虚拟治理成本；

$\bar{C}_i$ —— 每种污染物的单位治理成本；

Q_i —— 每种污染物的排放量；

i —— 污染物的类别。

问题的关键在于如何确定每种污染物的单位治理成本。

要获得实际的单位治理成本也不容易，其难度在于：现有的环境治理成本数据往往是各种污染物综合治理的总成本数据，很难获得针对单独污染物的治理成本数据，事实上同一种残余物中包含的污染物往往也不止一种，治理的时候几种污染物一起被去除了，很难区分几种污染物各花费多少治理成本。而进行污染物排放的实物数据是根据不同污染物来统计的，因此需要分解出每种污染物各自的单位治理成本是多少，才能对虚拟治理成本进行估算，污染物的单位治理成本取得方式主要有两种：① 通过调查或实验来取得，通过调查企业消除污染物的数量和成本来计算污染物的单位治理成本，或者通过试验得到不同消除工艺对单位污染物需要的成本，2006 年我国国家环保总局和国家统计局联合发布的《中国绿色国民经济核算研究报告 2004》中采用的就是调查的方法；② 根据污染物去除量和实际治理成本的环境统计数据，用模型公式估计出各种污染物的单位治理成本。目前可以确定污染物单位治理成本方法有叶寒栋等提出的污染物边际处理费用法，雷明和王德发的排污费标准表征法，杨金田的治理成本系数法，本文应用彭武珍修正后的治理成本系数法核算虚拟成本。

杨金田等引入处理设施效益的概念，计算各污染物的治理成本系数，进而达到核算各污染物虚拟治理成本的目的。某一污染物处理设施的第 i 种污染物的处理效益可表示为：

$$\mu_i = \frac{I_i - E_i}{S_i}$$

式中：μ_i —— 处理设施对第 i 种污染物的处理效益；

$\quad I_i$ —— 第 i 种污染物的进口浓度，mg/L；

$\quad E_i$ —— 第 i 种污染物的出口浓度，mg/L；

$\quad S_i$ —— 污染物的排放标准，mg/L。

这样，假设企业处理了 N 种的污染物，第 i 种污染物的处理费用就可以表示为：

$$c_i = c \cdot \frac{\mu_i}{\sum\limits_{n=1}^{N} \mu_i} = c \cdot \gamma(i)$$

式中：c_i —— 第 i 种污染物的处理费用，万元；

$\quad c$ —— 废水或废气的处理费用，万元；

$\quad \mu_i$ —— 第 i 种污染物的处理效益，其中 $\gamma(i) = \dfrac{\mu_i}{\sum\limits_{n=1}^{N} \mu_i}$ 是第 i 种污染物的治理成本系数。

彭武珍认为治理成本系数法是有缺陷的，即不管任何类型的污染物，只要排放标准相同，那么它们的单位治理成本也必然相等，因此对此方法进行了修正。修正的思路是，治理成本不仅与治理效益相关，还与治理难度相关，在原来的治理效益的基础上，乘上一个治理难度系数，以此得到治理成本系数，并通过与总治理成本来进行分摊，分摊后的各污染物的治理成本除以污染物去除量，就可以得到单位治理成本：

$$C_i = \frac{C \cdot \dfrac{I_i - E_i}{S_i} \cdot \dfrac{E_i}{I_i} \Big/ \sum\left(\dfrac{I_i - E_i}{S_i} \cdot \dfrac{E_i}{I_i}\right)}{(I_i - E_i) \times M}$$

式中：E_i —— 第 i 种污染物的出口浓度；

$\quad I_i$ —— 第 i 种污染物的进口浓度；

$\quad S_i$ —— 污染物的排放标准；

$\quad M$ —— 残余物总量；

$\quad i$ —— 污染物的类别。

2.2.2 基于损失的核算方法

利用污染损失成本法计算环境退化成本，需要进行专门的污染损失调查，确定污染排放对当地环境质量产生影响的货币价值，从而确定污染所造成的环境退化成本。但从理论上来说，污染损失才是真正的环境退化成本，只有进行污染损失估算才能体现污染治理的效益。目前常用的污染损失成本法有以下几种计算方法。

（1）市场价值法。市场价值法亦称生产率下降法，是将自然环境资源作为生产因素，根据其质量的变化导致生产率和生产成本变化，进而引进生产量与利润变化这一规律，利用市场价格计算自然环境资源变化造成的产品价值损失，作为环境资产质量恶化的成本。

（2）防护费用法。防护费用法是指当某种活动有可能导致环境污染时，人们可以采取相应的措施来预防或治理环境污染。用采取上述措施所需费用来评估环境危害的方法就是防护费用法。该法适用于隔音、抗震等防护费用，消烟除尘、污水处理等治理费用，防治机构的监测、科研等管理费用的计量。

（3）恢复费用法。恢复费用法或重置成本法：假如导致环境质量恶化的环境污染或破坏无法得到有效治理，那么，就不得不用其他方式来恢复受到损害的环境，以便使原有的环境质量得以保持。将受到损害的环境质量恢复到以前状况所需要的费用就是恢复费用。恢复费用又称为重置成本，这是因为随着物价和其他因素的变动，上述恢复费用往往大大高于原来的产出品或生产要素的价格。

（4）影子工程法。影子工程法是恢复费用法的一种特殊形式，影子工程法是在环境破坏后，人造建设一个工程来替代原来的环境功能，用建造新工程的费用来估计环境污染或破坏所造成的经济损失的一种方法。

（5）机会成本法。机会成本法是指环境资源的使用存在互斥备选方案，如果选择其中一种将放弃其他使用机会，因此将放弃的其他使用方案中获得的最大经济效益作为所选方案的机会成本。计算公式为：

$$P = \sum C_i \times Q_i$$

式中：P —— 资源的价值；

C_i —— 第 i 种资源的单位机会成本；

Q_i —— 第 i 种资源的使用数量。

（6）人力资本法。人力资本法又称收入损失法，环境质量脱离环境质量标准对人类健康有着多方面的影响，这种影响不仅表现为因劳动者发病率与死亡率变化而给生产直接带来的损失或收益，而且还表现为医疗费开支的变化等，该方法就是专门评估反映在人身健康上的环境价值的计量方法。为避免重复计算，人力资本法只计算因环境质量脱离环境标准而导致的医疗费开支的变化，以及因为劳动者生病及死亡的提前或推迟而导致的个人收入变化，前者相当于因环境质量脱离环境标准而增加或减少的病人人数与每个病人的平均治疗费的乘积；后者则相当于环境质量脱离标准对劳动者预期寿命和工作年限的影响与劳动者预期收入（扣除来自非人力资本的收入）的现值的乘积。

通过上述方法研究，本文确定的核算对象与具体核算方法（表1）。

表1　煤炭环境成本核算内容与方法

	危害终端	核算方法
一、煤炭生产环境成本核算		
水污染	废水排放污染	治理成本法

	危害终端	核算方法
大气污染	矿工尘肺病	人力资本法
固废物污染	煤矸石堆存占地机会成本	机会成本法
	自燃煤矸石污染	恢复费用法
	煤矸石占地土壤损耗	恢复费用法
水环境	水土流失	恢复费用法
	水资源破坏	影子价格法
土地	地表塌陷	恢复费用法
森林	消耗坑木多样性损失	市场价值法
	占用林地木材损失	市场价值法
	林地生态服务价值损失	影子价格法、市场价格法
草原	草原服务价值损失	影子价格法
农田	农田服务价值损失	影子价格法
二、煤炭运输环境成本核算		
铁路运输	铁路运输过程中煤炭损耗	市场价值法
	铁路运输过程中环境污染	机会成本法
装卸过程中的粉尘污染		治理成本法
三、煤炭使用环境成本核算		
大气污染损失		治理成本法

3　核算结果

3.1　实物量核算

3.1.1　生产环节

（1）水污染实物量核算。由于全国范围内煤炭开采引起的水污染难以界定，因此用治理成本法对煤炭开采行业废水污染进行核算。取煤炭开采洗选行业五类主要污染物化学需氧量、石油类、氨氮、挥发酚、氰化物作为核算对象。根据中国环境统计年鉴，可以得到2010 年煤炭洗选开采行业的水污染实物量结果。

表 2　煤炭开采水污染实物量核算结果

工业废水排放量/万 t		104 765
工业废水中污染物排放量/t	挥发酚	260.1
	氰化物	1.8
	化学需氧量	100 174
	石油类	858
	氨氮	5 669
工业废水中污染物去除量/t	挥发酚	16.5
	氰化物	2.1
	化学需氧量	136 901.5
	石油类	839.6
	氨氮	2 304.3

（2）大气污染实物量核算。尘肺病是我国占比较大的职业病，主要发生在煤炭行业，

取尘肺病职工为核算对象。根据 2010 年全国职业病报告情况以及核算结果，我国 2010 年煤炭行业大气污染实物量核算结果如下。

表 3　煤炭开采大气污染实物量核算结果

煤炭开采洗选行业从业人数	新增尘肺病人数	累计尘肺病例人数	新增患者死亡人数	煤炭行业累计尘肺病人数
3 882 674	23 812	676 541	2 143	637 369

（3）固体废物实物量核算。取煤炭开采洗选行业产生的煤矸石为核算对象。在环境统计中，固体废物综合利用量和处置量包括往年被储存或排放的固体废物。统计数据无法提供往年固体废物的综合利用量和处置量，因此工业固废实物量核算只能采用现有的统计指标，堆存量按产生量减去综合利用量计算，根据核算得到煤矸石占地面积。

表 4　煤炭开采固体废物实物量核算结果

煤矸石产生量/万 t	煤矸石综合利用量/万 t	煤矸石堆存量/万 t	煤矸石占地面积/hm^2）
24 003	18 460	5 543	2 701.74

（4）生态破坏实物量核算。在煤炭开采过程中，按水生态系统、土地生态系统、森林生态系统、草原生态系统及农田生态系统的破坏来核算，根据经验公式得到各生态系统破坏量。需说明的是，森林、草原及农田是在土地塌陷面积按全国覆盖比例得到的，但土地复垦与森林、草原及农田损失并不存在重复计算，这里复垦仅限于恢复土地的完整性，与林地、草地修复等生产建设工程无关。根据核算结果，得到煤炭开采过程中的生态破坏实物量核算结果。数据来源于中国统计年鉴，中国煤炭工业年鉴，中国林业统计年鉴，第六次、第七次全国森林资源清查，中国区域经济统计年鉴。

表 5　煤炭开采生态破坏实物量核算结果

水生态系统		土地生态系统	森林生态系统		草原生态系统	农田生态系统
水土流失面积/km^2	破坏水资源量/亿 t	土地塌陷面积/hm^2	消耗坑木面积/hm^2	破坏林地面积/hm^2	破坏草原面积/hm^2	破坏农田面积/hm^2
7 925.75	80.23	77 640	1 132	37 959	23 315	32 571

3.1.2　运输环节

取铁路运输及装卸过程为核算对象，其中装卸量按全国煤炭消耗量计。在铁路运输中，除了运输带来的环境污染外，还包括运输过程中的煤炭耗损。装卸过程中，会产生大量的煤尘污染，假设煤尘量全部利用封闭式卸煤系统进行装卸。数据来源于中国区域经济年鉴。

表 6　煤炭运输实物量核算结果

铁路运输				煤炭装卸
煤运输量/万 t	煤周转量/（Mt·km）	平均运距/km	煤炭损耗量/万 t	煤尘排放量/t
156 020	1 001 551	642	4 681	1 092 828

3.1.3 使用环节

煤炭作为燃料燃烧的污染成本是核算范围,取煤炭燃烧产生的 SO_2、NO_x、烟尘及 CO_2 作为核算对象。在环境统计年鉴中,各工业行业产生的污染物是由燃料燃烧和工艺生产中的各种污染物组成的,关键是要确定哪部分是由燃烧产生并排放的。在核算 SO_2、NO_x、烟尘时,涉及各行业的脱硫、脱硝及除尘效率,本文用当年的 SO_2、NO_x、烟尘去除率代替,即污染物去除量除以污染物产生量,CO_2 排放量即产生量。

表 7 煤炭燃烧实物量核算结果

SO_2		NO_x		烟尘		CO_2
排放量	去除量	排放量	去除量	排放量	去除量	排放量
13 337 461.7	23 392 386.7	96 030 564.6	5 050 471.8	12 494.3	885 842.1	8 406 030.0

3.2 价值量核算

3.2.1 生产环节

(1)水污染价值量核算。应用修正后的治理成本系数法对煤炭开采水污染进行核算。核算中需考虑污染物排放标准值的选取,化学需氧量与石油类按照《煤炭工业污染物排放标准》(GB 20426—2006)中现有生产线规定限值为准,取 70 mg/L、10 mg/L。氰化物、挥发酚和氨氮按《污水综合排放标准》(GB 8978—2002)中的第二类污染物最高允许排放浓度,取一级标准 0.5 mg/L、0.5 mg/L、15 mg/L。核算后得到水污染价值量结果如下。

表 8 煤炭开采水污染价值量核算结果

虚拟治理成本/万元					实际运行成本	合计/万元
挥发酚	氰化物	化学需氧量	石油类	氨氮		
67 790	58	83 787	6 011	37 237	139 888	334 770

(2)大气污染价值量核算。采用人力资本法对煤炭开采大气污染人体健康进行核算,主要核算尘肺病患者医疗费用,以及患者与患者陪护社会生产力损失。尘肺病有 3 个期别,假设三期尘肺患者不上班工作,一期、二期尘肺患者除去住院治疗及公休日外都在工作,其中一期尘肺病患者的劳动能力按照健康工人的 70%计算,二期尘肺病患者的劳动能力按照健康工人的 40%计算。经过核算,得到结果如下表。

表 9 煤炭开采大气污染价值量核算结果

计算项	一期	二期	三期
医疗费用/亿元	122	73	35
尘肺病人社会生产力损失/亿元	324	324	125
陪护家属社会生产力损失/亿元	121	68	36
合计/亿元		934	

（3）固废污染价值量核算。对煤矸石造成的污染进行核算，主要核算煤矸石占用土地造成的土壤耗损损失、堆积造成的自燃损失以及占用土地造成的经济损失。根据《山西煤炭工业可持续发展政策研究环境专题报告》可知，煤矸石污染土壤恢复成本为 1 000 元/hm^2，自燃矸石灭火费用为 80 元/m^2，根据占地面积估算得到平均高度，按 7.5 m 高度以上矸石山自燃进行核算。核算占用土地时，假设都是非农田，转化为新增建设用地的机会成本，取全国有偿使用费征收标准平均值 53 元/m^2。

表 10′ 煤炭开采固废价值量核算结果

土壤耗损/万元	自燃损失/万元	占用土地/万元	合计/万元
526	97 304	143 192	241 023

（4）生态破坏价值量核算。采用恢复费用法、影子价格法对煤炭开采水生态破坏进行核算。核算水土流失时，单位面积水土保持费用可由当年水土流失投资金额/当年新增水土流失面积可得，数据来源于中国水土保持公报。何静等应用动态经济均衡发展模型进行经济结构的调整，在经济最优增长轨道上计算动态经济系统的均衡影子价格，并采用 1999 年中国 33 部门水利投入占用产出表的基础数据推算了 1949—2050 年重要年份的水资源影子价格，由 2010 年水资源价格乘以破坏量得到水资源破坏损失。

采用恢复费用法对煤炭开采土地塌陷进行核算。根据中国生态补偿机制与政策研究课题组对分地区每吨煤计提工程复垦费用的研究，反推得到塌陷面积的平均复垦费用。由各地区单位面积复垦费用乘以塌陷面积，得到土地破坏损失。其中天津、上海、浙江、广东、海南、西藏地区无煤炭开采发生，不列入计算。

森林、草原与农田生态系统除可以提供经济产品外，还具有巨大的生命支持价值，包括固定二氧化碳、稳定大气、调节气候、水文调节、营养元素循环等多方面功能。受到资料及研究方法的局限，本文选取部分指标进行核算。森林系统中选取固碳、净化 SO_2、滞尘、涵养水分、生物多样性、防治病虫害 6 个指标，按照《森林生态系统服务功能评估规范》（LY/T 1721—2008）进行核算。草原核算只计算内蒙古自治区、甘肃省、青海省、宁夏回族自治区、新疆维吾尔自治区 5 个草原覆盖率占比较大的省份，根据徐嵩龄研究，每亩草地的生产力价值与环境服务功能价值之和为 16 元/亩。陈源泉、高旺盛研究了我国三大区域粮食主产区 12 个省份的农田生态服务差异性价值，经过价格调整，可得到我国主要粮食主产区煤炭开采带来的农田经济损失。

表 11 煤炭开采生态破坏价值量核算结果

水生态系统/万元		土地生态系统/万元	森林生态系统/万元			草原生态系统/万元	农田生态系统/万元	合计/万元
水土流失损失	破坏水资源损失	土地复垦费用	消耗坑木损失	林木经济损失	生态服务价值损失	破坏草原损失	破坏农田损失	
2 006 794	3 441 781	631 788	4 984	26 533 468	434 337	23 315	14 282	33 090 749

3.2.2　运输环节

采用市场价值法、机会成本法、治理成本法对煤炭运输过程中的环境污染、煤炭耗损及煤尘损失进行核算。根据研究，铁路噪声环境单位成本为 0.002 05 元/（t·km），有害气体排放 0.041 2 元/（t·km），煤炭价格以 2010 年大同煤炭年平均坑口价 534.7 元/t 为准，煤尘污染采用排污费法进行结算，煤尘排污费标准按《排污费征收标准管理办法》废气部分"一般性粉尘"的收费标准执行。由此得到煤炭运输环境成本。

表 12　煤炭运输污染价值量核算结果

煤炭耗损造成的经济损失/万元	煤炭运输过程中造成的经济损失/万元	装卸过程中造成的煤尘污染/万元	合计/万元
2 667 942	4 256 591	163 924	7 088 458

3.2.3　使用环节

采用修正的治理成本法对燃烧煤炭污染进行核算。以《锅炉大气污染物排放标准》（GB 13271—2001）中的最高允许排放浓度作为排放标准，SO_2、烟尘的排放标准分别取 900 mg/m³、120 mg/m³。NO_x 以《大气污染物综合排放标准》（GB 16297—1996）中的最高允许排放浓度作为排放标准，取 240 mg/m³。采用市场价值法核算 CO_2 污染成本，其中单位 CO_2 价值取环境保护部规划院研究得到的碳税税率即每吨 20 元。根据核算，可以得到工业行业燃煤产生的污染成本。

表 13　煤炭燃烧价值量核算结果

SO_2		NO_x		烟尘		CO_2	合计/万元
虚拟治理成本/万元	实际治理成本/万元	虚拟治理成本/万元	实际治理成本/万元	虚拟治理成本/万元	实际治理成本/万元	总治理成本/万元	
875 988	2 917 750	8 594 094	600 204	1 972	5 116 024	8 406 030	26 512 062

4　结论

根据以上核算结果，得出 2010 年煤炭生产、运输及燃烧环节环境损失成本为 76 607 062 万元。开采环节吨煤成本为 132.94 元，开采中"三废"污染吨煤成本为 30.65 元，生态破坏吨煤成本为 102.29 元；运输环节吨煤成本为 45.43 元；燃烧环节吨煤成本为 118.05 元，总吨煤成本为 296.42 元。

本文得到的核算结果比较全面地考虑了煤炭系统的污染状况，在一定程度上可以反映和代表煤炭环境成本，并为煤炭产业环境政策的制定提供借鉴的依据。但是仍不能完全反映我国煤炭污染的真实成本。由于受到数据及研究方法的限制，利用治理成本法得到的煤炭开采水污染成本、煤炭燃烧大气污染成本，仅能表示最低的污染值。此外，煤炭开采大气污染造成的周边农田损失、清洁费用的增加成本，煤炭公路、水路运输带来的污染成本等也没有列入计算，开采中造成的森林、草原、农田生态系统的服务功能也只是进行了粗略的估计。因此估算得到的核算结果只能是相对的。

参考文献

[1] 姚国政. 采煤塌陷对生态环境的影响及恢复研究[D]. 北京：北京林业大学，2012.

[2] 山西省环境科学研究院. 煤炭开采对水资源影响研究报告. 2002.

[3] 宋志宏，周鹏. 煤炭运输和堆存的损耗及其环境污染[J]. 煤矿环境保护，1993，7（4）：52-55.

[4] 谭亚荣，郑少锋. 环境污染物单位治理成本确定的方法研究[J]. 生产力研究，2007（24）：52-53.

[5] 邹栋，郭高丽，曾小波，等. 绿色 GDP 核算——以海南省 2004 年度为例[J]. 新疆环境保护，2006，28（1）：39-44.

[6] 叶寒栋，李宇红. 污染减排的合理补偿方法的探索[J]. 华东电力，2003（6）：11-13.

[7] 王金南，杨金田，曹东，等. 中国排污收费标准体系的改革设计[J]. 环境科学研究，1998，11（5）：1-7.

[8] 彭武珍. 环境价值核算方法及应用研究[D]. 杭州：浙江工商大学，2013.

[9] 何静，陈锡康. 我国水资源影子价格动态可计算均衡模型[J]. 水利水电科技进展，2005，25（1）：12-13.

[10] 高吉喜，等. 区域生态资产评估——理论、方法与应用[M]. 北京：科学出版社，2013.

[11] 李国平，刘治国，赵敏华. 中国非再生资源开发中的价值损失测度及补偿[M]. 北京：经济科学出版社，2009.

[12] 陈源泉，高旺盛. 中国粮食主产区农田生态服务价值总体评价[J]. 中国农业资源与区划，2009，30（1）：33-39.

[13] 王亚飞. 我国运输系统外部成本内部化的研究[D]. 北京：中国铁道部科学研究院，2007.

[14] 环境保护部环境规划院. "中国碳税税制框架设计"专题报告. 2010.6.

湖北省一次能源消费的碳排放因素分解实证研究

An empirical research on factor decomposition of Hubei primary energy consumption of carbon emissions

胡 雷 刘 巍 张 斌

（湖北省环境科学研究院，武汉 430072）

[摘 要] 定量分析和测算能源消费的碳排放，是全球气候变化研究领域重要的基础工作之一。本文基于 1980—2008 年时间序列的统计数据，采用对数平均权重分解法，对湖北省一次能源消费的碳排放因素进行定量分解，得出经济发展是湖北省人均碳排放增长的主要拉动因素，能源效率是湖北省人均碳排放增长的主要抑制因素，能源结构对减少省人均碳排放量贡献力不大的结论。

[关键词] 碳排放 因素分解 节能减排

Abstract Quantitative analysis and measurement of energy consumption of carbon emissions is the basic work of global climate change. In this research, we use the logarithmic mean weigh divisia method analyst the carbon emission of primary energy consumption based on the 1980-2008 time series of statistical data. We found that economic development is the major factor increasing the carbon emission. And energy efficiency is the major inhibiting factor. Meanwhile energy consumption structure had little effect.

Keywords carbon emission, factor decomposition, energy-saving and emission reduction

引言

近年来随着人口持续增长和城市化、工业化进程加快，世界能源消费加剧。由于化石燃料大量消耗而引起的碳排放增加和全球气候变暖问题已经严重影响了人类的可持续发展和世界的生态平衡，应对气候变化问题已经成为全世界共同面对的挑战。国际社会为了应对这一挑战，成立了联合国政府间气候变化专门委员会（Intergovernmental Panel on Climate Change，IPCC），并制定了《联合国气候变化框架公约》（UNFCCC），达成了全面控制温室气体排放的共识，以应对全球气候变暖对人类经济和社会带来的不利影响。在公约框架下，公约缔约方达成了一系列的应对气候变化意见，包括具有法律效应的《京都议定书》等。

中国是公约缔约方之一，也是第二大能源消费国和第一大二氧化碳排放国，且高度重视全球气候变化问题。中国成立了国家应对气候变化及节能减排工作领导小组统筹应对气

作者简介：胡雷，湖北武汉人，湖北省环境科学研究院工程师，专业领域：环境经济与资源经济。

候变化方面的事务，并先后公布了《中国应对气候变化国家方案》、《气候变化国家评估报告》和《中国应对气候变化的政策与行动》白皮书 3 个方面的纲领性文件，提出应对气候变化的技术和管理措施。进而国家发展和改革委员会发出《关于开展低碳省区和低碳城市试点工作的通知》，确定首先在广东、辽宁、湖北、陕西、云南五省和天津、重庆、深圳、厦门、杭州、南昌、贵阳、保定 8 市开展低碳试点工作。

湖北省作为低碳试点省份，目前湖北省的经济社会快速发展，环境污染逐渐加大，资源约束加剧。在国际金融危机影响尚未消退，外需不振的背景下，中国着力转变发展方式，通过扩大消费重拾增长的动力，湖北省由于特殊的区位和中国发展方式转型的背景下，将迎来一个快速的发展时期。与此同时，湖北省在发展的过程中要统筹经济社会和资源环境的关系，为了达到这个目标，就必须在促进经济增长的同时促进环境质量不断改善，而能源消费产生的碳排放是衡量经济活动对环境影响的重要指标。基于此，分析湖北省能源消费碳排放的现状和驱动因素是实现湖北省低碳发展的基本出发点。

1 研究概况

目前国内外对于碳排放的问题主要集中在二氧化碳排放量的核算、二氧化碳排放的驱动因素分解分析和二氧化碳排放与经济增长的关系 3 个方面。总体而言，对于碳排放的研究方法和研究概况如下。

1.1 二氧化碳驱动因素研究方法和模型

因素分解模型最初应用于能源消费量和能源强度变化研究，近年来被引入到碳排放的研究中。常用的二氧化碳因素分解方法有结构性因素分解方法（SDA）和指数分解方法（IDA），其主要原理是将排放总量或强度分解为一些基本的指标，如不同能源的排放强度、经济结构、人口因素和经济规模等。在具体的应用中，所采取的分解方法和指标不同。结构分解方法主要基于环境投入—产出模型，在研究碳排放问题时一般可分解为投入产出系数、产业部门的产出系数、最终消费比例和总产值因子等乘积，然后计算投出产出系数对二氧化碳排放的影响。指数分解方法的原理是将二氧化碳排放的计算公式分解为几个因素相乘或相加的形式，并根据不同的权重进行分解，以确定各个指标的增量余额。根据分解形式不同可分为乘法分解和加法分解。根据确定权重的不同可分为 Laspeyres 指数法、简单平均分解法（SAD）、自适应权重分解法（AWD）和对数平均迪氏分解法（Logarithmic Mean Divisia Index，LMDI）。这些分解方法各有特点，而对数平均迪氏分解（LMDI）与其他分解方法不同，它不仅可以进行加法分解，而且分解后的结果残差为零，甚至还可以运用到部分残缺数据集的分解上，正是因为这个原因，其越来越多的被运用。

二氧化碳排放的因素分解模型最早可以追溯至 20 世纪 70 年代，在 Ehrlich 和 Holdren（1971）关于人类活动对环境影响因素的讨论中提出了 IPAT 方程：I=PAT，以此反映测算人口、富裕程度和技术条件的变化对环境的影响；由于 IPAT 模型的关系为单位弹性，Dietz 等（1994）将 IPAT 改为随机形式的 IPAT 模型，命名为 STRIPAT 模型。随后，Dietz 等利用 STIRPAT 模型分析了人口及其富裕程度对 CO_2 排放量的影响。用 STRIPAT 等式表示为：$I = \alpha P^{\beta} A^{\gamma} T^{\delta}$ 其中 I（Impact）表示人类活动对环境的影响，P（Population）表示人口规模，A（Average）表示人均财富或人均产出，T（Technology）表示技术条件。

在 I=PAT 方程的基础上，1989 年日本教授 Yoichi Kaya（1989）在联合国政府间气候变化专门委员会研讨会上提出 Kaya 恒等式，Kaya 恒等式的一侧将主要排放驱动力分为乘法因子，而另一侧对应于二氧化碳排放量。根据该恒等式，碳排放量主要是由碳排放强度、能源使用强度、生活水平和人口决定的。此后，利用 Kaya 恒等式或者其各种扩展形式对二氧化碳排放的影响因素进行实证分析的文献开始出现。Ang 等（2001）提出了对数平均迪氏分解法（Logarithmic Mean Divisia Index，LMDI），这是一种针对一段时期内能源需求或气体排放的因素分解方法，其核心思想是将系统中某因变量的变动分解为有关各独立自变量各种形式变动的和，以测度各自变量对因变量变动贡献的大小。Ang 等人运用该方法对新加坡制造业二氧化碳排放的影响因素进行了实证研究。

1.2　中国二氧化碳研究概述

一些学者也对中国二氧化碳排放的影响因素进行了实证分析。Wang C 等（2005）对中国 1957—2000 年的二氧化碳排放进行分解，结果表明代表技术因素的能源强度是减少碳排放的最重要的因素，而能源结构也起到一定的作用，经济增长带来碳排放的增加。徐国泉等（2006）采用 Johan 等（2002）构建的碳排放总量计算的基本等式，分别定义了能源结构、能源排放强度、能源效率、经济发展 4 个因素，构建了碳排放量的基本等式，采用对数平均权重分解法，定量分析了 1995—2004 年，能源结构、能源效率和经济发展等因素变化对中国人均碳排放的影响。

Wu 等利用三层分解方法，分析了工业部门能源强度和劳动生产率对碳排放的影响；Fan 等（2007）采用 AWD 方法分解了 1980—2003 年我国碳排放强度的影响因素；Ma 和 Stern 分析了生物质能的消费比重对碳减排的积极影响；Schipper 等（2001）根据 13 个 IEA 国家的 9 个制造业部门相关数据，对其碳排放强度进行了分析；胡初枝等（2008）对 1990—2005 年我国六部门能源消费碳排放量进行了简单平均的因素分解；徐国泉等（2006）采用对数平均迪氏分解法，定量分析了经济发展、能源效率和能源结构等因素对中国人均碳排放的影响；刘红光等（2011）采用投入产出方法分析了我国工业源碳排放的影响因素。上述文献利用各种方法对碳排放的影响因素进行了分析，得出的结论各有不同。以上研究为深入分析碳排放量年际变化的驱动因素作用机理打下了基础，对于研究经济活动及其过程对碳动态的影响有积极的意义。

基于以上的研究，本研究首先采用 IPCC 提供的碳排放因子系数，对湖北省能源消费的碳排放总量进行了较为系统的核算。在此基础上，采用 LMDI 指数分解模型，从时间序列上对碳排放强度及变化的因素进行了分解分析。本研究通过分析碳排放的驱动因素，为湖北省低碳试点工作和低碳政策提供理论基础和决策参考。

2　研究方法和分析模型

Johan 提出碳排放量的基本分解公式为：

$$C = \sum_i C_i = \sum_i \frac{E_i}{E} \frac{C_i}{E_i} \frac{E}{Q} \frac{Q}{P} P \tag{1}$$

式中：C——碳排放量；

$\quad\quad C_i$——i 种能源的碳排放量；

$\quad\quad E_i$——i 种能源消费量；

$\quad\quad E$——总的能源消费量；

Q —— 当年的 GDP 产值；

P —— 当年的人口数。

E_i/E —— 第 i 种能源在能源消费中的份额，称为能源结构因素；

C_i/E_i —— 某种能源的碳排放系数，称为能源排放强度；

E/Q —— 单位 GDP 消耗的能源量，称为能源效率因素；

Q/P —— 人均 GDP，称为经济发展因素。

由式（1）得

$$A = \frac{C}{P} = \frac{\sum_i C_i}{P} = \sum_i \frac{E_i}{E} \frac{C_i}{E_i} \frac{E}{Q} \frac{Q}{P} = \sum_i S_i F_i ID \tag{2}$$

式中：A —— 人均碳排放量，根据式（2），人均碳排放量的变化来自于能源结构效应 S_i、能源排放效应 F_i、能源效率因素 I、经济发展因素 R 的变化；

A_0 —— 基期的人均碳排放量；

A_t —— 第 t 期的人均碳排放量。

第 t 期相对于 0 期的人均碳排放量可以表示为：

$$\Delta A = A^t - A^0 = \sum_i S_i^t F_i^t I^t D^t - \sum_i S_i^0 F_i^0 I^0 D^0 = \Delta A_{str} + \Delta A_{fac} + \Delta A_{int} + \Delta A_{act} \tag{3}$$

ΔA_{str}、ΔA_{fac}、ΔA_{int}、ΔA_{act} 分别表示各因素对人均碳排放量变化的贡献量。由于能源排放因子因素 F_i 基本不会变化，其对人均碳排放量的影响为 0，因此根据 LMDI 分解方法，各个因素的分解结果为：

$$\Delta A_{str} = \sum_i \frac{A_i^T - A_i^0}{\ln A_i^T - \ln A_i^0} \ln\left(\frac{S^T}{S^0}\right) \tag{4}$$

$$\Delta A_{int} = \sum_i \frac{A_i^T - A_i^0}{\ln A_i^T - \ln A_i^0} \ln\left(\frac{I^T}{I^0}\right) \tag{5}$$

$$\Delta A_{act} = \sum_i \frac{A_i^T - A_i^0}{\ln A_i^T - \ln A_i^0} \ln\left(\frac{R^T}{R^0}\right) \tag{6}$$

式（4）、式（5）、式（6）分别为能源结构效应、能源效率效应和经济发展效应的计算公式。

3 湖北省能源消费碳排放驱动因素分析结果

3.1 数据来源与分析结果

为了分析湖北省碳排放的驱动因素，本研究选取湖北省 GDP 数据、人口数据和能源消费数据，分别来源于《新中国统计资料 60 年汇编》及《中国统计年鉴》，研究选取的时间序列为 1980—2008 年，本研究假设每种能源消费的碳排放系数不变。

计算能源碳排放系数参考《2006 年 IPCC 国家温室气体清单指南》，具体各种能源的排放系数见表 1。

表 1　各类能源碳排放系数

项目	煤炭	石油	天然气	水电、核电
F_i 系数（碳/标煤）（万 t/万 t）	0.766 9	0.585 4	0.447 8	0

　　根据表 1 可以计算湖北省一次能源消费情况和碳排放情况，具体结果见表 2。根据公式（2）本研究只考虑能源结构因素、能源排放强度因素、能源强度因素和经济发展因素对湖北省碳排放变化的影响。由于不同能源的排放强度相对固定，因此，研究主要考虑能源结构、能源强度和经济发展对湖北省碳排放的影响，根据 LMDI 分解计算式（4）、式（5）、式（6）得到结果如表 3 所示。

表2　1980—2008 年湖北省能源消费、人口和 GDP 数据列表

年份	GDP/亿元	人口/万人	消费总量/万 t	煤炭/%	石油/%	天然气/%	水电/%	排放总量/t	人均碳排放/（t/人）
1980	199.38	4 684.45	2 010.70	64.20	23.70	0.10	11.90	1 269.83	0.27
1981	219.75	4 740.35	2 191.60	63.80	23.60	0.10	12.60	1 376.07	0.29
1982	241.55	4 800.92	2 388.90	59.50	22.80	0.10	17.60	1 409.99	0.29
1983	262.58	4 865.73	2 562.60	61.10	20.70	0.10	18.00	1 512.45	0.31
1984	328.22	4 917.75	2 755.80	61.80	19.90	0.10	18.20	1 628.37	0.33
1985	396.26	4 980.19	3 094.20	62.10	20.00	0.10	17.70	1 837.25	0.37
1986	442.04	5 047.83	3 291.50	63.30	19.30	0.10	17.30	1 971.21	0.39
1987	517.77	5 120.27	3 590.10	65.40	18.60	0.10	15.80	2 193.14	0.43
1988	626.52	5 184.94	3 870.10	64.70	18.20	0.20	16.90	2 336.08	0.45
1989	717.08	5 258.83	4 039.60	62.70	18.50	0.20	18.60	2 383.53	0.45
1990	824.38	5 439.29	4 002.40	59.70	19.10	0.20	21.00	2 283.55	0.42
1991	913.38	5 512.33	4 162.50	65.00	18.00	0.10	16.80	2 515.42	0.46
1992	1 088.39	5 579.85	4 472.40	62.90	18.40	0.20	18.60	2 643.14	0.47
1993	1 325.83	5 653.48	4 778.70	65.90	17.70	0.20	16.30	2 914.52	0.52
1994	1 700.92	5 718.81	5 239.20	68.50	16.20	0.20	15.10	3 253.84	0.57
1995	2 109.38	5 772.07	5 655.00	68.30	15.80	0.20	15.70	3 490.16	0.60
1996	2 499.77	5 825.13	5 731.40	70.60	17.50	0.20	11.70	3 695.45	0.63
1997	2 856.47	5 872.60	5 959.50	70.80	18.00	0.10	11.10	3 866.43	0.66
1998	3 114.02	5 907.23	5 916.80	71.40	16.60	0.20	11.80	3 820.11	0.65
1999	3 229.29	5 938.03	5 988.00	71.50	17.20	0.20	11.10	3 891.71	0.66
2000	3 545.39	5 960.00	6 269.10	68.90	14.80	0.20	16.10	3 861.32	0.65
2001	3 880.53	5 974.56	6 352.00	68.60	14.90	0.20	16.40	3 901.48	0.65
2002	4 212.82	5 987.80	6 713.00	69.00	16.10	0.20	14.70	4 190.97	0.70
2003	4 757.45	6 001.70	7 645.00	67.60	16.40	0.20	15.80	4 704.16	0.78
2004	5 633.24	6 016.10	9 120.00	63.10	15.10	0.10	21.70	5 223.54	0.87
2005	6 590.19	6 031.00	9 851.00	62.70	16.90	0.80	19.50	5 746.69	0.95
2006	7 617.47	6 050.00	10 797.00	63.90	18.40	0.80	17.00	6 492.72	1.07
2007	9 333.40	6 070.00	11 861.00	63.40	19.90	1.00	15.70	7 201.85	1.19
2008	11 328.89	6 110.80	12 603.00	56.70	19.80	1.60	21.80	7 031.29	1.15

表3 1980—2008 年三因素对湖北省碳排放的影响

年份	经济发展	能源强度	能源结构	人均排放
1981	0.024 0	−0.003 1	−0.001 6	0.019 2
1982	0.023 9	−0.002 4	−0.018 1	0.003 4
1983	0.021 2	−0.004 0	0.000 0	0.017 1
1984	0.068 2	−0.048 3	0.000 4	0.020 3
1985	0.061 5	−0.025 4	0.001 7	0.037 8
1986	0.036 4	−0.018 0	0.003 3	0.021 6
1987	0.058 9	−0.029 2	0.008 1	0.037 8
1988	0.078 2	−0.050 8	−0.005 3	0.022 2
1989	0.054 6	−0.041 6	−0.010 3	0.002 7
1990	0.046 1	−0.064 9	−0.014 7	−0.033 4
1991	0.039 0	−0.027 7	−0.025 2	0.036 5
1992	0.075 8	−0.048 1	−0.010 4	0.017 4
1993	0.091 1	−0.064 8	0.015 6	0.041 8
1994	0.128 7	−0.085 1	0.009 8	0.053 4
1995	0.120 8	−0.081 5	−0.003 7	0.035 7
1996	0.099 5	−0.096 9	0.027 1	0.029 7
1997	0.081 0	−0.061 0	0.004 0	0.024 0
1998	0.052 5	−0.061 0	−0.003 2	−0.011 7
1999	0.020 3	−0.015 9	0.004 3	0.008 7
2000	0.058 4	−0.031 0	−0.035 0	−0.007 5
2001	0.057 2	−0.050 2	−0.001 8	0.005 1
2002	0.054 1	−0.018 2	0.011 0	0.046 9
2003	0.088 4	0.006 2	−0.010 7	0.083 9
2004	0.137 5	0.006 1	−0.059 2	0.084 5
2005	0.140 4	−0.072 5	0.016 8	0.084 6
2006	0.143 4	−0.053 8	0.030 7	0.120 3
2007	0.225 6	−0.123 2	0.010 9	0.113 3
2008	0.218 5	−0.155 4	−0.098 9	−0.035 8
总计	2.304 9	−1.321 6	−0.103 8	0.879 6

3.2 计算结果分析

3.2.1 碳排放总量和人均碳排放量变动分析

根据表 2，作出 1980—2008 年湖北省一次能源消费人均碳排放图 1。

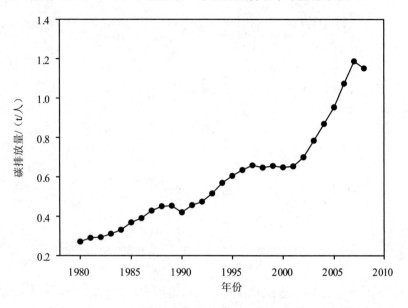

图 1　1980—2008 年湖北省碳排放量

由表 2 和图 1 可以看出，从 1980 年以来，湖北省碳人均碳排放量持续增长。具体而言，可以分为 4 个阶段：第一个阶段为 1980—1989 年，在此区间，湖北省人均碳排放持续增加，平均年增 6.6%，分析增长背后的原因，改革开放释放的经济红利促进经济增长，拉高了人均碳排放量；第二阶段为 1990—1998 年，在渡过了 1989 年外部石油危机和内部通货膨胀的压力后，经济增长重拾动力，导致人均碳排放增加，且增长趋势与第一阶段相同；第三阶段为 1998—2001 年，由于 1998 年亚洲经济危机的影响，导致此后 3 年经济增长减速，从而使人均碳排放变化不大；第四阶段为 2001—2007 年，2001 年中国加入世界贸易组织，出口外贸成长为中国经济增长的新的动力，GDP 年均增速维持在 10% 以上，而湖北省的 GDP 增速更是高于全国平均值，这导致湖北省人均碳排放急剧升高，而受 2007 年世界金融危机的影响，2008 年人均碳排放比上一年显著降低。

3.2.2 人均碳排放变化驱动因素分析

以上分析是基于经济增长方面的分析，为了进一步分析经济增长、能源结构和能源强度对湖北省人均碳排放的影响，根据模型计算结果的表 3 数据，做出 1980—2008 年湖北省能源结构因素、能源效率因素和经济发展因素对湖北省人均碳排放的贡献值趋势图 2。

从图 2 和表 2 可知，经济发展是湖北省人均碳排放增长的主要因素，也是拉动因素。而能源结构变化和能源效率变化是湖北省人均碳排放的抑制因素。综合计算考察时间序列内的三因素累积总量，经济增长因素累积拉动人均碳排放 2.394 1 t/人，与此对应的是能源强度变化和能源结构变化分别累积降低人均碳排放 1.321 6 t/人和 0.103 8 t/人，能源强度变化是拉低人均碳排放的主要因素。

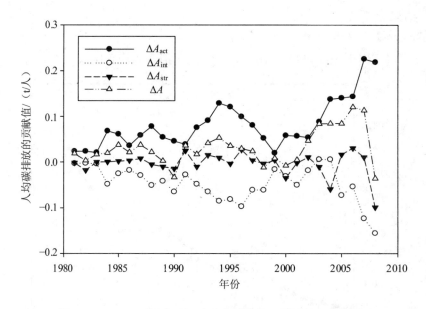

图2 1981—2008 年三因素对湖北省人均碳排放的贡献值

经济规模持续扩大是湖北省人均碳排放的决定因素，1980—2008 年，湖北省 GDP 扩大了 56 倍，在此期间工业化和城镇化迅速推进，能源消费总量迅速攀升，总量增加了 6 倍。而经济增长主要由第二产业产值增加推动，而第二产业的排放系数高于第一产业和第三产业，这都导致了湖北省人均碳排放的增加。

能源结构对湖北省人均碳排放量的影响不大，说明湖北省的能源结构还有待进一步优化。这与湖北省的能源消费结构比较单一、大量依赖煤炭不无关系，1980—2008 年，煤炭消费比例平均高达 60%以上，在一些年份甚至高达 70%。可见，湖北省加快发展新能源是十分紧迫的，积极发展太阳能、风能和水电等清洁能源，优化能源消费结构，从而在一定程度上降低湖北省的能源消费人均碳排放量。

除 2001—2003 年，能源效率对降低湖北省人均碳排放量的贡献值呈现不断增加的趋势。贡献值从 1995 年的 0.003 1 增长到 2008 年的 0.155 4。但是，能源效率降低湖北省人均碳排放的贡献值与经济发展对增加人均碳排放的贡献值相比，其增长趋势明显趋缓。这也是导致近年来湖北省人均碳排放量增加的原因之一。

4 结论与对策

通过计算湖北省人均碳排放的驱动因素，经济规模扩大是推动人均碳排放增长的主要因素，能源效率是抑制碳排放的主要因素，能源结构变动对人均碳排放的影响较小。根据以上的结论，控制湖北省碳排放快速增加的建议如下。

4.1 优化产业结构，促进绿色产业发展

经济发展对化石能源消费的巨大需求是导致二氧化碳排放量增加的主要因素，这是二氧化碳排放与经济增长之间的矛盾，减少二氧化碳排放并不能通过减缓经济增长来实现，而必须结合湖北省建设"资源节约型、环境友好型"社会试点和低碳省区试点工作的战略定位，进一步调整产业结构，推进技术进步。淘汰不符合国家政策、湖北省战略发展定位

的行业和高耗能、高耗水、高污染企业。

在具体工作中：一方面政府应当利用经济手段和行政手段，在重化工业领域进行资源整合，调整工业内部结构，限制高碳产业的发展，如完善主要工业耗能设备、机动车能效标准及强制淘汰落后产能等；另一方面要加快发展第三产业，提高第三产业在国民经济中的比重，促进湖北经济向内涵集约型转变。鼓励和扶植低碳产业的发展，如高科技产业、信息产业、生态旅游、新能源开发等产业，湖北省拥有丰富的高等教育资源，可以大力发展光电子、信息等产业，将经济发展和环境保护相结合。优化湖北产业结构，从而降低湖北人均碳排放量，保证湖北经济发展的同时也促进了环境保护。

4.2　加大力度调整能源结构

目前湖北能源消费以煤炭为主，油气资源贫乏，核能的开发利用建设缓慢。大量依赖煤炭，而煤炭由于其 CO_2 排放强度较高，使得湖北在经济发展的过程中由于煤炭的消费而导致的碳排放量一直有增无减。为此，湖北的能源政策应该是加大力度改善能源结构。为此，提出两项政策：

（1）进一步降低能源消费结构中高碳能源的比率，发挥价格杠杆调节作用，增加化石能源中天然气对煤炭的替代，促进天然气产业发展，将目前以煤为主的污染型能源结构逐步转变为以天然气、电力等优质能源为主的清洁型能源结构。

（2）加快发展风能、太阳能等新能源和可再生能源，根据湖北省的自身特点，湖北省的煤炭、石油、天然气资源贫乏，属于缺煤少油无气，最大的优势是水能资源相对丰富。因此，湖北省要调整和优化能源生产和消费结构，应优先发展水电、大力发展风电、太阳能、生物质能等可再生能源、适当发展核电和火电。

4.3　提高能源效率有效促进节能减排

矿物能源消费中的排污量与能源利用率是成反比关系的，也就是说，随着能源利用率的不断提高，单位能源排污量会随之减少，反之，随着能源利用率的不断降低，单位能源排污量会随之增加。同时，能源利用率与单位能源产出率成正比，与单位产值能耗成反比。所以，提高能源利用效率、不断节约能源是解决能源问题的有效途径。从以上的分析中可以看出，改革开放以来，能源效率的提高是湖北省人均碳排放增加的主要抑制因素，但是能源效率对湖北省人均碳排放的抑制贡献率始终低于经济发展对湖北省人均碳排放的拉动贡献率。因此，在湖北省进行能源结构调整的同时，还应提高能源利用效率、广泛开展节能工作。具体包括优化产业结构、大力发展第三产业、促进结构节能；加强能源源头、能源总量和能源统计的监控；在促进广泛节能方面，应该制定并落实多项节能方面的财税激励政策，促进企业和社会自觉节约能源。总之，提高湖北省的能源利用效率、节约能源应该作为湖北省经济发展的一项长远战略方针，这既是促进湖北省经济增长方式从粗放型向集约型转变的需要，又有利于降低经济增长对能源的依赖，是最为有效的降低湖北省人均碳排放量的措施。

参考文献

[1] Ehrlich P R，Holden J P. Impact of Population Growth [J]. Science，1971，171（3977）：1212-1217.

[2] Dietz T，Rosa E A. Rethinking the Environmental Impacts of Population，Affluence and Technology [J]. Human Ecology Review，1994，1（2）：277-300.

[3] Kaya Y. Impat of Carbon Dioxide Emission Control on GNP Growth: Interpretation of Proposed Scenarios [M]. Paris: Presented at the IPCC Energy and Industry Subgroup, Response Strategies Working Group, 1989.

[4] Ang B W, Liu F L. A New Energy Decomposition Method: Perfect in Decomposition and Consistent in Aggregation [J]. Energy, 2001, 26（6）: 537-548.

[5] Wang C, Chen J N, Zou J. Decomposition of Energy-related CO_2 Emission in China: 1957—2000 [J]. Energy, 2005, 30（1）: 73-83.

[6] 徐国泉, 刘则渊, 姜照华. 中国碳排放的因素分解模型及实证分析: 1995—2004[J]. 中国人口·资源与环境, 2006, 16（6）: 158-161.

[7] Johan A, Delphine F, Koen S. Decomposition o f Carbon Emissions Without Residuals [J]. Energy Policy, 2002, 30（9）: 727-736.

[8] Wu L B, Kaneko S, Matsuoka S. Dynamics of Energy-related CO_2 Emissions in China During 1980 To 2002: The Relative Importance of Eenergy Supply-side and Demand-side Effects [J]. Energy Policy, 2006, 34（18）: 3549-3572.

[9] Fan Y, Liu L C. Changes in Carbon Intensity in China: Empirical Findings From 1980—2003 [J]. Ecological Economies, 2007, 62（3-4）: 683-691.

[10] Schipper L. Murtishaw S, Khrushch M, et al. Carbon Emissions From Manufacturing Energy Use in 13 IEA Countries: Long Term Trends Through 1995 [J]. Energy Policy, 2001, 29（9）: 667-688.

[11] 胡初枝, 黄贤金, 钟太洋, 等. 中国碳排放特征及其动态演进分析[J]. 中国人口·资源与环境, 2008, 18（3）: 38-42.

[12] 刘红光, 刘卫东, 刘志高. 区域间产业转移定量测度研究——基于区域间投入产出表分析[J]. 中国工业经济, 2011（6）: 79-89.

湖北省环境与经济形势分析方法研究与运用

Study and application of Environmental and economy
situation analysis of Hubei province

容　誉　朱　燕　刘　巍　张　斌

（湖北省环境科学研究院，武汉　430072）

[摘　要] 归纳总结国内外环境经济形势分析工作进展和研究方法，概述湖北省环境经济形势，分析研究思路及存在的问题，围绕服务经济发展提出相关建议，以提高对经济发展趋势和环境形势的客观认识和判断，提高环境管理水平。

[关键词] 环境经济　环境形势　方法研究

Abstract we generalize the progress and analysis method of domestic and overseas environmental economy situation analysis. We summarize the research thoughts and problems in environmental economy situation analysis of Hubei province，and provide relevant suggestions about economic development，in order to improve objective knowledge and judgment about economic trend and environmental situation，and improve the environmental administration level.

Keywords environmental economy，environmental situation，method study

1　环境与经济形势分析背景

从 1978 年改革开放以来，我国经济发展经历了快速增长的阶段，统计结果显示每年 GDP 以接近 10%的平均速度增长，年人均 GDP 增长率也接近 9%。伴随着经济高速增长，全国范围内的环境污染问题也变得日益严重，环境质量日益恶化，引发全社会多方共同关注，经济增长与环境质量之间关系成为各领域研究的热点问题。

1.1　环境与经济理论关系

环境与经济两者互相促进、互相制约，存在既对立又统一的关系。一方面由于经济增长导致环境质量下降的负面效应，如经济规模、生产和消费规模的扩张，引起自然资源的过度消耗和污染物排放的增加，造成环境质量下降；产业结构和产品结构的不同会引起污染排放情况的差别；生产和消费技术方式和水平，生产方式不同对环境产生不同的影响；工业化模式的选择，分散式工业化布局，有利于自然环境的自净，但环境管理比较难，容易造成面状污染，集中式生产布局则对当地环境污染严重；粗放型增长易引起自然资源的

作者简介：容誉，湖北省环境科学研究院工程师，环境经济专业领域。

匮乏等。同样经济增长可以通过影响人们的环保意识、社会风俗、环境政策等对环境质量发生间接的影响。随着人们收入的增加，人们对环境质量的需求增加，环保意识随之提高，社会对环境保护的重视程度也会上升，促进有关环境保护的对策研究和政策制定，经济增长还为环境政策的实施提供资金支持，从这方面来讲，经济增长对环境质量的间接影响是积极的。另一方面环境恶化反过来也制约了经济长期的增长，环境在经济增长过程中发挥着 3 种功能：① 提供自然资源；② 吸收生产和消费过程中产生的污染物和废弃物；③ 提供基本的环境服务。前两种功能与生产过程直接相关，第三种功能决定着生产活动的背景条件，并直接作用于经济个体的效用和福利。

经济发展与环境的辩证关系要求人们正确处理经济发展与环境的同一性和斗争性，使经济发展子系统与环境子系统保持一定的数量和结构比例，促使经济发展与生态环境的矛盾关系由制约型向促进型转化，最终实现矛盾的统一，达到经济发展与环境系统整体协调。

1.2 目前经济发展条件下的环境形势

当代中国社会正处于从传统向现代加速转型的历史时期。在社会发展的这一特定阶段，作为社会问题之一的环境问题，尤为突出。根据 2011 年环境保护部发布的《2010 年中国环境状况公报》资料显示，我国地表水污染情况依旧比较严重，形势依然比较严峻，湖泊富营养化问题很突出；部分大型城市仍然存在被酸雨污染的情况；全国工业固体废物产生量比上一年增加 18.1%；气候变化造成大部分水土流失，破坏大量植被，农村环境问题日益显现，农业源污染物排放量较大，产生大量的废弃物；总体生态环境服务的功能还未得到充分发挥，服务功能不强，尚未有效遏制生物多样性下降的趋势，相关的遗传资源不断丧失，外来入侵物种对当地物种产生严重的危害，人为开垦和过度放牧造成生态问题日益恶化。

1.3 环境与经济形势分析目的及意义

目前，经济发展条件下环境形势的变化受到了国内外的广泛关注。科学分析判断经济形势与环境之间相关性，运用成熟的经济学基本理论和分析工具，努力把握经济形势分析工作的规律，历史、客观、全面、辩证地分析和研究在现有的自然环境情况下经济运行的主客观环境、条件、现状和趋势，从中引出对经济形势与环境变化的正确判断。正确判断形势本身不是目的，目的是进行科学的经济与环境决策，即正确确定宏观调控的基本取向，恰当选择调控的时机、重点、力度和节奏，摆正经济发展与环境的关系，相应制定针对性强、切实有效的经济、环境等方面政策措施，避开消极影响，加强环境建设，实现经济与环境统一发展，这是做好经济工作的重要基础，也是保护环境的重要途径。

在研究发展与经济问题中，开展环境经济形势分析与预测研究是一项重要的基础工作。对于加快转变经济发展方式、推进节能减排、科学制定环境保护规划、提升环境经济综合决策能力、实现环境保护历史性转变等具有十分重要的意义。研究中国的经济形势与环境质量的关系，有助于探寻适合今后我国经济发展的模式和前进的方向，努力寻求环境友好的可持续经济发展道路。同时开展环境经济形势分析与预测研究，更进一步协调经济发展和环境二者之间的关系，是全世界现在和未来都必须认真对待和妥善处理的关键性问题，如何协调好环境与发展之间存在的问题将直接影响我国在世界中的综合实力和竞争力。

2　国内外关于环境与经济之间分析方法的研究

2.1　国内关于环境与经济之间分析方法的研究

环境与经济协调发展问题是国内外理论界和实际工作者普遍关注的重大课题。在我国，关于经济与环境协调发展的观点最早提出是在 1973 年，至今已近 40 年。在这近 40 年的时间里，有关经济与环境关系的理论和实践都在不断发展和完善，但目前对此问题的研究仍不成熟，经济与环境发展的内涵、特点等基本范畴仍处于探讨之中。在经济与发展关系研究中关于环境与经济形势分析，国内学者普遍采用灰色预测、时间序列分析、回归分析等方法，预测未来污染物排放趋势。其研究主要体现在两个方面：① 以中国为研究对象，使用时间序列数据或面板数据进行实证分析；② 以各区域和各省市自治区为研究对象，使用截面数据或时间序列数据进行实证研究。这些研究中包括通过一定的宏观经济模型，进行环境—经济形势分析，通过模拟环境与经济之间的互动影响，评价公共经济政策以及环境政策对环境和经济的影响，如投入产出法作为一种分析模型，用来研究经济结构变动对环境污染物排放的影响。近年来，分解分析法被引入环境与经济形势分析的研究中，将污染变化分解为规模效应、结构效应、技术效应等，进一步地揭示各经济要素与环境污染间的关系。

2.2　国外关于环境与经济之间分析方法的研究

国外关于经济增长与环境保护的定性研究，始于 20 世纪五六十年代，相关学者做了大量研究，但由于学科背景、理论假设、研究偏好及研究思路的不同导致研究结论存在很大差异。国外的研究主要有两个方面：① 对经济增长极限的研究；② 对经济与环境协调发展的研究。有学者根据热力学定律，分析经济在生产过程中所需的物质和能量转换，会导致熵的损失，加重环境恶化，经济增长最终会趋于停止；部分学者通过固定替代弹性生产函数，从资源与经济之间相互制约，研究经济增长与环境质量的关系。90 年代国外学者开始对经济增长和环境质量之间关系进行实证研究，通过一些国家的空气、水污染物在国民经济不断变动的情况下，发现经济增长与环境质量变化情况的长期关系曲线呈倒 U 型特征，这就是所谓的环境库兹涅茨曲线概念，是经济增长对环境污染的众多研究中最有代表性的经济与环境分析方法。

环境库兹涅茨曲线表明，在社会经济的发展过程中，如果不采用必要的环境政策放任经济的发展对环境的破坏，对环境的破坏程度很可能会超过环境的生态不可逆值；而如果采取必要的环境保护政策，使环境库兹涅茨曲线峰值下降至低于环境的生态不可逆值，则可有效防止对环境造成不可逆转的破坏。如果对环境的污染程度超过了环境的生态不可逆值，而政府不采取任何的环境保护手段使环境的污染程度降低到生态不可逆值以下时，环境污染程度与经济增长的关系就不会如呈现倒 U 型。由于不同国家的社会经济情况和生态环境都不同，所以对于环境污染程度与经济增长之间的关系必须考虑自己的实际情况。为此，我们在分析环境与经济形势时必须找到一条符合中国经济特征的新的环境库兹涅茨曲线，反思经济发展模式，实现环境保护、资源利用和经济增长可持续发展。

3　我国关于开展环境与经济形势分析研究

3.1　开展环境与经济形势分析重要性

20 世纪 80 年代末以来，人类提出了一种全新的发展思想和发展战略——可持续发展战略：既满足当代人的需求，又不对后代人满足其需求的能力构成危害的发展。可持续发展的根本点就是经济社会的发展与资源环境相协调，其核心是处理环境与经济之间的关系。

在环境与经济形势研究中，大多数学者偏重于从经济、环境、技术、文化等层面进行研究，从地方政府层面进行研究的较少，而且这些学者还只是集中在实证层面，多用来模拟和分析一定的经济政策（如产业结构，技术升级）或环境政策（如环境税）对污染排放的影响。但在影响识别基础上，如何通过一系列直观的社会经济指标的动向，把握环境和污染排放的变化趋势，在社会经济发展与形势的变化对环境造成严重损害之前，做出预警反应或加强环境保护，是环境与经济形势分析的又一个角度。

当前世界经济存在许多不稳定、不确定因素，国内经济面临一系列两难问题和矛盾：经济形势的复杂性常态化与环境污染日益严重。我国目前正处于工业化、城镇化快速发展的时期，也是转变经济发展方式的关键时期。面对当前经济形势，发展中不平衡、不协调、不可持续的突出问题，迫切要求各级政府不断提高正确分析判断经济形势的能力，加强经济形势与环境之间的相互关系的研究，要善于把总量分析与结构分析、宏观分析与微观分析结合起来，准确判断经济运行的基本面和主要环境问题，正确确定宏观调控的基本取向、重点和政策组合；要把经济发展对环境质量的影响作为经济形势分析的重要内容，制定正确的趋利避害对策；要在现状分析的基础上加强趋势分析，在短期分析的基础上进行长期分析，定性分析与定量分析结合，纵向比较与横向比较并用，丰富和深化污染物的排放、环境承载力与环境质量在经济运行总体状况的认识，更好地把握经济发展趋势和环境变化的度，正确确定宏观调控政策的时机、节奏和力度，提高经济与环境政策的预见性、针对性和有效性，在分析经济形势变化与污染物排放的基础上进行综合，更深刻地把握经济形势，为科学决策、有效保护环境提供强有力支撑。以利统一思想，形成合力，增强贯彻落实中央提出的科学发展观，坚持在发展中保护、在保护中发展，积极探索经济发展与环境保护相协调的新道路，实现国内经济又好又快地发展。

3.2 我国开展环境与经济形势分析研究情况

1973 年，我国召开了第一次全国环境保护工作会议。1978 年诞生了第一篇环境经济论文——《应当迅速开展环境经济学的研究》。1979 年成立了中国环境科学学会，开始针对中国经济发展状况和环境现状进行研究与分析。

20 世纪 80 年代，为了改革开放与时俱进，国家提出环境保护是基本国策，90 年代发布"中国环境与发展十大对策"，大力实施可持续发展战略。进入 21 世纪，党和国家提出树立和落实科学发展观，加快实现环境保护与经济发展统一发展，把建设资源节约型、环境友好型社会作为加快转变经济发展方式的重要着力点，坚持在发展中保护、在保护中发展，不断地探索环境保护与经济发展相适应的新道路。

2009 年中国环境科学出版社出版了《2009—2020 中国节能减排重点行业环境经济形势分析与预测》报告，该报告在当前国家实施节能减排战略关键时期和应对全球金融危机大背景下，回顾分析近 5 年来（2003—2008 年）中国宏观环境经济形势、工业环境经济形势和七大重点行业的环境与发展形势的基础情况，运用国家中长期环境经济预测模型与方法，对 2009—2020 年（重点是"十一五"关键年 2009 年、"十二五"中期 2012 年、"十二五"末期 2015 年、"十三五"末期 2020 年）国家宏观经济和七大重点行业的发展趋势、资源能源消耗压力等进行了预测，对各行业的主要特征污染物的产生及排放趋势、工业污染治理投入需求等进行了预测与分析，提出了未来这七大重点行业在节能减排中需注意的若干问题和政策建议。

同年 9 月，环境保护部组织国务院发展研究中心、国家统计局、发改委经济所等单位召开了第三季度环境与经济形势分析座谈会。会议重点研讨了前三季度的经济形势，分析了第四季度经济发展走势及宏观经济政策走向，提出了加强环境保护的对策建议。

为健全环境与经济形势分析工作机制，进一步加强和完善国家形势分析工作，有效发挥参谋助手作用，环境保护部于 2012 年 6 月开始，确定 16 个环境与经济形势分析试点城市，开展环境与经济形势季度分析工作，提交环境与经济形势分析报告。其目的主要是通过开展环境与经济形势季度分析、年度分析及展望，提高对经济发展趋势和环境形势的客观认识和判断，促进提高试点城市环境管理水平；根据总量减排、质量改善、风险防范、均衡发展、宏观调控等要求，进一步丰富和完善国家环境与经济形势分析工作，为环境管理决策和加强综合协调服务；提升试点城市环境保护部门参与当地综合决策的能力和水平，为全国开展环境与经济形势分析工作摸索经验。

4 湖北省关于环境与经济形势分析的研究

4.1 研究思路及进展

改革开放以来，湖北省经济经历了一个持续的高速增长阶段，然而快速的经济增长同时也不可避免地加剧了对环境保护的压力，经济增长与环境质量的关系日益受到关注。为了有效地应对经济发展可能对环境造成的影响，提高对我省经济发展趋势和环境形势的客观认识和判断，加快我省产业结构的优化，我省决定对全省环境形势进行分析研究。

从 2012 年开始，我省分别按季度和年度完成全省环境经济形势分析报告。通过对环境质量变化、总量减排、环境风险、重点项目建设等方面的分析判断，预判全年环境形势变化趋势，分析原因、提出问题，围绕服务经济发展提出相应的环保措施。

由于我省开展环境与经济形势分析研究刚起步，对社会宏观经济许多方面考虑不够全面，在经济要素指标的选择和分析比较的过程中存在许多问题，难以深入地研究经济与环境之间存在的相关性，在今后的工作中我省将加大力度，对全省的经济形势与环境之间的关系做进一步探究。

4.2 存在的困难

宏观经济数据获取的即时性。我省主要经济数据更新（来源于统计局统计月报）速度未能跟上环境与经济形势分析的需求。

短期区域污染物排放数据获取比较困难。我省目前针对地区性各生产行业污染物排放量都是以年度作统计，极少细分到季度或者月份，因此对一些区域短期类污染物排放情况缺乏了解，无法准确地分析短期地区经济形势的变化与污染物排放存在的相关性，难以对区域经济形势及环境质量变化作准确预测。

环境与经济形势分析方法。目前我国针对环境与经济形势之间的关系分析缺乏有效的研究机制、指导性的理论基础，适用地分析方法，在分析过程中许多经济行业要素和环境要素难以选择，因此无法正确分析经济各要素与污染物排放物之间的关系，实现对经济和环境政策的引导作用。

4.3 几点建议

为了完善我省环境与经济形势分析研究，探索湖北环境与经济增长相互关系，探讨湖北经济增长与环境污染水平的演变规律，给政策提供依据，对湖北的经济发展与环境保护提出相关建议，以进一步促进我省环境与经济之间协调发展，提高环境与经济形势分析结果对社会经济决策以及环境保护管理的指导作用，在今后环境与经济形势分析研究中，我省将从以下方面采取措施：

（1）层次推进。争取在全省各市县全面开展环境与经济形势分析，根据各地区自身区域性特点，分析当地经济形势发展与污染物排放情况之间的相关性，研究地域经济各要素对环境污染的贡献，正确判断经济发展形势对环境的影响，研究计算区域环境承载力，为建立全省环境质量预警机制奠定好基础。

（2）完善污染物排放情况与环境监测数据收集体系。准确、及时、全面地反映污染物排放情况、环境质量现状及发展趋势，为环境管理、污染源控制、环境应急预警等提供科学依据。

（3）分析方法的探索。我省将在现有的基础上，尝试通过对环境进行单元划分，根据社会经济主要行业中各要素的数量和类别变化情况研究污染物排放量的变化，运用对比分析，把握关键社会经济指标与环境态势的相关关系，构建环境与经济形势分析框架。在识别影响环境发展态势的主要社会经济要素的基础上，构建环境与经济形势分析指标体系，并划分出针对污染物排放的先行和一致性指标，分析环境质量变化原因，用社会经济主要行业各要素指标的动向，预测环境发展态势，研究各经济要素和环境质量要素的排放量限值，及时做好环境预警工作，力争社会经济各要素向着环境有益的方向发展，通过控制重污染行业的产值比重及固定资产投资增长率，提高能源利用效率，优化能源消费结构，保证社会经济同环境的协调发展。

5 结论

目前，我省对环境经济形势分析开展了分析研究，但总体而言，由于缺少技术方法的有效支撑，环境经济形势分析达不到预想的效果。为进一步做好我省环境与经济形势分析研究工作，更好地服务我省经济与环境协调可持续发展，应从定量与定性分析方法的选择、基础数据的收集、各要素之间关联分析等方面进一步加强和完善。

参考文献

[1] 穆贤清，黄祖辉，张小蒂. 国外环境经济理论研究综述[J]. 国外社会科学，2004，2：29-37.

[2] 董战峰，葛察忠，高树婷，等. "十二五"环境经济政策体系建设路线图[J]. 环境经济，2011，6（90）：35-47.

[3] 环境保护部环境规划院. 2009—2020中国节能减排重点行业环境经济形势分析与预测[M]. 北京：中国环境科学出版社，2009.

[4] 曹利江，谭映宇，徐彦颖. 环境与经济形势分析的主要思路及方法[J]. 环境经济，2012，9（105）：20-22.

关于湖北省排污权交易顶层设计的几点思考

The top design of Hubei province emissions trading

刘 巍 徐 圣 张 斌

（湖北省环境科学研究院，武汉 430072）

[摘 要] 湖北省作为国家排污权交易试点省份之一，在排污权市场化探索中积累了相关经验，在归纳总结湖北省排污权交易的经验基础上，论述湖北省排污权交易市场所存在的问题，围绕着湖北省排污权交易顶层设计提出相应思考及建议，以进一步完善湖北省排污权交易市场建设，推动排污权交易进行，为政府决策提供技术支撑。

[关键词] 排污权交易 排污初始权 顶层设计

Abstract Hubei as one of the national emissions trading pilot provinces, in the exploration of emission rights market accumulated experience, experience in the foundation of summarizing Hubei province emissions trading, discusses the existence of market transactions in Hubei province emissions problem, put forward the corresponding suggestion and thinking around Hubei province emissions trading top design, to to further improve the Hubei province sewage construction market, promote emissions trading, to provide technical support for the government decision making.

Keywords emission trading, the initial discharge right, top design

前言

我国早在"八五"时期就开始进行排污交易试点，经过近 20 年的发展，已形成具有我国特色的排污交易雏形。2010 年 10 月，国务院《关于加快培育和发展战略性新兴产业的决定》中，首次提到要建立和完善主要污染物和碳排放交易制度。2013 年，"开展排污权和碳排污权试点"同时被写入党的十八大报告和 2013 年政府工作报告，进一步彰显国家将排污权交易制度作为经济手段用以解决环境问题的决心。

湖北省是国家首批排污权交易试点省份之一，我省的排污权研究工作始于 2006 年，在排污权市场化探索中取得了许多亮点，受到环境保护部和各大媒体的赞誉，2008 年 3 月，我省在国内首次尝试把排污权交易引入产权交易市场，同年 10 月，我省在全国率先出台《湖北省主要污染物排污权交易试行办法》（以下简称《办法》），2012 年 10 月，我省成立全国首个独立专业从事排污权交易的公司。经过近 7 年的研究与实践，我省排污权工作虽

作者简介：刘巍，1982 年 9 月生，湖北省环境科学研究院工程师，专业领域：环境经济政策研究。

遇到了一些困难和问题，但总体来说在持续稳步推进排污权交易的基础上，逐渐形成了较为完善的排污权交易制度体系和较为合理的工作流程。

1 国内外排污权交易研究进展

1.1 国外排污权交易研究

美国是排污权交易制度的发源地。早在 1976 年美国就推行了该政策，旨在推动电力企业 SO_2 减排以及促进电力企业加快技术革新。美国排污权交易的发展过程大体可分为两个阶段：① 20 世纪 70 年代中期到 90 年代初，为排污交易的探索阶段，建立了排放削减信用基础上的排污交易，该阶段交易量较少，排污交易政策实践成效小，但该阶段实践却表明了排污权交易政策对美国电力行业 SO_2 减排有极大的可行性，而且也为进一步扩展排污权交易政策的应用范围提供了宝贵的实践经验；② 以 1990 年通过的《清洁空气法》修正案并实施《酸雨计划》为标志，直至今日。此阶段将排污权交易在法律上制度化，该阶段的排污权交易是总量控制型，排污交易政策在该阶段得到成功应用，真正形成了以市场为导向的排污交易机制主要指标包括了二氧化硫、氮氧化物、汞、臭氧层消耗物等。除了大气污染物开展排污权交易外，美国在一些流域也探索了水质指标的交易，既有点源—点源交易实践，也有点源—非点源交易和非点源—非点源交易案例实践。这些案例实践的水质交易指标涉及十二类主要指标，点源水质交易指标主要包括总氮、总磷、钙、铜、铅、汞、镍、锌。非点源水质交易指标主要包括硒、COD、BOD、沉淀物、温度（热负荷）。

德国的排污权交易制度及其实施。2002 年初德国法律规定实施碳排放权交易制度。当时德国环保局组建专门管理机构，对企业机器设备进行全面调查，研究建立与排放权交易相关的法律事宜。目前已形成了较全面的法律体系和管理制度，这些法规包括排污权许可、交易许可、收费标准等。同时还建立了管理排放权交易事务的专门机构，负责发放排放许可证，核实企业报送的排放申请报告，以账户形式对每个企业进行登记，与欧盟和联合国进行合作等事宜。这些奠定了排放权交易在德国的法律地位。

全球排污权交易市场的不断发展完善。国际碳排污权交易市场有阿姆斯特丹的欧洲气候交易所、德国的欧洲能源交易所、法国的未来电力交易所，此外日本、加拿大、俄罗斯、澳大利亚也有自己的排污权交易市场。此外，澳大利亚等在流域管理方面开展了水污染物排污交易。加拿大为了控制酸雨问题和削减臭氧层消耗物质推行了 SO_2、NO_x 以及 CFCs 贸易。墨西哥实施了氟氯化碳生产权和消费权制度，新加坡实施了消耗臭氧层物质消费许可证交易，智利、捷克、波兰等国实施了排污权交易等。总体来看，排污权交易制度已逐渐成为世界潮流。

1.2 国内排污权交易研究

随着工业化和城市化的加速发展，污染物排放总量不断增大，环境容量对社会经济发展的约束越来越明显。从"九五"开始，我国开始逐步实施总量控制制度。总量控制制度在我国的全面实施，大大促进与其相配套的有偿分配政策和排污交易政策的发展，这些政策以其市场的灵活性、配置的有效性对我国总量控制制度做了有益的补充。总体来说，我国总量控制和排污交易制度经过多年发展，已取得一些重要的突破和进展。纵观我国的总量控制和排污交易实践，大体上可以分为以下 3 个阶段。

（1）起步尝试阶段。我国早在 20 世纪 80 年代末期就已经进行了排污交易实践。1987

年，上海市闵行区开展了企业之间水污染物排放指标有偿转让的实践。1991 年，在 16 个城市进行了大气污染物排放许可证制度的试点工作。在此基础上，自 1994 年起又在包头、开远、柳州、太原、平顶山、贵阳这 6 个城市开展了大气排污交易的试点工作，取得了初步经验。这期间重点对排污交易理论和我国开展排污交易的方式进行了积极探索。

（2）试点探索阶段。2002 年在亚洲开发银行的协助下和有关研究机构的合作下，山西省太原市开展了二氧化硫排污交易的试点。同年 3 月，国家环境保护总局在山东、山西、江苏、河南、上海、天津、柳州市共七省市，开展了二氧化硫排放总量控制及排污交易的试点工作。在这些项目的推动下完成了多项排污交易案例。

除了二氧化硫排污权交易试点工作外，我国还积极探索了水污染物排污权交易试点。2001 年，浙江省嘉兴市秀洲区出台了《水污染物排放总量控制和排污权交易暂行办法》，实行了水污染排污初始权的有偿使用，这是我国真正意义上的排污初始权有偿分配和使用的实践。

通过积极探索，这段时期形成了几笔在全国范围影响较大的排污交易案例，为"十一五"期间全国各地排污交易的积极探索做了良好铺垫，但形成的交易案例大都是政府部门"拉郎配"，排污权有偿取得和排污交易市场并未形成。

（3）试点深化阶段。开展排污交易试点已成为我国近期深化经济体制改革的重点工作之一，全面推广实施排污交易制度，进一步完善总量控制制度，构建减排的长效机制已成为我国当前环境保护的核心内容之一。在此背景下，江苏、浙江、天津、湖北、湖南等作为国家排污交易第一批试点省份，开展了大量工作，出台了一系列有关排污权有偿使用与排污交易的管理办法及实施细则，为全国排污交易政策的推行积累了重要经验。截至 2012 年年底，国家共批准浙江、江苏、天津、湖北、湖南、内蒙古、山西、重庆、陕西、河北、河南 11 个排污权试点省区。全国近一半省份开展试点工作，各级排污权交易所纷纷设立。

2 湖北省排污权交易工作进展

湖北省是国家首批排污权交易试点省份之一，我省的排污权研究工作始于 2006 年，排污权交易工作于 2009 年正式启动。5 年来，我省排污权交易从委托交易到独立运营，逐渐走向正规化、专业化、制度化。

2.1 形成了较为完善的制度体系

（1）交易制度体系。经过近几年的发展，湖北省排污权交易制度体系已初步建立，包括《湖北省主要污染物排污权交易试行办法》、《湖北省主要污染物排污权出让金收支管理暂行办法》等，出台了湖北省主要污染物排污权交易规则》、《湖北省主要污染物电子竞价交易规则》等规章及《排污权转让申请表》等 10 多个操作性文本，从排污权分配和管理，交易主体资格审查，交易方式及流程，监督管理等多个方面对排污权交易进行了规范，保障了排污权交易的有序开展。

（2）价格形成体系。为促进我省环境资源优化配置和公平竞争，体现环境资源的稀缺性，我省按照"市场主导、政府调节为辅、低步起价、逐步到位、促进我省排污权交易健康持续发展"的原则，逐步形成了能反映市场供需程度的价格体系。湖北省陆续出台了《关于制定排污权交易基价及有关问题的通知》（鄂价费[2009]89 号）、《关于制定排污权交易基价及有关问题的通知》（鄂价费[2009]141 号）、《关于排污权交易基价及有关问题的复函》

（鄂价环资规函[2011]137 号）、《关于新增排污权交易种类基价及有关问题的复函》（鄂价环资函[2012]74 号）等，通过开展排污权交易工作，初步形成了以市场为主导，政府宏观决策的价格机制。

2.2 构建了排污权交易平台

2009—2011 年，湖北省环境保护厅委托武汉光谷联合产权交易所搭建了全省排污权交易平台，是我国首次尝试把排污权交易引入产权交易市场。设计开发了基本符合全省排污权交易规则的交易软件，配备了必要的硬件设备，建设了电子竞价交易系统和交易大厅，为全省排污权交易的稳步推进奠定了坚实基础。

2012 年 10 月，按照国务院下发的《关于清理整顿各类交易场所切实防范金融风险的决定》（国发[2011]38 号）要求，由湖北省环境科学研究院、湖北省辐射环境管理站、光谷联合产权交易所等 3 家股东共同出资成立湖北环境资源交易中心有限公司，成为全国首个独立专业从事排污权交易的公司。2012 年 11 月，交易中心通过国家清理整顿各类交易所部际联席会议办公室验收。2013 年 6 月，湖北省政府以鄂政函[2013]80 号文件正式批复同意组建湖北环境资源交易中心。

2.3 交易流程制度化

通过制定交易规则和交易细则，使得湖北省排污权交易流程制度化，排污权交易程序依次分为交易主体资质审查、转让委托、转让委托受理、挂牌公告、意向受让登记、意向受让受理、确定交易方式、交易管理、成交签约、交易价款结算、受让保证金退还、交易鉴证与资金交割、变更登记等。

2.4 稳步推进排污权交易工作

2009—2011 年，我省共组织了六次主要污染物排污权交易，有近 50 家企业通过排污权交易获得项目建设所需排污权，共成交化学需氧量和二氧化硫排放指标 2 863.23 t。其中化学需氧量成交 370.05 t；二氧化硫成交 2 493.18 t。2013 年 6—8 月，湖北资源环境交易中心组织并完成了 3 批次，25 家企业，28 个建设项目的排污权交易，总成交金额 871.96 万元。

2.5 深入开展符合湖北省情的排污权交易研究

湖北省深入开展了排污权交易调研和基础研究工作，为逐渐形成我省排污权交易制度体系打下了良好的理论与实践基础。2011 年，省级环境科研专项立项支持"湖北省重点行业主要污染物初始排污权分配及排污权交易研究"课题，针对湖北省重点行业主要污染物的排污初始权分配及初始定价技术方法、制定原则、实施技术方案等进行了研究，并在汉江襄阳段进行了试点应用。为今后科学制定我省排污权有偿使用形成机制奠定了基础。2012 年 4—6 月，在省环境保护厅指示和支持下，省环科院以书面调查和现场调研两种方式组织开展全省造纸、印染、化工、城市污水处理、火电、钢铁等行业主要污染物治理成本调查，为我省排污权交易制度及相关政策体系的建立提供数据支持。

3 所面临的困难

通过近些年湖北省开展排污权交易活动、组织排污权交易研究等可以看出，目前排污权交易仅局限于二级市场，尚未真正的落实到一级市场建设中，综合排污权法律法规及相关制度、初始权分配等因素，目前湖北省排污权交易在推进过程中主要面临以下的困难。

3.1 排污权有偿使用和交易法律依据支撑不足

截至 2012 年，全国开展排污权交易试点已达到 11 个省份，排污权交易试点已成为深化经济体制改革的方式之一，但目前依然缺乏国家层面上的关于排污权有偿使用和交易的法律法规，致使排污权交易法律支撑不足。在排污权交易过程中，国家层面上未针对交易手续费等收费给出明确的核算方式或确定原则，导致地方在开展排污权交易过程中收费依据不足。

3.2 交易出让方单一，出让主体有待明确

无偿取得主要污染物排污权的单位在出售富余排污权时，需将出让金的 30% 上缴同级财政，一定程度上抑制了企业出让排污权的积极性。已购买排污权的单位因短期内减排效益不明显或对出让排污权持观望态度。目前我省排污权交易的出让量主要为淘汰落后产能由省政府以奖励形式回购的排污权。一方面这部分排污权数量有限，难以长期支持交易市场的发展，另一方面长期以政府回购的排污权作为出让方，容易引起企业对政府开展排污权交易试点目的的质疑。

3.3 交易受让方范围有待拓宽

新《办法》虽将受让方扩大到市、州以上的新建、改建、扩建项目需要新增主要污染物年度排放许可量的排污单位。但市、州审批的建设项目开展排污权的机制和流程尚未形成，大量市、州审批的建设项目游离于交易范围之外。继续在小范围试点不利于为企业创造公平竞争的环境，导致我省排污权交易市场的受让主体被限制在较小范围，影响了市场的公平性和流动性。

3.4 竞价机制有待完善

因企业对污染物排污权的需求种类和需求量存在较大差异、企业申请排污权交易的时间分散，在现有较小市场规模和较高市场投放量的背景下，易引起以下问题：① 难以形成有效的竞争机制，无法体现环境资源的稀缺性；② 易造成需求量较大的企业经过多轮竞价都无法竞价成功；③ 给需求量较大企业带来了沉重的经济负担；④ 当需求量较大企业因投放量不足或交易价格较高而被迫退出竞价交易时，投放余量相对比较充裕，抑制了剩余企业竞价的积极性，剩余企业可能以较低的价格受让标的，影响了竞价的公平性。

3.5 初始排污权分配工作开展缓慢

开展初始权排污分配工作，是对原有企业排污权的确定，是排污权交易的基础，是开展排污权交易中必须解决的问题。现有交易出让方单一、受让方不全面均受到初始排污权分配的影响。目前，我省初始排污权分配的推动工作是以科研成果—试点—全面铺开进行的，但实际上，在核定初始排污权、初始容量、初始排污权价格方面缺乏依据，导致初始排污权分配核定工作滞后。

4 做好湖北省排污权交易顶层设计的几点思考

为进一步推进湖北省排污权交易市场的发展，促使排污权交易真正市场化，需在顶层设计上作出努力，综合湖北省排污权交易中所面临的问题，结合湖北实际，为做好湖北省排污权交易顶层设计，需在以下方面进一步完善和开展研究。

4.1 完善现行排污权交易规章制度，建立一级市场环境资源有偿使用制度

根据湖北省政府印发的《湖北省主要污染物排污权交易办法》（鄂政发[2012]64 号），

修订并出台《湖北省主要污染物排污权交易办法实施细则》、《湖北省主要污染物排污权交易规则》、《湖北省主要污染物排污权电子竞价交易规则》等相关制度。将氨氮和氮氧化物纳入了排污权交易体系，受让方扩大到市、州以上的新建、改建、扩建项目需要新增主要污染物年度排放许可量的排污单位。遵循市场主导、政府调节为辅的市场定价原则，联合物价部门，制定科学合理的交易挂牌价格调节机制。

以全省环境容量和污染排放总量控制为前提，建立充分反映环境资源稀缺程度和经济价值的环境有偿使用制度，促进污染减排，提高环境资源配置效率，引导企业约束排污行为，形成减少排污的内在激励机制。通过制定《主要污染物初始分配配额使用管理办法》，明确工作依据、工作原则、实施范围、配额使用方法、剩余配额管理等方面内容。联合省物价部门和省财政部门，制定《湖北省主要污染物排放指标有偿使用收费管理办法》，明确工作依据、工作原则、实施范围、征收管理、资金使用管理等方面内容。

4.2 开展主要污染物排污权有偿使用关键技术研究，做好技术支撑

通过开展主要污染物排污权初始分配技术研究、初始排污权定价机制及初始分配时限研究、排污权有偿使用、排污收费、排污许可等制度相关性研究、排污费改税后环境税与排污权交易制度之间的关系研究、基于排污权交易制度的社会认知与企业参与研究、基于总量控制的重金属排污权交易机制研究等，为湖北省排污权交易市场做好技术支撑，以建立公平公正的排污指标分配体系。

根据市场初期建设和推动试点需要，参考当地经济发展水平和治污平均成本，合理确定初始排污权分配价格；考虑污染物现状排放量、污染总量控制目标、企业污染排放水平、行业技术发展趋势、污染治理水平、污染治理成本以及区域可持续发展等因素，构建排污权分配的优化模型；立足于湖北省的现实，通过市场问卷调查等方式，分析基于排污权交易制度的社会基本认知（关注度、满意度、动机），了解信息的渠道及影响因素，分析基于排污权交易制度的企业的参与动机，面临的阻力及影响因素等，提出完善排污权交易市场的措施和建议；积极探索建立我省重金属排污权交易一级市场和二级市场机制，指导我省逐步开展重金属排污权交易研究工作。

4.3 开展排污权有偿使用研究与试点

以全省环境容量和污染排放总量控制为前提，建立充分反映环境资源稀缺程度和经济价值的环境有偿使用制度，促进污染减排，提高环境资源配置效率，引导企业约束排污行为，形成减少排污的内在激励机制。

（1）制定《主要污染物初始分配配额使用管理办法》，明确工作依据、工作原则、实施范围、配额使用方法、剩余配额管理等方面内容。

（2）联合省物价部门和省财政部门，制定《湖北省主要污染物排放指标有偿使用收费管理办法》，明确工作依据、工作原则、实施范围、征收管理、资金使用管理等方面内容。

（3）选择工业发展相对集中、具有代表性的城市开展排污权初始有偿分配试点工作，拟选择具有条件的城市或工业集中区（如宜昌市等）作为试点城市，逐步构建排污权交易一级市场，全面推行环境资源有偿使用制度。

4.4 构建全省排污权交易综合服务平台

我省排污权交易系统及交易平台应立足于自身，逐步开发建立排污权交易综合服务平台。内部系统包括排污权查询系统、排污权交易系统、资金结算系统、客户信息管理系统、

客户培训服务系统、中心办公管理系统等。外部将与排污许可信息管理系统、总量核定与基础数据库信息管理系统、工业污染源在线自动监控系统、企业环保信用信息系统、银行监管系统等对接，实现排污权管理的规范化、流程化、动态化。

5　结论

湖北省作为全国排污权交易的 11 个交易试点省份之一，自 2009 年确定试点以来开展了相应的工作，但总体而言，排污权交易市场尚未真正建立，推进力度缺少法律法规、初始分配技术等方面的支撑，做好湖北省排污权交易顶层设计，将有利于从规章制度、技术分配、试点研究、交易平台等方面推动湖北省排污权交易市场的完善，真正做到排污权有偿使用、市场资源配置的目标，体现环境资源的稀缺性。

参考文献

[1] 沈满洪，钱水苗，等. 排污权交易机制研究[M]. 北京：中国环境科学出版社，2009.

[2] 赵文会. 排污权交易市场理论与实践[M]. 北京：中国电力出版社，2011.

[3] 李蜀庆，张香萍. 论建立我国的排污权交易法律制度[J]. 重庆大学学报（社会科学版），2004，10（1）：111-113.

[4] 杨展里. 中国排污权交易的可行性研究[J]. 环境保护，2001（4）：31-33，46.

[5] 蔡守秋，张建伟. 论排污权交易的法律问题[J]. 河南大学学报（社会科学版），2003，43（5）：98-102.

[6] 贺永顺. 关于排污权交易的若干探讨[J]. 上海环境科学，1999，18（7）：302-303.

[7] 吕忠梅. 论环境使用权交易制度[J]. 政法论坛，2000（4）：126-135.

第三篇
环境经济政策研究与实践

资源环境约束条件下四川省地区工业经济可持续发展分析

Sustainable Development of Local Industry Economy in Sichuan on the Restricted Condition of Resource and Environment

刘源月 夏溶娇 马玉洁 吕晓彤

（四川省环境保护科学研究院，成都 610041）

[摘 要] 依据区位经济特征，结合地区能源与水资源消耗压力，以及主要污染物排放造成的环境压力，筛选出四川省 8 个代表不同经济环境发展水平的地区，掌握地区工业经济的可持续发展水平，使用分解模型分析影响各地区可持续发展的因素，为"十二五"国民经济发展中期调整提供依据。研究成果表明：① 各地区 SO_2 排放环境效率水平普遍不高，其中，大气环境污染严重的 3 个地区，即成都、自贡和攀枝花，SO_2 排放造成的环境压力大，SO_2 排放环境效率次序是成都市＞攀枝花＞自贡；广安市大气环境质量良好，但能源利用效率和 SO_2 排放效率均列全省末位，可持续发展水平低。② 8 个地区的水资源利用水平仍处于中低水平，水资源利用效率相对较高的地区是攀枝花、阿坝和广安。这些地区中，资源型缺水的成都市和眉山市工业废水排放量巨大，分列全省第 1 位和第 3 位，眉山市的工业废水排放环境效率排在全省第 20 位；工程型缺水地区中，攀枝花工业用水量居全省首位，工业废水排放效率和 COD 排放效率也以攀枝花为最高，其他地区处于全省中下游水平。

[关键词] 能源 水资源 工业经济 可持续发展 四川省

Abstract According to the characters of local economy and the pressure of energy and water resource demand as well as of main four wastes discharged on environment, eight districts which represent different level of economic and environmental development in Sichuan Province, were chosen and the levels of local sustainable development were analyzed. Then with complete decomposition model and LMDI decomposition model, the factors driving local sustainable development were researched for helping local governments adjust the industry structure and economic development model after the middle of 12th five-year plan. The research results showed that （1） the ecological efficiency of SO_2 discharge are in the middle and lower levels. Among those regions, three areas that air is heavily polluted, including Chengdu, Zigong and Pan Zhihua, are impacted and pressured because of SO_2 discharge. Among the three areas, the sort order of ecological efficiency of SO_2 discharge in Chengdu is

---

作者简介：刘源月，四川省环境保护科学研究院工程师，从事环境科学、环境经济政策研究。

highest than the others, and that of Zigong rank the lowest. Although the air environment quality of Guangan is good, the ecological efficiency both of energy consume and SO₂ discharge in Guangan ranks almost the bottom compared with other 20 areas. (2) The ecological efficiency of water resource usage in the 8 areas is also in the middle and lower levels. The ecological efficiency of water resource usage in Pan Zhihua, Aba and Guangan is higher than the entire province average level. Among the 8 areas, the amount of wastewater discharged in Chengdu and Meishan in which water resource is shortage is huge, and ranks first and third repetitively. Besides, the ecological efficiency of wastewater discharged in Meishan area ranks the 20th. Among the areas where are engineering shortage of water, the amount of water usage and the ecological efficiency of wastewater and COD discharged in Pan Zhihua area are highest than others in which the efficiency is in middle and lower than the entire province average level.

Keywords energy, water resource, industry economy, sustainable development, Sichuan Province

前言

按照四川省国民经济发展布局，将全省 21 个市州划分为五大经济区，力图通过优势地区的发展带动相邻周边区域的发展。但由于自然资源禀赋、发展定位、历史发展等多种原因，全省 21 个市州发展水平差异显著。十八大后，各地区在"十二五"国民经济发展中期总结的基础上开展调整，调整的重心依然聚焦于地区经济发展模式上，特别是对新型工业化、新型城镇化提出了进一步要求，同时，工业经济发展与调整仍然是各地区发展重点的首选。因工业发展引发的资源环境问题在某些区域颇为显著，资源环境将有可能无法支撑地方经济后续的高速发展。

因而，研究将依据经济发展水平、资源环境压力指标，借助分解模型，针对 8 个代表性地区，不同经济区中的代表性地区，掌握区域经济发展对水资源和能源的消费需求及其造成的环境影响情况，区分地区工业经济发展的可持续性水平和区域经济发展过程中环境绩效的驱动因素，以明确掌握地区工业经济发展的差异性，从而为地区差异性发展提供政策调整的参考依据。

1 地区资源环境压力分布

研究采用"环境压强"[1, 2]指标共 6 项反映地区资源环境压力，其中物质消费包含综合能源消费及水消费，物质排放为主要水体污染物 COD 与 NH₃-N，以及主要大气污染物 SO₂ 和 NOₓ。研究数据均来源于 2006—2011 年环境调研数据，调查企业样本数 2006—2010 年在 5 000～6 000 家，2011 年为 7 720 家。

经过前期对四川省各市州资源环境压力 6 项指标的排序分类，21 个市州分别处在 5 类资源环境压力类型中，即资源环境压力全面激烈、近全面激烈、压力相对较大、无压力。结合区位条件，选取不同环境压力的代表地区共 8 个，分别是：环境压力全面激烈的地区成都市、宜宾市；环境压力接近全面激烈的自贡市、眉山市；压力相对较大地区广安市和攀枝花市；压力较小地区凉山州；无压力地区阿坝州。

2 区域经济可持续发展水平分析

研究中地区可持续发展水平采用"生态效率"[3]指标衡量，能源消费对应的环境扰动体现只考虑 SO_2 排放造成的大气环境污染，水资源消费对应的环境扰动主要表现为 COD 排放造成的水环境污染。研究将分别围绕能源与水资源消费，废水、COD 和 SO_2 排放展开分析。影响地区经济可持续发展水平的因素主要为经济规模、工业经济结构、行业技术经济水平、资源消耗强度、主要污染物治理水平，依据分解模型方法对这些因素所起的作用进行定量，方法参见文献[4, 5]。

2.1 能源消费相关的地区经济可持续发展水平

2.1.1 地区经济可持续发展水平

四川省工业行业生产非电力能源消费主要以煤炭为主，2011 年煤炭消费量在综合能源消费中占 57.7%，此外，还有部分焦炭、天然气、燃料油的使用。煤炭的消费使用对环境的冲击主要体现为排放 SO_2，造成煤烟型大气污染。

全省 3 个大气环境污染较重的地区是攀枝花市、成都市和自贡市（表 1），这 3 个地区也是大气污染物排放环境压力大的地区，分列全省第 9 位、第 5 位、第 2 位，工业能源利用效率除成都市外均低于全省平均水平（1.80 t/km^2），SO_2 排放环境效率分列全省第 3 位、第 7 位和第 15 位。广安市和宜宾市工业 SO_2 排放对地区造成的环境压强大，省内仅小于内江和攀枝花市，广安市工业综合能源利用效率和 SO_2 排放环境效率均全省垫底，宜宾市的该两项指标则处于全省中下游水平，分别居全省第 11 位和第 17 位，大气环境质量良。凉山州工业综合能源利用效率、工业 SO_2 排放环境效率处于全省中游水平，空气质量良，但 SO_2 排放造成的环境压力低。虽然阿坝州工业 SO_2 排放环境效率处于全省第 8 位（低于全省平均水平），但能源利用效率高于全省平均水平，列全省第 4 位，大气环境质量达到一级。

表 1 能源消费相关区域经济发展的环境压力及效率

行政区域	SO_2 排放环境压强/（t/km）	排名	综合能源（标煤）利用效率/（万元/t）	排名	SO_2 排放环境效率/（万元/t）	排名	空气质量实际级别	空气质量状况
成都市	4.06	9	2.24	8	402.5	3	三级	污染较重
自贡市	8.35	5	1.15	15	108.7	15	三级	污染较重
攀枝花市	13.89	2	1.22	12	281.4	7	三级	污染较重
泸州市	5.00	6	0.96	17	68.9	16	二级	良
德阳市	4.26	7	3.33	3	340.8	5	二级	良
绵阳市	1.69	12	2.39	6	333.0	6	二级	良
广元市	1.39	14	0.61	18	51.6	18	二级	良
遂宁市	1.39	13	2.18	9	195.4	10	二级	良
内江市	18.32	1	0.37	20	33.3	20	二级	良
乐山市	4.22	8	1.16	14	126.8	14	二级	良
南充市	0.73	15	2.26	7	174.6	12	二级	良
眉山市	3.53	10	1.14	16	142.7	13	二级	良
宜宾市	8.86	4	1.24	11	59.3	17	二级	良

行政区域	SO$_2$排放环境压强/（t/km）	排名	综合能源（标煤）利用效率/（万元/t）	排名	SO$_2$排放环境效率/（万元/t）	排名	空气质量实际级别	空气质量状况
广安市	10.70	3	0.32	21	28.1	21	二级	良
达州市	3.50	11	0.38	19	50.6	19	二级	良
雅安市	0.37	17	2.86	5	369.6	4	二级	良
巴中市	0.16	19	1.19	13	204.1	9	二级	良
资阳市	0.70	16	4.31	1	450.1	2	二级	良
阿坝州	0.03	20	3.01	4	209.3	8	一级	优
甘孜州	0.00	21	3.47	2	2 147.3	1	一级	优
凉山州	0.34	18	2.08	10	179.8	11	二级	良

这8个地区中，① 大气环境污染严重的3个地区，SO$_2$排放造成的环境压力大，攀枝花和自贡市SO$_2$排放环境效率比成都市低，也低于全省平均水平，自贡市的状况较攀枝花市更严峻；② 广安市虽然大气环境质量良好，但SO$_2$排放造成的环境压力大，能源利用效率和SO$_2$排放效率均列全省末位，意味着该市工业经济发展与能源耗用代价、环境污染代价相对于全省平均水平而言，处于严重不协调的状态，可持续性水平低；③ 多数地区虽然环境压力小，甚至无压力，但SO$_2$排放环境效率水平不高。

2.1.2 影响因素

上述地区该如何提高SO$_2$排放的环境效率？表2说明，整个"十一五"到"十二五"开年，成都、攀枝花、眉山和宜宾4市SO$_2$实现了减排，引起SO$_2$排放量变化的驱动因素中，经济规模变化虽然驱使SO$_2$排放增加，但经济结构与技术水平变化，以及污染治理，促进了减排，其中技术水平的作用均是推动SO$_2$减排，成都市尤其明显。需要注意的是，经济结构变化和污染治理对SO$_2$排放量变化的影响不一样，对于攀枝花而言，经济结构变化的作用明显强于其他因素对SO$_2$减排的作用，而污染治理并未推动宜宾市SO$_2$排放量减少。处于不同发展阶段的市（州）应充分结合自身的资源、环境特色和优势，及现有的污染物排放驱动因素，挑选出自己的短板加以完善提升、同时发挥自身的优势，以期实现后发优势。

表2 SO$_2$排放变化驱动因素的贡献比值

行政区划	SO$_2$排放变化量/万t	经济规模效应[①]	经济结构效应	技术水平效应	污染治理效应
成都	−3 022	1.130	−0.632	−1.241	−0.256
自贡	388	−2.428	4.149	−2.439	1.717
攀枝花	−1 650	5.686	−3.982	−1.928	−0.776
眉山	−363	2.993	1.613	−6.688	1.082
宜宾	−466	3.115	−1.907	−3.269	1.061
广安	550	1.561	0.089	−1.720	1.069
阿坝	240	9.405	−6.067	−2.176	−0.161
凉山	208	8.684	2.237	−8.134	−1.787

① 总效应为1，表明计算时间内，影响SO$_2$排放量变化的影响因子的作用呈增加，总效应为−1，表明影响因子作用减少。效应比例为正表明该因子的作用是促使排放量增加，效应比例为负表明该因子的作用为促使排放量减少。

对于自贡、广安、阿坝和凉山4市州，"十一五"末 SO_2 排放增加，经济规模的增大是重要的增排推动力，阿坝州尤其特别，相对于经济结构、技术水平、污染治理水平因素，经济规模的扩大主导了 SO_2 增排。因此，选择适宜的经济发展增速，更为重要的是注重经济发展的质量提升，这样可能更有利于此类地区减轻环境压力。

2.2 与水资源利用相关的经济发展可持续性水平分析

水不仅是维系社会生活正常运转的必须物质，更是支撑地区经济发展的重要资源。地区水资源禀赋、用水状况、水污染情况，在一定程度上决定了地区工业经济发展的可持续性。

2.2.1 资源缺水型地区

四川省21个市州均是缺水地区，14个地区为工程型缺水，7个地区是资源型缺水（表3），其中6个地区属于资源型缺水地区，并且是典型的水质型缺水[6]，这些地区是成都市、内江市、德阳市、自贡市、眉山市和资阳市。从工业用水需求量来看，截至2011年，上述6市工业用水量分别排在全省的第1位、第4位、第5位、第8位、第11位、第17位；在工业用水利用效率上，资阳和眉山2市有较高的利用效率，分别排在全省的第1位和第6位，而成都、德阳、自贡、内江4市用水效率低于全省半数地区，分列第17位、第12位、第20位和第18位。

表3 水资源利用相关区域经济发展的环境压力及生态效率

行政区划	工业用水量/亿t	排名	工业用水利用效率/（万元/t）	排名	工业废水排放量/万t	排名	工业废水排放环境效率/（万元/t）	排名	COD排放环境效率/（万元/t）	排名	缺水程度类型	地表水水质综合评价
成都	14.60	1	0.013 4	17	11 600	1	0.169	3	1 516	4	资源型水质型	中度到重度污染
自贡	3.58	8	0.010 1	18	2 330	12	0.156	4	1 267	6	资源型水质型	重度污染
攀枝花	14.60	1	0.018 7	11	2 060	13	1.320	1	17 155	1	工程型	优
泸州	14.50	2	0.002 80	21	3 500	7	0.118	11	396	19	工程型	优良
德阳	4.97	5	0.017 5	12	6 400	5	0.136	7	1 357	5	资源型水质型	良，部分中度到重度污染
绵阳	7.82	3	0.014 4	16	8 190	2	0.138	6	2 314	2	工程型	优
广元	0.56	14	0.020 7	9	1 210	17	0.095 2	16	1 028	9	工程型	优
遂宁	0.87	12	0.015 7	13	1 500	16	0.090 8	17	588	13	资源型	优良
内江	5.86	4	0.005 20	20	2 540	11	0.120	9	685	11	资源型水质型	重度污染
乐山	4.65	6	0.015 0	15	4 910	6	0.142	5	1 764	3	工程型	良，中度污染
南充	0.60	13	0.025 4	7	2 770	9	0.055 5	19	313	20	工程型	重度污染
眉山	1.32	11	0.026 7	6	7 890	3	0.044 7	20	160	21	资源型水质型	部分轻度污染，体泉河重度污染

行政区划	工业用水量/亿t	排名	工业用水利用效率/（万元/t）	排名	工业废水排放量/万t	排名	工业废水排放环境效率/（万元/t）	排名	COD排放环境效率/（万元/t）	排名	缺水程度类型	地表水水质综合评价
宜宾	3.26	9	0.020 9	8	7 040	4	0.097 0	15	403	18	工程型	优
广安	0.42	15	0.043 1	4	1 550	15	0.116	13	473	16	工程型	优良
达州	3.66	7	0.007 80	19	2 640	10	0.107	14	545	15	工程型	优良
雅安	0.36	16	0.056 4	2	1 640	14	0.124	8	1 030	8	工程型	优
巴中	0.10	19	0.037 4	5	323	20	0.119	10	585	14	工程型	优良
资阳	0.30	17	0.084 5	1	727	19	0.345	2	1 112	7	资源型水质型	良，九曲河轻度污染
阿坝州	0.13	18	0.044 4	3	1 030	18	0.056 9	18	633	12	工程型	优
甘孜州	0.068	20	0.019 8	10	310	21	0.043 7	21	435	17	工程型	优
凉山州	2.41	10	0.015 2	14	3 160	8	0.116	12	717	10	工程型	优良

由表3可知，①除资阳外，资源型缺水地区工业经济发展与水资源耗用之间并未达到一个理想状态，效率仍处于中低水平；②此类地区地表水环境处于不同程度的污染状态，工业废水排放量（除资阳外）高于全省水平，环境压力高的地区，即成都市和眉山市的工业废水排放量分列全省第1位和第3位，而眉山市的工业废水排放环境效率远低于全省平均水平，排在全省第20位，仅高于甘孜州。

对于此类地区，在招商引资、产业布局、结构调整方面需要考虑引入或重点发展低水耗、低污染的行业，另一方面通过调整高耗水、主要水体污染物排放行业的盲目发展，以减轻经济发展过程中对水环境造成的负荷。

成都和自贡两市，作为环境压力全面或近全面激烈的地区，尤其值得关注。"十一五"期末，成都市工业用水消费量下降（表4），经济的发展虽然使工业用水量增加，但用水强度的变化成为工业用水量下降的主要动因，而用水技术水平对工业用水量的下降起了重要作用。此外，经济规模的扩大是成都市主要污染物排放增加的主要驱动力，而污染治理水平是促进污染物减排的主要动因。对于成都市而言，经济高速增长的条件下，采取节水措施、提高污染治理水平、加强污染治理力度将是实现其经济效益、环境效益同时增加的理性选择。

表4 "十一五"工业用水及COD排放变化驱动因素贡献比值

行政区划	工业用水变化量/万t	经济规模效应贡献	经济结构效应贡献	用水技术效应贡献	COD排放量变化量/万t	经济规模效应贡献	经济结构效应贡献	技术水平效应贡献	污染治理效应贡献
成都	-12 267	7.825	-2.582	-6.242	-861	1.878	-0.628	-0.948	-1.303
自贡	6 478	-2.135	2.830	0.305	103	-0.797	-0.150	-0.037	-0.029
攀枝花	-48 532	5.040	-1.719	-4.322	151	3.426	-1.741	-10.182	9.496
眉山	527	19.664	9.490	-28.154	238	5.271	3.245	-10.805	3.290
宜宾	10 774	1.411	0.149	-0.560	-702	2.361	0.449	-5.084	1.274

行政区划	工业用水变化量/万 t	经济规模效应贡献	经济结构效应贡献	用水技术效应贡献	COD 排放量变化量/万 t	经济规模效应贡献	经济结构效应贡献	技术水平效应贡献	污染治理效应贡献
广安	−709	8.866	−1.183	−8.683	401	1.450	−0.217	−0.141	−0.091
阿坝	−274	3.554	−1.215	−3.339	−16	2.465	−1.672	−1.719	−0.074
凉山	3 743	2.056	−0.135	−0.922	83	1.606	−0.016	−0.028	−0.413

注：总效应为 1，表明计算时间内，影响用水量变化的影响因子的作用呈增加，总效应为 −1，表明影响因子作用减少。效应比例为正表明该因子的作用是促使使用量增加，效应比例为负表明该因子的作用为促使使用量减少。

自贡市则与成都市相反，工业经济规模和经济结构的变化是影响工业用水量变化的主要动力因素，同时，经济结构是对主要水体污染物排放量增加的主因。因此，调整工业行业结构，选择适宜的经济发展速度，可以作为实现经济可持续性发展的一条途径。

2.2.2　工程缺水型地区

攀枝花、宜宾、广安、阿坝和凉山 5 市州为工程型缺水区，从用水量看，攀枝花工业用水量居全省首位，其他市州的用量低于全省平均水平；用水利用效率上，阿坝和广安高于全省平均值，位列全省第 3 位和第 4 位；工业废水排放效率和 COD 排放效率方面，也以攀枝花为最高，其他地区处于全省中下游水平。

"十一五"期末，攀枝花、广安和阿坝 3 市州工业用水使用量下降（表 4），其他三市则相反，总的来看，经济规模变化推动了工业用水量的增加，用水技术水平的变化则是促进工业用水量下降的主因，其作用略低于经济规模作用，经济结构变化推动工业用水量下降，二者共同作用实现了工业用水的最终下降。眉山、宜宾和凉山 3 市州工业用水量增加，经济规模和结构效应是影响用水量增加的原因，而用水技术水平的变化则抑制了用水量增加。眉山市工业行业用水技术水平变化明显抑制了工业用水量的增加，其他两市州这方面的作用弱于经济规模变化施加的作用。

这类地区工业废水 COD 排放只有宜宾与阿坝州实现了减量，阿坝州经济规模变化的作用起了决定作用，而宜宾市则因行业技术水平的提高，其作用强于其他因素的影响，实现了 COD 减排。其余地区，经济规模扩大对 COD 排放增加施加的影响强于其他因素的影响，凉山州与阿坝州情况类似，经济规模变化主导了 COD 排放的增加。此外，行业技术水平的变化并未促成 COD 的减排，攀枝花和眉山市均表现出此种情况。

因此，对于处于工程型缺水区的地区，① 对凉山州和阿坝州而言，调控经济增长规模，对减轻用水环境压力作用显著，但从发展的角度来看，抑制增长的做法不可取，这些地区还必须寻求合理的经济增长速度以及与环境保护之间的平衡；② 攀枝花继续推行行业技术水平的提高，以利于水资源的节约，但要注意的是，可能会促使 COD 排放增加，因此加强污染治理，提高治理水平将是控制 COD 排放增长的重要手段；③ 鉴于经济结构作用有限，着力结构调整可能暂时不会对用水效率或 COD 排放环境效率起到预想的作用，但从长远来看，这方面调整的潜力巨大，更深入的结论还有待进一步分析。

3　结论

8 个面临不同环境压力的代表地区，其经济发展的可持续性水平差异明显。各地区可依据影响生态效率的不同影响因素采取有差别的经济优化措施。行业技术水平提高是成都、眉山和宜宾 3 市 SO_2 减排的主要动力，较其他手段，经济结构调整对攀枝花市 SO_2 减排作用明显；自贡、广安、阿坝和凉山 4 市州经济规模的扩大主导了 SO_2 增排，阿坝州尤其明显，此类地区可着重考虑提升经济发展质量，协调经济发展与环境保护的关系。在水资源利用与保护方面，资源型缺水地区宜引入或重点发展低水耗、低污染的行业，并限制高耗水和主要水污染物排放行业的盲目发展。建议成都市应侧重用水技术水平的提高，自贡市宜加大经济结构调整力度。工程型缺水地区仅通过工业结构调整对节约和保护水资源作用有限，建议凉山州、阿坝州在发展过程中应注重提高发展质量和效益，攀枝花应在提升用水技术水平和加大水污染治理力度上下工夫。

参考文献

[1] 王青，刘静智，顾晓薇，等. 环境载荷与环境压强：环境压力指标及应用[J]. 中国人口·资源与环境，2006，16（1）：52-57.

[2] 王青，王凤波，顾晓薇，等. 区域经济的资源环境载荷与效率[J]. 北京大学学报（自然科学版），2011，32（10）：1488-1491.

[3] 王震，石磊，刘晶茹，等. 区域工业生态效率的测算方法及应用[J]. 中国人口·资源与环境，2008，18（6）：121-126.

[4] 王奇，夏溶矫. 基于对数平均迪氏分解法的中国大气污染治理投资效果的影响因素探讨[J]. 环境污染与防治，2012，34（4）：84-87.

[5] 张强，王本德，曹明亮. 基于因素分解模型的水资源利用变动分析[J]. 自然资源学报，2011，26（7）：1209-1216.

[6] 叶宏，田庆华，等. 环境污染防治技术水平与绩效评估（2011）[M]. 成都：四川出版集团·四川省科学技术出版社，2012：4-5.

完善我国流域生态补偿机制的思考

Consideration on Improvement of Watershed Eco-compensation in China

文一惠 刘桂环 张彦敏

（环境保护部环境规划院，北京 100012）

[摘 要] 流域生态补偿机制作为一项重要的生态环境管理制度，是我国建设生态文明的重要制度保障。本文通过搜集大量的地方流域生态补偿案例，归纳出我国以水质为媒介的双向补偿和饮用水保护的生态补偿两种补偿类型。虽然流域生态补偿政策已经在各地得到广泛应用，但是在具体操作流程上还存在一些问题，本文认为我国流域生态补偿还需要进一步增加补偿政策的科学依据，注重后期监测评估，并突破跨省流域生态补偿的困境。针对这些问题，本文从生态补偿主体及对象、补偿标准、补偿途径、实施机制以及效果预测评估等方面有针对性地提出完善我国流域生态补偿机制的建议，供中央和地方推动流域生态补偿政策参考。

[关键词] 流域生态补偿 地方实践 完善建议

Abstract As an important ecological environmental management institution , watershed eco-compensation mechanism is a key institutional assurance for Chinese ecological civilization construction. According to many watershed eco-compensation cases collected，Chinese watershed eco-compensation can be divided into two types，the two way compensation by water quality and the eco-compensation for protecting drinking water sources. Although watershed eco-compensation has already been applied widely in local regions，there are still some problems need to be solved，such as add scientific basis in watershed eco-compensation practice，emphasis monitoring and assessment，and break through difficulties in trans-province watershed eco-compensation. Based on these issues，Chinese watershed eco-compensation should be well established by focused on eco-compensation subject and object，standard，approach，implement mechanism，and effect prediction evaluation，to provide a reference for central government and local regions to improve watershed eco-compensation.

Keywords watershed eco-compensation, local practice, suggestions for improvement

基金项目：国家水体污染控制与治理科技重大专项"跨省重点流域生态补偿与经济责任机制示范研究"（编号：2013ZX07603-003）；国家自然科学基金项目"基于生态系统服务权衡的流域生态补偿标准研究"（编号：51379084）。

作者简介：文一惠，女，硕士，环境保护部环境规划院工程师，主要从事生态补偿、生态经济与环境经济等方面的研究。

刘桂环，女，博士，环境保护部环境规划院副研究员，主要从事生态补偿、环境政策和生态经济等领域的研究。

前言

流域是人类进行各种经济活动的主要场所，对人类生存和社会发展具有重要的支撑作用。近年来，我国经济的持续快速发展导致人口、经济与资源环境之间的矛盾逐渐突出，流域作为一个整体性较强、关联度很高的区域，往往被不同的行政区所分割，各行政区内政府保护与治理责任关系不清晰，为了追求本地区内的经济利益最大化导致上下游政府之间的利益分配不均，流域污染已经成为我国一个整体性的环境危机。流域生态补偿机制是一种促进流域生态保护和水污染外部成本内部化的经济政策工具，建立流域生态补偿机制可以有效地理顺流域上下游间的生态环境保护与资源环境利用受益的关系，促进流域生态保护、污染防治与协调发展。自"十一五"以来，生态补偿在中国受到广泛的关注，每年全国人大和政协会提案中生态补偿受到的关注度非常高，党中央、国务院对建立生态补偿机制提出了明确要求，特别是《关于开展生态补偿试点工作的指导意见》发布以后，流域作为建立健全生态补偿机制的重点领域之一，得到地方 20 余省份的尝试和探索，已经形成相对成熟的流域生态补偿模式，到目前为止，上从国家整体的东、中、西生态补偿体系，下到部门之间的生态补偿措施，我国流域生态补偿实践已经无处不在。

1 我国流域生态补偿的主要做法

从 20 世纪 90 年代末期开始我国关注生态补偿的研究，到"十一五"以后党中央、国务院对建立生态补偿机制提出了明确要求，国家"十一五"与"十二五"规划纲要、国务院工作要点、国家环境保护"十一五"与"十二五"规划都明确提出要建立生态补偿机制，环境保护部、财政部、发改委、水利部等部门也在积极酝酿研究制定生态补偿政策，开展流域生态补偿的试点工作。在国家对生态补偿重视程度越来越大的背景下，我国许多省（市、区）都相继出台了流域生态补偿政策，建立了生态补偿机制试点，经初步整理，我国各地已经颁布了 40 余份流域生态补偿主题的规范性文件，对各地流域水质改善起到了很好的促进作用。这些成功经验可以归纳为两种类型：一是以水质为媒介的双向补偿机制，二是饮用水保护的生态补偿机制。

1.1 以水质为媒介的双向补偿机制

以水质为媒介的双向补偿机制是以跨界断面水质目标考核为主要原则，监测流域的行政交界断面，如果上游地区提供的水质达到目标要求，则下游地区向上游地区提供生态补偿，如果未达到目标要求，则上游地区向下游地区提供补偿，是一种上下游政府间的环境责任协议制度。这种思路符合当前我国流域污染防治的大背景，促进流域水质改善的作用明显，在全国各地得到非常广泛的推广和应用，目前，辽宁、湖北、山西、陕西、山西、河北、河南、江苏、山东、安徽、浙江、贵州、湖南、宁夏等近 20 省份开展了实质性实践，其中在 2010 年 12 月由国家启动实施的新安江流域水环境补偿试点也尝试以水质为抓手突破跨省流域生态补偿的瓶颈（表 1）。以水质为媒介的双向补偿机制在实施过程中要把握 4 个重要环节，具体包括：

（1）确定考核因子及治理成本。考核因子及目标值是由上一级环境保护行政主管部门组织上下游环境保护行政主管部门共同设定，一般根据当地污水处理厂的实际水平确定治理成本。

（2）核算补偿资金。常以断面水质超标倍数或水污染物通量来确定。根据流域水质监测值的超标倍数确定扣缴金额，超标倍数越大扣缴金额越高，一般用公式"监测值/目标值×补偿标准"来确定补偿资金，主要用在污染较严重，上游对下游赔偿的流域。基于水污染物通量的计算公式是"补偿资金＝（断面水质指标值—断面水质目标值）×断面水量×补偿标准"，这种方法计算公式简单，可用于双向补偿的流域，在实践中较为普遍。

（3）管理补偿资金。实行专户存储、专账管理，资金用于流域水污染综合整治、考核断面水质监测补助等，不得用于平衡财政预算。

（4）落实责任分工。明确水质水量监测、资金管理等职能分工。上下游环境保护和水行政主管部门分别负责所辖区域断面的日常水质、水量监测并保证数据质量，财政部门（或会同环境保护部门）负责生态补偿金扣缴及拨付工作。

表1 以水质为媒介的双向补偿政策一览表

地区	政策性文件	文件号
辽宁	辽宁省跨行政区域河流出市断面水质目标考核暂行办法	辽政办发[2008]71 号
湖北	湖北省环境保护局关于征求湖北省流域环境保护生态补偿办法意见的通知	鄂环办[2008]158 号
山西	吕梁市人民政府办公厅关于实行地表水跨界断面水质考核生态补偿机制的通知	吕政办发[2009]128 号
陕西	陕西省渭河流域水污染补偿实施方案（试行）	陕政办发[2009]159 号
陕西	陕西省渭河流域生态环境保护办法	陕西省人民政府令第 139 号
山西	山西省人民政府办公厅关于实行地表水跨界断面水质考核生态补偿机制的通知	晋政办函[2009]177 号
山西	关于大同市境内地表水跨界断面实行水质考核和生态补偿方案	同政办发[2010]26 号
河北	河北省生态补偿金管理办法	冀财建[2010] 149 号
河北	河北省人民政府办公厅关于进一步加强跨界断面水质目标责任考核的通知	省政府办字[2012]62 号
河南	河南省水环境生态补偿暂行办法	豫政办[2010]9 号
江苏	江苏省太湖流域环境资源区域补偿资金使用管理办法（试行）	苏财规[2011]33 号
山东	墨水河流域生态补偿暂行办法	青环发[2011]88 号
四川	四川省人民政府办公厅关于在岷江沱江流域试行跨界断面水质超标资金扣缴制度的通知	川办函[2011]200 号
安徽、浙江	新安江流域水环境补偿试点实施方案	财建函[2011]123 号
贵州	贵州省清水江流域水污染补偿办法	黔府办发[2010]118 号
贵州	贵州省红枫湖流域水污染防治生态补偿办法（试行）	黔府办发[2012] 37 号
湖南	长沙市境内河流生态补偿办法（试行）	长政办发[2012]3 号
宁夏	宁夏回族自治区跨行政区域重点河流断面水质目标考核暂行办法	宁政办发[2013]4 号

1.2 饮用水保护的生态补偿机制

在饮用水源地地区，因其特有的生态功能定位，需要遵守更严格的水质标准，承担更多的生态建设任务，并牵制其经济发展，但水源地保护的外部效应又非常显著，因此，应该由生态受益区对水源地的生态贡献区进行补偿，一方面补偿贡献区对区域内生态环境的保护性和恢复性投入，另一方面弥补贡献区牺牲的发展权限。在我国，饮用水保护的生态补偿机制主要表现为发达地区对欠发达地区的补偿，通过经济补偿遏制生态破坏行为。与以水质为媒介的双向补偿不同，饮用水保护的生态补偿有多种实施途径，从实施方式看大致可分为项目补偿、产业补偿和水权交易补偿三类。

项目补偿是目前最主要最常见的形式。我国自 20 世纪 90 年代启动实施的退耕还林工程、天然林保护工程、长江防护林工程、三江源国家级自然保护区建设等一系列大型生态环境建设项目，是对流域源头开展生态建设达到缓解其生态保护压力的目的，包含了对流域源头保护行为的补偿性质。北京对密云、官厅水库流域上游的河北、山西的项目补偿，江西对东江源头及源头区域的保护性投入，福建省在省域内建立的闽江、九龙江和晋江流域生态补偿专项资金等都属于这类补偿。项目投入是对水源区保护的补偿，由国家或地方通过财政转移支付方式提供资金建设生态环境保护项目，针对性强，效果立竿见影。

产业政策补偿方式已经逐步得到认可。浙江省金华市与境内位于钱塘江、曹娥江、瓯江、灵江四大水系上游的磐安县建立的异地开发模式，在扶贫的同时实现了促进磐安县生态环境改善的效果。2013 年 3 月，国务院批复的《丹江口库区及上游地区对口协作工作方案》，由南水北调中线工程受水区的北京市、天津市对水源区的湖北、河南、山西等省开展对口协作，通过产业扶持政策等方式增强水源区自我发展能力。产业政策补偿是对水源区发展的补偿，一般是上下游自愿协商建立的横向补偿关系，在流域上下游属于隶属关系且经济发展差距较大的地区更容易实现。

水权交易补偿是上下游根据水资源的供求及市场价值进行的水资源使用权的交易，是一种由政府协调、由地方协商与谈判而形成的一种市场补偿方式。浙江金华江流域开创了中国首例水权交易，义乌一次性出资 2 亿元购买了东阳市每年 5 000 万 m^3 水资源的永久使用权，之后，我国陆续出现了类似的探索，如山西、河北、河南 3 省的跨省购水协议，甘肃黑河流域张掖地区的农户水票交易制度，宁夏、内蒙古两地区"投资节水、转让水权"的大规模跨行业水权交易，香港对广东的东深供水改造工程等。这些水权交易的实例都体现了"谁受益、谁补偿"的原则，补偿双方各取所需，提高了水源地节约用水、生态建设的积极性，有效缓解了水资源的供求矛盾，其实施的前提必须保证有清晰的水资源产权。

2 我国流域生态补偿存在的问题

纵观国内已经开展的流域生态补偿经验，对改善流域水环境起到了非常积极的作用，但在具体操作中流域生态补偿的科学依据还相对不充分，强调流域生态补偿的资金和实施方式，忽略对流域生态补偿实施效果的跟踪评估，导致补偿效率低于预期效果；在实施范围上，主要集中在省内层面，我国跨省大江大河流域的共建共享保护机制还不健全，流域生态补偿机制进展较缓慢。

2.1 生态补偿政策的理论依据不充分

生态补偿政策的根本目的是协调流域所有利益相关者的经济利益关系。我国流域生态补偿政策制定过程中，所有利益相关者的博弈和谈判地位不对等，特别在补偿标准等技术要求比较高的问题上，没有考虑农户、企业等损失的成本和意愿，也没有充分体现流域的生态价值，导致补偿没有起到足够的激励作用。此外，流域生态补偿需要水资源生态价值理论、外部经济效应理论等多个理论体系的支撑，而实际政策制定者往往站在各自部门利益的角度出发，对生态补偿内涵、外延、标准、方式、体系构建方面的理解不够全面和透彻，无法真正实现流域生态与经济协调发展的意义。因此，需要国家层面出台一个科学合理的生态补偿技术指导性文件，就生态补偿与扶贫的关系、生态补偿定义和范围、利益相关者责任分担、生态补偿资金核算与来源、生态补偿政策执行监管和实施效果评估等主要内容进行说明，为地方开展流域生态补偿实践提供指导。

2.2 流域生态补偿的监测与评估机制较欠缺

我国生态补偿实践大多以中央和各级政府为主体，在设计生态补偿政策时更多地关注生态补偿资金规模与操作途径，很少注重生态补偿政策后续跟踪评估，对补偿双方的约束力度不够，影响了生态补偿政策的高效运行。加强对生态补偿效益的科学评估，核算资源开发和工程建设活动等的生态环境代价，动态监测生态环境状况，评估资金使用状况，评估流域生态补偿政策是否符合全国主体功能区的功能的定位，是否满足国家实行优化开发、重点开发、限制开发和禁止开发的不同要求，及时发布评估结果，促进全社会共同关注和支持生态补偿，促进区域生态环境的整体持续改善。通过评估明确轻重缓急，根据评估结果确定补偿的优先序，使有限的补偿资金用到刀刃上，提高补偿资金利用效率。

2.3 跨省流域生态补偿机制推动缓慢

我国流域生态补偿实践大多发生省级行政区内，跨省流域生态补偿除国家推动的新安江水环境补偿试点以及陕西和甘肃自主开展的跨省水质生态补偿以外，其他地区在跨省层面几乎没有实质性开展。究其原因，① 我国现行的流域管理模式存在部门之间职能交叉和职能错位的现象，在流域分割化的管理机制下流域内各利益主体很难就流域生态补偿问题达成共识和统一；② 我国法律没有明确规定地方政府在跨省流域合作管理中的权责分配，导致上下游省份的水污染治理和水质保护责任不清，以政府为主导的流域生态补偿难以落实。因此，应根据我国国情和流域的实际特点，建立各级政府共同参与的流域统一管理机构，以立法的形式明确流域管理的职权范围。在流域管理机构中增设流域生态补偿管理机构，建立常态化的协商平台，加强上下游省份的相互沟通和监督，明确水质保护的权责关系，从合作困境走向责任共担。

3 完善我国流域生态补偿机制的思考

我国不同流域面临的生态问题各有差异，应该根据不同流域的特点及解决问题的不同，分类型推进建立具有针对性的流域生态补偿机制，解决为什么补、谁补谁、补多少、怎么补以及效果如何的问题，形成一套有机衔接、积极高效的流域生态补偿体系。

3.1 分类型推进我国流域生态补偿机制

纵观我国流域生态补偿经验，不管是以水质为媒介的双向补偿机制还是饮用水保护的生态补偿机制，根据不同区域对流域生态系统和水质的要求，可划分为水环境增益型补偿、水环境治理型补偿和生态功能维护型补偿三类。在推动我国流域生态补偿机制过程中，应该坚持分类指导，立足现实，着眼于解决流域当前实际问题，按照流域所在区域的生态功能定位、水环境功能定位、水污染防治规划的目标要求，在具有重要生态功能、对国家和区域生态安全具有突出作用的高功能保护水体区域建立生态功能维护型补偿机制，由生态服务消费者对生态服务提供者保护生态环境的行为进行补偿，通过经济手段确保其进一步保护与维护流域生态系统服务功能。在重要河流敏感河段、水生态修复治理区、存在生产企业环境污染风险的开发利用区等生态健康状况有待改善的区域建立水环境增益型或治理型补偿机制，水资源开发与利用者支付享受的流域正外部经济性，弥补因负外部经济性导致的成本损失。

3.2 进一步明确流域生态补偿责任主体

流域生态补偿主体及对象问题是一个"谁补偿谁"的问题，可以通过判断流域是否为公共物品以及影响范围界定流域生态补偿的责任主体。水环境增益型补偿与水环境治理型补偿类型的流域主要是省内或跨两省的中小流域，作为区域的俱乐部产品，外部作用的空间尺度较小，利益主体非常明确，根据破坏者补偿和使用者补偿原则，责任主体是流域跨省界断面水质达标的下游地区和水质超标的上游地区，由政府把生态补偿的责任落实到具体的企业和个人。生态功能维护型补偿类型的流域一般是跨几个省的大型流域和跨两个省的中型流域，大型流域属于纯粹的公共物品，涉及国家生态安全，国家承担主要责任。生态服务功能相对重要的跨两省中型流域，是两省的共同资源，虽然消费具有竞争性但很难有效的排他，根据受益者补偿原则，在中央政府的协调监督下由流域上下游进行协商谈判，生态服务功能地位较为重要的地区，应由国家和下游省份共同承担。

3.3 科学核定流域生态补偿标准

在流域生态补偿机制构建过程中，补偿标准应从流域生态系统服务功能出发，重点考虑跨界断面流域水质水量，结合上下游地区的经济发展水平，并分别从生态保护方和受益方的角度进行意愿调查，使双方达成一致，形成具有可操作性又体现公平公正的生态补偿标准。经过理论研究和案例实证，我们整理了4种科学依据充分、可操作性较强的计算方法，建议下一步引入梯度累进补偿的思路，以得到区域差异明显、更加具有激励性的结果。

在上下游经济发展水平差距较大的生态功能维护型补偿地区，采用基于生态保护成本的计算方法。以保护流域生态环境投入的直接成本和产业发展受到限制而牺牲的发展机会成本为依据，根据水量、水质分摊比例确定下游对上游的补偿标准。

在上下游经济发展水平差距不大、水质较好的水环境增益型补偿区域，采用基于水质级别的计算方法。根据水环境修复程度，由污染物水质提高级别、水质提高所需治理成本以及下游用水量相乘得到下游对上游的补偿标准。

在上下游经济发展水平差距不大、流域出境断面水质劣于入境断面水质的水环境治理型补偿区域，采用基于断面污染物浓度的计算方法。综合考虑污染治理成本和水质超标倍数，根据断面污染物浓度变化幅度、污染治理成本、断面水量及超标系数相乘得到上游对下游的补偿标准。

在涉及利益相关方较少的市内小尺度流域采用基于污水处理成本的计算方法。以城市供水价格中污染处理费与下游用水量相乘所得。

3.4 因地制宜选择流域生态补偿实施路径

根据流域规模以及利益相关者的关系，因地制宜选择生态补偿实施途径。

（1）不断完善政府对生态补偿的调控手段。政府补偿是目前我国流域生态补偿的主要形式，具有补偿的方向性强、稳定性高、以政府为代表实现对受偿者的间接补偿等特征。上游生态服务功能重要、外部作用的空间尺度较大、补偿主体分散、上下游利益关系错综复杂的流域，需要政府行政权力的保障，宜采用政府补偿方式。政府补偿的主要形式有财政转移支付、政策补偿、产业扶持等。

在资金较为短缺的地区，首先采用财政转移支付缓解区域生态保护的资金压力。财政转移支付包括纵向转移支付和横向转移支付两类，在国家级和省级生态补偿试点地区、国家级重要生态功能区域、重要江河湖泊区域以及跨省流域采用纵向转移支付，由中央财政对财力有缺口的地方政府安排资金进行补偿；上下游以共建共享、共同发展的目标，通过横向转移支付，实现补偿方政府与被补偿方政府之间的财政资金转移。这是目前我国流域生态补偿最常用的方式，可有效缓解保护区在生态保护方面的资金压力。

在发展机会受到较大影响的地区，通过政策调控和产业扶持为区域可持续发展提供方向和途径。上级政府通过制定关于财政支持、税收优惠、金融服务、投资和项目倾斜、帮扶政策等方面政策优惠实现对下级政府的权力和机会的补偿，为区域经济提供发展方向。运用产业引导、异地开发等手段统筹流域产业布局与资源配置，实现下游地区对上游地区发展机会损失的补偿，确保区域生态补偿的良性循环。

（2）充分发挥市场机制作用，动员全社会参与。市场补偿的补偿主体多元化，体现了补偿机制的灵活性和利益相关者之间的平等自愿性，充分体现了"谁受益，谁补偿"的原则，对受偿方进行直接补偿。流域外部影响范围较小、利益相关者界定清晰、补偿主体相对集中的地区，宜采用政府补偿和市场补偿自由组合的方式，通过水量调配、共建共享区等横向补偿方式形成上下游区域联动、综合管理、共同保护的格局。

由政府、非政府组织、企业或个人投资建立生态补偿基金，专门用于生态保护。资金来源一般包括政府财政投入、从资源开发企业的收入中提取部分资金用于生态补偿的社会公众参与形式和社会捐赠三部分。

在水资源产权界定清晰的流域可尝试水权交易方式。流域上游地区的水资源使用权的部分或全部有偿转让给下游地区，通过交易手段使水资源利用的边际成本最低或增值效益最高。

环境标志是一种由社会公众支付的市场补偿手段。对生态环境友好型的产品进行标记，将该产品生态服务价值以产品附加值的形式体现在价格上，由社会公众购买实现对生产者的补偿。对绿色产品的环境标志认证自1994年起至今，我国已有700多家8 000余种型号的产品获得了环境标志。

3.5 有效落实流域生态补偿的组织实施

生态补偿实施机制是生态补偿理论研究付诸实践的基本保障，主要体现在监测与考核机制、组织与管理机制、公众参与机制等的构建和运行。

（1）建立流域生态补偿的监测与考核机制。监测与考核机制是生态补偿落实的基础。监测与考核的重点根据流域生态补偿类型的不同有所差异。采用水环境增益型和治理型补偿类型的地区，对跨界断面水质进行监测与考核，由上一级政府搭建平台，由流域利益相关方或上下游政府协商制定监测指标及考核标准，建立流域环境协议，明确上下游的责任和义务，明确流域在各行政交界断面的水质要求。采用生态功能维护型补偿类型的地区，对区域生态系统进行监测与考核，一般考核的指标除水质水量以外，还包括生物丰度、植被覆盖率、土地退化指数等多种因素，森林、草地、湿地、水域、农田和城镇等生态系统的组成、面积、空间格局分布等。

（2）健全流域生态补偿组织管理体系。政府联席会议和流域生态补偿管理机制是流域生态补偿组织管理体系不可或缺的两部分。联席会议的目的是促进各部门相互沟通和联动。流域生态补偿管理体系以组织、实施跨省流域生态补偿的发展规划，编制相关法律与政策，解决生态补偿相关环节中出现的重大问题和纠纷等为主要职责。建议的机构设置框架见图1。

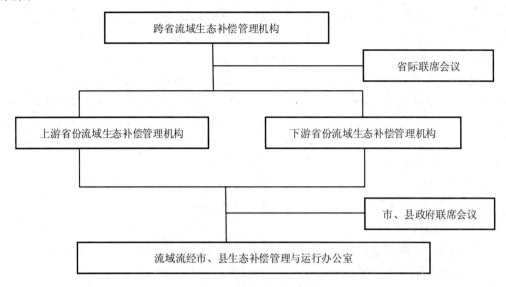

图 1　流域生态补偿组织管理框架

（3）提高公众参与程度。公众参与机制是为了保证生态补偿所有利益相关主体都能参与进来。在生态补偿机制构建过程中，特别是补偿标准应该在科学计算的基础上通过民主与协商确定。制定保障公众监督权、参与权、知情权和申诉权的政策措施，通过建立生态补偿机制听证制度等手段增加公众参与的渠道。

3.6　加强对流域生态补偿效果的预估

流域生态补偿机制的目的是通过流域生态环境利益共享实现地区环境保护与经济发展的双赢，因此预测评估生态补偿实施后生态系统服务功能与水质对当地经济发展的潜在贡献率，全面分析生态补偿政策的可行性，进一步修正生态补偿政策。

（1）评估区域生态环境质量。水环境增益型和治理型补偿主要影响流域水质，建议采用污染指数法计算近年来流域各断面水质污染现状，通过灰色预测法预测未来流域水质变化规律，结合试点流域采用的生态补偿措施对水质的影响，例如企业关停并转、污水处理厂技术升级改进、农业面源污染整治、减少农药化肥使用量等不同措施对水质浓度的影响，对流域水质预测值进行核减调整，分析实施生态补偿后流域水质趋势。

生态功能维护型补偿主要影响流域生态系统，但是生态系统质量评价涉及的指标众多，采用灰色预测法评估流域生态系统质量的工作量太大。考虑到土地是各种陆地生态系统的载体，生态功能维护型补偿的目的是保护流域生态系统，通过土地利用类型变化来体现，例如水源涵养、流域治理、生态移民等都会导致土地利用类型变化，从而影响生态系统类型、面积、服务功能及价值的变化。因此可以通过土地利用变化量化生态系统服务功能，设定流域未来土地用规划情景，计算流域实施生态补偿前后生态系统服务价值变化规律，预测试点流域生态系统变化趋势。

（2）评估生态保护优化经济增长的潜在贡献。流域经济发展受到生态环境容量的约束，超越环境容量，区域经济发展是不可持续的。所谓环境容量，从生态系统角度看是区域生态系统所提供生物资源与生态服务功能的客观量度，从水环境质量看是人类生存和自然生态系统不致受害的前提下，某一环境所能容纳的污染物的最大负荷量。我们以环境容量为基点，预测生态补偿对经济发展的贡献与影响。

预测水质改善对经济发展影响。根据前面对生态补偿实施后水质改善情况的预测结果，选择水质质量改善的污染物指标，预测水质改善对区域经济的影响。建议采用以下公式计算：

$$M = \sum_{i=1}^{n} \frac{Q_i \times 10^8}{aC_i}$$

式中：M—— 经济发展预测规模，万元/a；

　　　Q_i—— i 污染物环境容量，取平水年容量值，t/a；

　　　a—— 万元 GDP 排放系数，L/万元；

　　　C_i—— i 种污染物预排放浓度预测值，mg/L。

预测生态系统状况变化对经济发展影响。可以采用生态经济协调度指数衡量流域实施生态补偿后预测的生态系统服务价值与经济发展的耦合与制约关系。计算公式为：

$$EH = \frac{ESV'_{预测} - ESV'_{参照}}{GDP'_{预测} - GDP'_{参照}}$$

式中：EH—— 生态经济协调度指数；

　　ESV'$_{预测}$—— 实施生态补偿后流域单位面积生态系统服务总价值预测值；

　　ESV'$_{参照}$—— 参照期流域单位面积生态系统服务价值；

　　GDP'$_{预测}$—— 预测期流域单位面积 GDP，根据地方发展规划计算；

　　GDP'$_{参照}$—— 参照期流域单位面积 GDP。

根据生态经济协调度指数，分析生态环境容量对经济发展的制约程度（表2）。

表2　生态经济协调度指数级别划分

情景	EH＜-1	-1≤EH＜0	0≤EH＜1	EH≥1
结果	生态经济发展极不协调，区域发展不可持续	生态经济发展不协调，经济发展与生态系统保护发生冲突	经济发展对生态系统具有潜在危险	生态环境与经济发展协调性非常好或者经济发展显著受生态系统约束

参考文献

[1] 刘桂环，文一惠，张惠远. 中国流域生态补偿地方实践解析[J]. 环境保护，2010（23）：26-29.

[2] 刘侨博，张颖. 饮用水源地不同生态补偿方式探讨与比较[J]. 环境科学与管理，2011，36（11）：108-110.

[3] 温锐，刘世强. 我国流域生态补偿实践分析与创新探讨[J]. 求实，2012（4）：42-46.

[4] 黄锡生，潘璟. 流域生态补偿制度浅析[EB/OL].中国环境法网，http://article.chinalawinfo.com/article_print.asp？articleid=56614，2007.

[5] 郭少青，曹树青.我国跨省流域生态补偿机制研究[EB/OL]. 中国农业法网，http://www.calac.org/xhgc_

show.asp？id=751.

[6] 薛选世. 中国流域综合管理初探[EB/OL]. 233 网校. http：//www.studa.net/shuili/060216/13181180. html，2006-02-16.

[7] 刘桂环，文一惠，张惠远. 流域生态补偿标准核算方法比较[J]. 水利水电科技进展，2011，31（6）：1-6.

[8] 万本太，邹首民，等. 走向实践的生态补偿——案例分析与探索[M]. 北京：中国环境科学出版社，2008.

[9] 邢丽. 谈我国生态税费框架的构建[J]. 税务研究，2005（6）：42-44.

[10] 麻智辉. 跨省流域生态补偿的总体框架体系[J]. 科技广场，2012（11）：156-162.

[11] 李嘉竹，刘贤赵. 烟台大沽夹河流域水质演变与趋势分析[J]. 水电能源科学，2007，25（6）：20-24.

[12] 乔旭宁，杨永菊，杨德刚. 生态服务功能价值空间转移评价——以渭干河流域为例[J]. 中国沙漠，2011，31（4）：1008-1014.

[13] 张荣南，畅军庆. 南水北调中线湖北库区水质保护与经济发展的相关性分析[J]. 中国环境管理干部学院学报，1996（3）：23-28.

[14] 张红凤，吴建寨. 生态系统服务功能与可持续发展[EB/OL]. 光明日报，http://www.gmw.cn/01gmrb/2010-01/19/ content_1040247.htm，2010-01-19.

农民用水者协会的运行绩效评价：基于甘肃省"农村水利改革项目"的调查研究

Evaluation of Operation Performance for Water Users Association：Based on the Investigation of 'Rural Water Reform Project' in Gansu

刘 渝

（武汉工程大学管理学院，武汉 430073）

[摘 要] 农民参与灌溉管理是当今世界各国灌区管理机制改革的一个热门话题。世界各国顺应灌区管理体制的发展浪潮，纷纷试点参与式灌溉管理，甘肃省利用英国政府赠款实施了"面向贫困人口的农村水利改革项目"。本文以该地区的实地调研数据为基础，对比用水协会成立前后灌溉管理制度、水费征收、用水量等方面的变化，分析了农民用水协会的运行绩效。

[关键词] 灌溉用水 用水者协会 绩效

Abstract There is a hot topic that the farmer's participation in irrigation district management mechanism reform in worldwide now. Gansu provinces use the grant from the British government to implement the 'rural water reform project for poverty', which is appeared under the international society's wave of farmer's participation in irrigation management and China's rural water engineering management system reform. Based on the Gansu' first hand investigation data, this paper compare the irrigation management system, water fee collection, water use quantity before the water users' association establishment and after. Then, the operation performance of water users association is analyzed.

Keywords irrigation water, water users association, performance

前言

当今中国灌区管理体制改革的一个主流方向是用水户参与灌溉管理（SIDD 管理模式），也可称为农民用水者协会。本文将农民用水者协会视为一个调查对象，调查和收集了甘肃省内的 30 个农民用水者协会的数据，运用描述性统计方法对比分析参与式灌溉管理模式改革前后用水效率、产量等指标的变化，深入考察水资源管理模式的变革是否能提

基金项目：教育部人文社科青年项目（10YJC790178）。

作者简介：刘渝，武汉工程大学管理学院，博士，副教授，主要从事资源与环境经济学等研究。

升灌区的社会效益和经济效益。

1 灌溉管理制度变革的驱动力分析

乡村农田水利灌溉设施的所有权属于村集体组织，微观个体对公共物品的基础设施没有投资和维护的积极性。调查甘肃地区的农村小型水利设施的维护现状，当地水利设施的维护由行政村来组织，维护内容基本只是每年春秋对全村的水渠进行简单的清淤和修补，维修费用相当少，各家仅贡献劳动力，清淤维修费用由村里负担，费用来自于水费的提留部分，清淤维修只能维持水渠的基本运行，无法从根本上改进灌溉系统的输水效率。

历史经验证实，政府部门对基层组织公共资源的管理效率较低。从20世纪70年代开始，资源使用者参与到资源的自主管理中的案例越来越多，成功经验证实政府不一定是最有效的公共资源管理部门（Tyler，1994）。此后，更多的研究开始关注参与式管理模式，除开工程和技术手段，水资源管理模式也是影响水资源短缺的一个重要原因（World Bank，1993；IWMI and FAO，1995）。灌溉管理体制的改革实质上是将公共的、民间的和私人机构三方利益集团的水资源开发利用权利进行重新分配，其中，发挥实际用水者——农民的管理职责可以有效改进灌溉管理的效率。在这一改革趋势的影响下，农业灌溉用水管理模式改革的热潮在许多发展中国家和发达国家纷纷涌现，将灌溉系统的权责从政府部门下分，下放到农民协会、私人组织和农民，分级条块管理模式由以往条块分级的管理模式转变为参与式的管理模式（用水户参与灌溉管理模式，简称SIDD管理模式）。

现状的国际趋势是把灌溉管理权交给农民用水者协会由其自主管理，在此国际浪潮下，我国顺应形势开展了灌溉管理改革试点。

2004年，甘肃省在英国国际发展部的资助下，设立了面向贫困人口的农村水利改革项目[①]，并由国家农业综合开发办公室和水利部共同组织实施[2]。此项目的宗旨是在项目实施区成立农民用水者协会，协助试点区开展农村小型水利设施管理体制改革。在该项目下，截至2008年年底建设用水户协会205个，其中17个示范协会，188个推广协会，项目覆盖30个县，493个村，14.5万户，受益人口58万，灌溉面积约109万亩[②]。

2 农民用水协会的绩效分析：以甘肃省"农村水利改革项目"为例[③]

按照国际上一般承认的标准，甘肃除甘南州、陇南地区的部分地域以外，绝大多数已成为或接近严重缺水地区[④]。成立农民用水者协会，是甘肃提高农业用水效率的措施之一。2005年以来，甘肃省各地认真贯彻落实《关于加强农民用水户协会建设的意见》精神，不断加大对农民用水者协会组织的培育和推广力度，深化农村水利基层群管组织体制改革。全省各地协会建设工作正有序、稳步、健康地发展，白银市制定了《灌区参与式灌溉管理

① 项目实施期为2004年9月至2008年12月。

② 徐成波. 中英农村水利改革项目农民用水户协会建设经验与体会[EB/OL]. 中国农村水利，http：//219. 238. 161. 100/html/1222235049696. html，2008-08-13.

③ 本节所用数据来自《利用英国国际发展部赠款实施"面向贫困人口的农村水利改革项目"（简称DFID项目）》资料，感谢甘肃省农业综合开发办公室提供相关资料。

④ 凡炳文，陈文. 甘肃省水资源及其演变趋势分析[EB/OL]. 中国农村水电及电气化信息网，http：//www. shp. com. cn/news/info/2007/8/6/1410023085. html，2007-08-06.

改革实施意见》，张掖市协会组织发展迅速，已组建协会 790 个，疏勒河流域各灌区主动协助乡政府对所辖区内的协会运行工作进行总结和评估，将原有 85 个协会整改合并为 68 个。截至 2008 年 12 月，全省各地已组建协会 1 587 个，协会工作人员 10 804 人，控制灌溉面积 670.786 8 万亩，管理斗渠 13 190 条，涉及行政村 2 115 个，参与农户共 60 余万户[①]。

2.1 调查协会和调查内容

本节调查的对象主要是英国政府赠款项目"面向贫困人口的农村水利改革项目"[②]下所成立的 30 个农民用水协会，这 30 个协会中有 12 个协会位于兰州市郊的皋兰县，所属西电灌区；有 6 个协会位于白银市的靖远县，所属刘川灌区；有 12 个协会位于酒泉市的安西县，所属双塔灌区。

这 30 个协会分别成立于 2005 年，本节分析所用的数据，包括 30 个农民用水协会成立之前 2004 年的基线数据，以及协会成立之后 2009—2010 年的数据。

本次调查的内容涉及农民用水者协会的机构建设、投资、灌溉系统和协会运行情况。灌溉系统情况主要调查了各个协会的耕地面积、灌溉面积、供水状况、灌溉系统状况、亩均年用水量；协会运行的调查内容包括水费计价方式、水费收取方式、水费收取率、水价、协会的实际收支以及盈亏状况。除此之外，统计了协会中农业人口数、贫困户数、贫困人口、外出务工人数、作物种植、平均亩产、户人均收入、贫困户户人均收入、水费支出占人均收入比例。

2.2 用水者协会运行现状的调查结果分析

（1）各用水者协会的基本情况比较。调查协会成立于 2005 年，协会成立前的数据显示于表 1 中，表中数据指标反映了用水者协会的基本情况。30 个协会分别归属于 3 个行政县区，所辖于西电灌区、刘川灌区和双塔灌区，这 30 个用水者协会基本上于 2005 年成立。所有协会都是由地表水作为供水水源，水源的供水状况充足，灌溉方式采用提灌和自流灌溉两类。在成立协会以后，所有的灌区才开始实行取水许可制或供水合同制，除极个别用水者协会的灌溉系统状况较差外，3 个灌区总体的灌溉系统状况良好。

表 1　用水协会成立前的总体情况（2004 年基线数据）

所属灌区	所在县	协会个数	协会成立时间	协会灌溉面积总和/亩	农业人口总计/人	亩均年用水量平均值/m³	供水状况
西电灌区	皋兰县	12	2005 年	34 216	34 315	415	充足
刘川灌区	靖远县	6	2005 年	26 711	13 948	536	充足
双塔灌区	安西县	12	2005 年	115 304	15 180	516	充足

① 汪栋. 甘肃省 60 余万农户加入农民用水户协会[EB/OL]. 中国农村水利，http://219.238.161.100/html/1220517538604.html，2006-04-18.

② 利用英国政府赠款实施的"面向贫困人口的农村水利改革项目"，是在国际社会大力倡导参与式灌溉管理以及我国实施小型农村水利工程管理体制改革这一大环境下诞生的。该项目由世界银行负责监督管理，水利部负责组织实施。项目的主要目标是通过在项目区建立和完善农民用水户协会，总结经验，支持农村小型水利设施管理体制改革，并使贫困地区的农民特别是妇女等弱势群体受益。该项目以农民用水户协会建设为主要内容，具体包括政策研究与宣传、能力建设、用水户协会示范与推广、监测评价等内容。

用水协会成立以后，30 个协会的供水状态、供水水源以及供水的方式和用水协会成立前一样，没有发生变化。协会成立后的显著影响是各个灌区都采用了取水合同制，所有协会的灌溉系统状态均比以前提升，武家大川协会尤其明显。用水协会成立以后，西电灌区中的 12 个协会的亩均灌溉用水量明显下降，其次是双塔灌区（表2）。

表2 用水协会成立后的总体情况

所属灌区	协会个数	协会灌溉面积总和/亩	灌溉面积比重/%	农业人口总计/人	亩均年用水量平均值/m³	供水状况
西电灌区	12	34 562	49	33 241	396	充足
刘川灌区	6	27 686	88.2	14 210	571	充足
双塔灌区	12	115 405	100	15 572	511	充足

（2）用水协会的成立完善了灌区管理制度。协会成立以前，大多数用水组织都是按照行政村的边界来划分用水边界，这样的划分形式造成了矛盾的萌芽，使得村与村之间在用水高峰时期易产生争水纠纷。用水协会成立以后，26 个协会的地域边界是按照水文边界来划分的。30 个协会的主席全是通过村民选举而产生的，80% 以上的用水者协会中的主席从普通村民中选举产生，这种形式在极大程度上体现了用水者协会的基本特点，即民主性、全民参与性。

协会成立后，所有的协会都设立了专门的用水管理执行委员会，执委会由 3～7 个成员组成，有的协会还在协会下面分设了若干个用水小组，每个小组配备一名组长。每个协会都制订各自的用水管理制度，开设了银行专用户头来管理用水协会的资金，用水协会设有独立的办公场所。协会成立后，30 个协会都采用了精确的计量设施，提灌和自流灌溉地区根据各自情况不同，采用固定式或移动式的量水设施[3]。

（3）水费征收过程透明化，水费收取率提高。用水协会成立之前，用水量计量方式均不规范。比如，西电灌区按亩计量农田用水量，由村委会执行水费收取工作，村委会从代收的水费中截留一定比例，用于当年的渠道维护；而双塔和刘川灌区基本上是按方来计量用水量，水费由农户自主上缴给供水单位，村委会就不存在任何的截留费用。用水协会成立之后，30 个协会的用水计量方式得到了统一规范，按实际用量计量，由协会来代收水费，水费截留的比例由协会成员共同协商决定。表3 中列出了西电灌区下的 12 个协会的水费构成，过去，上级管理部门统一征收 0.25 元/m³ 的水费，各个村自行在水价的基础上加收一些费用作为运行维护费。成立协会以后，水费基础上加收的运行维护费用由协会成员协商确定，征收和提留过程透明。

表3 2004 年和 2009 年西电灌区各用水协会水价　　　　　　　单位：元/m³

用水协会	成立前				成立后			
	水价	上交供水单位	运行维护	水费收取率/%	水价	上交供水单位	运行维护	水费收取率/%
土龙川	0.29	0.25	0.04	96.92	0.29	0.25	0.04	99.03
果果川	0.30	0.25	0.05	84.92	0.30	0.25	0.05	95.97

用水协会	成立前				成立后			
	水价	上交供水单位	运行维护	水费收取率/%	水价	上交供水单位	运行维护	水费收取率/%
龚家湾	0.31	0.25	0.06	90.25	0.31	0.25	0.06	97.22
和尚堡	0.3	0.25	0.05	95	0.30	0.25	0.05	97
涧沟川	0.31	0.25	0.06	97.95	0.31	0.25	0.06	98.01
阳洼窑	0.31	0.25	0.06	95.12	0.31	0.25	0.06	96.99
大斜沟	0.32	0.25	0.07	88.67	0.32	0.25	0.07	96.37
窝窝井	0.34	0.25	0.09	85.93	0.34	0.25	0.09	93.07
石峡子	0.30	0.25	0.05	95	0.30	0.25	0.05	96.28
东涧沟	0.29	0.25	0.04	90.06	0.29	0.25	0.04	96.08
西涧沟	0.29	0.25	0.04	93.97	0.29	0.25	0.04	97.06
蒋铁沟	0.29	0.25	0.04	90	0.29	0.25	0.04	96

（4）增强了农户节水意识，降低了农业用水量。成立用水协会使得大部分协会的单位面积用水量下降。蒋铁沟支渠协会的单位面积用水量下降了20%，是所有协会中下降幅度最大的。促使用水量大幅下降的主要原因在于用水的计量方式全部改革为精确计量的方式，水费与用水量的多少直接挂钩。

段永红（2005）[4]建立理论模型得到结论，在水费按面积征收的制度安排下，农户没有任何提高用水效率的积极性；如果按每立方米水的价格来收取水费，则可以提高用水效率。本次协会的调查结果与该结论相符合，协会成立以前，各村统计全村的总用水量，然后按种植面积平摊到各家各户。对于此种计量方式，用多用少一个样，农户很难产生节水的积极性。按方计量虽然操作过程复杂，但能激励农户节水，有效降低各协会的水费（表4）。

表4 西电灌区各用水协会水价 单位：元/亩

协会	成立前	成立后	协会	成立前	成立后
土龙川	110	98	大斜沟	111	108
果果川	116	107	窝窝井	110	120
龚家湾	113	110	石峡子	120	119
和尚堡	150	145	东涧沟	143	142
涧沟川	136	136	西涧沟	121	114
阳洼窑	96	97	蒋铁沟	174	139

3 结论

参与式灌溉管理体制改革的理论支撑是用水户比行政管理部门具有更大的激励来提升灌溉水的公平使用和效率。

本文以甘肃省"面向贫困人口的农村水利改革项目"为例，实证考察了用水协会的运行绩效。实证分析结果如下，甘肃试点地区成立参与式的用水者协会后，用水者协会能实实在在让农民参与到灌溉管理的过程中，用水者协会的管理机制能实现节约用水的目的；

按水文边界来划分配水单位，由用水者协会来统一调配和输送水源，既能缓和过去行政村之间的争水纠纷，又能保证老、弱、妇、贫这些弱势群体获取水的权利；参与式管理的组织形态充分发挥了农民的自主性和决策权利，有效提高农民维护输水设施的意愿。总之，用水者协会这一微观主体确实有效地影响了农业用水效率。

参考文献

[1] 刘静，Meinzen-dick Ruth，钱克明，等. 中国中部用水者协会对农户生产的影响[J]. 经济学（季刊），2008（2）：465-480.

[2] 赵鸣骥. 农民用水协会理论与实践[M]. 南京：河海大学出版社，2005.

[3] 刘渝. 基于生态安全与农业安全目标下的农业水资源利用与管理研究[D]. 武汉：华中农业大学, 2009.

[4] 段永红，杨名远. 农田灌溉节水激励机制与效应分析[J]. 农业技术经济，2003（4）：13-18.

资源枯竭型城市工矿废弃地复垦利用综合效益评价
——以阳新县七约山矿区为例

Comprehensive Benefits Evaluation of Mining Wasteland Reclamation and Utilization in Resource-exhausted Cities：A case study in Qiyueshan mining area，Yangxin County

彭玉玲 [1, 2]，林爱文 [1, 2]

（1. 武汉大学资源与环境科学学院，武汉　430079;

2. 教育部地理信息系统重点实验室，武汉　430079）

[摘　要]　随着我国经济的不断发展，人口、资源、环境的矛盾日益突出，土地资源的保护和合理利用也不断引起国内外学者的广泛关注。近两年提出的工矿废弃地复垦利用对于资源枯竭型城市而言具有重要意义，资源枯竭型城市工矿废弃地复垦利用综合效益评价，能够客观定量的反映土地资源的利用效果。本研究将德尔菲法、层次分析法等传统经典方法与遥感、GIS 等新方法相结合，针对工矿废弃地复垦利用的特点，并以阳新县七约山矿区为例，重点介绍了资源枯竭型城市工矿废弃地复垦利用综合效益评价的研究思路和评价方法，研究结果表明该研究区工矿废弃地复垦利用总体效果较好，但部分单项指标分值提高不明显，在今后的实践中应重视经济效益、社会效益、生态效益和景观效益的协调发展。本方法可操作性强，可信度高，可以在我国资源枯竭型城市土地复垦相关工作和研究中推广应用。

[关键词]　工矿废弃地　复垦利用　评价　综合效益　资源枯竭型城市

Abstract　With the continuous development of our country's economy，the contradictions among the population，resources and environment have been increasingly prominent. The protection and rational utilization of land resources also have been attended extensively by the scholars both abroad and at home. The mining wasteland reclamation and utilization proposed these two years are significant for resource-exhausted cities. The comprehensive benefits evaluation of mining wasteland reclamation and utilization in resource-exhausted cities can objectively quantify the effects of land resources utilization. This study integrated the traditional classic methods such as Delphi and AHP with the new methods such as remote sensing and GIS，according to the characteristics of mining wasteland reclamation in Qiyueshan mining area of Yangxin County，introduced the research idea and evaluation method of the comprehensive benefits evaluation of the resource-exhausted city's mining wasteland reclamation and

基金项目：国家"十二五"科技支撑计划资助项目（2012BAJ22B02）。

作者简介：彭玉玲，武汉大学资源与环境科学学院在读博士研究生，主要从事 GIS 在土地方面的应用研究。

utilization. The results showed the good overall effect of the study area's mining wasteland reclamation and utilization，except that the improvement of some monomial index scores is not obvious. We should pay attention to the coordinated development of the economic，social，ecological and landscape benefits in future practices. The proposed method has strong maneuverability and high reliability. It can be extensively applied in the mining wasteland reclamation and utilization work and research in resource-exhausted cities of our country.

Keywords　mining wasteland，reclamation and utilization，evaluation，comprehensive benefits，resource-exhausted cities

引言

目前，一些学者对废弃地复垦进行了多方面的探讨，研究主要围绕基础理论研究[1，2]、重金属污染评价[3，4]、景观生态建设[5，6]、评价方法探讨[7，8]、评价模型构建[9，10]、政策法规比较[11]、具体案例应用[12-14]等内容开展。研究内容已初步形成了较完整的理论体系；研究方法也逐步向与 GIS（Geographic Information System）结合的动态模型化与空间决策化方向发展[15-20]；研究数据也达到了越来越高的精度。但目前针对遥感、GIS 等方法与传统方法相结合，并对综合指标以及单项指标进行定量评价和对比的研究较少[21-23]，且缺乏针对资源枯竭型城市[24]以及工矿废弃地[25]的特色开展的研究，研究方法的实用性和研究结果的准确性也有待进一步检验。

工矿废弃地的概念目前没有较统一的界定。王笑峰等认为，工矿废弃地是指在工业生产和矿产资源开发利用过程所形成的固体废弃物排放场以及废弃的采矿场[4]；王向荣等认为，工业废弃地指曾为工业生产用地和与工业生产相关的交通、运输、仓储用地，后来废置不用的地段，如废弃的矿山、采钉场、工厂、铁路站场、码头、工业废料倾倒场等[26]；格默尔等认为，矿山废弃地指矿山开采过程中，露天采矿场、排土场、尾矿场、塌陷区以及受重金属污染而失去经济利用价值的土地[27，28]；王振成等认为，矿业废弃地是指为采矿活动所破坏的，未经治理而无法使用的土地。根据其来源可分为 4 种类型：① 由剥离的表土、开采的废石及低品位矿石堆积形成的废石堆废弃地；② 随着矿物开采形成的大量的采空区域及塌陷区，即开采坑废弃地；③ 利用各种分选方法分选出精矿物后的剩余物排放形成的尾矿废弃地；④ 采矿作业面、机械设施、矿山辅助建筑物和道路交通等先后占用后废弃的土地[29-31]。本研究认为，工矿废弃地是工业生产和矿产资源开发利用过程中由压占、塌陷、挖损、污染等破坏形成的闲置和废弃土地，包括露天采矿场、排土场、废石场、尾矿场、废渣堆、塌陷区、地面沉降变形区、重金属污染损毁地以及交通、水利等基础设施废弃地。

资源枯竭型城市是指矿产资源开发进入衰退或枯竭过程的城市。资源枯竭型城市工矿废弃地复垦利用，是将资源枯竭型城市历史遗留的工矿以及交通、水利等基础设施废弃地加以复垦，在治理改善矿山环境基础上，与新增建设用地相挂钩，盘活和合理调整建设用地，确保建设用地总量不增加，耕地面积不减少、质量有提高的措施。

在资源枯竭型城市工矿废弃地复垦利用综合效益评价研究中，需要统筹考虑经济效益、社会效益、生态效益和景观效益的影响。为了科学客观地进行工矿废弃地复垦利用综合效益评价，本研究将德尔菲法和层次分析法（Analytic hierarchy process，AHP）相结合，提出一种能描述各评价指标复杂关系的数学模型与计算方法。遥感和 GIS 方法的应用使数据的分析和处理更准确方便快捷，多种方法的结合应用能同时定性、定量地评估、比较和判断工矿废弃地复垦利用的效果，有利于资源枯竭型城市土地资源的合理利用。

1　研究区概况

黄石市因矿而生，因矿而兴，是一个典型的资源型城市。研究区（七约山矿区）位于湖北省黄石市阳新县金海煤炭开发管理区内，行政区划属阳新县管辖。矿区中心地理位置：东经 115°11′22.5″，北纬 30°05′20″。研究区土地利用现状主要为工矿废弃地，包括：①由于历史原因无法确定土地复垦义务人的工矿废弃地；②国有矿山企业遗留的工矿废弃地；③因矿产资源开采受到严重影响的损毁地；④闲置工矿用地；⑤交通、水利设施废弃地。研究区内工矿废弃地总面积为 282.77 hm^2。

图 1　研究区在黄石市的位置示意图

2　数据来源与研究方法

2.1　数据来源

本研究基础数据主要来源于阳新县国土资源局提供的 2009 年阳新县第二次全国土地调查（简称"二调"）数据、2011 年阳新县统计年鉴、2011 年阳新县土地利用变更调查数据、2012 年研究区实测地形数据、2013 年研究区遥感监测数据、2013 年研究区补测地形数据以及阳新县土地利用总体规划（2006—2020 年）、阳新县城市总体发展规划（2011—2015 年）等相关规划数据，研究区现状图测量精度为 1：2 000，制图比例尺为 1：5 000。对照"土地利用现状分类（过渡期）"与"土地利用现状分类（二调）"的转换关系，将研究区土地利用类型重新划分为耕地、园地、林地、其他农用地、城镇、农村居民点、其他建设用地、水域、未利用地共 9 类，并将矢量数据转换为 5 m×5 m 的栅格数据，基于 ArcGIS 9.3、MapGIS 6.7、Surfer 10 等工作平台进行数据处理与空间分析。

2.2 研究方法

本研究运用遥感和 GIS 的方法，对 2009—2013 年最新资料和数据进行获取、整理、判读、分析和标准化处理，运用研究区数字高程模型（Digital Elevation Model，DEM）辅助评价和分析，为研究提供准确可靠的基础数据，并根据国家土地开发整理编制规程和土地复垦技术标准，结合工矿废弃地特点，运用德尔菲法与层次分析法建立评价指标体系、确定评价指标权重、建立评价模型，计算得出综合效益评价指标分值。

（1）研究区数据判读和 DEM 生成。利用研究区遥感监测数据和 1∶2 000 地形图（1980年北京坐标系，高斯克里格投影，等高距 1 m）及补测高程数据，将地形图中的等高线、参考点以及现状地类数据进行栅格化处理（栅格单元为 5 m×5 m），并生成研究区数字高程模型图（图 2），为研究区土地复垦利用综合效益评价提供依据。

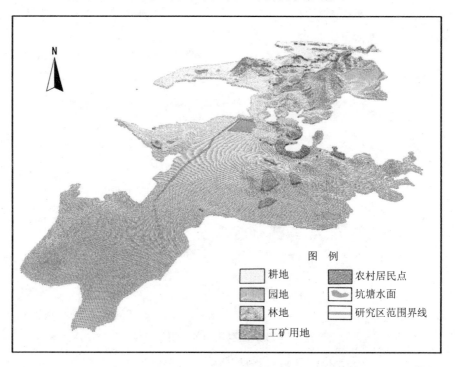

图 2 研究区工矿废弃地复垦前三维效果图

（2）构建评价指标体系。工矿废弃地复垦利用综合效益评价指标应从经济效益、社会效益、生态效益、景观效益 4 个方面来考虑。经济效益是对土地进行资金、劳动、技术等的投入所获得的效益，表现为土地复垦后产量增加、生产成本降低等；社会效益是对社会环境系统的影响和产生的宏观社会效应，反映复垦对实现农村经济发展、缩小城乡差距等所作贡献与影响的程度；生态效益反映土地复垦对区域内水资源、土壤、植被、生物等产生的诸多直接或间接、有利或有害的影响，要求在保护和改善生态环境的前提下进行复垦，避免造成新的生态破坏；景观效益反映土地复垦后 "田成方、树成行、渠相通、路相连"的美妙景观，会给当地居民带来愉悦的心情，提高居民的生活质量，改善其生存环境[22, 32]。

为了将上述复杂的指标体系中各指标的相互联系有序化，首先建立一个 3 层次的工矿废弃地复垦综合效益评价指标体系，该体系由目标层、准则层和方案层构成，将工矿废弃地复垦综合效益定位目标层，经济效益、社会效益、生态效益和景观效益定为准则层，各单项指标定位方案层，层次结构如图3所示。

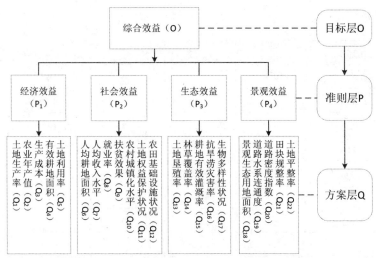

图3　工矿废弃地复垦利用综合效益评价指标体系

（3）确定评价指标权重。采用德尔菲法和层次分析法确定指标权重，首先通过广泛征询专家意见，并进行多次反馈和统计汇总，对所列指标两两比较重要程度和逐层进行判断评分，构造判断矩阵；然后通过方根法求得最大特征根对应的特征向量，得到单项指标对总目标的重要性权值；最后通过一致性检验，确定工矿废弃地复垦综合效益评价指标权重。

（4）量化评价指标分值。综合考虑各评价指标的质量和数量，将各指标转化为可进行运算的分值。取研究区各指标的平均值为基数，指标值高于平均值40%为最优，定为100分；高于平均值30%为优，定为90~99分；高于平均值20%为良好，定为80~89分；高于平均值10%为一般，定为70~79分；位于平均值上下浮动10%范围内为合格，定为60~69分；低于平均值为不合格，定为0~59分[22]。

（5）建立评价模型。根据确定的各指标不同级别的得分值 A 与权重 B，建立评价土地质量综合分值的数学模型：

$$C = \sum_{i=1}^{n} A_i B_i \quad (i=1, 2, 3, \cdots, n) \tag{1}$$

式中：C——综合效益评价的综合得分值；

　　　A_i——某单元第 i 个评价指标的分值；

　　　B_i——第 i 个评价指标权重；

　　　n——评价指标的个数。

3　结果与讨论

根据基础资料数据分析和专家调查，确定了资源枯竭城市工矿废弃地复垦利用综合效益评价指标体系、各指标权重和分值，经过模型计算，得出研究区工矿废弃地复垦利用前后综合效益评价分值（表1）。研究结果表明，研究区复垦前后综合效益明显增加，效果较好。

表 1　工矿废弃地复垦利用综合效益评价分值

评价指标	指标权重	复垦前单项指标分值	复垦前单项指标效益评价值	复垦后单项指标分值	复垦后单项指标效益评价值	复垦前后单项指标评价值变化
Q1	0.208 7	60	12.52	85	17.74	5.22
Q2	0.082 2	40	3.29	80	6.58	3.29
Q3	0.073 1	60	4.39	80	5.85	1.46
Q4	0.027 0	40	1.08	85	2.29	1.21
Q5	0.119 5	30	3.59	95	11.35	7.77
Q6	0.005 4	40	0.21	85	0.46	0.24
Q7	0.052 1	80	4.17	90	4.69	0.52
Q8	0.042 6	85	3.62	90	3.83	0.21
Q9	0.012 6	85	1.07	90	1.13	0.06
Q10	0.052 1	60	3.13	75	3.91	0.78
Q11	0.024 4	85	2.08	90	2.20	0.12
Q12	0.023 7	50	1.18	90	2.13	0.95
Q13	0.007 5	40	0.30	90	0.67	0.37
Q14	0.017 1	40	0.68	70	1.20	0.51
Q15	0.036 7	50	1.83	90	3.30	1.47
Q16	0.091 8	40	3.67	90	8.26	4.59
Q17	0.017 1	40	0.68	75	1.28	0.60
Q18	0.032 3	30	0.97	95	3.07	2.10
Q19	0.014 0	40	0.56	95	1.33	0.77
Q20	0.011 8	45	0.53	95	1.12	0.59
Q21	0.017 6	60	1.05	80	1.41	0.35
Q22	0.030 8	50	1.54	80	2.46	0.92
综合效益评价值	1.000 0	—	52.15	—	86.27	34.12

从复垦前后各单项指标效益评价值的对比（图 4）可以看出，复垦后各单项指标效益评价分值普遍高于复垦前，其中，经济效益评价指标（Q1～Q5）分值明显提高，尤其土地生产率（Q1）和土地利用率（Q5）两项指标有较大幅度提高；社会效益评价指标（Q6～Q12）分值有所提高，但变化幅度不明显；生态效益评价指标（Q13～Q17）分值有一定提高，尤其抗旱涝灾害率（Q16）提高幅度较显著；景观效益评价指标（Q18～Q22）分值有一定提高，尤其耕地、园地、林地等景观生态用地面积（Q18）提高幅度相对显著。

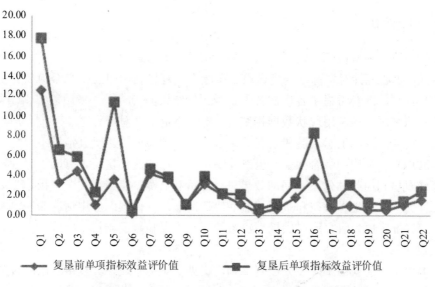

图4 工矿废弃地复垦利用前后单项评价指标效益分值比较

根据以上评价结果，工矿废弃地复垦利用有利于提高资源枯竭型城市土地利用综合效益，尤其对于提高土地利用率、改善农田基础设施状况、增加景观生态用地面积等具有明显效果(图5)，研究方法对资源枯竭型城市土地复垦相关工作和研究具有一定的参考价值，有利于珍惜和合理利用每一寸土地。

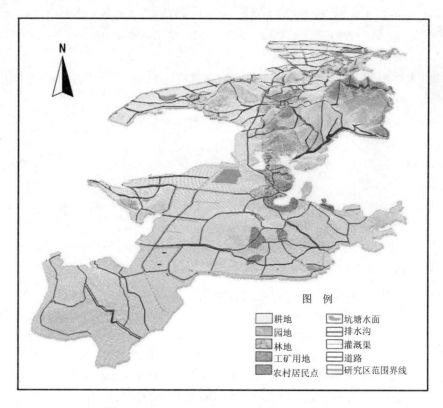

图5 研究区工矿废弃地复垦后三维效果图

4　结论与展望

（1）资源枯竭型城市工矿废弃地复垦利用综合效益评价，对土地资源的合理利用具有重要意义，本研究针对资源枯竭型城市工矿废弃地复垦利用建立了综合效益评价的指标体系和数学模型，综合考虑了各层次各因素对评价结果的影响，并采用遥感、GIS 等方法使该模型与研究区土地利用现状数据相结合，定性、定量地对研究区工矿废弃地复垦利用经济效益、社会效益、生态效益和景观效益进行了评价和分析。研究结果不仅能表明研究区工矿废弃地复垦利用的综合效益，也能反映单个指标的变化情况，有助于客观定量地对工矿废弃地复垦利用整体效果和局部效果进行分析和监测，能够在实践中指导土地利用经济效益、社会效益、生态效益和景观效益的协调发展。具体案例应用情况表明，本研究能方便、快速、准确地为研究区提供规划决策的理论依据和数据支持，研究模型与方法具有很好的应用前景。

（2）由于目前我国工矿废弃地复垦利用仍处于试点阶段，其复垦利用综合效益评价的方法和指标体系的构建仍有待进一步研究和探讨，本文在前人研究的基础上，对工矿废弃地复垦利用综合效益评价的方法及其应用进行了初步探索，其理论观点和研究方法的不成熟之处有待在今后的研究中进一步探索、验证和修订。

参考文献

[1] 王海春. 矿区土地复垦的理论及实践研究综述[J]. 经济论坛，2009（13）：40-42.

[2] 史同广，郑国强，王智勇，等. 中国土地适宜性评价研究进展[J]. 地理科学进展，2007（2）：106-115.

[3] 樊文华，白中科，李慧峰，等. 复垦土壤重金属污染潜在生态风险评价[J]. 农业工程学报，2011，27（1）：348-354.

[4] 王笑峰，蔡体久，张思冲，等. 不同类型工矿废弃地基质肥力与重金属污染特征及其评价[J]. 水土保持学报，2009，23（2）：157-161.

[5] 梁小虎，张光生，成小英，等. 无锡太湖保护区工矿废弃地土地生态修复效应研究[J]. 上海环境科学，2011（2）：77-81.

[6] 李保杰，顾和和，纪亚洲. 矿区土地复垦景观格局变化和生态效应 [J]. 农业工程学报，2012，28（3）：251-256.

[7] Shi D. Land Reclamation Suitability Evaluation Based on the Limit Method[J]. Applied Mechanics and Materials，2013（253）：1069-1074.

[8] 王欢，王平，谢立祥，等. 土地复垦适宜性评价方法[J]. 中南林业科技大学学报：自然科学版，2010，30（4）：154-158.

[9] 刘文锴，陈秋计，等. 基于可拓模型的矿区复垦土地的适宜性评价[J]. 中国矿业，2006，15（3）：34-37.

[10] 胡伟，李满春，符海月，等. 土地利用适宜性评价物元模型研究[J]. 测绘科学，2009，34（5）：126-129.

[11] 金丹，卞正富. 国内外土地复垦政策法规比较与借鉴[J]. 中国土地科学，2009，23（10）：66-73.

[12] Gong J，Liu Y，Chen W. Land suitability evaluation for development using a matter-element model：A case study in Zengcheng，Guangzhou，China[J]. Land Use Policy，2012，29（2）：464-472.

[13] Wang S，Liu C，Zhang H. Suitability evaluation for land reclamation in mining area：A case study of

Gaoqiao bauxite mine[J]. Transactions of Nonferrous Metals Society of China，2011，21（3）：s506-s515.

[14] 李娟，龙健，赵娜. 煤矿区压占土地复垦适宜性评价研究——以贵州纳雍县狗场煤矿为例（英文）[J]. Meteorological and Environmental Research，2010，1（8）：68-71，79.

[15] Kim S M，Choi Y，Suh J，et al. ArcMine：A GIS extension to support mine reclamation planning[J]. Computers & Geosciences，2012，46：84-95.

[16] Ye B. Integrating MCE with GIS for suitability evaluation of the reclamation land in Antaibao open pit coal mine[C]//World Automation Congress（WAC），2012. IEEE，2012：1-5.

[17] Yang D B，Zhang W X，Yao Q. Research of Mining Subsided Land Reclamation System Based on GIS[J]. Applied Mechanics and Materials，2012（130）：1858-1861.

[18] 王慎敏，金晓斌，周寅康，等. 基于 GIS 的采煤塌陷区土地复垦项目规划设计研究[J]. 地理科学，2008，28（2）：195-199.

[19] 封志明，杨艳昭，张丹，等. 基于 GIS 的中国人居环境自然适宜性评价[J]. 地理学报（英文版），2009，19（4）：437-446.

[20] 娄胜霞. 基于 GIS 技术的人居环境自然适宜性评价研究——以遵义市为例[J]. 经济地理，2011，31（8）：1358-1363.

[21] 覃事娅，尹惠斌. 基于 AHP 的土地整理综合效益评价实证研究[J]. 河北农业科学，2007，11（2）：93-96.

[22] 王炜，杨晓东，曾辉，等. 土地整理综合效益评价指标与方法[J]. 农业工程学报，2005，21（10）：70-73.

[23] 王雨晴，宋戈. 城市土地利用综合效益评价与案例研究[J]. 地理科学，2006，26（6）：743-748.

[24] 何丹，金凤君，周璟. 资源型城市建设用地适宜性评价研究[J]. 地理研究，2011，30（4）：655-666.

[25] 黄燕，翟年龙. 基于循环经济理论的工矿废弃地复垦利用评价——以广安市为例[J]. 阜阳师范学院学报（自然科学版），2013，30（2）：58-62.

[26] 王向荣，任京燕. 从工业废弃地到绿色公园——景观设计与工业废弃地的更新[J]. 中国园林，2003，3（11）：11-18.

[27] 李永庚，蒋高明. 矿山废弃地生态重建研究进展[J]. 生态学报，2004，24（1）：95-100.

[28] 格默尔，倪彭年，李玲英. 工业废弃地上的植物定居[M]. 北京：科学出版社，1987.

[29] 王振成. 固体废弃物的利用与处理[M]. 西安：西安交通大学出版社，1987.

[30] 宋书巧，周永章. 矿业废弃地及其生态恢复与重建[J]. 矿产保护与利用，2001（5）：43-49.

[31] 吴欢，周兴. 矿山废弃地生态恢复研究 [J]. 广西师范学院学报：自然科学版，2003，20（1）：32-35.

[32] 张正峰，陈百明. 土地整理的效益分析[J]. 农业工程学报，2003，19（2）：210-213.

我国排污权抵押贷款发展现状及对策研究

Study on the Development Status and Strategies of Emission Rights Mortgage Loan Business in China

张 强[1] 刘 彬[2]

（1. 湖北省环境科学研究院环境经济研究中心，武汉 430072;

2. 湖北省环境监测中心站中心分析室，武汉 430072）

[摘 要] 排污权抵押贷款是一种新型的抵押融资制度，其在国内的研究和实践尚处于起步阶段。本文详述了排污权抵押贷款的理论基础、战略意义以及研究和发展现状，并对完善和促进我国排污权抵押贷款市场的建设提出了对策和建议。

[关键词] 排污权 抵押贷款 现状及对策

Abstract Emission rights mortgage loan business is a new enterprise financing institution, the research and practice of which in China is still in its infancy. The theory foundation, significance and development status of emission rights mortgage loan business are introduced, and several strategies are proposed in this paper.

Keywords emission rights, mortgage loan, status and strategies

前言

排污权是指排污企业在环境保护监督管理部门分配的额度内，并在确保该权利的行使不损害其他公众环境权益的前提下，通过国家许可或者通过市场交易获得的向特定的环境排放污染物的权利[1]。排污权具有财产权的属性，因此能够进行抵押、转让等市场交易行为。排污权抵押贷款是指借款人以有偿取得的以《污染物排放许可证》形式确认的排污权为抵押物，在遵守国家有关金融法律、法规和信贷政策前提下，向贷款行申请获得贷款的融资活动，贷款主要用于生产经营和环保项目[2]。排污权抵押贷款制度是一项金融促进环境管理创新型环境经济政策，是以排污权抵押为基础的融资方式，通过固化的排污权指标向流动资金的转化，使得更多的资本能进入流通领域，实现企业的个体效益和整个社会的经济效益上的提升，并且同时通过市场的调节作用将排污总量较好地控制在一定的范围之内。排污权抵押贷款作为完善排污权交易的一项重要配套措施，在我国目前的环境压力和具有挑战性的宏观经济形势下，是一项既有利于企业也有利于银行，既有环境效益又有经

作者简介：张强，男，博士，湖北省环境科学研究院，主要从事水污染控制研究。

济效益的政策。但是作为一种新近兴起的抵押融资形式，其在国内既没有形成系统的理论体系，也没有广泛的实践经验支撑，甚至连基本的概念和理论都尚存较大争议。

1 排污权抵押贷款理论基础

对环境容量资源和环境污染产生原因不同的理论认识，会导致采用不同的治理污染、环境保护的手段措施。福利经济学之父庇古认为环境污染往往被视为一种典型的负外部性现象，这种负外部性只有依靠政府采取税收或补贴等形式，才能将污染成本内化为企业生产成本[3]，此种形式的税在实践中被称为庇古税。但在庇古税的实践过程中，由于信息不对称等原因，政府难以事先确定排污标准和相应的最优费率，导致政府盲目地而不是科学地收取排污费，与理想的治污状态相距甚远。诺贝尔经济学奖获得者科斯在分析外部不经济性时，对庇古的上述观点提出了异议。科斯认为环境的财产权或使用权的不明晰是导致政策失灵与市场失灵的根本原因，只要适当地确定环境资源的财产权或使用权，就会消除外部不经济性[4]。首先财产权利是人们相互作用的结果，排放污染方是对受害者的一个侵权行为。这一侵权行为可以转化为一个财产权利进行交易，即将排污权作为一个财产权利进行交易是有利于社会福利最大化的。其次只要交易费用为零，不管初始权利如何进行配置，当事人之间的谈判都会导致财富最大化的安排，但在交易费用为正的情况下，不同的权利界定会带来不同资源配置效率。

排污权之所以成为可以交易的财产权，① 在于政府法律强制规定的环境容量权，即法定的污染排放量；② 排污企业的实际排放量大于法定排放量；③ 是否获得必须经过政府有关机构的审查和批准[5]。排污权因此成为一种稀缺的资源，即把环境容量作为一种公共所有权转化为一种私人所有权，做到了产权明晰，使之具有了财产权的属性，因此能够进行抵押、转让等市场交易行为。在治理污染源存在成本差异的情况下，治理成本较低的企业可以采取措施以减少污染物的排放，剩余的排污权可以转让出售给治污成本较高的企业。市场交易使排污权从治理成本低的污染者流向治理成本高的污染者，这就会迫使污染者为追求盈利而降低治理成本，进而设法减少污染排放量。由于排污权具有交易价值，能够转化为未来现金流，从而排污权也就能够抵押变现，或者租赁成为物权，使得排污权又具有金融属性，具备了进行抵押贷款的理论前提。

2 排污权抵押贷款战略意义

2.1 为企业创造新的融资渠道，有利于企业贯彻落实节能减排政策

目前，我国节能减排的资金来源主要是政府的示范项目和企业的自筹资金，一旦企业自身的资金链条出现空隙就很难将有限的资金安排到节能减排工程上。因此，将排污权进行抵押贷款将有助于缓解企业的资金运转压力。尤其是在节能环保技术改造项目上，排污权抵押贷款能有效化解融资风险，因为节能环保技术改造项目一般具有投资金额大、期限长、回报不稳定等特点，较难依靠稳定的现金流获得银行融资，通过排污权抵押贷款，能够为企业技术改造和工业转型升级提供有力的金融支持。

2.2 强化排污权交易的市场导向作用，促进排污权市场快速健康发展

排污权抵押贷款的开展可建立起排污企业、银行以及投资者共同合作的平台，通过市场的导向作用在经济系统中内化环境污染的成本[6]。排污权抵押贷款将银行的信贷资金引

入排污权交易市场，将企业的排污权转化为可用于融资的活资产，提高企业排污权的资产性和流动性，进而提升企业参与排污权交易、加强排污权使用和管理的积极性，能够有效盘活排污权交易市场，促进我国排污权交易试点工作的稳步推进。

2.3 为银行提供低风险信贷业务，推进我国低碳金融市场发展

目前，CDM 融资、碳基金、碳信用衍生品、天气衍生品等低碳金融产品已成为许多国际金融机构和金融市场的重要业务，排污权抵押贷款是低碳金融产品创新的一种有益尝试，通过挂钩排污权这一标的资产，在产品定价、风险防范、市场交易等方面为低碳金融创新指明了方向，实现了金融产品与排污权交易市场的有机结合。该项工作的开展可为我国低碳金融发展积累实践经验，有利于金融机构与国际接轨，提升绿色金融产品创新和管理能力，促进我国低碳金融市场发展壮大。

3 排污权抵押贷款研究及发展现状

3.1 排污权抵押贷款研究现状

排污权抵押贷款作为一种新型的贷款制度，是排污权交易市场发展到一定阶段的产物。推进排污权抵押贷款相关理论体系研究工作对于企业节能减排、排污权交易和低碳金融发展等方面都具有十分积极的意义。但是目前国内外学者对于排污权的研究还主要集中在初始排污权的分配理论制度[7-9]、基价的确定[10, 11]，排污权交易制度[12-15]、交易市场要素[16]、二级市场建设[17]、评价指标体系[18]、污染减排效益[19, 20]、对企业行为的影响[21]等方面，而对于排污权抵押贷款的研究尚处于起步阶段，相关法律法规、管理模式、制度设计、会计处置等的理论基础研究和实践经验都相对缺乏。

3.2 排污权抵押贷款发展现状

浙江省嘉兴市于 2008 年率先在全国推出排污权抵押贷款融资制度。截至 2012 年 1 月末，嘉兴银行已累计发放排污权抵押贷款共 18 295 万元，累计发放 41 户，是全国发放排污权抵押贷款最多的商业银行。目前，浙江、湖南、山西、陕西、河北等几个试点省相继开展了排污权抵押贷款业务并出台了排污权抵押贷款的相关政策。其中，浙江省 232 家企业通过排污权抵押，获得银行贷款 35.10 亿元，实现了企业、政府、银行三方共赢。陕西省以省排污权交易中心为平台，以排污权抵押融资为核心，兴业银行提供 300 亿元专项信贷资金，支持陕西省排污权市场建设，开展重点行业和重点项目的排污权抵押融资业务。2012 年，湖南华菱湘潭钢铁有限公司与兴业银行长沙分行在长沙签署协议，以有偿取得的排污权作抵押，获得 1 600 万元贷款，成为湖南省首笔排污权抵押贷款。2013 年，河北省环境保护厅与光大银行石家庄分行签署的战略合作协议，光大银行提供 300 亿元人民币专项额度用于排污权抵押融资业务，支持有偿获得排污权企业的融资需求。

4 完善排污权抵押贷款市场的对策建议

4.1 建立科学的排污权抵押贷款管理模式

管理模式是为实现其工作目标，组织其资源，对工作的基本框架、工作方式、管理理念、管理内容、管理工具、管理程序、管理制度和管理方法等的安排[22]。排污权抵押贷款是一个复杂的技术过程，涉及多方利益关系处理问题，实际操作中需要设计一个合理的管理模式，对环保主管部门、银行、企业、中介机构的定位和作用加以确认，从而厘清相关

者之间的利益关系，避免纠纷。科学的管理模式才能保证排污权抵押贷款主要在市场机制的作用下发挥作用，减弱地方政府的参与程度。对排污权贷款管理模式的安排，是排污权贷款发展的关键与核心，应充分引起各级政府的重视。

4.2　完善排污权抵押贷款的法律制度保障

在《宪法》和《民法通则》明确资源的界限，确定富余环境容量资源为一定区域内全体居民集体所有，弥补目前有关环境容量资源所有权归属不明的立法缺位问题[4]。在《物权法》中明确将排污权纳入用益物权范畴，并明文规定其可充作抵押标的物。在《担保法》中将排污权列入可抵押财产范围。在《环境保护法》中明确规定总量控制、排污许可证和排污权交易制度，将排污申报与排污许可结合起来，增强环保行政主管部门的权威和排污许可证的刚性，确定排污许可证的初始分配办法、分配标准等[23]。

4.3　健全排污权抵押贷款的配套政策

排污权抵押贷款是新兴的金融信贷业务，其贷款的规模、贷款质量、贷款风险等还处于认定的阶段。商业银行基于利益和风险的防护，大多数还处于观望的状态，需要政府的支持和帮助。首先是行业政策的支持，如人民银行对率先开展排污权抵押贷款的商业银行实行信贷政策支持、银监会系统对商业银行推动排污权抵押贷款产品审批的支持等。其次是地方政府部门对排污权抵押贷款市场开拓予以政策支持，如贷款贴息政策、财政环保资金捆绑政策、企业建设改造与商业银行配合政策等。此外，要建立信息公共平台，为商业银行和企业相互沟通信息提供基本的支持。

4.4　推进排污权有偿使用和交易制度

排污权交易是形成排污权价格的市场机制是实施和推广排污权抵押贷款的前提[3]。但是政府在排污权交易中过多的介入，排污权价格缺乏公允性和合理性都阻碍了排污权抵押贷款的推广。因此，健全排污权交易机制，拓展排污权交易方式，构建排污权买卖双方的信息发布平台，完善排污权交易的制度规范，是推进排污权市场交易的重点。在排污权交易的一级市场，政府在排污权的分配上，应处于主体地位。在排污权交易的二级市场，应当以市场机制为主导。但对于环境容量资源这样特殊的物权，政府必须严格履行监管职责，包括对企业排污量的监测，对排污权交易企业的审查等。同时还应明确企业在排污权二级交易市场的主体地位，同时规定不能进入二级市场交易的企业类型。明确排污权交易的对象是实行总量控制的污染物排放权。明确排污权交易的程序，从信息发布和获取，买卖双方交易协商，买卖双方向行政机关提交交易申请，到双方签订买卖合同，每个环节都应有明确的操作程序。

5　结语

排污权抵押贷款这项绿色信贷机制为促进环保金融的共同发展提供了切实可行的途径，可在一定程度上缓解我国资源环境和经济发展的双重压力，为节能减排和可持续发展作出新的贡献。但就目前而言，我国排污权抵押贷款在理论研究和实践探索方面都还处于起步阶段，要推进排污权抵押贷款融资制度，就必须加大资金和人力的投入，完善法律、管理、技术等在内的顶层设计。政府应该加强立法、引导和监督，规范排污权抵押贷款相关活动，同时保持排污权交易和抵押贷款政策的连续性和递进性，促进排污权市场不断完善。

参考文献

[1] 张钢，宋蕾. 环境容量与排污权的理论基础及制度框架分析[J]. 环境科学与技术，2013，36（4）：190-194.

[2] 赵琼. 排污权抵押登记的制度构建[J]. 温州大学学报：自然科学版，2011，32（1）：43-48.

[3] 余冬筠，沈满洪. 排污权抵押贷款的理论分析[J]. 学习与实践，2013（1）：41-46.

[4] 李晓亮，葛察忠，高树婷，等. 探秘排污权质押贷款[J]. 环境经济，2009（Z1）：34-40.

[5] 春风. 排污权抵押贷款：金融促进低碳[J]. 金融管理与研究，2011（8）：61-63.

[6] Zhang W，Zhang S，Zhou L. The Discussion About Development of Emission Rights Pledged Loan Business[J]. Proceedings of 2010 International Conference on Regional Management Science and Engineering，2010（5）：586-592.

[7] Klepper G. The future of the European Emission Trading System and the Clean Development Mechanism in a post-Kyoto world[J]. Energy Economics，2011（33）：687-698.

[8] Hung M F，Shaw D. A trading-ratio system for trading water pollution discharge permits[J]. Journal of Environmental Economics and Management，2005（49）：83-102.

[9] Lee C S，Chang S P. Interactive fuzzy optimization for an economic and environmental balance in a river system[J]. Water Research，2005，39（1）：221-231.

[10] Woerdman E. Implementing the Kyoto Protocol：Why JI and CDM show more promise than international Emissions Trading[J]. Energy Policy，2000，28（1）：29-38.

[11] 储益萍. 排污权交易初始价格定价方案研究[J]. 环境科学与技术，2011，34（12H）：380-382.

[12] Lanzi E，Wing I S. Capital Malleability，Emission Leakage and the Cost of Partial Climate Policies：General Equilibrium Analysis of the European Union Emission Trading System[J]. Environmental Resource Economics，2013（55）：257-289.

[13] Massetti E，Tavoni M. A developing Asia emission trading scheme（Asia ETS）[J]. Energy Economics，2012（34）：436-443.

[14] Mermod A Y，Dombekci B. Emission trading applications in the European Union and the case of Turkey as an emerging market[J]. International Journal of Energy Sector Management，2011，5（3）：345-360.

[15] Carmona R，Fehr M，Hinz J，et al. Market Design for Emission Trading Schemes[J]. SIAM Review，2010，52（3）：403-452.

[16] Wen B，Bai Z B，Fushuan Wen. Environmental/economic dispatch considering emission benefit factor in the emission trading environment[J]. International Journal of Energy Sector Management，2011，5（3）：407-415.

[17] 李葆华，王晓敏. 我国排污权二级市场交易模型构建[J]. 价格理论与实践，2012（8）：81-82.

[18] 王世猛，冯海波，李志勇，等. 排污权交易指标关联要素探讨[J]. 中国环境管理，2012（6）：15-17.

[19] 王勇. 基于层次分析法的排污权交易评价指标体系研究[J]. 价值工程，2013（3）：273-274.

[20] Hannes Schwaiger，Andreas Tuerk，Naomi Pena，et al. The future European Emission Trading Scheme and its impact on biomass use[J]. Biomass and Bioenergy，2012（38）：102-108.

[21] 李志勇，洪涛，王燕，等. 排污权交易应用于农业面源污染控制研究[J]. 环境与可持续发展，2012（5）：37-41.

[22] 刘朝才，苏赛珍，彭定忠. 排污权可交易下的企业排污策略[J]. 湖南理工学院学报（自然科学版），2012，25（2）：20-22，33.

[23] 姜妮. 推进排污权抵押贷款-模式选择和制度设计先行[J]. 环境经济，2013（7）：16-19.

[24] 周树勋，严俊. 浙江省排污权抵押贷款现状与对策[J]. 浙江金融，2012（8）：47-48.

区域主要污染物总量减排经济政策的问题与建议

Issues and Recommendations on regional economic policy of the major pollutants emissions reduction

李明光 关 阳

（广州市环境保护科学研究院环境政策研究中心，广州 510620）

[摘 要] 通过单一的行政命令推动总量减排的手段已不能满足未来新形势下的减排要求，本文通过分析总量减排与环境经济政策的关系，分析国内区域总量减排的环境经济政策存在的问题，提出构建区域主要污染物总量减排经济政策体系的政策建议，以更好地推动"十二五"及未来区域主要污染物总量减排目标的实现。

[关键词] 总量减排 环境经济政策 问题 建议

Abstract It has been unable to meet future emission reduction requirements trough a single means of an executive order to promote the total emissions reduction. This paper first analyzes the domestic regional emissions reduction problems of the environmental economic policy by analyzing the relationship between the total emissions reduction and the environmental economic policies. And then we propose some policy recommendations on building the regional total emissions reduction economic policy system to better achieve the regional total emissions reduction goals of the major pollutants.

Keywords total emissions reduction, environmental economic policy, issues, recommendation

前言

随着我国的总量减排日益向纵深推进，减排量日益需要更大的经济投入才能获得，企业可能难以独自承担更大的减排成本。通过单一的行政命令推动总量减排的手段已不能满足未来新形势下的减排要求，必须通过经济手段来协调总量减排（环境利益）与企业利益（及社会利益）的关系，实现总量控制目标。本文通过分析总量控制与环境经济政策的关系，分析国内区域总量减排经济政策存在的问题，提出构建主要污染物总量减排经济政策体系的政策建议，以更好地推动"十二五"及未来区域主要污染物总量减排目标的实现。

作者简介：李明光，男，广州市环境保护科学研究院环境政策研究中心主任，高级工程师，中国环境科学学会环境经济学分会委员，主要从事环境政策与管理研究。

1 总量减排环境经济政策相关概念及关系

1.1 环境经济政策概念及优势

从宏观的环境与经济关系来看，环境经济政策是协调社会经济发展与环境保护之间关系的一种调控手段，如绿色信贷、绿色财政、绿色税收等政策。从狭义的环境管理来看，环境经济政策是一种环境管理的经济手段，如与总量控制配套的排污收费和排污交易制度。西方学者通常把环境经济政策定义为基于市场的手段（Market-Based Instruments，MBI），而且把 MBI 分为基于价格（Price）的手段（如环境税、排污收费）和基于总量（Quota）的手段（如排污交易）。基于市场的手段在降低环境保护成本、提高行政效率、减少政府补贴和扩大财政收入诸多方面，有着指令性控制手段所不具备的显著优点。环境经济政策是以内化环境行为的外部性为原则，对各类市场主体进行基于环境资源利益的调整，从而建立保护和可持续利用资源环境的激励和约束机制。与传统行政手段的"外部约束"相比，环境经济政策是一种"内在约束"力量，具有促进环保技术创新、增强市场竞争力、降低环境治理成本与行政监控成本等优点。

1.2 主要的环境经济政策与总量控制的关系

就削减区域主要污染物的排放总量来看，总量减排环境经济政策主要包括排污收费、排污权交易及补助（奖励）、税收等政策。税收政策（包括排污税、原料及产品税等）一般是由国家组织征收，地方不能开征，因此尽管税收政策与总量控制紧密相关，本文暂不作分析。

1.2.1 排污收费

排污收费与总量控制存在着潜在的合作关系。以筹资或获取收入为单一目标的排污收费不一定能削减污染物排放总量，低廉的排污费用反而可能刺激排污总量的增加。只有在排污收费超过污染物治理边际费用时才可能减少污染物排放总量。因此，总量控制下的排污收费应设计好排污收费机制，实行阶梯式的排污收费，超过总量控制要求指标的排污量应实行惩罚式的收费标准。排污收费还需要严格的环境监控作为保证手段。

1.2.2 排污权交易

排污交易与总量控制也存在着潜在的合作关系。如果不实施总量控制，（无偿或廉价）指标供给量过大使得市场上的指标价格过低，排污交易就可能导致排污总量增加。但目前的排污交易一般是以总量控制为前提，即所谓的 Cap and Trade，在总量控制下，企业获得一定配额指标，可以在市场上与其他企业交易，减排成本低的企业会尽可能多地减排以在市场上出售获利，减排成本高的可以在市场上购买指标。只有在指标价格高于减排成本时，排污交易才可能降低社会平均减排成本，促进总量减排。因此，总量控制下的排污交易应设计好排污指标交易机制，包括分配指标的一级市场和自由交易的二级市场机制，降低交易费用，努力活跃市场。

1.2.3 补助

"谁污染、谁治理"是污染治理费用负担的原则，但在一定条件下，如当企业无力治理污染可能造成更大的经济或社会损失，或企业在满足法规要求后希望进一步治理污染时（"正外部性行为"）由政府给予企业一定的补助是合理的。

对企业治理环境污染、减少排放给予财政补助对污染物排放总量的影响也是不确定的。给予补助降低了企业治污成本，有可能刺激该类企业发展，反而带来更大的排污总量。总量控制下的补助才可能减少污染物排放总量，而且要有适宜的补助水平，补助过低则意义不大，过高则给政府带来沉重的财政负担，因此，要研究适宜的补助水平，并要与企业工艺技术水平结合起来，做到公平和有效率的补助。对补助而言，比起环境监控，补助的申请程序和管理机制更为重要。此外，补助还要着重鼓励对清洁生产的补助，而不是对末端治理设施的补助。以上这些环境经济政策都有可能实现区域主要污染物总量减排，要想使这些环境经济政策对总量控制有作用，减少区域污染物排放总量，首先就要实施区域总量控制，确定总量控制目标，在此框架下选择环境经济政策手段，并精心研究设计政策机制。

2 存在的问题

2.1 排污收费存在的问题

自排污收费制度实施以来，尤其是《排污费征收使用管理条例》颁布之后，我国排污费的征收总额有了明显的提高，而且逐年都在增加。排污收费对总量减排发挥了一定的作用，但也存在着一定的问题，主要体现在以下几方面。

2.1.1 征收标准仍然偏低

尽管近年部分地区如广东等地大幅提高了收费标准，并对燃煤电厂和废水国家重点监控工业企业的主要污染物排放实行了差别收费，实际收费标准距污染物的治理成本有所接近，但为实现总量减排的目的，收费标准应高于治理成本，粗略估计现行收费标准仍有一倍以上的提升空间。

2.1.2 差别排污收费差别不足

以广东省为例，自 2010 年 4 月 1 日起，其调整了二氧化硫和化学需氧量的排污费征收标准，征收标准分别提高一倍，自 2013 年 7 月 1 日起调整氮氧化物和氨氮征收标准。但差别排污收费与总量控制结合还不够紧密，除废水国家重点监控工业企业两种主要污染物（COD 和 NH_3-N）外，其他废水排放一般企业和其他两种大气污染物（SO_2 和氮氧化物）还没有实施与总量控制相结合的排污收费标准，此外，同一种污染物，各行业治理成本相差较大，应制定分行业分排放量及分区域的排污收费标准。

2.1.3 激励性不足

排污收费对所有企业来说仍然都是净支出，不能有效激励企业推动技术创新、减排，因此未来排污收费制度改革的方向之一就是建立收费的激励机制，超浓度标准和超总量标准排放都应征收更高的排污费并接受相应的行政处罚；瑞典的氮氧化物"排污收费-返还"制度可供学习借鉴，构建排污收费与环保绩效挂钩的收费-返还（奖励）方式，以激发企业减排的积极性。

2.2 排污权交易存在的问题

尽管排污权交易在我国发展势头较好，交易品种和范围不断扩大，取得了一些效果，但总的来看，国内的排污权交易仍然处于发展的初级阶段，目前还主要处于建立一级市场阶段，即排污权指标的有偿使用和初始分配阶段，二级市场，即排污权指标的自由交易与流通阶段还处于探索、起步阶段。由于国内的排污权交易从模式上来看还属于总量控制下的项目信用（credit）模式，不同于国外已经成功实践的总量控制下的配额（allowance）模式。项目只有通过实际减排才能获得信用，理论上可以在市场上出售获利，但由于获得经证明可以交易的信用需要大量的时间、技术和管理成本，此外由于企业普遍看涨减排信用，惜售现象严重，造成有价无市现象，排污权交易还很不活跃，交易行为行政主导色彩还比较浓厚，市场交易规则也不完善，短期内还难以发展为我国一项重大的以市场为基础的环境经济政策。

2.3　补助政策存在的问题

目前国内大部分地区已建立环保专项资金，用于环境污染治理、城市环境综合整治、企业清洁生产补助及环境保护能力建设等方面，并对总量减排起到了积极的推动作用。但是直接针对某一区域主要污染物总量减排的专项补助资金还比较少；就现有项目的补助资金情况来看，补助总量普遍较少，难以满足总量减排的资金需求，对一般工业企业的总量减排和结构减排也都缺少资金支持，企业缺乏总量减排的积极性，同时大部分地区缺少对企业和各级政府的奖励（激励）机制；结合部分区域的环保专项资金补助管理办法及奖励办法的实践，普遍缺乏对申请专项资金项目的减排效益进行全面的评估，使补助资金和减排绩效不成比例，严重降低了减排资金的使用效率。

3　区域主要污染物总量减排经济政策体系构建与建议

3.1　区域主要污染物总量减排经济政策体系

3.1.1　政策效应及实施条件分析

表1列出了我国总量控制下主要环境经济政策的政策效应、实施条件及现阶段实施这些环境经济政策的优先级。

表1　总量控制下主要环境经济政策的政策效应及实施条件

	政策效应	实施条件	优先级
财政补助（包括软贷款、贷款贴息）	①降低减排项目成本，有利于启动和完成减排项目，提高项目单位减排积极性 ②易于管理部门操作，减排效果易监测	①财政有资金用于补助； ②对企业足够吸引力的补助资金和适当的补助比例 ③便于监测审计的减排效果（补助效果） ④公平、高效、便利的申请程序 ⑤严格控制新建项目以防止补助范围扩大	1
财政奖励（对企业以奖代补，以奖促治）	①对其余项目单位的示范作用，进一步提高项目单位减排积极性 ②降低减排项目成本 ③易于管理部门操作，减排效果易监测	①财政有资金用于奖励 ②项目单位有充分的启动资金或配套有补助资金计划 ③便于监测审计的减排效果 ④公平、高效、便利的奖励程序 ⑤奖励资金对企业有吸引力 ⑥严格控制新建项目以防止奖励范围扩大	1
财政奖励（对政府）	①提高下级政府加强减排工作积极性 ②易于管理部门操作，减排效果易监测	①财政有资金用于奖励 ②须配合惩罚机制或措施 ③奖励资金对政府有吸引力 ④公平、高效、便利的奖励程序	2

	政策效应	实施条件	优先级
财政补助竞争性分配	①提高减排财政资金使用效率 ②提高减排项目技术水平	①财政补助资金不够充裕 ②法规或行政上减排要求对企业有较大压力 ③对企业有足够吸引力的补助资金 ④公平、高效、便利的竞争性分配程序 ⑤便于监测审计的减排效果	2
财政总量减排债券	①募集社会资金，解决减排项目资金问题 ②需在一定时期（通常是 1～5 年）内还本付息	①法规政策允许发行地方债 ②有政府融资平台且运转良好，有还债能力，满足发债要求 ③经济和投资环境较好，投资风险小	3
财政总量减排基金及信托	①募集社会资金，解决减排项目资金问题 ②利用投资产生收益用于总量减排，壮大原有资金	①法规政策允许发行地方基金和信托 ②政府需投入一定的财政启动资金 ③经济和投资环境较好，投资风险小，社会资金愿意承担风险 ④有可靠的基金和信托管理人	4
差别化排污收费及与绩效奖励结合的排污收费	①提高收费标准提高排污成本，从反面刺激企业减排； ②提高排放绩效有可能获得奖励，从正面刺激企业减排 ③便于其他总量控制经济政策紧密结合 ④有利于企业开展清洁生产和技术改造	①法规政策及上级允许我市调整排污收费标准及使用管理办法 ②经济环境较好，企业能够承受提高收费 ③分行业对排污治理成本进行测算 ④较为完善的排污总量监控系统	3
排污权有偿使用及交易（包括排污权抵押贷款、排污权短期租借等）	①企业需购买所分配的排污指标，有利于从反面刺激企业减排 ②企业可以将减排指标在市场上转售获利，有利于从正面刺激企业减排 ③降低社会平均和总减排成本，提高全社会环境意识 ④有利于企业开展清洁生产和技术改造	①法规政策及上级允许推进其他主要污染物的排污权有偿使用及交易 ②经济环境较好，企业能够承受有偿使用费用及交易费用 ③设计良好的排污权初始分配和交易机制 ④与建设项目环境管理制度、排污许可证制度及限期治理制度整合良好 ⑤较为完善的排污总量监控系统及交易平台	2

3.1.2 实施路线

总体来看，总量减排环境经济政策的实施路线应是财政政策引导，带动市场机制政策发展，最后形成财政政策和市场机制政策并行，以财政政策为保障，以市场机制政策为主体、特色的经济政策体系。

对广州市而言，总量减排环境经济政策的发展目标应是近期（2015 年前，即"十二五"期间）突破总量减排的公共财政（补助和奖励）政策，建立市场机制政策基础，到 2018年左右，建立比较有效的总量减排环境经济政策框架，若干政策形成特色，特别是在市场机制政策方面，中期（到 2020 年，即"十三五"期末），建立比较完善、特色鲜明的总量减排环境经济政策体系。

3.2 相关建议

3.2.1 实施差异化排污收费政策

进一步提高基准收费标准，每污染当量的二氧化硫和氮氧化物建议达到 2 元以上的标准,COD 和氨氮建议达到 3 元以上,建立年度基准收费标准根据物价指数走势的调整制度。实施分区域征收标准,根据环境功能分区实施差别化征收标准,如对总量减排有严格要求的区域可以在基准收费标准上进一步提高收费比例。采取阶梯式征收制度,超出总量指标分配的排放应采用更高的阶梯式惩罚性排污费征收标准,如果实际排放量未超过分配总量指标的,也可以对其进行阶梯式优惠奖励。对总量控制主要行业设立企业排放绩效标准,超过排放绩效的企业,其上交的排污费可以部分返还给企业,超过越大,返还比例越高。积极探索征收其他污染物排污费,如征收工地扬尘、挥发性有机物(VOC)排污费。

3.2.2　积极建立并完善排污权交易制度

建立完善二级市场,完善市场交易规则,逐步放开以政府主导的排污权交易机制,使排污权指标能够真正通过市场机制自有交易与流通,实现排污权交易制度的成功实践的总量控制下的配额模式。积极探索富有地方特色的交易品种,逐步将氮氧化物、氨氮、VOC、重金属等污染物纳入交易范围内。完善排污权交易政策的监督机制,使企业拥有的排污权指标权利得到有效的保障。

3.2.3　建立完善的财政补助及奖励政策

建议区域设立主要污染物总量减排专项资金,主要用于列入区域主要污染物总量控制规划、主要污染物减排效益显著的工程减排项目和结构减排项目。对于工程减排项目,专项资金可用于补助其建设费用和运行费用,也可用于奖励已经竣工投产的减排项目;对于结构减排项目,专项资金主要用于对其的奖励,也可以用于补助其搬迁关闭费用。为提高资金效率,在申请专项资金前应对项目进行评估,使用补助比例与补助金额相结合的方法来确定补助金额,补助比例和补助金额的确定要主要考虑资金减排效益、资金减排效率及资金公平等方面,环境保护部门组织受理减排项目申请及申请评估。

财政奖励可以用于对直接减排有显著效益企业的奖励,包括结构减排(关停并转)、工程减排、管理减排(清洁生产)等方面,根据减排总量或减排绩效进行奖励。也可以用于对组织减排工作有显著效益的地方政府、部门及个人的奖励,对政府部门及公职人员,应以精神奖励为主,物质奖励为辅。

参考文献

[1] 王金南. 新时期下中国环境经济政策的研究和探索. 环境经济政策丛书代总序 2010.7.

[2] OECD Environment Directorate Environment Policy Committee. Economic Instruments for Pollution Control and Natural Resources Management in OECD countries: a Survey. ENV/EPOC/GEEI(98)35/REV1/FINAL 1999.10.

[3] NCEE EPA U.S. The United States Experience with Economic Incentives for Protecting the Environment. EPA-240-R-01-001. 2001.1.

[4] 周锦林,马世斌. 瑞典氮氧化物排污费的"收费返还"制度设计及启示[J]. 价格理论与实践,2010 (9):39-40.

[5] 温源远,程天金. 瑞典氮氧化物减排有何高招? [N]. 中国环境报,2011-11-18(004).

[6] 白雪. 我国排污收费制度的完善研究[D]. 西安:西安建筑科技大学,2011.

排污权交易制度与总量预算管理制度融合浅析

Analysis for the parallel of emission trading system and total budget management system

于鲁冀[1,2]　青彩华[2]　章　显[2]　王燕鹏[2]

（1. 郑州大学水利与环境学院，郑州　450002;

2. 郑州大学环境政策规划评价研究中心，郑州　450002）

[摘　要]　通过分析排污权交易制度和总量预算管理制度的基本概念和运作流程,梳理两种制度的关联性。对两种制度并行进行正向作用分析，阐述两种制度并行的可能性，在此基础上对两种制度并行进行逆向作用分析，梳理两种制度并行可能存在的冲突点。以放大两种制度的正向作用，尽可能规避两种制度逆向作用为主要原则，提出两种制度并行深度设计的建议，以期通过两种制度的深度设计研究，使两种制度发挥最大的合力效应。

[关键词]　排污权交易　总量预算管理　制度并行

Abstract　By analyzing the emissions trading system and the total amount of the budget management system of the basic concepts and operational processes，combing the relevance of the two systems. The positive effects analysis for two systems in parallel，describes the possibility of the two systems in parallel，the reverse effect analysis on the two systems in parallel，combing two systems point of conflict that may exist in parallel. To amplify the positive role of the two systems，the two systems to avoid possible adverse effects of the main principles，propose two systems in parallel depth design recommendations，through the depth of the design studies of two systems，so that the two systems to maximize the synergies.

Keywords　emission trading system，total budget management system，parallel systems

前言

现行的环境管理手段主要有行政手段、经济手段两种方式，排污权交易制度[1]作为我国现阶段环境保护经济手段的一种主要制度，是指在满足环境要求的条件下，建立合法的污染物排放权利，并允许这种权利像商品一样被买入和卖出，以此来控制污染物排放总量，实现环境容量的优化配置，在我国有近20年的实践。河南省于2011年率先提出总量预算

作者简介：于鲁冀，男，郑州大学水利与环境学院教授，主要从事环境经济政策、水污染控制理论与技术、环境规划与评价、清洁生产理论与技术研究。

管理制度，并已开展了试点工作，总量预算管理[2]制度作为一种行政控制手段，是通过对主要污染物的排放构成进行分析，科学合理预测出主要污染物排放量，并对其进行可供经济发展的总量指标的测算及分配，同时开展对预算指标的监督管理。

排污权交易和总量预算管理制度均是实现污染物总量控制的手段，两者无论从制度设计到监督管理，均存在很强的相关性。一方面，环境总量预算管理体系作为一种创新性环境政策，急需与其相关政策的拓展与开发。另一方面，面对排污权交易试点工作中存在的指标获取不易、交易推行没有预期效果等问题，亟待与总量预算管理体系挂钩，深化其制度设计，增强其可操作性[3]。基于此，本文将对排污权交易制度与总量预算管理制度并行的可行性进行分析。

1 两种制度基本概念梳理

1.1 排污权交易制度

1.1.1 排污权基本理论分析

排污权交易制度从科斯定理发展而来，是"科斯手段"在实际中的运用。通过对环境资源的产权进行明确界定，鼓励排放权进行市场交易，这样就能促成环境外部成本在企业生产和排污行为过程中的内部化。排污权交易制度是一种环境保护经济手段，企业在利益机制驱动下减少污染物的排放，达到清洁生产，随之产生的多余排污指标就可以进入排污权市场去交易，而对排放权需求量较大的生产者则需要到排污权市场购买其所需的排污权[4]。这种制度安排可以提高企业治污的积极性，使污染物总量控制目标得到实现，是总量控制的一种经济手段。通过对排污权交易制度的分析，可知排污权交易制度是总量控制的一种经济手段，其对总量控制的作用主要表现在费用有效性、引导总量指标有序流动、促进政府监督管理、促进产业调整等四个方面[5]。

1.1.2 排污权交易制度流程分析

排污权交易制度运作流程大体是：① 要根据所控制的区域实际环境承载能力情况测算出该区域内可以允许的污染物总量，并在该污染物总量的数值以下严格规定总量控制排放上限。② 根据总量控制的数额和排污者的实际分布情况，采取合理的方式（无偿分配或者有偿购买）对排污许可证进行配置，这是对排污许可证进行初次分配的过程，即排污权交易的一级市场。③ 当有些企业富余排污指标，或者建设项目需要购买排污权时，排污权便进入了市场分配中即二级市场；在排污权交易的整个阶段，对排污权交易市场进行监管是必不可少的，政府必须保证交易平台的安全性，要对获得排污权和参与交易的单位进行登记，并对其排污权的使用情况进行全程监管。排污权交易的关键环节主要是：排污总量核定、排污权初始分配、排污权交易、监督管理。

1.2 总量预算管理制度

1.2.1 总量预算基本理论分析

总量预算管理制度是借鉴财政部门的预算管理概念，建立起的污染减排增减量的收支平衡体系，按照增减两条线对污染减排予以量化管理的行为，以满足经济社会与环境协调发展的需求。总量指标预算主张平衡新增量和减排量，以便更好地实现污染物排放总量控制目标，是一种行政控制手段。通过对总量预算管理制度的分析，可以明确总量预算管理制度是总量控制的一种行政控制手段。其主要通过促进污染减排、合理配置环境资源、促进经济结构调整 3 个方面对总量控制进行作用。

1.2.2 总量预算制度流程分析

通过分析《河南省主要污染物排放总量预算管理办法（试行）》（豫环文[2012]42 号）的相关内容，总量预算管理制度运作流程大体是：① 根据《国家"十二五"主要污染物总量控制规划编制技术指南》预测主要污染物排放量，结合减排任务和总量控制目标，确定主要污染物排放总量预算指标（排放量、总减排量、预支增量）；② 将主要污染物控制排放量和总减排量每年分解到各级政府、有关部门和重点排污企业，只有完成上年度主要污染物控制排放量和总减排量任务的可获得当年主要污染物排放预支增量；③ 省、市、县根据主要污染物预算核定建设项目的主要污染物排放量，批复环境影响评价文件；政府环境主管部门在总量预算运作过程中全程严格开展预支增量管理稽查。总量预算管理的主要环节包括：总量指标预算、预算指标分配、预算指标核查、监督管理。

2 两种制度关联性分析

2.1 关联性分析

在对排污权交易制度及总量预算管理制度运作流程进行分析的基础上，理出排污权交易制度与总量预算管理制度的关系，如图 1 所示。

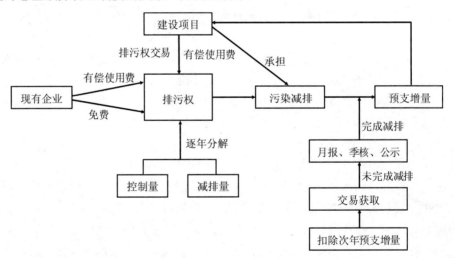

图 1 总量预算管理与排污权交易关联图

根据图 1，现有企业在上一年完成区域总量控制量和减排任务的基础上，通过环境保护部门的核定，才能获得下一年的预支增量；未完成减排任务的地区可通过排污权交易获取排污指标；建设项目可通过排污权交易的方式从老企业购得排污权指标。通过行政手段和经济手段来调节排污指标分配，控制区域污染物总量排放，使其满足区域污染减排的需要。由此可以分析得知，排污权交易与总量预算管理制度在分配和预支增量部分存在较强的关联性。

（1）总量预算分配与排污分配的关系梳理。总量预算指标主要包括控制排放量、总减排量和预支增量。对于总量预算指标的分配主要是把总量预算指标根据区域环境质量和污染减排完成情况，逐年分配到各区域。控制排放量是一定时期内最大允许的主要污染物排放总量,是区域可排放污染物的最大限度,同时也是区域污染物排放的目标控制总量。排污权交易作为总量控制的一种经济手段,是在总量控制的前提下开展的,总量控制排放量作为区域排污总量的上限,直接约束区域排污权排污指标初始分配的量值。

(2)预支增量与排污权交易的关系梳理。主要污染物总量预算中的预支增量是一定时期内为满足经济社会发展需要允许增加的主要污染物排放量。在当前排污指标获取不易的现实下,预支增量的排污指标为排污权交易排污指标的获取提供了可能,但预支增量是对满足经济社会发展需要允许增加的主要污染物排放量,其包括工业新增量和生活新增量,是必须要削减掉的污染物新增量,根据《河南省主要污染物排放总量预算管理办法(试行)》(豫环文[2012]42 号)规定,在确保环境质量的前提下,部分预支增量可以开展排污权交易,但如何运用预支增量促进排污权交易开展仍是急需解决的技术难题。

(3)排放量核定与预算指标核查的关系梳理。排污权总量核定工作是开展排污权有偿使用与交易工作的前提,贯穿于整个排污权交易工作中,通过对污染源污染物排放量的核定,摸清区域污染物排放现状,使排污权初始分配结果贴合区域现状,更易推行;在实施排污许可的过程中,需要及时核查污染源排污量,控制企业排污,这与主要污染物总量预算中的预算指标核查是相互促进的,两种体系中的核查,均是对污染源进行的排放量监管。

2.2 正向作用分析

根据以上对排污权交易制度与总量预算管理制度的关联性分析,两种制度对于污染物排放指标的分配和监管对污染物总量控制均有协同的正向促进作用,具体表现在:

(1)共同促进区域污染物总量控制。总量预算管理制度通过量化总量控制目标,测算增量指标,从而有效控制一定时期内污染物排放总量。通过开展基于预支增量的排污权交易,使排污指标在建设项目中向污染减排少、污染治理效果更好的企业流动,合理控制污染物新增量,提高治污效果,使区域以最少的成本实现总量控制的目标,保障减排目标的实现,推动区域污染物总量控制。

(2)缓解排污指标获取困难的现状。由于河南省大部分地区水体主要污染物超载环境容量严重的现状,导致区域建设项目获取排污指标困难。而总量预算体系对区域污染物新增量科学合理的测算后,将各区域的预支增量,即是区域一定时期内社会经济发展所必需的污染物新增量分配给各区域。把预支增量作为建设项目排污指标获取的重要途径,有效缓解了现有排污指标获取困难的现状。

(3)缓解经济发展受制于环境资源的矛盾。随着社会经济的快速发展,同时环境资源作为一种有限的稀缺性资源,我省社会经济发展受制于环境资源的矛盾越来越突出。总量预算管理体系创新性的测算出未来社会经济发展所产生的污染物新增量,并把部分预支增量拿来作为排污指标获取来源,有效地促进了排污指标由排污强度小的企业向排污强度大的企业流动,兼顾区域环境资源现状,保障区域经济发展,所以基于预支增量的排污权交易是缓解社会经济发展受制于环境资源矛盾的有效手段。

2.3 逆向作用分析

总量预算管理体系与排污权交易制度在主要运作环节虽然可以协同正向促进,但是在实际的应用中也会存在以下几方面的问题。

(1)预支增量来源问题。《河南省主要污染物排放总量预算管理办法(试行)》(豫环文[2012]42 号)规定,区域完成上年度主要污染物控制排放量和总减排量任务后,方可获得当年主要污染物排放预支增量。预支增量理论上由环境行政主管部门统一管理，实行收支两条线管理，但在实际的管理工作中，企业通过完成污染减排任务所获取的预支增量，很可能不愿拿来统一支配，这就会造成现有预支增量无法统一支配的问题。

（2）可交易的排污指标量有待量化。现行排污权交易制度中，排污指标的来源主要由现有排污企业通过污染治理、结构调整、加强管理所超额减排的富余排污权指标。但在实际应用中，随着污染减排压力的增大，较少有企业能够超额完成污染减排任务，所以通过减排获得排污指标量非常少。总量预算管理制度有效缓解了排污指标获取困难的现状，其所科学测算的预支增量，是未来经济发展所必需的污染物新增量，是可以作为排污权交易指标来源的量。预支增量和排污企业超额减排量是排污权交易的排污指标的主要来源，但可供开展交易的排污指标量有待量化。

（3）污染减排任务分配问题。区域完成上一年度的污染减排任务量，才可获得当年的预支增量指标，而此部分预支增量指标可供建设单位申购作为排污指标。而预支增量是未来社会经济发展所必需的新增量，是在当年经济发展过程中所要消化减排掉的新增量，基于此，已使用的预支增量部分的减排任务到底由谁来完成，成了排污权交易与总量预算管理制度顺利并行的一项重要问题。

3　小结

总量预算管理制度和排污权交易制度均是总量控制的手段，虽然存在很强的内在联系性，但两者作用方式和方法不尽相同，同时总量预算管理制度是一项新的管理手段，与排污权交易制度在预支增量指标来源、可供交易的排污指标量确定和污染减排任务分担等方面存在着一定的逆向作用。为促进排污权交易的顺利开展，实现两种制度的合力并行，本研究对于规避两种制度逆向作用提出以下建议：

（1）开展预支增量指标收支管理研究。针对预支增量无法统一支配问题，建议通过分析相关的环境行政管理政策，以经济促进、政策设计等手段，促进企业所拥有的预支增量指标积极流动，保障预支增量的来源。

（2）开展可供交易的排污指标量研究。通过对排污指标来源的理论分析，量化排污指标的数量，同时结合区域的污染减排压力和潜力，明确各区域预支增量中有多少量可以用作排污指标来源，以期促进预支增量指标良性循环。

（3）开展预支增量减排分担研究。针对污染减排任务分担的问题，建议通过预支增量指标替代的方式，明确污染减排任务的主体，深化预支增量管理的相关内容。

参考文献

[1]　吴亚琼. 总量控制下排污权交易制度若干机制研究[D]. 武汉：华中科技大学，2004.

[2]　章显，于鲁冀，梁亦欣，等. 基于可持续发展的主要污染物总量指标预算管理体系初探[J]. 生态经济，2012（5）：32-38.

[3]　叶维丽，吴悦颖. "十二五"污染物总量控制下的排污权交易[J]. 环境经济，2012（8）：36-38.

[4]　严刚，王金南. 中国的排污交易实践与案例[M]. 北京：中国环境科学出版社，2011.

[5]　李阳. 排污权交易制度与排污收费支付互动协调机制研究[D]. 杭州：浙江农林大学，2012.

矿产资源开发的负外部性问题分析及策略研究
——以阜新煤矿为例

Research on Negative Externalities and Strategy of the Mineral Resources Development
—Illustrated by the case study of Fuxin coal mine

于成学[1,2] 高 艳[1]

（1. 大连民族学院，大连 116600;

2. 大连理工大学，管理科学与工程博士后流动站，大连 116024）

[摘 要] 矿产资源作为我国经济社会发展的支柱产业。资源地在享受矿产资源开发带来的经济收益等正外部性的同时，也承担了环境污染与生态破坏等负外部性成本。本文以阜新煤矿为例，辨识其矿产资源开发过程中的负外部性问题。依据经典经济学理论、产权制度理念对负外部性问题的纠正策略进行了理论分析，提出了政府的行政、法律等措施是纠正矿产资源产业的负外部性问题的主要手段；排污权的界定及规范能够有效拉动生态环境治理的积极性，并为当地居民维护生态环境权利提供了保障。研究进一步针对阜新煤矿资源开发中的负外部性问题提出了相关的策略建议。

[关键词] 矿产资源开发 负外部性问题 治理措施

Abstract The mineral resources industry is a pillar industry of China's economic and social development. Resources have got the economic benefits of mineral resource development and other positive externalities but also bear costs of negative externalities, such as environmental pollution and ecological damage. Based on study of Fuxin coal mine, the paper analyzes the types of negative externalities problem during the development of its mineral resources. According to classic economic theory, philosophy of property right system of correction policy analysis, it presents the Government's administrative, legal and other measures to correct the negative externalities is the main means of correction policy; The define and specification of emission rights can effectively boost the enthusiasm of eco-environment management, and provided a guarantee for the ecological environment preservation rights of local residents. Further, the paper proposes the relevant countermeasures for the negative externality problems in resource development in Fuxin coal mine.

基金项目：国家自然科学基金面上项目（71373035）；辽宁省社会科学规划基金项目（L12BJY016）。

作者简介：于成学，男，管理学博士，大连民族学院副教授；主要从事生态补偿机制研究、生态安全评价研究、生态产业链耦合机制研究。

Keywords mineral resources development，negative externalities，countermeasures

前言

外部性是一个经济学概念，由马歇尔和庇古在 20 世纪初提出："某种外部性是指在两个当事人缺乏任何相关的经济贸易的情况下，由一个当事人向另一个当事人所提供的物品束。"根据作用效果，外部性作用可以分为正外部性作用、负外部性作用[1]。正外部性作用是指一些人的生产或消费使另一些人受益而又无法向后者收费的现象；负外部性作用是指一些人的生产或消费使另一些人受损而前者无法补偿后者的现象。矿产资源是国家经济发展的重要基石，作为 95%的一次能源、80%的工业用原料的主要来源[2]。矿产资源具有准公共物品属性，在开发利用中具有较强的外部性。其正外部作用主要体现在矿产资源开发的过程中，提升当地的基础设施建设，增加当地居民的就业机会。负外向作用主要集中在矿产资源开发对生态环境、自然资源带来的冲击、压力。资源地在享受矿产资源开发带来的经济收益等正外部性的同时，也承担了环境污染与生态破坏等负外部性成本。由于我国目前在矿源甄选、资源开发、矿山环境治理与修复方面的技术投入及技术水平相对较低，矿产资源开发带来了严重的环境污染、生态破坏，其负外部性问题呈现出显著的影响作用。据统计，每年矿山生产排放的废水占全国工业废水总量的 10%，采选煤、铁和有色金属所排放的固体废料每年在 8 亿 t 左右，占工业固体废弃物总量的 85%，每年矿业废气排放量达 3 863 亿 m³，采矿破坏土地面积累计已达 586 万 hm²，破坏耕地约 157 万 hm²，且仍以每年 4 万 hm² 的速度递增[3]。

阜新煤矿开发始于 1897 年，是我国重要的产煤基地。在 2003 年全国煤炭工业 100 强企业排序中，阜新矿务局位列 30 位。该煤矿开采史已有 100 多年，至今已累计产煤 5.4 亿 t，创造工业总产值 304.3 余亿元，上缴税费 2 余亿元，为国家建设做出了重大贡献，为辽宁省经济社会发展提供了基础支撑。然而，该煤矿受到资金投入有限，开发技术陈旧，规模效应不足的限制，对矿区生态环境带来了显著的负外部性问题，危害了矿业城市的可持续发展。本文以阜新煤矿为研究对象，辨识煤矿资源开发过程中多样化的负外部性的问题；通过经济理论对纠正负外部性问题进行分析，并提出相应的策略建议。

1 矿产资源开发中负外部性问题的表现

矿产资源开发以后，矿区与外界形成了紧密的物质流、能源流、信息流及劳动力流动，带来了原始的农业生态经济系统的结构转变。采矿、选矿及冶炼等矿业活动过程中不同阶段、不同开采方式会对自然生态环境产生破坏、冲击，形成了多样化的生态环境问题。辽宁阜新煤矿具有煤田数量多、分布广、矿井不集中、煤层开采深度差别较大、矿井地质构造复杂、断层多等特点，加大了矿区生态保护及环境治理的难度。该矿产资源开发带来的负外部性问题主要表现为以下几点：

1.1 煤炭开采引起地裂、塌陷等地质灾害问题

采矿场特别是露天采矿场大量占用及破坏土地资源。大部分露天矿目前均采用外排土场方式开采。露天开采外排土压占的土地约是挖掘土地量的平均两倍左右。露天矿坑及堆土场，侵占了大片的山村和农田，其绝大部分都对土地资源、地貌景观和植被造成了严重

的破坏。地表植被被剥离物压占和破坏，原来土壤的有机连续性遭到破坏。以阜新煤矿为例，该矿区共形成 20 个相对独立的地表沉陷盆地，13 个沉陷区，总采空面积 73 169 km²，总沉陷面积 101 138 km²。其中严重沉陷面积 20 km²。井工采沉陷盆地面积 81 146 km²。露天矿采矿的影响面积 9.15 km²。20 世纪 50 年代前采煤沉陷面积 10 177 km²，最大下沉值 19 109 m，最大开裂宽度 4 177 m[4]。大面积采煤塌陷地的形成，占用和毁坏了大量土地资源，且所形成的塌陷地高低不平，周围更是枯草丛生，废物堆积如山，这严重破坏了矿区生态景观，污染了矿区生态环境。同时，原居住在塌陷区周围的居民的住宅普遍出现了墙体开裂、门窗变形、地面裂缝、墙体倾斜等险情要被迫搬迁，引发一系列的社会问题。

1.2　煤矸山堆放带来的土地资源浪费及环境污染

煤矸石是煤矿生产过程中产生的废渣，包括岩石巷道掘进时产生的掘进矸石，采煤过程中从顶板、底板和夹在煤层中的岩石夹层里采出来的矸石，以及洗煤厂生产过程中排出的洗矸石。20 世纪 50 年代以来，由于采掘机械化的发展和煤层开采条件的逐渐恶化，煤矿排出的矸石大量增加。煤矸石的堆积不但占用大量土地，而且煤矸石中所含的硫化物散发后会污染大气和水源，造成严重的后果。我国煤炭系统多年来积存下来的煤矸石达 10 亿 t 以上，现在每年还要排放出近 1 亿 t，其中洗矸 1 500 多万 t。据调查，阜新矿区内新邱、海洲、东梁、艾友、清河门等都有矸石的堆放，占地总面积约 40 km²，总堆积量约 13 亿 m³。其中，海州露天煤矿作为阜新矿区的最大露天煤矿，累计生产煤炭 2.44 亿 t。2005 年 7 月，该矿因煤炭资源的枯竭闭坑破产然而，遗留下矿长 4 km，矿宽 3 km，深达 300 多 m 的巨坑，并堆积了大量的煤矸石，堆积量达 9 234 万 t，形成了 13 km² 的矸石山，占地面积 1.95 万亩[5]。阜新煤矿的矸石的堆放侵占大块的耕地，破坏植被，造成土地资源的浪费，而且矸石山长期接受大气降水，形成的淋滤液带有各种有害元素渗入地下含水层，造成地下水污染，各种卫生指标严重超限，对人体造成危害。

1.3　河水、地下水污染严重

矿山开采造成水资源污染包括地表水污染和地下水污染。随着矿山的开发，矿区排放大量的废水，主要来自矿山生产建设中的矿坑排水、洗矿过程中加入药剂而形成的尾矿水、排矿堆、尾矿及矸石堆受雨水作用而溶解矿物中可溶成分的废水、矿区其他工业生产及生活废水等。这些受污染的废水，不仅排放量大，持续性强，而且含有大量的重金属离子、酸、碱、固体悬浮物甚至放射性物质等。排放后又直接或间接地污染矿区附近的地表水、地下水和周围农田、土地。这些水污染破坏了地下水循环，影响了周边城市和农业用水，加剧了水资源的矛盾。阜新矿区内受矸石山淋滤液污染的主要河流有北沙河、长营子河、细河、转角庙河、五道桥河、伊玛图河、清河、汤头河等，还有部分民井、鱼塘及水库，有害物质通过地表渗入地下。使地下水遭受严重污染，距矸石山越近，水位越高，污染程度越严重，民井、鱼塘均有异味，居民对此反映强烈。近年来通过对部分观测点地下水样的各项化学指标检测得知：总硬度 1 016.8 mg/L（超标 2.26 倍）；矿化度 1 831.25 mg/L（超标 1.83 倍）；硝酸盐 320.00 mg/L（超标 16 倍）；亚硝酸盐 1.6 m（超标 80 倍）；硫酸根 410 mg/L（超标 1.64 倍）；氯离子 378.86 mg/L（超标 1.5 倍）[6]。

2 负外部性问题的理论分析

2.1 从经典经济学的上纠正负外部性

早在 1910 年，马歇尔提出了采用经济手段控制并缓解负外部性问题的设想。庇古进一步发展、丰富了负外部性经济问题的经济学纠正方法，提出了"税收—津贴"法。其核心思想为将负外部性问题内部化，通过制度安排经济主体经济活动所产生的社会收益或社会成本，转为私人收益或私人成本，是技术上的外部性转为金钱上的外部性，在某种程度上强制实现原来并不存在的货币转让[7]。这样的经济学纠正方法被称为"庇古税"或者"修正性税"。庇古税的外部经济学为目前经济学家所倡导的"污染者付费原则"奠定了理论基础。然而，由于矿产资源产业大多处于边远地区，其负外部性问题较难为社会群体所察觉。且政府需要界定"污染者付费"的标准，并对其污染物排放量实施监督。因而，在纠正矿产资源的负外部性问题上，"污染者付费原则"的实施成本过大。斯蒂格勒提出了"污染者付费"不适用的情况下，政府主要依赖于行政措施、法律措施对负外部性问题进行控制、约束[8]。近年来，我国政府采取以行政措施为主、经济手段为辅的方式，对矿产资源的负外部性问题进行整治、调控。

2.2 从产业制度上纠正负外部性问题

矿产资源产业不依赖政府干预，通过产权明晰化，依靠产业内利益相关者进行协商，来解决负外部性问题。科斯提出的第二定理中对"庇古税"进行了补充及发展，指出：政府采取行政措施、经济措施也是存在成本的。且在某些领域，相关监管成本非常高。政府管制未必会带来比由市场和企业更好地解决问题的结果[9]。因此，如果产权明晰，交易费用为零，市场机制、产业利益相关者的自愿协商能够找到解决负外部性问题的最好方法，从而达到资源配置的帕累托最优状态。在此制度下，治理污染、环境保护从政府的强制行为转变为矿产企业自主的市场行为。矿产资源产业成为排污、治污的行为主体，获得了污染物排放、生态保护措施进行自主的配置及交易的权益，并有了参与节能减排及排污权交易的巨大积极性。同时，矿区的居民能够对矿产资源开发利用中所涉及的生态环境权利（如生存权、清洁空气权、安全权等）与企业进行博弈，换取满足自身需求的补偿。

3 针对负外部性问题的策略

针对我国矿产资源开发的负外部性问题，本文从 3 个方面提出具体的策略。

3.1 严格矿产资源产业的环境监管

我国市场经济体系不完善，尚未能形成有效的排污权、环境治理保护等资源的交易市场。因此，政府的行政手段就成为纠正矿产资源产业的外部性问题的主要手段。为了实现矿产资源开发与环境保护协调发展，提高矿产资源开发利用率，避免和减少矿区环境破坏和污染，政府应建立严格的矿产资源开发环境监督管理制度，制定环境标准，组织环境监测，评价环境状况，现场检查监督，并引导矿产企业清洁生产，减少矿山废弃物的排放量，鼓励矿山探索"三废"综合利用，落实相关责任，实现矿产资源开发与生态环境保护的良性循环。2012 年，辽宁省针对阜新煤矿的地质灾害问题展开了综合治理，项目总投资 1 亿元，治理工程包括废弃矿井治理、地面塌陷治理及地裂缝治理、矸石山（堆）治理、建筑遗迹治理、道路及桥梁工程、河道治理，土地破坏恢复和生态修复等。经过一年的治理，工程累计清运煤矸石堆 284 座，填埋废弃矿井 70 座，治理塌陷坑 53 座，植树近 3 万棵，并设立监测点 36 个；治理区面积 40.97 km²，累计恢复耕地 102.67 hm²，恢复林地 11.47 hm²，取得了良好的社会效益、经济效益和环境效益[10]。

3.2 完善矿产资源产业的排污权获取及交易机制

政府根据当地矿产资源产业的状况，制订了具体的环境标准，确立了污染物排放标准及准许排放量，并发放相关的污染许可证，明确规定了矿产资源产业准许释放的污染物数量。政府逐年提升环境标准，减少排污许可证的数量，促使矿资源产业强化环保措施，降低污染物排放，从而实现整个矿产资源产业的可持续发展。矿产资源产业通过有偿获取了一定的排污权限，确保产业的正常存续及发展。且产业内排污权可以从环境治理能力优秀的企业转移到治理能力不足的企业，既能够保障了产业的发展，有能够保证环境成本均得到有效的补偿，维持了区域内环境污染总量。随着中国愈加严峻的资源、环境压力，基于市场规律的环境管理手段的运用在政府环境保护管理中越来越受到青睐，排污权获取及交易成为政府及学者们的研究重点。然而，大部分地方虽然都推出了排污权管理办法，但缺乏法律效力约束，政策执行的阻力较大，也容易引发排污企业的抵触心理。从国家层面来说，目前排污权的地位也较为尴尬，尚未获得国家的政策指导及法律保障，没有形成省级以上的流域性交易平台。因此，各地政府大多采取了收取环境治理保证金、环境污染处罚金的方式，确保矿产资源产业能够采取相应的环境措施及污染物处理措施。以阜新煤矿为例：2013 年，辽宁省政府针对阜新煤矿综合性的环境监管治理规划，对仍处于生产状态的矿山企业收缴一定数额的环境恢复保证金，以保障矿山地质环境有效治理，并对未履行环境治理规划、未缴纳保证金的矿山予以暂停采矿权、停业整顿的严厉惩处[11]。

3.3 赋予当地居民的环境共有权

针对矿产资源产业的外部性问题方面，环境共有产权是一个相对公平的产权配置方式，即通过法律、行政等措施维护矿区居民的相应的环境产权，使居民免受烟尘、噪声及有害污染物侵扰，维护当地居民享受健康、清洁、安全的生活环境，并保障居民能够获取损害赔偿的权利。同时，环境共有权利将当地居民对生态环境的获益权利、监管权力提升到与政府、企业同样的高度，有效调动当地居民监管、治理环境的积极性，显著降低政府的监管成本；并增加了企业的环境成本，促使企业降低环境污染、资源浪费的行为。当前我国对居民环境共有权的界定、赔偿等方面的探索刚刚起步，建立了土地占用补偿、矿难补偿等方面的规章制度。但针对于环境污染、生态破坏方面的环境共有权的界定及补偿制度较为匮乏。

4 结论

本文从负外部性原理的视角出发，以辽宁省阜新煤矿为实证研究对象，辨析出矿产资源开发过程中呈现出多样化的负外部性问题。依据庇古、斯蒂格勒提出的经典经济学理论，进一步指出针对于我国经济社会发展状况，政府的行政、法律等措施仍是纠正矿产资源产业的负外部性问题的主要手段；根据科斯提出的产权交易的定理，排污权的界定及规范能够有效拉动生态环境治理的积极性，并为当地居民维护生态环境权利提供了保障。同时，在上述纠正负外部性问题理论分析的基础上，本文针对阜新煤矿开发过程中的负外部性问题提出了相应的策略。

参考文献

[1] Alfred Marshell. Economics principle [M]. Beijing：The Commercial Press，1964.

[2] 唐韩英，刘程，刘栩. 我国矿业循环经济的现状与发展[J]. 矿业安全与环保，2009，36（zl）：183-187.

[3] 刘俊杰，于濂洪. 阜新矿区矿井水量动态影响因素与补给机理[J]. 辽宁工程技术大学学报，2009（1）：13-16.

[4] 邹徐文，裴亮. 阜新矿区采煤塌陷地规划整理原则及设计方案[J]. 矿山测量，2005（4）：54-56.

[5] 徐友宁，徐冬寅，张江华，等. 矿产资源开发中矿山地质环境问题响应差异性研究——以陕西潼关、大柳塔及辽宁阜新矿区为例[J]. 地球科学与环境学报，2011（1）：89-94，100.

[6] 庄晶，张志杰，孙凤杰. 阜新市八座水库营养状态的模糊综合评价[J]. 辽宁城乡环境科技，2004（6）：48-50.

[7] 孙鳌. 外部性的类型、庇古解、科斯解和非内部化[J]. 华东经济管理，2006（9）：154-158.

[8] 尹德洪. 科斯定理发展的理论述评[J]. 制度经济学研究，2007（1）：134-158.

[9] 赵锦辉. 庇古税：理论与应用[J]. 湖南科技学院学报，2008（10）：111-112，126.

[10] 陈建平，王志宏，郑景华. 阜新矿区煤矸石对环境污染及其防治[J]. 露天采矿技术，2006（3）：38-40.

[11] 张宝岐. 阜新水土流失治理现状与对策[J]. 现代农业科技，2007（10）：197-198.

企业异质性视角下环境污染责任保险投保意愿分析

Research on the Willingness to Insure PLI in Firm's Heterogeneity Perspective.

谢慧明 李中海 沈满洪

（浙江理工大学经济管理学院、生态文明研究中心，杭州 310018）

[摘 要] 环境污染责任保险是一项重要的环境经济手段。"自下而上"和"自上而下"的环责险制度试点过程表明从供给侧和需求侧共同提升投保意愿有助于推动环责险市场建设。研究表明，环境污染责任保险投保意愿在供给侧表现为区域、行业和政策条件的附加性；环境污染责任保险投保意愿在需求侧表现为保险费率的企业和地区差异；环境污染责任保险投保意愿取决于环境风险、防范意识和环境知识水平，且三大异质性与投保意愿均呈正向关系。因此，在制度深化的过程中应注意甄别企业的异质性，即把握企业环境风险程度、提高企业环境风险防范意识、加大环境污染责任保险的宣传和推广力度。

[关键词] 异质性 环境污染责任保险 投保意愿

Abstract Pollution liability insurance（PLI）is one of the important economic methods to deal with the environmental issues. Based on the pilot experiences of both the "bottom-to-up" and "up-to-bottom" institutional innovation of PLI，it is shown that it's a better way to do the research on the willingness to insure（WTI）from the combined angel of supply and demand. The results are：regional，industrial and political conditions could be expressed as the supply side of WTI；the difference of insurance fee between regions and among firms is the core concern of the demand side of WTI；environmental risks，preservations and knowledge are the three main heterogeneities positively determining the WTI. As a result，in the deep-in process of PLI，more attentions need be paid to firm's heterogeneity，which is to master the extent of environmental risks，to improve the understanding of environmental preservations and to make it much more popular for the pollutants.

Keywords heterogeneity，pollution liability insurance，willingness to insure

环境污染责任保险是环境保护、污染治理和节能减排的一项重要市场手段，能在节约成本的基础上实现环境风险的规避并提高社会效率（Ulardic，2007；Kunreuther et al.，2008）[1，2]。国外的经验表明环境污染责任保险的迅速发展能够增强企业应对风险的能力

作者简介：谢慧明，男，博士，研究方向为环境经济、生态经济。

（Hannah，2000）[3]。我国环境污染责任保险研究始于 20 世纪中后期，90 年代初期开始一些城市陆续推出了环境污染责任保险产品，如大连、沈阳、长春等地（张瑞刚、许谨良，2011）[4]。

随着我国环境污染责任保险试点的进一步深化，多个城市开展了独具特色的环境污染责任保险试点。武汉市于 2008 年 9 月安排 200 万元资金作为政府引导资金，为购买环境污染责任保险的企业按保费的 50%进行补贴，该市尝试通过政府补贴方式来推进环境污染责任保险制度；江苏省率先通过共保方式强制推行环境污染责任保险，实施过程中由人保、平安、太平洋和永安 4 家保险公司组成共保体承保 2008—2009 年度江苏省船舶污染责任保险；长沙市于 2009 年 8 月发布了《环境风险企业管理若干规定》，要求高风险企业必须购买保险，必须定期编制环境风险报告，该试点强调通过风险评估方式来强制推行环境污染责任保险（陈美桂，2010）[5]；大连市提出了构建基于第三方服务体系建设的环境污染责任保险制度（张瑜、徐向峰、毕芳芳，2010）[6]。从各地市试点来看，它们都在探索自适的环境污染责任保险的推进方式与模式，包括基于风险评估方式的强制环境污染责任保险模式、基于共同保险方式的强制环境污染责任保险模式、基于政府补贴方式的自愿环境污染责任保险模式和基于第三方服务体系建设方式的环境污染责任保险模式（谢慧明、沈满洪，2013）[7]。

在各地市"自下而上"推进环境污染责任保险制度的过程中，国家层面上也不断地推出相关措施以匹配各地区的相关试点。2007 年 12 月 4 日，环境保护部与保监会联合发布了《关于环境污染责任保险工作的指导意见》。2008 年 11 月 10 日环境保护部与保监会召开了全国环境污染责任保险试点工作会议，并启动江苏、湖北、湖南、河南、重庆、沈阳、深圳、宁波、苏州等省市的全面试点工作。2013 年 2 月 21 日，环境保护部与中国保监会联合印发了《关于开展环境污染强制责任保险试点工作的指导意见》，指导各地在涉重金属企业和石油化工等高环境风险行业推进环境污染强制责任保险试点，明确了环境污染强制责任保险的试点企业范围。

"自下而上"的地市试点和"自上而下"的政策尝试表明，环境污染责任保险试点的重点开始由环境污染责任保险的供给侧逐步转向环境污染责任保险的需求侧，它是指从试点初期关注"政府提供怎么样的环境污染责任保险"转变为后期关注"企业需求怎么样的环境污染责任保险"。这一转变体现了环境污染责任保险从强制投保模式向自愿投保模式转变，也表明我国环境保护和污染治理领域市场化治理水平在不断地提升。一方面，环境污染责任保险的投保意愿需求侧的分析包括风险意识不高（谢朝德，2011）[8]；保险费率偏高又会导致企业成本偏重等（周纪昌，2007；王颖，2009）[9-10]。另一方面，环境污染责任保险投保意愿不强也有供给方的因素，如缺乏相应的责任认定机制和赔偿标准以及政府的政策支持不够（王颖等，2008）等[11]。总之，此类研究一般均从概念、机制、模式等层面上对环境污染责任保险的投保意愿进行理论分析，缺乏从案例分析层面对环境污染责任保险的投保意愿进行"从特殊到一般"的归纳演绎；同时，此类研究往往局限于从区域宏观层面对环境污染责任保险的特征进行研究，甚少从微观企业层面对环境污染责任保险的投保意愿进行微观计量分析。

因此，本文的框架安排如下：第一部分是理论探讨与命题提出，即基于试点案例的研究以明确环境污染责任保险投保意愿在供给侧和需求侧的具体表现和影响因素；第二部分是若干命题的求证，基于浙江省重点环境污染责任保险试点案例和浙江省环境监测协会《环境污染责任保险调查问卷》的统计数据对若干命题进行实证分析；第三部分是结论。

1　理论探讨与命题提出

1.1　环境污染责任保险投保意愿在供给侧表现为区域、行业和政策的附加性

从国际经验来看，环境污染责任保险包括强制环境污染责任保险、自愿环境污染责任保险和混合环境污染责任保险（Conley，2001；陶卫东，2009）[12, 13]。根据《保险法》规定的"投保自愿、参保自由"原则，一般险种投保人可以自愿投保和自由参保，因此自愿环境污染责任保险是一种取向、一种趋势。然而，在试点阶段，仅靠"自愿投保"很难形成大规模的环境污染责任保险市场。如果投保人数量没有达到一定的数量，那么根据"大数定律"保险人所面临的风险就很大。因此，环境污染责任保险供给需要强调需求侧管理。

从国内试点来看，政府往往选择在一些工业园区，对一些高污染高能耗的行业企业推进强制环境污染责任保险的试点工作。这意味着，一些在工业园区之外的高污染高能耗行业只能通过自愿的方式参与到环境污染责任保险的试点之中。正如二元特征所指出的那样，中国推进环境污染责任保险有两条路径：① 强制保险；② 商业保险，即自愿环境污染责任保险（李华，2009）[14]。试点地区的行业条件（高污染高能耗行业）、区域条件（工业园区）和政策条件（试点政策）表明自愿环境污染责任保险有其存在的市场空间，也从供给侧明确了环境污染责任保险投保意愿的需求因素。各地区的附加条件整理见表 1。表1 明确了各试点地区推进环境污染责任保险试点的突破口，要么以相应区域重点城市的工业园区为突破口，要么以高污染高能耗的行业或环境风险高的企业为突破口，要么以区域和行业的组合条件为突破口。这些试点均是从供给侧考察了环境污染责任保险市场需求的地区差异、行业差异与政策差异。

表 1　中国环境污染责任保险试点地区的附加条件

试点省	行业条件	地区条件	政策条件
湖南	化工、有色、钢铁	长沙、株洲	《环境风险企业管理若干规定》
江苏	船舶	苏州	《关于推进环境污染责任保险试点工作的意见》
湖北	化工、大型钢铁、危险废物处置企业	武汉	《湖北省环境污染责任保险推动方案》
云南	危险化学品企业、危险废物收集运输及处置企业等	昆明	《关于推行环境污染责任保险的实施意见》
陕西	重大能源建设项目、重点领域水污染防治和城市污水等	关中—天水经济区	《环境保护战略合作框架协议》
辽宁	产生、收集、贮存、运输、利用、处置危险废物的单位	沈阳、大连	《沈阳市危险废物污染环境防治条例》

资料来源：根据陈美桂（2010）、张瑜、徐向峰、毕芳芳（2010）等文献整理，部分资料来自各省市环境保护厅（局）。

1.2　环境污染责任保险投保意愿在需求侧表现为保险费率的企业和地区差异

在诸多相似险种的研究中，保险价格被作为对相关险种需求的关键影响因素（杨舸、闵晓平，2006）[15]。在成熟的保险市场中，当保险费率相同时，收入水平往往被作为价格

或成本的替代变量（陈华，2009；张娟等，2010；聂荣，2011）[16-18]。以农业保险为例，Lawas（2005）指出通过政府实施补贴方式改变投保人的收入可以鼓励低风险的生产者参保，并提高农业保险投保意愿[19]。袁春兰、李磊（2010）的研究结果则表明差异化的保险费率和保险收益可以降低保险消费者的逆向选择，增加环境污染责任保险的投保意愿[20]。

从全国来看，环境污染责任保险的费率在 2.2%～8%区间不等，浙江省环境污染责任保险总体费率水平约为 1.17%，低于全国的平均水平。从不同地区来看，环境污染责任保险的费率差异显著，如表 2 所示。表 2 是浙江省各地环境污染责任保险的费率情况。从表中可以看出，宁波市环境污染责任保险的总体费率大约控制在 1.12%，略低于浙江省环境污染责任保险的总体费率水平。嘉兴市环境污染责任保险的总体费率控制在 4.5‰，这与一般险种维持在千分之几甚至万分之几的费率基本一致。此外，台州市的费率是 1.62%，金华市的费率是 2.92%。由此可见，环境污染责任保险的保险费率在试点区域内存在显著差异。

表 2　浙江典型地区和企业环境污染责任保险的费率情况

地区	保费/万元	保额/万元	费率/%	备注
浙江省	223.13	19 000	1.17	加总平均
嘉兴市	31.82	7 037.3	0.45	加总平均
＃浙江合盛硅业	4.792 8	150	3.20	2011 年
＃浙江禾欣实业	0.565 1	7.5	7.53	2011 年
中国人保　＃方案一	4～5	150	2.67～3.33	设计值
＃方案二	1～1.5	15	6.67～10	设计值
宁波市	47	4 200	1.12	2010 年
绍兴市　＃浙江新和成	2.8	50	5.6	2010 年
＃浙江龙盛控股	1.8	200	0.9	2011 年
温州市　＃后京电镀园区	27	1 000	2.7	2012 年
台州市	28.2	1 740	1.62	2011 年
＃奥锐特药业	1	50	2	2011 年
金华市	70	2 400	2.92	2011 年

资料来源：浙江省环境保护厅、各地市环保局和调研资料。

从行业和企业角度来看，不同行业和企业之间环境污染责任保险的费率也不同。浙江合盛硅业股份有限公司是一家化工企业，根据国家统计局行业分类它属于化学原料和化学制品制造业，它于 2011 年 1 月 18 日买入的环境污染责任保险的费率为 3.2%；浙江禾欣实业集团股份有限公司是一家纺织企业，根据国家统计局行业分类它属于纺织业，它于 2011 年 11 月 10 日买入的环境污染责任保险的费率为 7.53%。由此可见，不同企业、不同行业之间环境污染责任保险的费率差异显著，甚至存在倍数关系。由此得出下列命题：

命题 1：环境污染责任保险投保意愿地区差异显著，其因在于环责险试点的附加性。

1.3 环境污染责任保险投保意愿取决于环境风险、防范意识和环境知识水平

环境污染责任保险的投保意愿属于企业行为，新古典经济学假设企业是同质的，以追求利润最大化为目标的专业化生产者（许晓永，2012）[21]。自梅里慈将企业生产率的差异内生到新贸易理论的垄断竞争模型中构建了一个基于异质企业的贸易模型（也被称为梅里兹模型）以来，企业异质性越来越受到学者的青睐（Melitz M J，2003）[22]。引起企业异质性的因素是多样性的，除了生产率以外，Wagner（2007）指出企业的异质性还体现在企业规模、人力资本、资本密集度、所有权、企业历史等因素上[23]。就环境投保意愿而言，企业是否投保是由企业预期投保收益决定的，但是，投保预期收益则由各企业面临的环境风险决定，同时防范意识和环境知识水平也将影响企业的投保意愿。由此得出下列命题：

命题 2：环境风险越高的企业，环境污染责任保险的投保意愿越强。

命题 3：防范意识越强的企业，环境污染责任保险的投保意愿越高。

命题 4：环境知识水平越高的企业，环境污染责任保险的投保意愿越高。

2 计量模型和实证结果

2.1 数据来源和变量设定

为加快浙江省环境污染责任保险制度建设，浙江省环境监测协会向 55 家重点企业发放了《环境污染责任保险调查问卷》，共回收 55 份，其中有效问卷 54 份。在被调查企业中，有 16 家企业属于化工行业、4 家企业属于印染行业、2 家企业属于制革行业、1 家企业属于铅蓄电池行业，其他 33 家企业则对应环保、医药、电力等行业，被调查企业基本上涵盖了所有与环境污染责任保险制度相关的重要行业。问卷涉及企业面临的环境风险情况、企业风险防范水平、企业对环境污染责任保险了解情况、企业是否购买过环境责任风险保险、企业是否需要购买环境污染责任保险、不愿购买该保险的原因等。

（1）投保意愿（Willingness to Insure，WTI）。基于问卷分析的统计结果，被调查企业可以被分为以下几类：

☞ 第一类：已经购买环境污染责任保险的企业。

☞ 第二类：尚未购买过环境污染责任保险但认为有必要购买该保险的企业。

☞ 第三类：尚未购买过环境污染责任保险且认为没需要购买该保险的企业。

☞ 还有一类企业是尚未购买过环境污染责任保险，但会根据保险条款和费率综合考虑是否愿意购买该保险。这一类企业较为复杂，又可以分为两类：记为第四类和第五类。

☞ 第四类：这些企业会视条件决定是否购买环境污染责任保险，但它们自己不能承担环境污染责任风险，又没有购买类似安全责任保险的企业。

☞ 第五类：这些企业会视条件决定是否购买环境污染责任保险，但它们自己认为自己能承担环境污染责任风险，或者已经购买类似安全责任保险的企业。

在这五大类企业中，第一类、第二类、第四类的企业可以被认为具有投保意愿，第三类、第五类的企业则不具有投保意愿。由此有对 WTI_1 的界定。当 $WTI_1=1$ 时，企业具有投保意愿，对应第一类、第二类、第四类企业；当 $WTI_1=0$ 时，企业没有投保意愿，对应第三类、第五类企业。当进一步细分五类企业并根据五类企业投保意愿的强弱对上述五类

企业进行有序赋值时，此时有对 WTI_2 的界定，该界定表明赋值越大的企业越具有投保意愿。具体来说，第一类企业取 5，第二类企业取 4，第四类企业取 3，第五类企业取 2，第三类企业取 1。

根据 WTI_1 的界定，基于 54 份有效《环境污染责任保险调查》问卷，愿意购买环境责任保险的有 34 家，占总被调查企业的 63%。据统计，绍兴、宁波、杭州具有投保意愿企业数量比较多，分别为 8 个、7 个、6 个；其次为嘉兴 5 个，台州 4 个，湖州、金华、丽水、温州分别只有 1 个，衢州、舟山数量为 0。图 1 是各个地级市有投保意愿的企业数量和被调查企业数量的散点图。当 WQ 表示某市愿意购买该保险的企业数量，CQ 表示某市被调查企业数量时，图 1 表示的是各个地级市被调查的企业数量和有购买意愿的企业数量，金华、湖州、温州三市的 WQ 都是 1，CQ 都是 2，在图 1 中表现为同一点。从散点图来看，大部分城市具有投保意愿的企业占总企业的比重约为 57.3%，然而浙江 11 个地市之间投保意愿之间的差异异常显著，命题 1 得证。

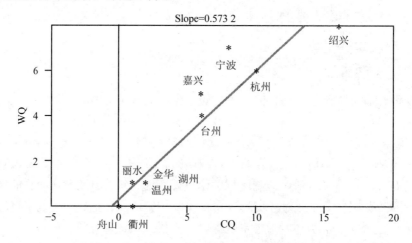

图 1　浙江省各个地市投保意愿企业和被调查企业散点图

（2）异质性变量设定。

☞　环境风险（Environmental risk，ER）：企业面临的环境风险个数。被调查企业面临多种不同的环境风险因素，主要包括行业类型，是否高风险行业；设施设备是否有待完善；厂区周围敏感点是否较多；环境风险管理水平是否不够高等。如果企业认为它所面临的环境风险的个数越多，那么可以认为该企业所面临的环境风险越高。

☞　防范意识（Environmental Ideology，EI）：根据企业环境风险防范水平来设定企业的防范意识。一般而言，企业自认为防范水平较高意味着该企业比较注重环境保护，该企业的环境防范意识也较强。当防范意识较高时，EI=1；当防范意识一般或者较低时，EI=0。

☞　环境知识（Environmental knowledge，EK）：企业对环境污染责任保险的了解水平。根据企业对环境污染责任保险了解水平；当企业对环境污染责任保险基本了解或者非常了解时，EK=1；当企业没听说过或者仅仅听说环境污染责任保险时，EK=0。

各变量的描述性统计如表 3 所示。

表 3　变量的描述性统计

变量	观测值	均值	标准差	最小值	最大值
WTI_1	54	0.63	0.49	0	1
WTI_2	54	2.78	1.27	1	5
ER	54	1.02	0.63	0	3
EI	54	0.59	0.5	0	1
EK	54	0.44	0.5	0	1

2.2　模型设定和回归结果

基于投保意愿（0，1）设定，两值选择模型下环境污染责任保险投保意愿的回归方程设定如下：

$$WTI_{1i} = \alpha_0 + \alpha_1 ER_i + \alpha_2 EI_i + \alpha_3 EK_i + \varepsilon_i$$

其中，企业 i 在投保意愿（0，1）设定的情形下，各变量的回归系数为 α_j（j=0，…，3），ε_i 为随机扰动项。对二值选择模型进行稳健性检验时，排序数据模型被引入；并假定当投保意愿根据 WTI_2 形式设定时，排序数据模型的回归方程为将式中的 WTI_{1i} 改为 WTI_{2i} 即可。二值选择模型和排序数据模型回归结果如表 4 所示。

表 4　二值选择模型和排序数据模型下环境污染责任保险投保意愿的影响因素

模型被解释变量	二值选择模型 WTI_1	二值选择模型 WTI_1	排序数据模型 WTI_2
ER	0.644*	0.650*	0.571**
	（0.342）	（0.336）	（0.262）
EI	—	0.437	0.678**
	—	（0.370）	（0.320）
EK	—	0.040	0.610*
	—	（0.365）	（0.316）
Cons.	−0.299	−0.579	—
	（0.356）	（0.461）	—
N	54	54	54
Pseudo R^2	0.060	0.081	0.094
Chi2	3.535	4.698	12.920
LL	−33.452	−32.726	−69.935

注：括号内的值为稳健回归标准差，显著性水平为 $^*p < 0.1$，$^{**}p < 0.05$，$^{***}p < 0.01$。

表 4 表明，环境风险是环境污染责任保险投保意愿的最重要的影响因素，且十分稳健。企业所面临的环境风险种类越多，那么该企业所面临的环境风险被界定为越高，正的回归系数则表明企业的投保意愿也将越高。换言之，高环境风险的企业具有高环境污染责任保险的投保意愿。在二值选择模型中，环境风险对投保意愿的贡献约为 64%～65%，这意味着说企业环境风险种类增加 1 种，企业将有 64%～65% 的概率投保环境污染责任保险。在

排序数据模型中，环境风险的作用稍有降低，变为 57.1%，但依然正向显著地作用于环境污染责任保险。命题 2 得证。

另外两种异质性指标——防范意识和环境知识在二值选择模型汇总并不显著，但在排序数据模型中变得显著。由 LL 指标可以看出，增加变量能够更好地改善模型的拟合结果，在三个模型中，排序数据模型的 LL 值最小，这表明该模型最优。在该模型中，环境防范意识和企业对环境污染责任保险的了解程度均正向作用于投保意愿。这表明防范意识越高的企业越有可能去购买环境污染责任保险，对环境污染责任保险越了解的企业也越有可能去购买环境污染责任保险。命题 3 和命题 4 成立。对比相应回归系数，表 4 表明环境风险、防范意识和环境知识对环境污染责任保险的作用相当，约为 60%。

3　结论

基于我国环境污染责任保险试点地区的试点案例分析，本文提出了 3 个重要观点：① 环境污染责任保险投保意愿在供给侧表现为区域、行业和政策条件的附加性；② 环境污染责任保险投保意愿在需求侧表现为保险费率的企业和地区差异；③ 环境污染责任保险投保意愿取决于环境风险、防范能力和环境知识水平。研究表明，环境污染责任保险投保意愿地区差异显著，其原因在于环责险试点的附加性；与此同时，本文根据浙江省《环境污染责任保险调查问卷》的分析，基于二值选择模型和排序数据模型，实证研究表明环境污染责任保险投保意愿存在显著的地区差异；环境风险越高的企业，环境污染责任保险的投保意愿越强；防范意识越强的企业，环境污染责任保险的投保意愿越高；环境知识水平越高的企业，环境污染责任保险的投保意愿越高。因此，企业的异质性对于企业环境污染责任保险的投保意愿至关重要，在进一步推进环境污染责任保险制度的过程中应注意甄别企业的异质性，即把握企业环境风险程度、提高企业风险防范意识、加大环境污染责任保险的宣传和推广力度。总之，环境污染责任保险制度试点可因地区而异、可因试点而异，但应十分注意通过分析企业的异质性来培育环境污染责任保险的市场需求。

参考文献

[1]　Ulardic C. IRGC Discussion Paper on Regulatory Frameworks related to Carbon Sequestration projects [R]. Environmental impairment liability insurance for geological carbon sequestration projects. 2007.

[2]　Kunreuther H C and Pfaff A. Can Environmental Insurance Succeed Where Others Fall？ The Case of Underground Storage Tanks [N]. Working Paper，2008（3）：190-128.

[3]　Hannah J A. The U.S. Environmental Liability Insurance Market-Reaching New Frontiers [J]. Environmental Liability Insurance Market，2000（5）：212-225.

[4]　张瑞刚，许谨良. 我国环境污染责任保险发展的难点与对策[J]. 上海保险，2011（12）：47-49.

[5]　陈美桂. 环境污染责任保险的国内试点所带来的启示[J]. 商业经济，2010（5）：26-27.

[6]　张瑜，徐向峰，毕芳芳. 大连环境污染责任保险的创新模式[J]. 环境保护，2010（21）：58-60.

[7]　谢慧明，沈满洪. 中国环境污染责任保险的推进方式与模式研究[J]. 环境经济与政策，2013

[8]　谢朝德. 我国环境责任保险制度建设的路径分析[J]. 金融与经济，2011（5）：76-78.

[9]　周纪昌. 我国开发环境责任保险的战略选择[J]. 金融理论与实践，2007（5）：70-72.

[10]　王颖. 环境责任保险与传统保险的可保性冲突及影响分析[J]. 北京行政学院学报，2009（2）：86-89.

[11] 王颖，何宏飞. 我国环境污染与环境责任保险制度[J]. 经济理论与经济管理，2008（12）：57-61.

[12] Conley J. Good Environs（Environmental Impairment Insurance）[J]. Risk Management，2001，48（2）：37-40.

[13] 陶卫东. 论中国环境责任保险制度的构建[D]. 青岛：中国海洋大学，2009.

[14] 李华. 论我国"二元化"环境责任保险制度构建[J]. 中国人口·资源与环境，2006（2）：110-113.

[15] 杨舸，闵晓平. 人寿保险需求探析[J]. 金融理论与实践，2006（11）：77-78.

[16] 陈华. 农户购买小额保险意愿影响因素研究——来自广东两个县的证据[J]. 保险研究，2009（5）：51-56.

[17] 张娟，唐城，吴秀敏. 西部农民参加新型农村社会养老保险意愿及影响因素分析——基于四川省雅安市雨城区的调查[J]. 农村经济，2010（12）：73-75.

[18] 聂荣；Holly H. Wang. 辽宁省农户参与农业保险意愿的实证研究[J]. 数学的实践与认识，2011（4）：58-63.

[19] Lawas P C. Crop Insurance Premium Rate Impacts of Flexible Parametric Yield Distributions：An Evaluation of the Johnson Family of Distributions [J]. Agricultural and Applied Economics，2005（29）：137-151.

[20] 袁春兰，李磊. 我国环境责任保险构建的理性思考——基于预期效用模型的分析[J]. 学术论坛，2010（11）：139-143.

[21] 许晓永，张银杰. 企业异质性与公司治理[J]. 现代管理科学，2012（2）：30-32.

[22] Melitz M J. The impact of trade on intra-industry reallocations and aggregate industry productivity [J]. Econometrica，2003，71（6）：1695-1725.

[23] Wagner J. Exports and Productivity：A Survey of the Evidence from Firm Level Data [J]. Prepared for a Special Issue of The World Economy on Exports and Growth，2005.

自然资源产业的定义与识别

The definition and identification of natural resources industry

吴淑丽

（中国人民大学统计学院，北京 100872）

[摘 要] 近年来，资源价格持续上涨，引发了新一轮对自然资源的关注。然而目前国内外对自然资源研究的文献尚没有对自然资源产业形成统一的认识。本文分别对自然资源的定义，分类和特征进行了描述，对自然资源产业进行了统计定义和识别，以期为相关的研究奠定研究基础。

[关键词] 自然资源 资源产业定义 资源产业识别

Abstract Recently, the commodities price increasing rapidly, arouse a new round of focusing on the natural resource. However, there is not a consistent definition of natural resources industry in and out of China. This paper first describes the definition, the classification and the characteristic of natural resources, then we gave a definition of natural resources industries and try to identify it from other industries, thus trying to lay a sound foundation for other relevant research.

Keywords natural resources, the definition of natural resources industry, the identification of natural resources

引言

　　自然资源是人类生产生活中所不能缺少的物质。在经济学发展的早期，土地（自然资源的代称）、资本和劳动作为生产中的主要投入，被看成是构成一国财富的主要部分。自然资源的供给量和质量被看成是制约经济增长的因素。然而到了 20 世纪初，随着制造业的扩张，人们开始把人造实物资本而不是自然资源看成是经济增长的主要决定因素，经济模型也不再考虑自然资源因素（如 Harrod-Domar 增长模型、Solow 模型）。而 70 年代后，随着资源的消耗，环境的污染加剧，经济学家开始认识到自然资源的耗竭、环境的退化对经济增长的制约，对自然资源的关注也日益增强。近年来，特别是 2003 年以来资源价格的持续上升，波动的加剧（能源价格上涨，以及其带动的食品和其他商品的价格的上涨），又开始了新一轮对自然资源的关注。中国近 30 年产业化和城镇化进程加快了对自然资源的消耗，产生了严重的环境污染，资源与环境已经开始制约经济增长，影响社会可持续发展，因此如何合理地管理使用现有自然资源，使其可持续地为人类提供产品和服务，满足

作者简介：吴淑丽，女，中国人民大学统计学院博士研究生，研究方向为经济和环境统计。

当代和后代的需求就是一个迫切需要面对的问题。此外，由于自然资源存在的农村是贫困人口的居所，因此，合理地管理自然资源对于降低贫困人口数，实现联合国千年目标也具有非常重要的意义。俗话说不能测量的事物就不能管理好，因此要合理地管理好自然资源，就必须依赖一套资源产业统计度量体系。然而，目前国内外研究资源的相关文献并没有对资源产业形成统一的认识，关于资源产业的研究文献或是以代表性自然资源进行，或是对多个资源部门进行加总，但对这些加总资源部门的选择往往都不统一，因此迫切需要从统计上对资源产业进行界定，本文就试图对资源产业及相关问题进行界定，以期为自然资源的相关研究做一个基础铺垫，同时为实现自然资源的管理，提高资源的利用效率，降低资源消耗对环境的危害提供数据支持。接下来本文将对自然资源的定义，分类、特征，自然资源产业的定义和识别进行阐述。

1 自然资源的定义、分类和特征

1.1 自然资源的定义

自然资源是从地球中获取的物质，然而要对自然资源进行定义并不是一件简单的事情。Charles W. Howe（1979）认为，自然资源是地球上一切有生命和无生命的天赐之物……传统上把这个术语限于对人类有用的或者是在合理的技术、经济与社会环境下对人可能有用的天然产出的资源与系统；Randall（1981）认为资源是由人发现的有用途和有价值的物质，自然状态的或未加工的状态资源就可被输入生产过程，变成有价值的物质，或者也可以直接进入消费过程给人以舒适而产生价值；联合国环境规划署认为自然资源是指在一定时间条件下，能够产生经济价值以提高人类当前和未来福利的自然环境因素的总和；欧洲环保署认为自然资源是自然中可以满足人类需求的有价值的景色或成分。这里的价值可以是经济价值，也可以是环境价值；OECD 认为自然资源是自然中可以用于经济生产和消费的自然资产，在经济活动中，他们通过供应原材料或能源提供使用效益，并且会因人类的使用发生耗减。综合以上定义可以看到，资源是天然存在的有价值的物质，而这里的价值取决于人类的价值判断，取决于经济技术水平，还取决于社会文化环境。由于资源是由人而不是自然来界定的（Judish Rees 2002），因此不同的定义体现了不同机构不同的研究目的，而我们的研究目的是为资源管理产业的研究做铺垫，因此我们选择 OECD 对资源的定义作为本文的定义，即我们指的资源是指会耗减的材料资源。

1.2 自然资源的构成与分类

关于资源的构成，Judish Rees（2002）认为，对这个问题的看法随着知识、技术和人类的需求变化而变化。因此资源的构成是动态的。例如，旧石器时代的资源只有动物、植物、水、木头和石头，而现在诸如自然景观和生态系统等被越来越多的人看成资源了。关于资源的分类，可以按照资源在地球上存在的层位、在人类生产和生活中的用途、资源存储方式和是否可再生性进行分类。根据本文对资源的定义，本文按是否可再生性对资源进行分类，即把资源分为可再生资源和可耗竭资源。可再生资源是指那些资源量丰富、稳定，并且获取边际成本不变的资源。然而如果开采的速度超过更新速度时，可再生资源也会面临枯竭的危险。可耗竭资源是指那些基本上不具备自然更新能力的资源。这些资源的更新速率非常低，在任何一个有意义的时间范围内，基本不存在资源存量增加的可能性。SEEA（system of integrated environmental and economic accounts）对资源的再生能力做了进一步划分，根据再生能力由弱到强，将自然资源划分为矿物和能源资源、土壤资源、水资源和生物资源。其中矿物和能源资源包括矿物燃料、金属矿物和非金属矿物。土壤资源包括农业用土壤资源和非农业用土壤资源。水资源包括地表水和地下水资源。生物资源包括林木资源，除林木以外的作物和植物资源，水生资源、除水生资源外的动物资源。

1.3　自然资源的特征

可耗竭性。可耗竭性是自然资源最本质的特征。对于可再生资源资源，科学合理地使用可以保持其更新能力，但如果过度使用则会破坏其稳定结构，丧失可再生能力，成为可耗竭资源。对于可耗竭性资源，其可耗竭性特征尤为明显，因为这些资源的形成需要在特定的地质条件下，经过千百万甚至数亿年漫长的物理、化学、生物作用过程，一旦消耗则不能恢复。虽然技术创新可以通过发现新矿藏或允许开采以前不能开采的矿藏来增加资源的供给。技术创新可能会提高资源消耗率（如交通的发展加大了对能源的使用），也可能降低资源的消耗速率（如技术的进步节约了能源），但技术创新终究还是不能改变资源被消耗的命运。

区域分布不平衡性。由于自然资源的形成取决于自然地理环境及其中各种要素间的相互作用，因此其分布具有一定的地域性，即往往集中分布在少数几个国家或区域中。根据WTO 的估计，世界上接近 90% 的已探明石油资源储量分布在全球 15 个国家中，99% 的石油储量分布在 40 个国家中。燃料和有色金属的分布更不平衡，世界上最大的工业化国家都是这些资源的净进口国。然而自然资源又是生产和生活中必不可少的物质，因此不均衡分布的自然资源容易在国家和区域之间产生贸易摩擦。

外部性。当一个经济机构的活动正面或负面地影响了另外一个经济机构时，就产生了外部性。外部性有正外部性和负外部性。当某种活动给不相关的机构造成了额外的损失时，就产生了负外部性，而当它提供了额外的好处时，就产生了正外部性。自然资源经济学中关注较多的是资源在生产和消费过程中产生的负外部性。"公地悲剧"是负外部性的一个结果。公地悲剧是指由于共有资源的所有权不明确，导致资源过度消耗甚至耗竭。解决外部性的方法是在自然资源产品中内化其造成的损失或产生的收益，然而这涉及多个相关利益主体，因此需要政府的干预才能实现。

价格的波动性。由于自然资源地域分布不平衡，其供给和需求都缺乏价格弹性，因此，自然资源的价格波动性较大。如根据世界银行的计算，到 2008 年中期，以美元计价的能源价格比 2003 年 1 月高 320%，矿物产品价格比 2003 年 1 月高 178%，而在 2008 年 11 月，所有以美元计价的商品的价格都下降了，原油价格的下降幅度则超过 60%。自然资源价格的波动性给其管理带来了一系列的困难。此外，自然资源价格的波动性还会通过影响投资和消费等因素对宏观经济长期稳定的增长产生影响，事实上，自然资源波动的价格可能是资源诅咒现象的一个重要促进因素。

2　资源产业的统计定义

自然资源构成一个国家的自然资产，然而它需要在劳动和资本的作用下变成资源产品才能实现它的经济价值。理论上，所有的产品都可以看成自然资源，因为这些产品的生产需要投入自然资源，或者这些产品本身已经包含了自然资源。例如 UNESO 认为自然资源产品既包括满足人类需求的原材料，又包括那些经过人类改造的物质，即原始资源和加工资源产品。但这样宽泛的概念并不适合研究自然资源产业，因此可以把自然资源产品同其他加工产品区别开来。然而大多数自然资源产品在作为原料之前都需要进行加工处理。因此可以考虑按产品的加工深度来划分自然资源产品。WTO 把自然资源产品定义为"自然环境中稀缺的，在生产或消费过程中经济实用的物质，这些物质或者处于他们原先的状态，或者经过最少的加工过程"。然而这个定义在实际操作中具有一定的难度，因为很难精确界定哪些产品经历了最少的加工过程。由于产品在产业代谢链上的存在形态包括原始资源、半成品、二次资源产品以及最终产品和废弃物，参照 WTO 的定义，本文将自然资源产品定义为"自然环境中稀缺的、在生产或消费过程中经济实用的物资，这些物质包括处于产业链上的原始资源，半成品和二次资源的产品。"虽然按照 WTO 的定义，二次资源产品并不一定是经历了最少的加工过程，但由于这些产品需要投入大量的一次资源，且原始资源和一次资源产品很少是以他们本身的形式被消费的（大部分都是在同一企业中被当做中间产品消耗了），因此本文在自然资源中考虑加入二次资源产品。此外，二次资源产品在中国的产量非常大，如二次资源产品中包含了钢材，而 2012 年中国的钢产量占据世界钢产量的 50%，因此在中国的自然资源中加入二次资源具有非常重要的意义。需要注意的是我们的自然资源中包括电力、热力、燃气，因为这些要投入大量的原始资源，同样由于这些原始资源也很少以他们本身的形式被消耗，因此加入这些资源产品可以代表被消耗的原始资源产品。和 WTO 的定义相同，我们的自然资源中也不包括农作物，这是因为农作物在生产过程中要占用大量的其他自然资源，如水稻的种植要消耗大量的水和土地资源，还可能造成对森林和湖泊资源的侵占，此外，农作物是耕种的而不是天然形成的。不过本文定义的自然资源中包括森林和渔业产品，虽然森林和渔业也有经过人工种植和人工养殖的，但传统上它们都是天然的，而且在实际中我们很难区分出哪些是人工的，哪些是天然的。由于土壤资源没有直接对应的产品，因此本文的定义中不包括土壤资源。参照 SEEA 对自然资源的分类，依据统计用产品分类目录，我们认为自然资源产品应该包括附表 1 中第 2 列的所有产品。

　　所有生产这些资源产品的企业加总之后就构成了资源产业。资源产业在一国经济的比重会随着经济的发展而逐渐下降，因为最开始人们利用主要是原始资源，随着生产力的提高，逐渐发展到制造业和服务业占主要比重的经济。虽然随着一国经济的发展，资源占 GDP 的比重会越来越小，但不可否认，资源始终是不可或缺的。

3　自然资源产业识别

　　由于在把自然资源转化成资源产品的过程中需要投入资金和劳动，而不同的自然资源所需的机器设备和劳动技能也不同，因此，根据产品和生产过程中的投入，可以把生产相似资源产品的生产者组成一个更大的单位，基层单位或同质生产单位。基层单位是指在一个地点、从事一种或主要从事一种类型生产活动、具有相应收支核算资料的生产单位，它可以是企业，也可以是企业的一部分。一组从事相同或相似活动的基层单位即构成一个产业部门。同质生产单位则是指从事一种类型生产活动的单位，一组从事相同活动的同质生产单位则构成一个产品部门。例如一组生产煤炭的基层单位可以构成煤炭开采和洗选业。所有生产煤炭的同质生产单位构成煤炭开采和洗选产品部门。可以通过《统计用产品分类目录》和《国民经济行业分类》实现资源产品与资源产品部门或产业部门进行对接，从而实现对资源产业的识别。

《国民经济行业分类》是国内对应国际标准产业分类用于表述经济产业内容和结构的基本标准，所有产业活动都被包容在一个四层次分类体系中，它共有 20 个门类，95 个大类，396 个中类和 913 个小类，由此为经济管理和产业统计资料归集提供了基本规范。进一步，还可以与投入产出表和经常性统计行业分类进行对接，从而可以利用相关的数据对资源产业进行分析。附表 1 把资源产品和国民经济行业分类、投入产出表 2 级分类和经常统计进行了对接，实现了对资源产业的识别。从第 2 列可以看到，有些资源产品（如林业产品和渔业产品）通过两位码的产业分类就可以获取数据，但有些需要三位、四位或四位码以上的分类才能获取数据。从而能获得的码位数越大，识别的就越精确。从列 6 可以看到，两位码的数据在经常性产业统计中有对应，而三位和四位码在经常统计中就难以找到数据，少数的三位码在投入产出表的 2 级分类中可以找到数据，四位码数据在经济普查中可以找到，而四位码以上数据就难以找到了。而投入产出表和经济普查都是每 5 年编制，因此从中得到的数据也是间断不连续的。退一步来说，即使我们可以找到四位码或以上数据，但从产业部门的定义可以看到，它包括的是主要从事自然资源生产的企业，因此，在四位码或以上归集的数据只能包括作为主要活动的资源产业，并不包括作为次要活动的资源产业，更无法包括各种作为辅助活动的资源生产活动。此外，由此归集的数据还混杂了不属于资源生产活动的次要生产活动。因此这样定义的资源产业还是不纯的产业。要全面统计资源产业，还需要依据资源产业的分类对资源产业定期开展专门调查，这些调查既要覆盖那些以资源产品生产为主要生产活动的产业，同时还应力图覆盖那些存在企业内部的资源产品生产活动。

参考文献

[1] A Tisdell C..Resource and Environmental Economics：Modern Issues and applications[M]. World Scientific Publishing Co Pte Ltd，2009.

[2] WTO. World Trade Report 2010：Trade in natural resources [EB/OL].

[3] World Bank.Global Economic Prospects：Commodities at the Crossroads [M]. World Bank Publications，2009.

[4] 阿兰·兰德尔. 资源经济学——从经济角度对自然资源和环境政策的探讨[M]. 施以正，译. 北京：商务印书馆，1989.

[5] [美]O. 鲁道斯基. 矿产经济学——自然资源开发与管理[M]. 杨昌明，李万亨，译. 北京：中国地质大学出版社出版，1991.

[6] [英]朱迪·丽丝. 自然资源——分配与经济学政策[M]. 蔡运龙，杨友孝，秦建新，等，译. 北京：商务印书馆，2002.

[7] 高敏雪，刘晓静. 环境产业：统计和分析框架，综合环境经济核算与计量分析——从国际经验到中国实践[M]. 北京：经济科学出版社，2012.

[8] 高敏雪，许健，周景博. 综合环境经济核算——基本理论与中国运用[M]. 北京：经济科学出版社，2007.

[9] 汤姆·蒂坦伯格，琳恩·刘易斯. 环境与自然资源经济学（第八版）[M]. 北京：中国人民大学出版社，2011.

附表 1　资源产品与国民经济行业分类，投入产出表、经常统计行业分类的对接

产品代码	类别名称	产业代码	类别名称	投入产出表 2 级分类	经常统计行业类别
02	林业产品	02	林业	002 林业	林业
04	渔业产品	04	渔业	004 渔业	渔业
06	煤炭采选产品	06	煤炭开采和洗选业	006 煤炭开采和洗选业	煤炭开采和洗选业
07	石油和天然气开采产品	07	石油和天然气开采业	007 石油和天然气开采业	石油和天然气开采业
08	黑色金属矿	08	黑色金属矿采选业	008 黑色金属矿采选业	黑色金属矿采选业
09	有色金属矿	09	有色金属矿采选业	009 有色金属矿采选业	有色金属矿采选业
10	非金属矿	10	非金属矿采选业	010 非金属矿及其他矿采选业	非金属矿采选业
11	其他矿产品	12	其他采矿业	010 非金属矿及其他矿采选业	其他采矿业
20	木材及木、竹、藤、棕、草制品	20	木材加工和木、竹、藤、棕、草制造业	032 木材加工和木、竹、藤、棕、草制造业	木材加工和木、竹、藤、棕、草制造业
	2001 锯材		201 木材加工		
	2002 木片、木粒加工产品				
	2003 人造板		202 人造板制造		
	2004 二次加工材、相关板材				
25	石油加工，炼焦及核燃料	25	石油加工、炼焦和核燃料加工业		石油加工、炼焦和核燃料加工业
	2501 原油加工量		2511 原油加工及石油制造	037 石油及核燃料加工业	
	2502 石油制品				
	2504 焦炭及其附产品		252 炼焦	038	炼焦业
26	化学原料及化学制品	26	化学原料及化学制品制造业		化学原料及化学制品制造业
	2601 无机基础化学原料		261 基础化学原料制造	039 基础化学原料制造	
	2602 有机化学原料				
	2603 贵金属化合物,相关基础化学品				
	2604 化学肥料		262 肥料制造（不包括 2625 有机肥料及微生物肥料制造）	040 肥料制造业	

产品代码	类别名称	产业代码	类别名称	投入产出表 2 级分类		经常统计行业类别
31	非金属矿物制品	30	非金属矿物制品业			非金属矿物制品业
	3101 水泥熟料及水泥		301 水泥、石灰石和石膏制造业	050	301 水泥、石灰石和石膏制造业	
	3102 石灰和石膏					
32	黑色金属冶炼及压延产品	31	黑色金属冶炼及压延加工业			黑色金属冶炼及压延加工业
33	有色金属冶炼及压延产品	32	有色金属冶炼和压延加工业			有色金属冶炼和压延加工业
44	电力和热力		44 电力、热力生产和供应业	092	44 电力、热力生产和供应业	44 电力、热力生产和供应业
	44010101 火力发电		4411 火力发电			
	4402010000 热力		4430 热力生产和供应（不包括热力供应）			
45	燃气	45	燃气生产和供应业	093	燃气生产和供应业	燃气生产和供应业
	4501010000 焦炉煤气		4500 燃气生产和供应业（只包括利用煤炭、油、等能源生产燃气）			
	4501020000 高炉煤气					
	4501030000 油制气					
46	水	46	水的生产和供应业	094	水的生产和供应业	水的生产和供应业
	4601 水生产量		4610 自来水生产和供应（不包括水的供应）			

完善环境损害赔偿资金保障预防环境公共事件

Improve the Environmental Damage Compensation System to prevent the Environment Mass Event

齐 霁

（环境保护部环境规划院，北京 100012）

[摘 要] 我国正处于城镇化进程与经济结构转型的重要时期，面临巨大的环境压力。由于环境污染等诱发的环境公共事件以年均近 30%的速度增加，已经成为影响社会稳定、阻碍经济发展的重要因素。同时，我国环境公共事件呈现出数量规模上升，利益诉求复杂，组织方式多样等特点，使得环境公共事件的应对更加困难。对比欧美国家的做法，建立完善的环境污染损害赔偿资金保障制度是预防环境公共事件的重要支撑，探索环境损害赔偿资金保障问题，是我国缓解社会矛盾、建设生态文明的重要课题。本文总结了新时期我国环境公共事件的特点和趋势，并针对晚上环境损害赔偿资金保障提出了政策建议。

[关键词] 损害赔偿 环境公共事件

Abstract China is facing enormous pressure on the environment in the process of urbanization and economic reform. Mass events due to environmental pollution increase at an average annual rate of 30%. Mass events have become the important factor hampering the economic development. Meanwhile, China has the biggest population and diverse organizational characteristics, which make the environment mass event difficult to peace. From the experience of European and American countries, a well developed environmental damage compensation fund security system is the basis for solve the mass event. This article summarizes characteristics and trends of environmental mass events, and then raises the policy recommendations on financial security of environmental damage compensation system.

Keywords environmental damage compensation, environment mass event

前言

　　我国面对巨大的环境压力，由于环境问题诱发的公共事件数量逐年增加。缺少完善的环境损害赔偿制度，正是环境公共事件频发的重要原因。目前开展环境污染损害赔偿除面临法律法规标准体系不健全、监管权责划分不清、评估标准制度设计存在空白和盲区、社会公众力量作用发挥不足等问题外，赔偿与修复恢复资金保障机制的缺失成为这项工作开

作者简介：齐霁，环境保护部环境规划院助理研究员，专业方向环境经济与环境损害评估。

展的最大障碍。为此，本文分析了新时期我国环境公共事件的特点和趋势，并分析新时期的环境公共事件应对思维，提出有关完善环境损害赔偿资金保障的政策建议。

1 新时期我国环境公共事件的特点与趋势

1.1 环境公共事件的参与主体呈现多元化

过去环境公共事件的参与者以社会中"弱势群体"，"边缘群体"居多。由于这部分人在社会中不占主流地位，话语权相对较弱，当他们的意愿和要求通过正常渠道难以实现时，常常采取极端方式。而当前环境公共事件的主体，有向主流社会群体蔓延的倾向。特别是通过网络的扩散传播，环境公共事件的参与者，不但有传统意义上的弱势群体，而且进一步发展为城镇居民、知识分子、商界人士、网络名人以及专家学者等。此外，环境公共事件的参与者不仅包括直接利益相关人员，越来越多的非利益直接相关人员也逐渐成为环境公共事件的参与主体。

1.2 网络成为环境公共事件信息传递的主要手段

随着社交网络及移动互联在城市的日益普及，网络成为环境公共事件最便利快捷和广泛使用的信息传递方式。以网络、移动互联等信息传递方式为基础，产生了公共事件参与者在指定时间、地点进行简短活动后迅速离去的"快闪式"环境公共事件，以及大规模聚集，统一着装、统一路线行走的"散步式"环境公共事件。因为目前群众表达诉求的平台不完善，表达诉求的渠道不畅通，因此公众选择网络作为自己搭建的诉求表达渠道。以江苏启东污水海排事件为例，当时关于该事件的相关微博信息量达到数十万条，绝大部分参与者是从网络获得相关信息，而不是从官方媒体报道或文件中获得的。

1.3 环保公共事件的利益诉求复杂

环境公共事件成为社会公众负面情绪最近的宣泄口。单纯的环境事件逐步与复杂的社会问题交织在一起，由过去要求解决污染问题，保护个人的环境权益，现在已经扩大为要求政府和企业公开信息，要求参与重大项目决策。此外，很多环境公共事件的背后牵扯到征地拆迁、经济利益受损等诸多复杂问题，而环保最终以正当性充当了各种利益诉求的集中爆发点。如四川什邡事件，宏达钼铜是灾后重建项目，环境保护部要求排污总量不能增加，大企业进驻后，当地原有的几十家小化工厂就需要关闭。同样启东海排工程也影响了房地产的销售价格。

1.4 环境公共事件的发生地点从农村转向城市

随着城市化步伐的加快，许多城市将污染企业搬迁至农村。这样的城市环境改善是以牺牲农村环境为代价的，导致农村环境公共事件高发。但是近年来，由于城市居民环保意识的快速崛起，使城市居民对城市周边的预备建设、新建工业项目极为敏感，而项目的环境影响信息不能得到全面公开，造成信息上的不对称。互联网、移动通信等在城市普及率更高，使得信息传递更快，导致近年来以城市居民为主体，以新技术、新媒体为信息传播手段，自发组织的环境公共事件越来越多。

1.5 环境公共事件的指向对象由企业转向政府

近年来发生的多起环境公共事件，主要表现为从公众与环境污染企业之间的纠纷转变为与政府的对峙。长期以来政府作为地方经济的主导，担负了招商引资的任务，一些引进项目会造成环境的负面影响，侵害公众利益。而同时，作为公众利益的责任方，政府又负担了环境影响评价的审批责任。地方的经济需要政府拉动，公众的利益诉求也需要政府去维护，这样矛盾的角色，使政府取代企业，成了新时期环境公共事件的主要指向对象。

2　新时期应对环境公共事件的思维变革

2.1　环境公共事件的发生不再是个案特例，而是社会发展矛盾的集中体现

近年来，随着公众环境意识的崛起，环境公共事件频发。特别是 2012 年以来，四川什邡钼铜项目、江苏启东的污水海排项目、大连的 PX 项目、昆明的石化项目都相继导致了环境公共事件，引发社会强烈反响。分析近年来的环境公共事件，呈现出数量规模上升、行业区域集中、诱发因素复杂、项目合法合规、政府妥协让步、后果损失巨大等共性。

可以看出环境公共事件不再是个案特例，而是社会发展矛盾的集中体现。我国正处于社会转型期，也是利益格局的调整期，而这一时期同样是社会心态的不稳定期，容易产生不满及对抗情绪。负面情绪以环保为正当出口诱发环境公共事件。因此，在应对环境公共事件的过程中，需要认真研究企业、公众及其他利益相关方的心态和利益诉求，有针对性地做情绪疏导工作，防治公众情绪失控引发冲突。

2.2　环境公共事件的解决不再是单一的满足环保诉求，而是满足混杂的利益诉求

从近年来我国发生的环境公众事件分析，一些通过环评验收，环保设施和标准都合格的项目遭到了公众抵制，其背后原因并不是单一的环保诉求，而是其他方面的利益分配问题。

从公众角度分析，任何一个项目都会对不同的人群造成不同的影响，产生不同的利益分配。政府应从实际出发，全面了解公众的利益诉求，通过协商，形成政府、企业、公众都能接受的解决方案。国际的通常做法是企业或者项目一定要为当地居民带来利益，如出资帮助当地建学校、建医院、修公路等。从政府的角度，主要任务就是平衡企业、公众及其他利益相关法的利益分配，尽量满足混杂的利益诉求，力求取得了政府、企业与公众的多赢结果。

2.3　政府职能不应只是地方经济的推动者，更应是社会公众利益的责任者

我国的经济发展模式早期为高度集中的计划经济，政府在制定并推动经济规划、招商引资等方面发挥了主导作用，但是政府主导的经济发展模式也带来了巨大弊端，典型的表现就是经济发展与环境污染之间的矛盾。而资源和环境的压力也成为我国可持续发展的掣肘。

政府职能转变是我国改革的一个重点，而政府职能转变的核心是就是摆正政府、市场、企业和社会公众的关系。让政府从经济发展与环境破坏的纠纷中独立出来，让政府真正成为公共利益的责任者。政府需要依法行政，严格按照环评要求，向群众公开环境信息，对未履行承诺的单位要给予处罚。对在环评中出具虚假信息的单位和个人要给予严厉的处罚。建设批准的工程项目必须保证质量完成，要严格追究违规工程有关人员的责任。

2.4　公众参与的方式不应仅限于调查公示，更应是平等协商参与决策

我国目前的建设项目环境影响评价中的公众参与环节主要为公众的抽样调查和环评报告的公示，然而抽样范围小，参与方式有限等原因导致公众表达意见的渠道不通畅。公众在项目审批过程中没有话语权，只能以群体行为呼吁社会关注，谋求合法利益的保护。

在新的形势下，政府应主导建立一个政府、企业、公众平等协商、共同参与决策的沟

通平台。政府应从公共利益的责任者角度，认真履行职责，真正听取群众的权益诉求，对于合理的问题尽力协商解决，对于不合理的要求说明原因。在协商决策过程中，政府对公众的承诺必须兑现，企业对公众的承诺政府有责任监督其兑现。

2.5 政府与媒体的关系不应是监视控制，而是信息公开主动合作

网络与移动互联的普及使新兴媒体成为环境公众事件的主要信息传播途径。而对于网络等新兴媒体传统的政府管制方式不再奏效。对于环境公共事件，政府对媒体的封锁消息，或者与媒体被动合作进行事后的宣传解释都不利于公众情绪的化解，可能引发进一步的负面影响。

因此，在当前形势下无论是对待传统媒体，还是新媒体，政府在环境公共事件处置中都应转变为主动合作，在第一时间把真实、准确的信息全面地让公众知道。此外，应从防止环境公共事件发生为着眼点，利用大数据的挖掘，模糊搜索等技术手段，从网络信息中寻找环境公共事件的苗头和倾向，重视隐性热点难点问题，防患潜在的社会矛盾转化成严重冲突的公共事件。

3 推进环境损害赔偿预防环境公共事件

3.1 建立环境损害赔偿或责任基金制度

针对责任主体明确、赔偿或恢复资金需求量大的污染事件，建立企业污染损害赔偿基金，必要时采取政府注资、企业分期偿还的资金保障制度；针对责任主体不明、资金需求量大的污染事件以及巨额的污染场地修复资金需求，建立包括国家与地方财政支出、环境税费、损害赔偿金在内的类似美国超级基金的固定资金筹集制度；建立行业环境污染责任基金，采取以重大环境污染事故高发行业企业注资为主、其他方式补充的资金筹集方式。研究各类基金的资金筹集、使用与管理方式，形成完整的环境污染损害赔偿与生态恢复资金制度。

3.2 完善环境责任保险制度

全面总结与评估欧美国家和我国环境责任保险制度的实施效果与经验教训，提出适合我国国情的环境责任保险的投保模式，对高环境风险行业实行强制性投保，逐步将保险范围从突发环境污染事故延伸至累积性环境污染事件，从传统损害扩展到污染治理费用，研究针对不同环境损害特点合理设定索赔期限和保险费率，更好地发挥环境责任保险对预防污染事故发生、保证环境损害得到快速赔偿的制度优势。

3.3 建立矿区生态环境恢复资金保障制度

针对我国目前矿产资源开发集中地区生态破坏与环境损害严重，但矿区环境治理恢复保证金无法涵盖巨大环境修复与生态恢复资金需求的现状，借鉴在日本和欧盟应用较成功的矿害防止公积金制度和矿害防止事业基金制度，选择试点地区开展试点，确定不同责任主体情况的资金筹集原则与管理制度，为矿山关闭后污染源封堵、废水治理与农用地土壤修复提供资金保障。

3.4 协调开展环境损害评估相关环境经济政策研究

目前国家发展和改革委员会、财政部、商务部、环境保护部等相关部门围绕区域或流域生态补偿、在金融信贷领域建立环境准入门槛，对污染企业和产品征收出口环节税等经济、金融与贸易手段，出台了关于生态补偿、绿色信贷、绿色贸易的一系列指导性文件，

但这些政策在技术上还面临挑战，由于缺乏科学的行业与区域环境风险与损害评估方法，难以制定有效的政策实施细则，降低了上述政策的可操作性。因此，有必要协调开展环境损害评估与相关环境经济政策的研究，为相关政策细则的出台提供技术支撑。

参考文献

[1] 朱海忠. 环境污染与农民环境抗争[M]. 北京：社会科学文献出版社，2013.

[2] 曾庆香. 群体性事件：信息传播与政府应对[M]. 北京：中国书籍出版社，2010.

[3] 《预防与处置群体性事件》编写组. 预防与处置群体性事件[M]. 上海：人民日报出版社，2009.

[4] 余光辉. 环境群体性事件的解决对策[J]. 环境保护，2013（19）：29-31.

[5] 杨朝飞. 创新应对重大环境事件[J]. 环境与可持续发展，2014，39（3）：7-12.

[6] 於方. 环境损害评估的国别比较与政策建议[R]. 重要环境决策参考. 2013.

北京市生态涵养区生态补偿机制研究
——以密云库区为例

Ecological compensation mechanism of ecological conservation area—A case study of Miyun reservoir area

李云燕　张　彪

（北京工业大学循环经济研究院，北京　100124）

[摘　要]　生态涵养区是北京的生态屏障和水源保护地，是保证北京市可持续发展的支撑区域。然而由于生态补偿机制尚不完善，涵养区的生态保护形势不容乐观。以密云库区为例，水污染问题依然严峻，库区经济落后的局面依然没有得到很好的解决。为了更好地发挥涵养区的生态屏障功能，保证北京市民饮用水的安全，库区未来的发展方向需要重新定位，要创新生态补偿方式，提高生态补偿措施的有效性，加快北京市城乡一体化建设，使涵养区真正成为北京市可持续发展的屏障。

[关键词]　生态涵养区　生态补偿　密云库区　城乡一体化

Abstract　Ecological conservation area，theecological outpost and water conservation area of Beijing，is area to ensure sustainable development of Beijing.However，becauseof the imperfectecological compensation mechanism，the ecological situation ofconservation areaisnot optimistic. Take Miyun reservoir area as an example，the water pollution is still grim and area economy still lags behind.In order to play the conservation of the ecological barrier function and ensure the safety of drinking water in Beijing，direction for the future development of the reservoir area should be repositioned.Also we shouldchange forms of ecological compensation，improve the effectiveness of ecological compensation and speed up the construction of Beijing urban-rural integration. Only in this way，can we makethe ecological conservation areabecome barriers to sustainable development of Beijing.

Keywords　ecological conservation area，ecological compensation，miyun reservoir area，urban-rural integration

注：本文为北京市科学技术委员会软科学研究项目（北京市科技计划课题，项目编号：Z131109001613006）的阶段性研究成果。本文得到北京市重点学科——资源、环境与循环经济项目资助（项目编号：033000541212002）。

作者简介：李云燕，研究员，博士，北京工业大学循环经济研究院硕士生导师，主要研究方向为环境经济学、环境规划与管理、环境影响评价等；

张彪，北京工业大学循环经济研究院人口资源与环境经济学专业硕士研究生，研究方向为环境经济与评价。

前言

生态补偿机制是以保护生态环境，促进人与自然和谐发展为目的，根据生态系统服务价值、生态保护成本、发展机会成本，运用政府和市场手段，调节生态保护利益相关者之间利益关系的公共制度（王昱等，2011）。

北京市生态涵养区的生态建设和环境保护是提供生态财富的活动，给北京市城区和开发区带来较大生态环境收益，受益地区理应通过转移支付的手段或通过"购买"生态效益的交易途径，对于生态涵养区因从事生态建设与环境保护所付出的代价及所受到的损失进行经济补偿，使其生态环境保护的外部效应内在化。

1 对生态涵养区进行生态补偿的必要性

1.1 生态涵养区可持续发展的需要

出于生态保护的需要，生态涵养区要停止开矿、垦伐以及禁止新建高投入、高能耗、低产出的工业项目等，一些原有的采矿、水泥等资源消耗和环境污染型企业相继被关停，使得区域就业容量、发展机会和财政收入减少（李云燕，2011）。密云库区更是因水库的修建而大量的移民，经济发展付出了惨重的代价。2012 年北京市区域统计年鉴显示，2011 年生态涵养区生产总值占全市生产总值的比重不到 4%，其中密云县约占 1%，而城市功能拓展区的生产总值占到全市生产总值的 70%（北京市区域统计年鉴，2012）。

库区村民为生态保护工作做出了牺牲却没有得到应有的补偿。为了实现涵养区的可持续发展，必须要解决好对该区域的生态补偿问题。为了协调北京市区域之间的发展，必须更好地完善生态涵养区的生态补偿机制。

1.2 北京市可持续发展的需要

1.2.1 严重的空气污染

2012 年冬天，北京市 $PM_{2.5}$ 的水平创下了历史新高，达到了世界卫生组织推荐的接触限值的 40 倍。2013 年 7 月 30 日，中国环境监测总站发布的《2013 年上半年 74 城市空气质量状况报告》[①]显示，北京市 $PM_{2.5}$ 平均浓度为 103 μg/m³，超标 1.9 倍；PM_{10} 平均浓度为 128 μg/m³，超标 0.8 倍，同比去年增加 4 μg/m³；2013 年上半年，北京市达标天数比例为 38.9%，超标天数比例为 61.1%，其中重度污染天数 31 天，占 17.2%；严重污染天数 11 天，占 6.1%。1 月、5 月和 6 月北京市空气质量较差，达标天数分别为 8 天、8 天和 9 天，重度污染和严重污染以上天数分别为 13 天、5 天和 6 天。而空气质量水平直接关系民众的健康水平。《2010 年全球疾病负担研究》披露，在 2010 年，由于户外的污染造成 120 万人过早的死亡，占全球的 40%。这些数据表明，北京市的空气污染状况令人担忧，潜在危害巨大，必须下决心治理。

生态涵养区对净化空气、改善空气质量有重要作用。北京市的生态涵养区不仅是北京市最后一道生态屏障，也是北京市解决空气污染问题的重要途径之一。对这些经济欠发达区域进行生态补偿不仅关系区域之间发展的平衡问题，也成为北京市能否最终实现"和谐宜居都市"的关键。

---

① 报告引自 http://www.cnemc.cn/publish/totalWebSite/news/news_37029.html。

1.2.2 严峻的水资源形势

2001—2011 年，北京年均水资源总量 22.7 亿 m^3，年均用水量约 35.4 亿 m^3，这意味着近 13 亿 m^3 的缺口。2012 年的统计数据显示，2011 年北京市常住人口 2 018.6 万，人均水资源占有量仅有 134.7 m^3，是世界上重度缺水城市之一。[①]密云水库和官厅水库来水量持续减少，1999—2010 年，入境水量减少 77%，可用地表水资源急剧减少。北京市地表水供给量已经从 2001 年的 30% 下降到 2011 年的 13.3%，动用密云水库库存、扩大再生水利用等措施后，每年平均仍存在 4.5 亿 m^3 城市供水硬缺口。为此，北京市不得不持续超量抽取地下水，导致平原区地下水平均埋深年均下降 1.1 m，已形成了 2 650 km^2 的沉降区，直接威胁北京市的生态安全和城市安全。

而学者研究发现，"建立首都水源涵养区，利用生态系统将降水截流转化为可供人类利用的水资源，不但具有经济上的可行性，而且与南水北调和海水淡化相比，还具有相对价格优势。"因此完善北京市生态涵养区生态补偿机制，发挥生态涵养区涵养水源、调节气候的功能对改善北京市缺水状况具有至关重要的作用。

2 密云库区的经济发展与生态保护现状

2.1 库区经济发展现状

2.1.1 经济发展水平整体滞后

1958 年，为支持修建密云水库，密云人民付出了巨大的代价，大约有 20.7 万亩良田被淹没，65 个村庄搬迁，5.7 万人被安置（周上梯，2010）。密云县本来山地较多，人均耕地面积较少，水库的修建使得密云县人均耕地面积占有量更少。然而当时国家又没有那么多资金用于补偿这些移民，由此造成了密云水库周边区域长期的贫困。统计数据显示，水库周边区域人均年收入仅 2 000 元。

2.1.2 库区人民的收入不稳定

目前，密云库区周边民众的主要收入来源包括 4 个部分：① 外出务工。库区由于限制许多产业的发展，因此就业容量以及发展机会就少了很多，年轻人就多选择外出务工，打工收入构成家庭收入的重要一部分。然而外出务工的年轻人工作环境相对较差，收入不稳定。② 经营各种旅游性质的餐馆。随着越来越多的市民进入库区周边旅游，库区周边也出现越来越多的餐馆，这也成为库区周边村民的一项收入来源。这些餐馆有明显的季节性，进入游客旺季，生意较好，但竞争也越来越激烈。淡季则生意惨淡。更重要的问题在于国家严禁库区周边从事旅游开发活动，这些村民私自兴建的餐馆经常面临被强拆的风险，因此靠经营餐馆的收入来源很不稳定。③ 承包山场。有些库区村民以长期承包库区山场为业，靠种植各种果树获得一定的收入。然而由于交通不便，收获季节，果实的运输变得十分困难，运输效率低下，导致收入变数较大。另一方面，这些承包的农户还要面临承包合同到期后变更合同承包人的风险，因此这一部分的收入也不算稳定。④ 短途载客。近几年库区周边旅游的人越来越多，而进入库区的交通不便，于是库区村民利用自己本地的优势载游客进入库区，然后收取相应的交通费用。少则几十元，多则几百元。然而库区的"旅游"有较强的季节性变化，而且也面临被政府禁止的风险，因此靠短途载客更不是长久之计。

[①] 以上数据来源于北京市统计年鉴 2012。

2.2　库区生态保护存在的主要问题

2.2.1　库区生态保护政策落实不到位，监管力度不够

北京市密云水库管理处明令出台"库区周边禁止旅游"的政策，水库周边也到处可见"库区禁止旅游，防治水资源污染"的标语，然而每天都有一些游客通过各种隐蔽的渠道进入库区旅游，这一方面是政府疏于监管所致，另一方面也不排除寻租的可能。受游客市场的刺激，当地的餐馆也越来越多，越来越普遍。这无疑给库区的生态保护工作带来巨大的压力。库区生态保护政策落实不到位，监管力度不够，是最大的也是最不利于生态保护的问题。

修建密云水库使库区周边村民做出了较大的牺牲，经济发展滞后，然而国家并没有很好地解决该区域的补偿问题，因此，当地人不得不冒风险做一些与政策抵触的事情。政府有时也只能采取睁一只眼闭一只眼的态度，最终导致这种不利于生态保护的局面一直存在下去。

2.2.2　库区滥用农药问题

库区周围的耕地普遍存在滥用农药的问题，随处可见丢弃的农药瓶，有些甚至直接漂浮在水面上。这是水库水质安全的最大隐患。由于密云库区山地占绝大部分，平原面积狭小，适宜耕作的地方较少。因此在有限的耕地上为了获取更大的产量，库区周围的农业普遍存在滥用农药的现象。而滥用农药的危害是一个慢性过程，需要较长的时间才能显现。研究已表明，滥用农药已成为有水区域怪病频发的主要原因。因此加强对水库周边区域农业安全的管理，确保绿色生态农业，不仅关系到库区周边居民的健康，也直接关系库区下游人民的饮水安全。

3　密云库区的生态补偿现实问题

3.1　库区生态补偿现状

库区的生态补偿主要包括两种情况，一种是对因库区建设而做出牺牲的当地民众的补偿，另一种是对当地民众保护库区生态环境的补偿。目前，生态补偿的资金主要来源于政府的财政转移支付，此外还采取了水权交易这一市场化手段，库区上下游通过协商，对水权进行有偿转让。上游的农业灌溉用水转让给下游成为工业和生活用水后，上游农民以这种方式取得经济补偿（蔡美龄等，2009）。

3.2　库区生态补偿存在的主要问题

针对因库区建设而做出牺牲的当地民众的补偿，首先要保证失地村民的正常生活，补偿要做到稳定、持续性。同时还要为村民开辟其他的谋生渠道。然而目前政府是补偿的主体，虽然也有一定的市场化手段，但相对于库区的经济发展需求来说还不够。针对当地民众保护库区生态环境的补偿是目前国家生态补偿的重点，然而实施效果并不理想，特别是在补偿标准和补偿的公平性方面存在较大的问题。如北京市目前按 36.67 元/hm^2 的标准给予"稻改旱"农民"收益损失"补偿，但低于农民直接种植水稻的收益，每年每户减少的收入在 2 000 元左右，部分农民因此出现了政策性返贫现象。另外，生态补偿资金经过许多部门之间的层层传递，真正到达村民手中的钱与补偿标准相差很大，不能满足保护区民众的需要。通过对密云库区的实地走访发现，有一些农户以长期承包（20 年）库区周边林地为生，起初承包时国家承诺给予相应的补贴，然而最终这些农户却没有收到国家的任何补助。

4 密云库区生态补偿的可行性措施

4.1 重新界定生态补偿对象和主体

生态涵养区目前的生态补偿主体以政府为主，补偿对象是当地为生态保护做出牺牲的民众。补偿方式是政府资金由上级部门下拨，然后经过层层部门之间的传递达到民众手中，而这种补偿方式的问题也较多。由于经过多重部门的传递，民众最终拿到手的资金与国家政策规定的标准相差较大，生态补偿资金不能满足民众的需求。为了提高生态补偿资金的使用效率，需要重新界定补偿主体和对象，同时要创新补偿方式。① 在补偿主体这一层面，政府仍应成为主体，特别是针对因库区建设而导致经济贫困的民众，政府要继续确保补偿资金的稳定性和持续性，同时要根据经济发展情况适时地调整补偿标准。目前国家对库区失地民众的补贴是每年 400 元钱，然而有不少民众反映补偿标准较低以及资金拖欠问题。因此在政府作为补偿主体的同时，还需发挥市场的作用，利用市场化的路子拓宽民众的创收渠道。近些年，库区每年从 9 月底到第 2 年的 3 月份，允许持有捕鱼证的村民在库区捕鱼，渔民通过卖鱼可以获得一定的收入，一定程度上可以缓解库区民众的经济压力，然而捕鱼期结束后民众的经济来源问题仍需进一步解决。② 针对当地民众保护库区生态环境的补偿，要改变传统的补偿方式。在传统的补偿方式下，补偿资金经过层层传递，流失较大。为了减少资金的流失，提高资金的使用效率，可将密云库区的生态保护工作直接纳入北京市政府的管理下，由政府直接派遣专门员工（如专门的密云库区生态林管护工）去库区从事生态保护工作，而不是由当地民众去保护，这些管护人员专职工作就是维护涵养区的生态，然后定期给他们发放工资，这样不仅可以提高资金使用效率，又可以提高生态保护效率。

4.2 重新定位密云库区的发展方向

有一些学者（王晓芳等，2009；余凤龙等，2005）在谈及生态涵养区的生态保护问题时建议生态涵养区应该通过"开发旅游"来解决经济发展问题，笔者认为这样的做法不仅不可取、不可持续，反而会使库区的生态保护难度越来越大。开发旅游项目对解决库区经济发展滞后的问题或许有较好的效果，但生态涵养区的定位在于生态保护而不是开发，搞旅游开发的方法如果处理不当会造成库区的过度开发，加重库区的污染问题。

北京市区的空气污染问题日益严重，目前来说不适宜老年人生存。已经有一些注重生活质量的老人开始搬离市区而移居郊区生活。库区的空气质量相对于市区来说要好很多，适合老年人养老。因此从生态涵养的定位出发，笔者认为密云库区未来适宜作为老年人的养老基地。这样一方面可以避免库区开发带来的环境压力，又能为老年人提供一个更为健康的养老场所，解决老年人养老问题。与库区生态涵养的定位不相冲突。

4.3 发展技术密集型产业，优化产业结构

相对来说，技术密集型产业对环境的危害较小，又有较高的产值，同时还能吸纳一定的劳动力，因此对密云县来说，为了更好地保护库区的生态环境，密云县未来应该大力发展技术密集型产业，力争发展成为北京市的另一个高新技术产业基地。一方面可以拉动密云县经济的快速增长，从而有能力更好地保护库区的生态环境，另一方面可以避免过度开发旅游项目给库区带来的环境压力。同时也可以吸纳当地的一些劳动力就业，充分利用人力资源。

　　为此，密云县应该完善相关的基础设施建设，改善投资环境。同时更为重要的是国家要在政策上给予支持，支持密云县大力发展技术密集型产业，通过对符合条件的企业给予一定的优惠或者奖励措施来吸引更多的企业进入。

4.4　完善北京市服务业结构，加快城乡一体化建设

　　第三产业的发展水平已经成为衡量现代社会经济发达程度的重要标志，其在经济结构中所占比重的大小也成为衡量一个大都市发展水平的主要标志之一。统计数据显示，截至2012年年底，北京市第三产业占 GDP 比重为76.4%，在全国排在首位。然而仔细分析发现，北京市服务业从业人员多为外省市务工人员。北京市统计局、国家统计局北京调查总队联合发布的数据显示：到2012年末，北京常住人口已达2 069.3万人，其中，在京居住半年以上的外来人口达到773.8万人，他们是支撑北京市服务业发展的重要力量。平日有2 000多万人口的北京城，在春节期间有超过900万人离京返乡。虽然城市交通压力骤减，但外来人口的集中撤离让北京市民感受到了巨大的不便。餐厅歇业、物价上涨、用工紧缺等一系列变化让许多市民无所适从。这暴露出北京市服务业从业人员结构失衡的问题。解决这个问题最好的办法就是加快北京市城乡一体化建设。而生态涵养区与市区刚好可以实现互补，市区的老龄人口可以移居生态涵养区养老，而涵养区的年轻劳动力可以弥补市区本地劳动力的不足，平衡劳动力市场，提高北京市服务业市场的稳定性。

参考文献

[1]　王昱，丁四保，卢艳丽. 中国区域生态补偿中的标准问题研究[J]. 中国发展，2011，11（6）：1-5.

[2]　李云燕. 北京市生态涵养区生态补偿机制的实施途径与政策措施[J]. 中央财经大学学报，2011（12）：75-80.

[3]　北京市统计局. 北京区域统计年鉴[M]. 北京：中国统计出版社，2012.

[4]　周上梯，刘宁. 首都战略水源地密云水库的管理和保护[C]. 中国水利学会2010学术年会论文集，郑州：黄河水利出版社，2010：616-621.

[5]　蔡美龄，曾梦影，李亚云. 密云水库上游水源涵养林生态补偿资金来源问题的研究[J]. 中国市场，2013（11）：61-62.

[6]　王晓芳，苑焕乔. 北京生态涵养区的现状与发展对策研究[J]. 城市，2009（9）：33-35.

[7]　余凤龙，陆林. 城市水源地旅游市场特征及开发战略研究——以首都水源地密云县为例[J]. 经济问题探索，2005（10）：71-75.

关于《民事诉讼法修正案》环境公益
诉讼条款的若干思考

Study of provision on environmental public interest litigation in Amendment to the Civil Procedure Law

刘 倩

（环境保护部环境规划院环境风险与损害鉴定评估研究中心，北京 100012）

[摘 要] 《民事诉讼法修正案》中对环境公益诉讼做出了规定，但理论与实务界人士对环境公益诉讼的探讨并未因此停滞。本文从环境公益诉讼的适用范围、原告主体资格及技术支撑等角度探讨《修正案》的相关规定，认为环境公益诉讼适用于公众性环境利益受损而原告主体资格不足以及公共性环境利益受损而原告主体缺位的情形，环境公益诉讼的原告应以民间环境保护组织为主、以环境保护部门和检察机关为辅，环境公益诉讼的顺利推行需要借助环境污染损害鉴定评估技术。

[关键词] 环境公益诉讼 公众/公共性环境利益 原告资格 损害鉴定评估

Abstract Amendment to the Civil Procedure Law sets a provision on environmental public interest litigation，but，it doesn't quell the dispute. From the perspective of scope of application，the plaintiff qualification and supporting technology to study the provision，this article finds that environmental public interest litigation applies to the situation of lack of proper plaintiff when environmental public interest suffers damage，plaintiff in environmental public interest litigation relies mainly on NGOs while the environmental protection department and procuratorial organs subsidiary，practice of environmental public interest litigation needs the technical support of environmental pollution damage assessment.

Keywords environmental public interest litigation，public environmental interest，plaintiff qualification，environmental pollution damage assessment

前言

　　环境公益诉讼是近年来环境法学界和环境保护实务界高度关注的问题，理论与实务界人士一般将环境公益诉讼制度定义为特定的国家机关、相关团体和个人，对有关民事主体或行政机关侵犯环境公共利益的行为向法院提起诉讼，由法院依法追究行为人法律责任的制度。《全国人民代表大会常务委员会关于修改〈中华人民共和国民事诉讼法〉的决定》（以

作者简介：刘倩，环境保护部环境规划院环境风险与损害鉴定评估研究中心助理研究员，主要从事环境法学研究。

下简称《决定》）于 2012 年 8 月 31 日第十一届全国人大常委会第二十八次会议上表决通过，首次将公益诉讼制度写入《民事诉讼法》，规定：对污染环境、侵害众多消费者合法权益等损害社会公共利益的行为，法律规定的机关和有关组织可以向人民法院提起诉讼，这标志着环境公益诉讼制度正式得到法律的确认。但有关环境公益诉讼制度的讨论并未因此告一段落，本文从环境公益诉讼适用范围、原告主体资格及技术支撑等角度就《决定》关于环境公益诉讼的规定做了些思考，认为：环境公益诉讼适用于公众性环境利益受损而原告主体资格不足以及公共性环境利益受损而原告主体缺位的情形，环境公益诉讼的原告应以民间环境保护组织为主、以环境保护部门和检察机关为辅，环境公益诉讼的顺利推行需要借助环境污染损害鉴定评估技术。

1　关于环境公益诉讼适用范围的思考

环境公益诉讼需要保护的是环境公益，环境公益的损害包括公众性环境利益与公共性环境利益的损害两大方面。公众性环境利益的损害指环境污染导致的某一区域内不特定多数人的人身财产利益损害，是个体人身财产权利损害的复合形式。公共性环境利益损害指环境污染或生态破坏导致的纯粹生态环境资源利益损害，从理论上讲属于国家利益或以国家为中介的"全体人民"利益的损害。

对公众性环境利益损害即环境污染导致的不特定多数人人身财产损害而言，由于民事诉讼原告需具备"与案件具有直接利害关系"的资格，因此，受损害的公民只能以个体提起自身所遭受环境损害民事诉讼的权利，导致遭受损害的公民无权为同一污染中其他受害人的人身财产损害提起诉讼，也限制了案外其他主体包括机关、社会组织与公民个人为所有污染受害者提起民事诉讼的权利。

对公共性环境利益损害及环境污染导致的生态资源环境损害而言，根据宪法规定，我国对水体、海洋、空气、土壤等公共环境要素实行自然资源的公有制，国家或全体人民是自然资源理论上的所有人，但由于缺乏法律明确授权（《海洋环境保护法》对国家海洋局的授权例外），导致代表国家行使公共管理职责的行政机关不能直接介入环境资源损害案件，受损环境资源得不到修复与恢复。

因此，我国《决定》颁布前的民诉法欠缺的是非直接受害者希望以自己的名义，代表公共利益或者不特定多数受害者提起民事诉讼的主体资格规定，公益诉讼制度正是针对公众性环境利益受损而原告主体资格不足以及公共性环境利益受损而原告主体缺位的情形应运而生，是保护环境公共利益的必然要求。

2　关于环境公益诉讼原告主体资格的思考

《决定》最终将"法律规定的机关和有关组织"作为公益诉讼的原告，事实上，在此之前的讨论中起诉主体包括了行政机关、检察机关、社会团体和公民个人四类。在环境公益诉讼中：

（1）公民个人不宜作为环境公益诉讼主体。在公民环境权尚未被正式确认之前，公民个人虽可以享有、行使监督权为由提起环境公益诉讼，但在实践上并不可行。一方面，从我国环境司法现状来看，若赋予公民个人提起环境公益诉讼的资格，会导致环境诉讼爆炸或者滥诉的情况出现，造成空前的审判压力。另一方面，由于环境污染等领域的公益诉讼大多涉及复杂的技术，原告需要自行或委托第三方进行监测、采样、分析、化验，对环境污染与损害后果间的因果关系或者损害范围、程度与数额等情况提供初步证据，这些因素会严重限制普通个人的有效诉讼能力，实际诉讼难度很大。

（2）"法律规定的机关" 不仅包括行使环境监督管理权的有关部门还包括检察机关。但这两种主体在环境公益诉讼中的作用应当进行限制。理由是：

对于行使环境监督管理权的部门来说，虽然由其代表国家环境利益毋庸置疑，而且由其担任环境公益诉讼原告具有证据收集与损害认定的专业优势，但具有不可避免的局限性，比如地方经济利益制约、上下级行政隶属关系制约以及同级人民政府的制约等，其公正性、积极性尚待商榷。另外，行使环境监督管理权部门若经常性地动用民事诉讼途径保护环境，容易造成其日常管理职权的闲置和行政资源的浪费。

对于检察机关来说，检察机关作为人民主权与分权制衡的产物，其公益性是检察机关产生以及存在的正当性基础，也为检察机关提起环境公益诉讼提供了法理渊源，但检察机关在性质上属于国家的法律监督机关，在环境公益诉讼中其职责主要是对法院裁判的结果和诉讼当中的违法行为进行监督，若作为原告起诉或多或少与其法律监督职能形成权力设置上的冲突。

（3）环保组织应是我国环境公益诉讼的主力军。《决定》最后将之前讨论中的"社会团体"修改确定为"有关组织"主要是考虑到有关组织实际包括社会团体、基金会以及民办非企业单位三大方面，从而放宽这一类主体的原告范围限制。虽然传统的诉权理论认为环保组织成为原告存在着环境实体权利上的障碍，但目前国内外环境法律实践中环保组织已经成为环境公益诉讼原告的重要部分：① 因为环保组织的诉讼行为旨在发动民众力量保护环境公益，具有深厚的普通民众基础，易于被民众接受；② 因为环保组织可以有效监督政府破坏环境的行为或怠职行为；③ 因为环保组织可以弥补公民个人诉讼的劣势，克服公民个人提起诉讼的专业与信息等障碍，平衡诉讼双方实力。究其原因，其合理性根源在于环保组织与环境公益诉讼的价值立场契合。环境公益诉讼从其产生之初是为了更有效地以公民力量抵抗国家权力，达到公权力与私权利的平衡，而环保组织旨在动员联合民间力量推动公民自觉自治。

因此，虽然环境公益诉讼原告主体多元，但各类主体在环境公益诉讼制度构建中的地位有必要甄别区分，应以环保组织的自下而上的民间力量为主导，结合环境监督管理部门、检察机关自上而下的公权力量推动并完善环境公益诉讼制度。

3　关于环境公益诉讼技术支撑的思考

环境公益诉讼制度的确立是我国环境司法制度的一项重要变革，为环境案件的受理与审判大开方便之门，但是环境案件的受理审判需要相关证据支撑，这些证据既可能包括对环境污染行为与人身财产损害结果间因果关系的鉴定也可能包括环境污染行为导致的生态资源环境损害数额评估或者两者兼而有之。目前我国虽已有环境污染相关的鉴定评估机构但这些机构一般只局限于环境污染导致的个体的人身或财产损害的鉴定与评估，对生态资源环境损害评估基本未涉及。在目前公众性环境利益维护需求增长，公共性环境利益维护告急的情势下，一方面需要继续完善现有的环境污染人身财产损害鉴定评估技术方法，探索流域性或区域性人身财产损害鉴定评估方法，另一方面需要大力推动生态环境资源损害鉴定评估工作的开展，弥补生态环境资源损害评估的缺漏，与环境公益诉讼制度结合，通过环境科学技术推动环境法律领域的司法改革进程，为完善环境法治做出应有贡献。

参考文献

[1] 别涛. 环境公益诉讼[M]. 北京：法律出版社，2007.

[2] 吕忠梅. 环境公益诉讼辨析[J]. 法商研究，2008（6）：131-137.

[3] 梅宏，胡晓莲. 人民检察院提起环境公益诉讼的职能定位及其立法保障研究[C]//中国环境法治，2011年卷（上）.

[4] 张建伟，朱晓晨. 检察机关提起环境公益诉讼若干问题研究[C]//中国环境法治，2011年卷（上）.

[5] 叶良芳. 环保 NGO 与环境公益诉讼推动[C]//中国环境法治，2011年卷（上）.

[6] 杨朝霞. 论环保机关提起环境民事公益诉讼的正当性——以环境权理论为基础的证立[C]//中国环境法治，2011年卷（上）.

北京市低碳交通发展现状、问题与对策研究

Development Status，Problems and Countermeasures of Beijing's Low-carbon Transport

李云燕　羑瑛楠

（北京工业大学循环经济研究院，北京　100124）

[摘　要]　在快速城市化进程中，北京市交通设施建设发展迅猛，机动车辆随之增加，由此带来的交通拥堵、能源消耗和碳排放问题日益凸显。本文以北京市 2005—2010 年居民出行调查资料为基础，运用低碳交通模型，对不同交通方式的二氧化碳排放量进行计算，分析北京市发展低碳交通存在的问题及制约因素。并预测在不同情景模式下各交通方式的发展情况，提出北京市未来实现低碳交通发展战略及治理方面的对策措施。

[关键词]　低碳交通　能源消耗　碳排放　对策措施

Abstract　Under the process of rapid urbanization，the transportation facilities in Beijing is swift and violent and motor vehicles increased，then the traffic congestion，energy consumption and carbon emissions has become increasingly prominent. Based on the statistics of people trip survey in Beijing from 2005 to 2010，it calculates the carbon emissions of different traffic modes by using low-carbon transport model and analysis the problems and restricting factors of developing low-carbon traffic in Beijing. Proposed strategy and policy governance countermeasures to achieve low-carbon transportation of Beijing in the future based on predicting the development situation of each transport mode in different situation.

Keywords　low-carbon transport，energy consumption，carbon emission，countermeasures

引言

　　随着城市建设步伐的加快及生活水平的提高，城市居民对交通出行的需求增加，城市交通系统的规模和复杂性不断增大，机动车保有量上升，城市交通已经成为不可忽视的能源消耗大户。国际经验表明，经济发展水平越高，交通占能源消费的比例也越大。北京作

　　注：本文为北京市科学技术委员会软科学研究项目（北京市科技计划课题，项目编号：Z131109001613006）的阶段性研究成果。本文得到北京市重点学科——资源、环境与循环经济项目资助（项目编号：033000541212002）。

　　作者简介：李云燕，研究员，博士。北京工业大学循环经济研究院硕士生导师，主要研究方向为环境经济学、环境规划与管理、环境影响评价等。

　　　　　　　羑瑛楠，北京工业大学循环经济研究院人口资源与环境经济学专业硕士研究生，研究方向为环境经济与评价。

为国际化大都市经济状况处于全国前列，机动车增长速度过快、交通拥堵现象严重、污染物排放量大。2012 年北京市总的能源消费量为 7 717.77 万 t 标煤，而交通行业能源消费量为 1 235.1 万 t 标煤，占北京市总能源消费量的 16%左右。且在交通运输过程中会产生氮氧化物、碳化气、碳化氢、铅化合物等数量庞大、对健康特别有害的污染物。因此交通领域节能减排的任务更重，在全球低碳发展的趋势下，如何以全新的视角审视交通低碳化的要求，积极探索更高效、更节能、更低碳、更清洁的可持续发展的模式，是北京市实现低碳交通必须直面的挑战。

1　北京市交通发展现状

北京市近年来工业耗能基本保持稳定，而交通运输行业能源消耗量在整个统计阶段持续上升，总体情况是从 2005 年的 8.89%一直上升到 2011 年的 14%。由于数据有限，本文主要根据北京交通发展研究中心编写的 2008—2011 年《北京市交通发展年度报告》[1]对北京市六环内交通结构、不同交通方式碳排放现状、管理措施等进行分析。

1.1　北京市居民出行量与出行结构现状

随着全市人口和社会经济发展，全市交通需求持续增长，根据最新数据显示，2007—2010 年北京市六环内每年出行总量逐年递增（表 1）。

表 1　北京市每年居民出行总量

年份	2007	2008	2009	2010
居民出行量/万次	830 740	962 140	1 014 335	1 067 260

随着北京城市化水平的推进，城市结构的调整，居民日常生活范围越来越广阔，基础设施进一步完善等必然带动道路增加和扩宽。但是亚当斯交通定律告诫我们，道路修的越多越宽，对私人小汽车的吸引就越大，就会造成车流量的迅速增加。人们对出行方式以及公共交通服务的要求也相应地发生变化。例如，变化较大的有：私家车由 1986 年的 1.7%增长为 2010 年的 34.2%，自行车由 1986 年的 62.7%降为 2010 年的 16.4%。尤其在 2007—2009 年，公交车、轨道交通发展较快，在轨道交通运营线路、运营里程和客运量方面，2009 年均达到了 2006 年的两倍，每日客运量增加 200 万人次。由于采取了一些公交优先措施，公共电汽车客运量也逐渐增加，2009 年北京的公共交通出行比例上升到38.9%，首次超过小汽车的出行比例。北京市历年居民出行方式见图 1。

1.2　不同交通方式碳排放现状

1.2.1　低碳交通模型概述

由于机动车污染排放量与机动车行驶里程、使用能源及排放因子有关，而各出行方式的能源使用种类和总行驶里程无法直接统计，因此本课题选取与居民出行总量、出行结构及出行距离相关的低碳交通模型[2]。此模型来源于碳网络的二氧化碳排放计算器，其主要计算方法是用距离乘以相应的交通方式的二氧化碳排放指数 M。指数 M 仅限于二氧化碳，并不包括其他温室气体，而且仅限于交通过程中直接产生的二氧化碳，其他间接过程（如汽车制造过程）中产生的二氧化碳并不计算在内（大部分的指数 M 值来自英国环境部）。

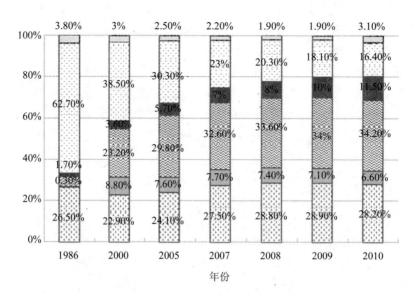

图1 历年北京市居民出行方式

低碳交通模型为[3]：

$$EC(i) = N \times S(i) \times TD(i) \times M(i) \qquad (i = 1, 2, 3, \cdots) \qquad (1)$$

式中：EC（i）——第i种交通方式的碳排放量，t；

   N——居民出行总量，万次；

   S（i）——第i种交通方式分担率，%；

   TD（i）——第i种交通方式人均出行距离，km；

   M（i）——第i种交通方式的情况下每人每千米的二氧化碳排放量，kg/（km·人）。

根据资料，不同交通方式的M值见表2。

表2 不同交通方式的M值

交通方式	公共汽车	轨道交通	出租车	小汽车
二氧化碳排放量/ [kg/（km·人）]	0.069	0.042	0.2	0.2

式（1）中需要用到的居民出行总量及出行方式比例已有表1和图1给出，历年的居民出行平均距离见表3。

表3 2007—2010年居民平均出行距离

距离/km	公交	地铁	出租车	小汽车	自行车	步行
2007年	8.42	13.15	7.96	11.49	3.08	0.84
2008年	7.845	14.00	7.64	11.14	3.02	0.82
2009年	7.27	14.84	7.32	10.78	2.95	0.80
2010年	9.60	16.35	7.15	9.30	3.25	1.50

注：其中由于缺乏2008年平均出行距离数据，取2007年与2009年数据平均值。

1.2.2 不同交通方式碳排放量

将表1到表3中各数据代入式（1）中，得2007—2010年不同交通方式的碳排放量和总的碳排放量（表4）。

表4 历年不同交通方式碳排放量

排放量/万 t	公共汽车	轨道交通	出租车	小汽车	总计
2007 年	132.73	32.12	101.84	622.35	889.04
2008 年	149.99	45.24	108.79	719.94	1 023.96
2009 年	147.05	63.22	105.43	743.55	1 059.25
2010 年	199.36	84.28	100.73	678.91	1 063.28

北京市六环内近几年的二氧化碳排放量不断增加，其中小汽车的二氧化碳排放量占到70%左右，而轨道交通的二氧化碳排放量仅为3%～7%。由于发展公共交通，在有效缓解交通拥堵的同时，也降低了交通领域的能耗及温室气体排放，2007—2010年二氧化碳排放量涨幅有所下降，由15.2%降到0.38%。

1.2.3 小汽车数量及相应油耗碳排放量现状

近年来北京市私家车数量快速增加（表5），若不采取更为严格的控制措施，由灰色预测模型预测到2020年私家车数量将达到1 263.6万辆，是现今北京市私家车数量的2.5倍左右。未来私家车的拥有量还会高速增长。

表5 北京市历年私家车数量

年份	2005	2006	2007	2008	2009	2010	2011	2012
私人汽车保有量/万辆	154	181	212.1	248.3	300.3	374.4	389.7	407.5

资料来源：摘自各年北京市国民经济和社会发展统计公报。

表6 北京市交通汽油和柴油二氧化碳排放现状

年份	2005	2006	2007	2008	2009	2010	2011	2012
汽油二氧化碳排放量/万 t	141.76	162.81	153.77	135.78	127.77	120.04	131.60	128.79
柴油二氧化碳排放量/万 t	175.08	251.36	317.83	398.16	398.63	394.01	414.48	363.27

从表6明显看出北京市私家车汽油使用量大体呈下降趋势，而柴油使用量大体呈上升趋势而以2012年为转折点使用量有所下降。这与近几年国内成品油价格调整及市场对节能减排需求有关。

2 北京市交通目前存在的问题

北京以低碳为目标的交通管理措施主要在近几年实行，旨在减少交通对大气的污染，包括机动车尾号限行、严控车辆尾气排放标准、加大淘汰老旧车力度、提高机动车燃油标准等一系列综合治理措施。通过这些措施的实施，保障了常住人口年增60万人，机动车保有量年增 50 余万辆的情况下，交通运行情况和生态环境没有持续恶化。这些措施的实行对缓解交通对大气污染、减少交通碳排放发挥了一定的作用，但并不能成为低碳交通发展问题的治本之方。面对小汽车的膨胀式增长，这些管理措施仍不能从根本上解决污染问题。

2.1 能源消费与空气污染的问题

北京市交通行业能源消费量增长率逐年下降，由 2005 年的 27% 的增长率下降到 2012 年的 4.1%，说明北京市在采取低碳交通政策方面取得一定成效，但是由于能源消费有一定的惯性及累加性，北京市交通行业能源消费由 2005 年消耗 563.4 万 t 标煤增长到 2012 年的 1 235.1 万 t 标煤，期间产生的空气污染问题也不可小觑。如 2012 年大面积爆发的雾霾使北京数月笼罩在不见蓝天的阴霾中，给人们的工作、出行以及心情带来很大的困扰。据有关学者得出"京津冀区域灰霾天增加的本质原因，是大气中含碳的轻质细粒子数浓度大幅度增加所致，其主要来源是人为的化石燃料燃烧过程排放"，其中机动车及相关产业过程中占 $PM_{2.5}$ 来源的大约 50%。而不同种类车辆颗粒物的排放因子差别非常大，如摩托车排气量及颗粒物排放量较大，柴油车颗粒物的排放因子均远远高于轻型汽油车，而公交车在使用清洁燃料液化石油气和天然气时颗粒物的排放因子和排放量有非常显著的降低。如何合理使用能源减少颗粒物排放及空气污染是北京市交通行业面临的首要问题。

2.2 城市空间结构方面的问题

城市空间结构会影响城市居民出行总量、居民出行距离、交通出行方式比例等，是影响低碳交通发展最重要的因素[4]。合理分配城市空间结构及优化土地利用模式，能够达到减少交通需求总量和节能减排的目的。当前，北京是一环、二环直至六环的"单中心""摊大饼"模式，这种结构导致交通需求与供给矛盾尖锐，对低碳交通的发展产生不利的影响，主要体现在以下几个方面：① 中心城过分集中，导致交通流量的过分集中；② 中心城向外摊大饼的模式不利于城市路网格局的优化；③ 中心城空间狭小，用地紧缺，给交通建设带来困难。在《北京城市总体规划（2004—2020 年）》中，北京做出了巨大的空间结构调整，启用"两轴两带多中心"的空间模式，希望能疏解北京市中心的人口压力，通过调整部分职能和实施旧城的有机更新，积极引导人口向边缘集团和新城转移。然而在目前来看，这套总体规划并不成功。

2.3 交通出行结构方面的问题

城市居民采取什么样的出行结构，出行的时耗多久等出行特征也是影响交通碳排放的一个重要方面。由图 1 可以看出近几年北京市公共交通北京市公共交通（公交车和轨道交通）出行比例为 35% 左右，虽然比例有所上升，但仍不是城市居民主导的出行方式。而碳排放量较高的小汽车出行比例为 33% 左右，且比例呈逐年增加的趋势。而没有碳排放量的自行车出行方式比例逐年减少，仅占到 17% 左右。

2.4 交通工具使用能源的问题

近几年来，随着市场对节能减排的需求，我国柴油消费量不断上升，而当前国内经济的高速增长依然需要以石油资源的大量消耗作为依托。然而在下调国内成品油价格后，利润的直接损失使得主营出货意愿不高，市场流通资源减少，从而很大程度上加剧了资源紧张的局面。很多地方出现了资源尤其是柴油供不应求的局面。

而目前投入巨资开展纯电动汽车的研发和生产，尚存在一系列难题亟待攻克，电池的容量与体积的矛盾难以解决，有学者提出电的来源 80% 也是煤电，认为纯电车并没有从根本上起到环保作用；而油电混合动力方案也有很高的要求：高科技和高成本，这也就制约了油电混合乘用车的尽早普及。严峻的现实，冷酷地摆在所有忧虑国家能源安全、关注节能减排形势学者和车企的面前。

3 不同情境模式下北京市交通能源消耗分析

本文选取 2020 年为预测年，首先运用灰色系统模型预测根据 2007—2010 年的数据预测 2020 年居民出行总量。预测公式为：

$$y_1(t) = 18\,099\,650 \times (1 - e^{-0.051\,8}) \times e^{0.051\,8t} \qquad t = (1, 2, 3, \cdots) \qquad (2)$$

得出 2020 年居民出行量为 4 908.60 万次/d，是 2010 年居民每日出行量的 2.16 倍。乘坐不同的交通工具，其能源消耗和温室气体排放、污染排放有着巨大的差异。本文模拟不同的情景模式，即根据选择出行交通方式的不同计算比较北京市二氧化碳排放量，进而选出最优出行方式。

3.1 情景分析

情景 I：更多的私人汽车（即惯性发展）[5]

至 2012 年年末北京市机动车保有量 520 万辆，比 2011 年年末增加 21.7 万辆。民用汽车 495.7 万辆，增加 22.5 万辆；其中私人汽车 407.5 万辆，增加了 17.8 万辆。私家车占全市机动车总量的六成左右。假如按照现有的汽车保有量增长率，能耗降幅维持现有水平，公共交通及非机动车交通保持目前发展速度，没有大幅度的提高。按照此惯性发展下去，建立私家车出行分担率的灰色预测模型：

$$y_2(t) = 996.31 \times (1 - e^{-0.030\,51}) \times e^{0.030\,51t} \qquad t = (1, 2, 3, \cdots) \qquad (3)$$

预测到 2020 年北京市私家车出行分担率为 47.31%，以 2010 年水平为基准，假定其他交通出行方式分担率、出行距离均不变，将以上数据代入式（1），则到 2020 年北京市六环内二氧化碳排放总量为 2 218.17 万 t，为 2010 年二氧化碳排放量的 2.09 倍。其中私家车二氧化碳排放量为 1 572.743 万 t，是 2010 年私家车二氧化碳排放量的 2.32 倍，为主要二氧化碳排放来源。

情景 II：更好的公共交通

根据《北京城市总体规划（2004—2020 年）》规划要求，到 2020 年公共交通成为城市主导客运方式，出行的选择性增强，出行效率提高，交通拥堵状况得到缓解和改善。到 2020 年中心城市公共交通出行方式占出行总量的比例 50% 以上。其中轨道交通及快速公交的比重占公共交通的 50% 以上。在此情景模式下，根据北京市城市规划要求，利用权重分析法确定到 2020 年北京市公共汽车出行分担率为 20%，轨道交通出行分担率为 30%，其他数据仍以 2010 年为基准，保持不变。将以上数据代入式（1）得出 2020 年北京市六环内二氧化碳排放总量为 1 915.24 万 t，相比情景 I 碳排放总量有所下降，但是下降量不明显。原因之一是公共交通的比例增加但没使得私家车的比例减少。

情景 III：更好的城市环境质量

根据《北京城市总体规划（2004—2020 年）》规划要求，要想实现区域协调发展和整体生态环境的大幅改善仅发展情景Ⅱ远不足以达到要求，在情景Ⅱ中公共交通出行方式分担率的增加挤占了一定的私家车出行比例，未考虑到私家车出行方式分担率下降给二氧化碳排放量带来哪些影响。在此情景模式下，仍以 2010 年数据为基准，出租车、自行车出行方式分担率及居民出行距离不变，公共交通和私家车出行方式分担率设为未知，求其为何值时北京市二氧化碳排放量最小。即求

$$EC = \sum_{i=1}^{4} N_{2020} \times S(i) \times TD(i) \times M(i) \qquad (4)$$

的最小值，（N_{2020} 为 2020 年北京市居民出行总量）将以上数据代入式（4），利用线性规划求最优值法得出公共汽车出行方式比例为 25%，轨道交通出行方式比例为 48.9%，私家车出行方式比例为 0 时北京市二氧化碳排放量最小为 648.32 万 t。

3.2 结果分析

三种情景模式都有一定的假设性条件，结果可能与现实有些出入。比如，情景Ⅲ私家车的出行比例为 0，这显然是不可能。但三种情景模式对比分析都表明大力发展公共汽车和轨道交通使得北京市二氧化碳排放量大幅降低，情景Ⅲ二氧化碳排放量是情景Ⅰ排放量的 0.29 倍，是情景Ⅱ排放量的 0.34 倍。每 1% 的居民出行方式由私家车转化为轨道交通，二氧化碳年排放量将减少 21.02 万 t。每 1% 的居民出行方式由私家车转化为公交车，二氧化碳年排放量将减少 21.46 万 t。每 1% 的居民出行方式由出租车转化为轨道交通，二氧化碳年排放量将减少 13.32 万 t，每 1% 的居民出行方式由出租车转化为轨道交通，二氧化碳年排放量将减少 13.74 万 t。

通过以上情景分析表明，影响城市交通二氧化碳排放的主要因素有四项：居民出行总量、出行结构、人均出行距离、排放因子。要减缓城市交通的碳排放，主要可以通过以下几点措施来实现。① 合理优化居民出行方式比例，使碳排放量高的出行方式比例降低，碳排放量低的出行方式比例提高。如鼓励开私家车的居民尽量选择轨道交通方式出行以减少二氧化碳排放量。② 合理规划北京市城区结构，将部分医院、学校搬离市中心，减少远郊市民的出行距离。③ 加大技术创新力度，通过采用各种信息化措施提高机动车的能源利用率。

4 北京市低碳交通发展战略与对策建议

4.1 北京市低碳交通发展战略

《北京市 2013—2017 年清洁空气行动计划》[6]提出以保障市民健康为出发点的防治细颗粒物（PM$_{2.5}$）污染目标，即经过五年努力，全市空气质量明显改善，重污染天数较大幅度减少。到 2017 年，全市空气中的细颗粒物年均浓度比 2012 年下降 25% 以上，控制在 60 μg/m^3 左右。坚持污染减排是改善空气质量的根本措施，机动车结构调整减排工程被列为八大污染减排工程。坚持先公交、严标准、促淘汰的技术路线，加强经济政策引导，强化行政手段约束，使全市机动车结构向更加节能化、清洁化方向发展。到 2017 年，全市机动车使用汽柴油总量比 2012 年降低 5% 以上，减少机动车污染物排放。

4.2 北京市低碳交通发展对策建议

针对北京市"人文交通、科技交通、绿色交通"的交通发展远期目标，北京市实施低

碳交通应重点从加强城市交通管理、推广智能交通，实施公交优先战略、提高公共交通出行比例，严格限制机动车保有量、加快淘汰黄标车和老旧车辆、大力推广新能源汽车，提升燃油品质、加强机动车环保管理等方面提出对策措施。

4.2.1　选择适宜的交通发展模式，大力发展公共交通

由情景模式法分析得出大力发展公共交通是实现北京市低碳交通目标的最优选择[7]。在北京交通工具的选择上，既要保存机动化能力，使大家方便出行，更要在社会形成出行依赖小汽车的习惯之前，大力提倡和发展符合低碳原则的公共交通体系，如快速公交和轨道交通等。根据《北京市 2013—2017 年清洁空气行动计划》，大力发展公共交通，到 2015 年全市轨道交通运营里程力争达到 660 km。到 2017 年中心城区公共交通出行比例力争达到 52%，公共交通占机动化出行比例达到 60%以上。与此同时大力发展清洁燃油、使用新技术能较好地实现节能减排，积极建设公交城市，使公交和私车更好地结合起来，营造良好出行环境。

不容忽视的还有自行车在北京市交通中的低位。自行车交通具有零污染的特点，是最清洁的交通工具。北京市区道路平坦、降雪量极小的地理和气候环境，对自行车交通的发展提供了非常有利的条件。今后应加强自行车道、步行道建设和环境整治，推广公共自行车服务运营。

4.2.2　强化智能交通，推进公交信息化发展

因公交系统在北京市交通领域中的重要地位，应加强电子信息与交通领域的结合，发挥联盟产业研究结合的优势，使公共交通信息化，鼓励采用新的技术促进公交智能化，大力发展智能交通信息系统，为公众出行提供信息服务，提高公交运行效率和服务质量。实时采集公共交通动态信息、掌握动态客流数据、公交站点车辆信息预发布。如在公交车枢纽、站点普及电子信息站牌，使出行者可以方便及时地获取公交服务信息。例如当乘客在长龙似的队伍后面等待公交时，公交车况、站台候车人数等信息可以通过移动网络实时传输到公交调度中心，工作人员根据实际情况有效调配车辆的同时还会将实时路况、车辆到站、换乘路线等信息通过站台终端发布出去，以方便乘客选择最便利的出行路线。

4.2.3　寻找最优交通工具使用能源，积极推广新能源汽车

优先发展混合动力和纯电动汽车，大力推广清洁能源汽车，并稳步推进新能源汽车设施建设。研究制定鼓励个人购买和使用新能源汽车的相关政策。继续抓好公交、环卫等行业及政府机关的新能源汽车示范应用工作。加快加气站、充电站（桩）等配套设施建设，满足新能源和清洁能源汽车发展需求。2017 年年底，全市新能源和清洁能源汽车应用规模力争达到 20 万辆。

大力推广新能源和清洁能源汽车是我们美好的愿景，但目前在实施过程中面临很多问题。在新能源汽车还难成气候的情形下，有学者提出在交通行业通往节能减排的路上应让乘用车柴油化，是汽车社会节能的现实选择。

有检测数据表明，与同排量的汽油车相比，采用突破性新技术的柴油车可实现节油30%、动力提升 30%～50%。如果北京市每年增加 100 万辆乘用车，而其中有 30%柴油化，则每年可节油 30 万 t；如此 10 年以后，按保有量中 30%的柴油乘用车计算，一年则可节油 300 万 t，宏观效益巨大。而且与同排量的汽油车相比，清洁柴油车可实现减少二氧化碳排放 25%。柴油发动机之所以在以前没能在乘用车上得到推广应用，是由于一些技术难

关尚未攻克，冒黑烟、噪声大、易熄火等缺陷令人对其敬而远之。但是，现代科技的发展给柴油发动机带来了革命性的巨变。今后如何在柴油发动机技术革新方面应是研发研究的主力方向。

4.2.4　倡导低碳交通理念，鼓励绿色出行方式

提升交通服务管理水平，为城市居民提供安全、畅通、舒适、多种选择的出行方式，将优先权给予低碳排放的出行方式。将节能环保的城市交通理念深入人心，鼓励民众多选择碳排放低的公共交通、零碳排放的自行车和步行为出行方式，为低碳交通创造良好运行环境。加强交通文明宣传教育，号召市民文明出行，通过开展公交周、无车日等活动，倡导采用公共交通、骑自行车或网上购物等绿色出行方式。通过鼓励绿色出行、增加使用成本等措施，降低机动车使用强度。未来北京的"低碳交通"发展需要依靠政府、企业、社会与个人的共同努力。

参考文献

[1]　北京市交通委员会. 北京市交通发展纲要（2004—2020 年）[R]. 北京：北京市交管局，2005.

[2]　刘文宇. 北京市发展低碳交通的前景分析[J]. 综合运输，2010（9）：37-40.

[3]　朱松丽. 北京、上海城市交通能耗和温室气体排放比较[J]. 城市交通，2010（3）：58-63.

[4]　卫蓝，包路林，王建宙. 北京低碳交通发展的现状、问题及政策措施建议[J]. 公路，2011（5）：209-213.

[5]　陈静，张景秋. 低碳经济视角下的北京公共交通发展研究[J]. 改革与战略，2010（5）：70-72.

[6]　北京市 2013—2017 年清洁空气行动计划[R/OL]. 新华网. http：//www.bj.xinhuanet.com/bjyw/2013-09/13/c_117351459.htm，2013-09-13.

[7]　庄贵阳. 以低碳经济应对气候变化挑战[J]. 环境经济，2007（1）：69-71.